미 용 기 능 장 · 이 용 기 능 장 이 집 필 한 살 롱 커 트 의 정 석

미용전공대학생, 미용아카데미원생 및 미용전문가를 위한

디연 패턴커트

디자인을 연구하는

문승현 · 김영미

청구문화사

머리말

봄꽃들의 꽃향기가 유혹하는 계절에 패턴커트 교재를 마무리하게 된 것을 영광으로 생각합니다.

이번 패턴커트 교재는 헤어커트를 하나의 패턴으로 만들어서 반복으로 시술을 하면서 헤어커트를 쉽고 빠르게 고객의 헤어스타일을 시술할 수 있게 편찬하였습니다.

1장의 원형 패턴은 형태선 길이의 변화를 다르게 하여 동일한 도해도의 반복된 연습으로 헤어커트의 두려움을 없애고 잘 할 수 있다는 자신감을 갖을 수 있도록 하였습니다.

2장의 사각형 패턴에서는 동일한 길이를 설정하고 시술각을 이해하여 달라진 헤어스타일을 시술하는 방법을 안내하고 3장에서는 형태선 존과 디자인 존을 나누어서 레이어와 그래쥬에이션을 조합하는 것을 안내하였습니다. 4장에서는 시술각의 혼합을 베이스와 슬라이스를 이용하는 방법, 5장에서는 디자인 존의 짧은 헤어스타일을 예쁘게 표현하기 위한 골격을 보정하는 방법, 6장에서는 남성스타일을 시술하기 위한 숙련된 테크닉만들기와 투블럭을 이용하는 방법을 안내하여 현장에서 빠른 시간에 헤어디자인너로 승급할 수 있게 하고 창업을 하기 위한 미용인은 헤어커트의 두려움을 없애고 커트에서 자신감을 갖을 수 있도록 교재를 만들었습니다.

30년이라는 세월을 미용실원장, 미용대학교수, 미용아카데미 원장을 하면서 늘 아쉬웠던 것은 교육을 받고 난 이후에 학생들이 헤어디자이너로 일을 하기까지 많은 시간이 필요로 하기 때문에 좌절하는 학생들을 보는 것이었습니다.

좀 더 빠른 시간에 헤어커트를 시술할 수 있게 두상의 조건을 먼저 알고 시술하는 패턴만 이용한다면 빠른 시간에 고객에게 인정받는 미용인을 만들 수 있는 교재로 만들고 싶어 하나의 패턴으로 반복 학습을 하면서 고객의 헤어스타일을 쉽게 시술할 수 있도록 최선을 다해 만들었습니다.

본 교재를 완성하기 위하여 여러 차례 원고를 수정하고 최선의 노력을 기울었으나 끝내고 나니 미흡함 부분이 많이 있음을 실감합니다. 이러한 미흡한 부분에 대해서는 다듬고 수정하여 지속적인 보완을 할 것을 다짐하며 여러분의 따뜻한 애정과 관심을 부탁드립니다.

끝으로 이 교재가 만들어지기까지 많은 도움을 주신 모든 분들께 감사를 드리면서 사진촬영에 도움을 주신 문기종 선생님과 한 권의 책이 완성될 수 있게 물심양면으로 도움을 주신 청구문화사 사장님과 편집을 해주신 선생님께도 진심으로 감사를 드립니다.

저자 일동

CONTENTS •

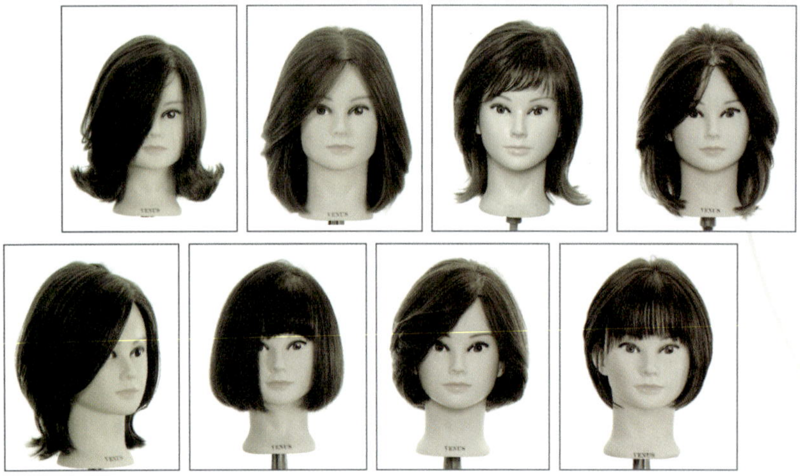

디연 패턴

디자인을
연구하는

커트

삼각형 패턴
177

시술각의 혼합(슬라이스, 베이스)

역삼각형 패턴
239

골격보정과 쳐내기

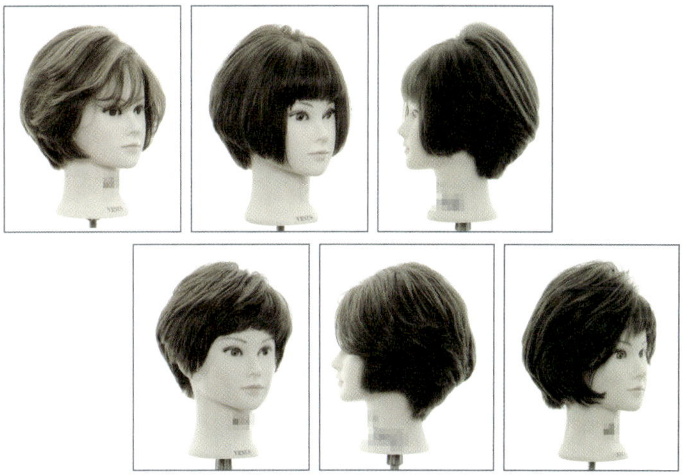

육각형 패턴
289

도구 사용방법, 투블럭

원형 패턴

두상나누기와
모발길이변화

원형 패턴 : 두상나누기와 모발길이의 변화

1. 일레븐 존으로 두상나누기

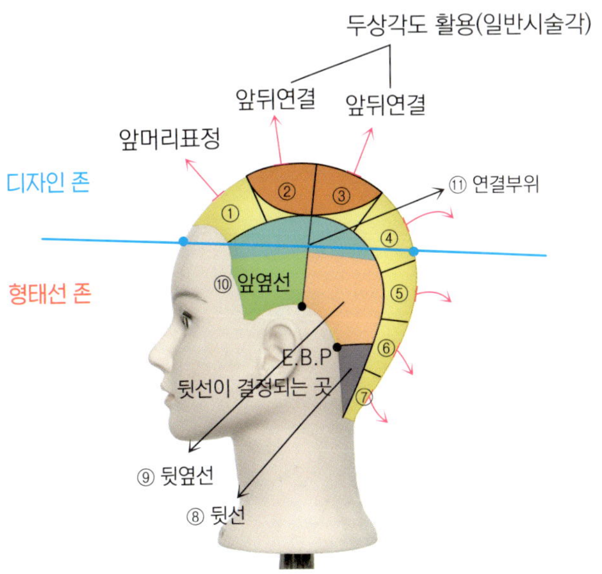

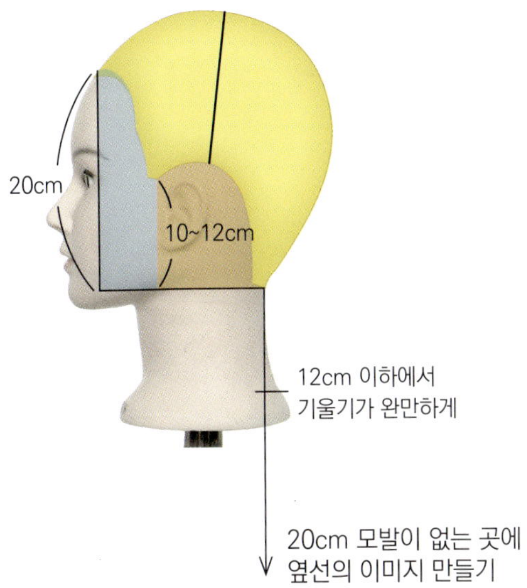

1) 분할 두상나누기

① Front Zone 프론트 존(앞머리 영역)

가. 두상, 모질, 모류방향을 파악하고, 앞머리의 디자인을 결정

나. 헤어스타일의 이미지가 결정되는 곳

다. 페이스라인 쪽으로 두상의 경사가 있는 곳으로 모발이 나기 시작한 곳에 가까울수록 모류가 강하고 모발이 가늘며 모량이 적다.

② Front & Top Zone(앞머리와 뒷머리 연결부위)

가. 이곳의 존은 연결되는 부분을 앞으로 떨어지는 앞머리와 뒷머리를 연결해서 시술한다.

나. 대체적으로 모류가 앞쪽으로 흐르는 곳이다.

③ Crown Zone 크라운 존(왕관, 정상 영역)

가. 다른 모발에 영향을 받지 않고, 모발이 겹치는 부분이 없으므로 뒷부분의 헤어스타일을 최대한 표현할 수 있는 곳이다.

나. 이곳에서부터 뒤로 모발이 떨어지기 시작하는 곳이다. 모발의 길이에 의해 디자인이 결정된다.

다. 길이가 짧으면 모발이 일어서려는 성질이 있고, 모발이 길면 무게와 중력 때문에 모발이 분산되기가 쉽다.

④ Parietal Zone(두정부 영역)

가. 모질이 가늘고 부드럽고, 모량이 적다. 모류가 위로 향해 있기 때문에 짧은 모발일 경우 모발이 서기 쉬운 곳이며, 긴모발일 경우에는 두상곡면에 누우면서 밑으로 떨어지기 때문에 모발이 갈라지기 쉬운 곳이다.

나. 디자인 표현을 결정하는 곳이기 때문에 시술각에 따라 볼륨감, 입체감, 율동감 표현이 가능하다.

다. 두상이 함몰된 만큼 모발의 길이가 길어지기 때문에 시술각에 주의해서 커트해야 할 곳이다.

⑤ Back Zone 백 존(등, 허리, 뒤쪽 영역)

가. 머리 곡면이 수직에 가깝다. 윗모발은 모발이 약하고, 아랫모발이 강하기 때문에, 모발이 안쪽으로 휘는 힘보다 바깥으로 빠지는 힘이 강하여 머리끝이 바깥쪽으로 향해 뻗치게 하기 쉽다.

나. 크라운 존과 옥시피탈 사이에 끼어 있으므로 윗모발의 길이가 짧으면 표면이 보이고, 윗모발의 길이가 길면 표면이 보이지 않는다. 인컬보다 아웃컬이 쉽게 만들어지는 곳이다.

⑥ Occipital Zone 옥시피탈 존(후두부, 뒤통수 : 뒷머리의 뼈가 튀어나온 부분)

가. 입체감이나 볼륨감, 율동감을 만들 수 있는 영역
나. 이 존은 자신의 움직임을 목표로 하는 것이 아니라 다른 존의 움직임을 살리기 위한 보조적인 존이라 할 수 있다.
다. 모질은 굵고 탄력이 있으며 모량이 많기 때문에 디자인을 시술하기 전에 모량조직이 필요한 곳이다. 이 존은 모발의 길이에 따라서 표현이 다르다. 모발이 길 경우 상하의 겹침에 의해 디자인을 설정하고, Nape Zone과 함께 디자인하면 효과적이다.

⑦ Nape Zone 네이프 존(목덜미 : 목 뒷부분의 움푹 들어간 지점부터 그 아랫부분의 모발)

가. 커트의 선의 중심이 되기도 하고, 디자인 형태를 결정짓는 곳이다.
나. 모질은 굵고, 탄력이 있고, 모량이 가장 많다. 모공이 아래로 향하고 있어, 모발의 방향전환 움직임이 어렵다.
다. Nape Zone을 디자인 할 때는 Crown의 존의 길이를 의식한다. 어떻게 길이를 설정하느냐에 따라 헤어스타일이 달라진다.

⑧ Back Line(뒷선)

가. 뒷선을 결정하는 곳
나. 모류가 강하기 때문에 모류보정과 모질을 잘 파악해서 시술해야 한다.

⑨ Back side Line(뒷옆선)

가. 귀부분에 모발이 없기 때문에 디자인상 잘못 시술하기 쉬운 곳이다.
나. 모발은 탄력이 있고 모류는 강하다. 앞뒤로 눌려 양옆 모발이 뭉치기 쉽고, 모량이 많아 모량조절이 필요한 곳이다.
다. 대부분의 모류가 앞을 향하고 있어 밀려나듯이 앞으로 움직이기 쉽기 때문에 모류보정이 필요한 곳이다.

⑩ Side Line(앞옆선)

가. 비스듬히, 모발이 앞을 향하는 존(모발이 뭉치기 쉬운 존)
나. 앞을 향해 모발을 슬라이드 시키면 얼굴주변을 감싸는듯한 디자인을 만들기가 가능하다.
다. 짧은 헤어스타일일 경우 모발 길이의 길고 짧음(유니폼 레이어, 그래쥬에이션, 인크리스 레이어), 시술각을 활용하여 헤어스타일을 만든다.

⑪ Connect part(연결부위)

가. 형태선 존과 디자인 존의 연결부위
나. 튀어나온 골격에 해당하는 존
다. 이 존의 모류는 신체의 움직임이 가해지면 위로 솟구치는 성질을 가지고 있다. 길이에 따라 표면에 머리다발로서 표현되는 존이기 때문에 시술각을 활용하는 주의가 필요한 곳이다.

2. 모발의 길이에 대한 성질

모발 길이에 대한 성질을 알아야 고객이 원하는 헤어스타일을 쉽고 빠르고 정확하게 헤어커트 할 수 있다.

모발의 길이	모발의 모양	모발의 성질
1cm	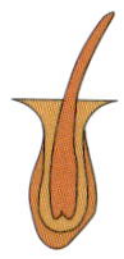	중력에 의한 영향은 받지 않고 모발의 무게가 없어 서려고 하는 성질이 강하고 모류의 영향을 적게 받는다.
2~5cm	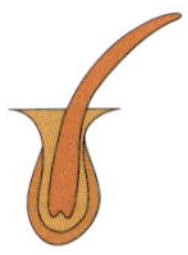	모발에 무게가 생기기 시작하여 모류의 방향으로 기울어지려는 성질이 생기고 모발이 일어서려고 한다.
7,8,9cm	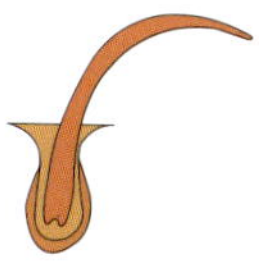	중력의 영향을 받아 모발의 끝부분에서 곡선을 그리기 시작하여 C커브를 그리기 때문에 질감의 볼륨을 최대로 표현할 수 있는 모발의 길이이다. 인컬과 아웃컬에 많이 활용한다.
10cm	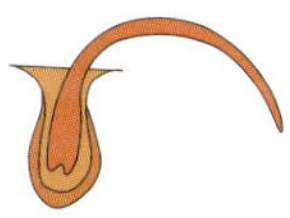	모류의 방향으로 흐르는 힘과 모발에 무게가 생겨 모발이 아래로 떨어지면서 C커브를 이루게 된다. 유니폼 레이어를 시술할 때 동일한 두상모양이 표현되는 길이이다.
12cm	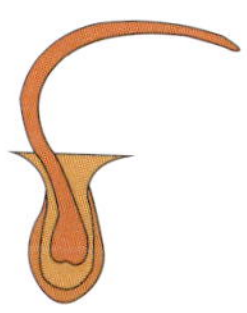	모발의 무게가 생겨 휘면서 곡선을 그리기 시작한다. 모류의 역행해서 C컬을 만들 수 있고 볼륨을 표현할 수 있어 줌마스타일을 활용할 때 많이 사용하는 길이이다.
15cm	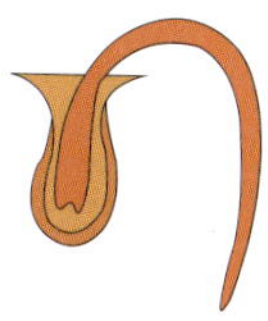	모류에 역행해서 C커브가 크게 생기고 두상 어디에서 떨어지느냐에 따라 원하는 스타일이 달라진다.
20cm	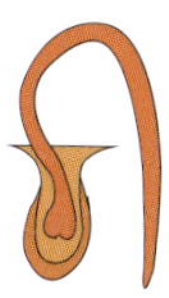	모발의 볼륨은 없어지고 모발이 무거워서 떨어지므로 선을 만들어서 원하는 헤어스타일을 얻어내는 경우가 많다.

3. 길이와 형태선의 이미지를 이용한 앞머리 이미지 만들기

: 7, 8, 9cm 길이를 많이 활용한다.

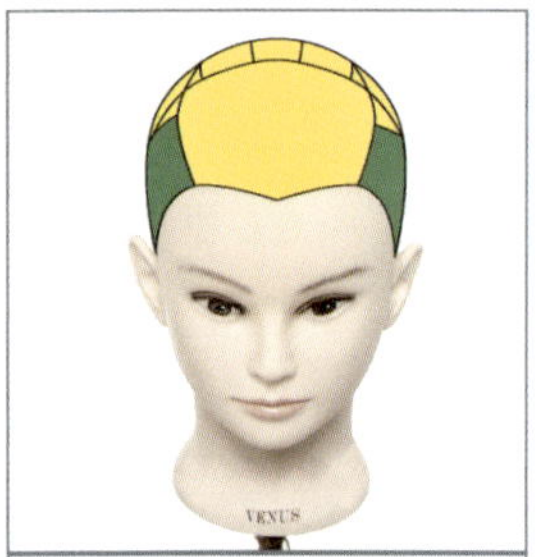

Front zone 프론트존(앞머리의 영역)

앞머리 표정 만드는 곳

F.S.P - F.S.P - C.P를 곡선으로 연결한 곳이다.

앞머리 이미지를 결정하기 위한 곳이다.

(이 곳은 모발의 겹침이 적기 때문에 길이와 선의 느낌으로 앞머리의 이미지를 만든다.)

직선

평화, 정지를 나타내고 안정감을 나타낸다,

길이가 짧고 길어짐에 따라 이미지가 달라진다.

길이가 짧으면 어린 느낌이 들고 길어지면 성숙된 이미지를 표현할 수 있지만 모류의 방향과 모발의 특성에 따라 손질이 편한 7~9cm를 선호하고, 7cm이하의 길이는 모류방향으로 휘어지므로 시술 시 주의한다.

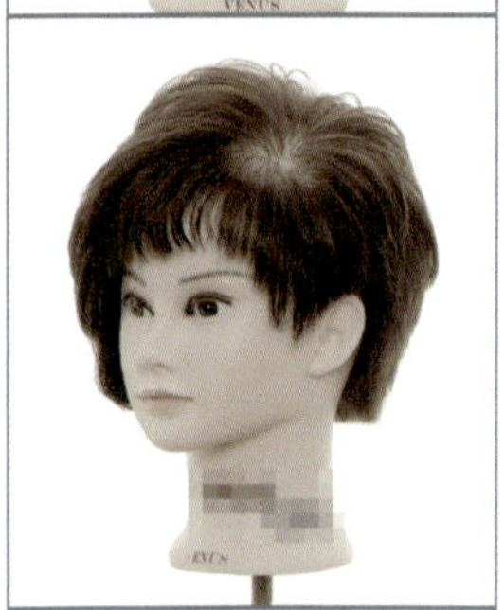

사선

동적이고, 불안정한 느낌을 주지만 사용에 따라 방향성이 표현되고 시선을 분산시키는 효과도 있다.

사선의 시작점을 어디에서 시작하느냐에 따라 느낌이 달라진다.

3:7로 나누는 경우, 8:2로 나누는 경우 등 이미지를 표현하고자 하는 곳에서 시작한다.

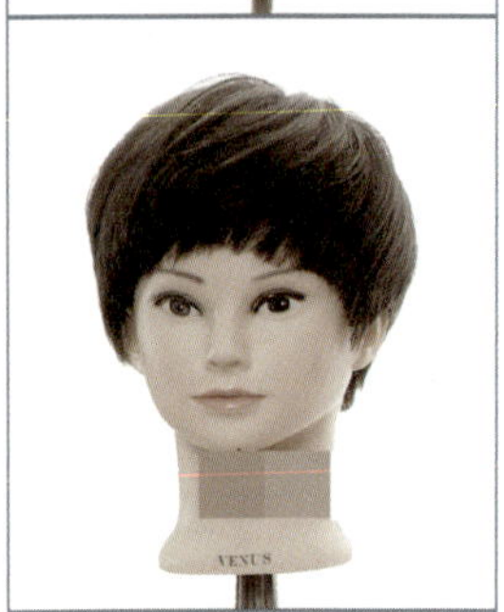

곡선

우아, 매력, 모호, 유연, 복잡함을 상징으로 여성적인 표현의 섬세하고 동적인 표정을 나타낸다.

곡선을 표현하고자 하는 앞머리는 곡률을 주는 비율에 따라 얼굴형을 보정할 수도 있다.

곡률을 많이 주게 되면 얼굴을 더 길어보이게 할 수 있다.

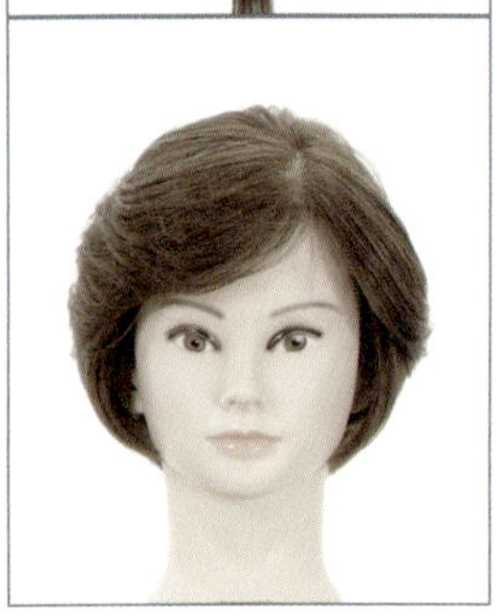

층사선

선의 흐름에 따라 방향성을 제시한다.

모발의 겹침을 이용하여 강한 표현과 부드러운 표현을 조절 할 수 있다.

눈의 기능성 때문에 눈보다 모발이 긴 경우에는 이 방법을 이용하여 시술한다.

이 경우 가르마의 위치에 따라서 이미지가 달라지기도 한다.

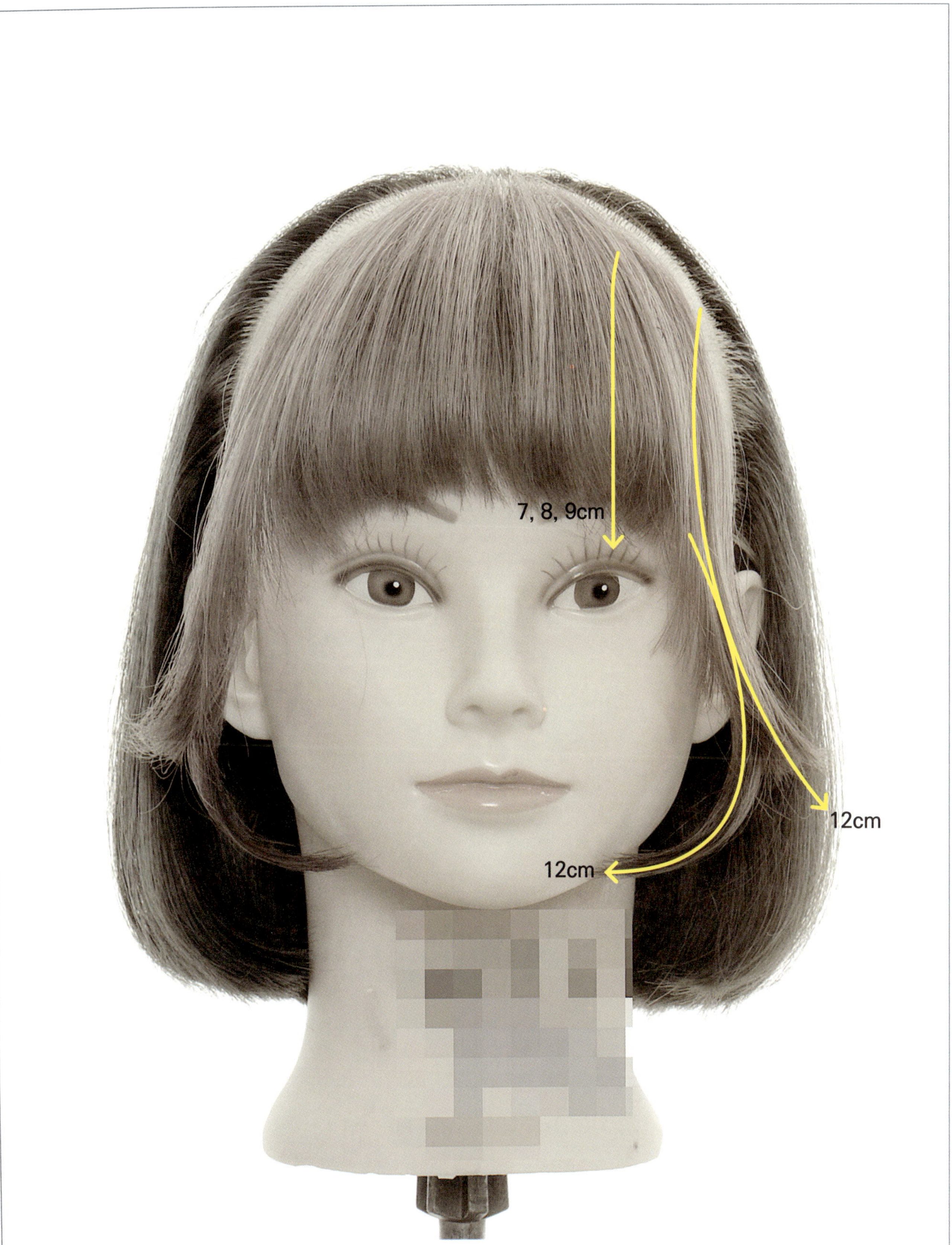
7, 8, 9cm
12cm
12cm

1
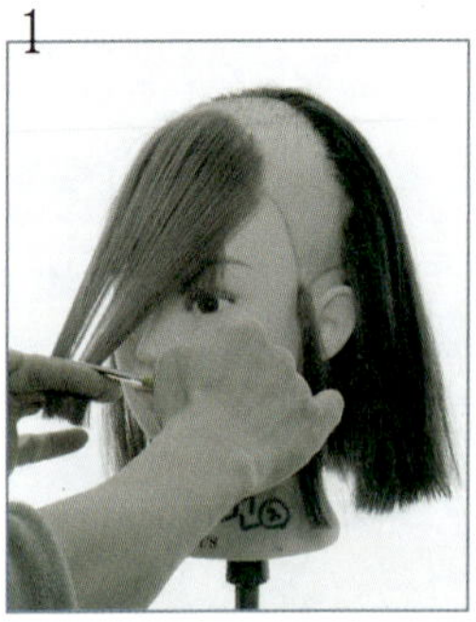
2

3
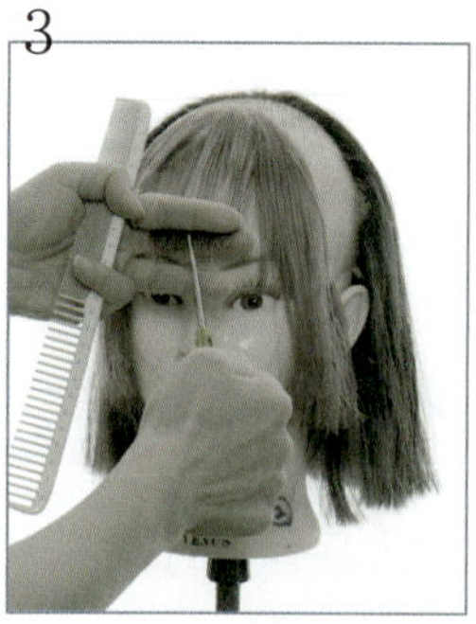
4
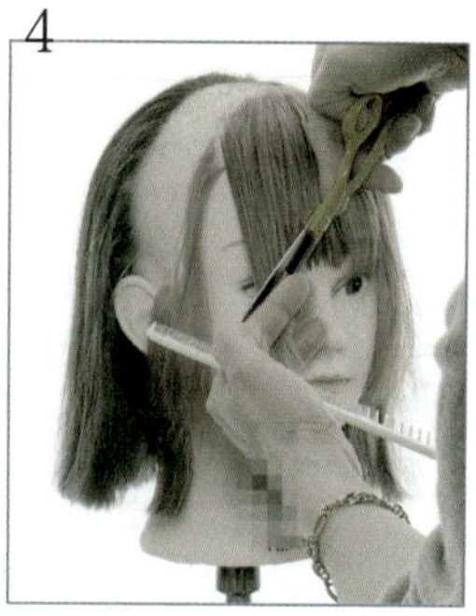

1 앞머리 영역을 먼저 나눈 후에 긴 길이를 설정한다. 이미지 라인의 길이에 따라 이미지가 달라진다.
2 짧은 앞머리의 길이를 설정한다. 이 폭에 따라 얼굴형이 수정될 수도 있다.
3 낫칭으로 한번 더 시술한다. 짧은 길이와 긴 길이를 연결한다.

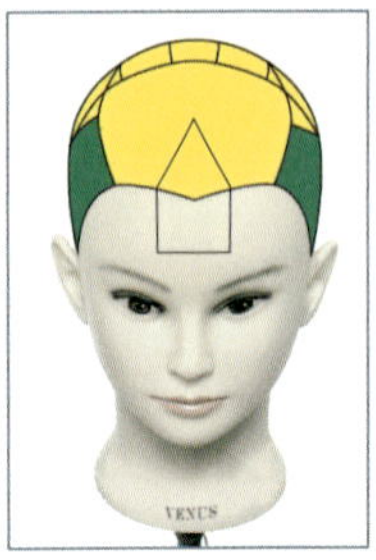
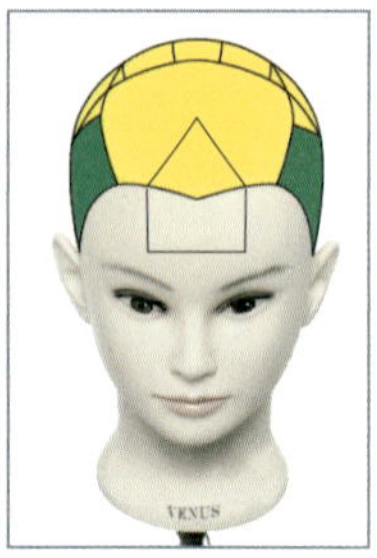
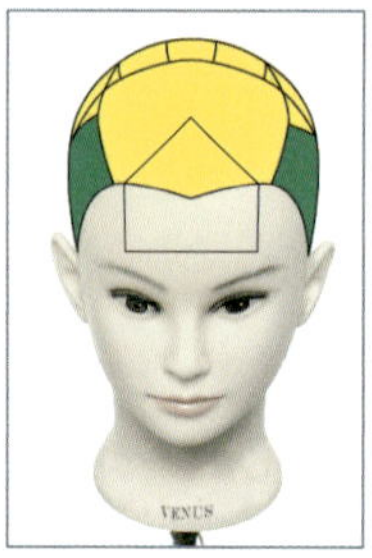
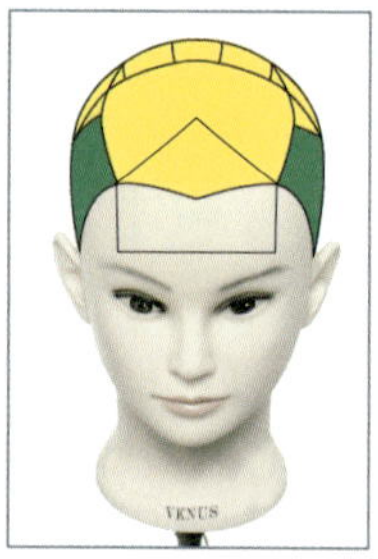
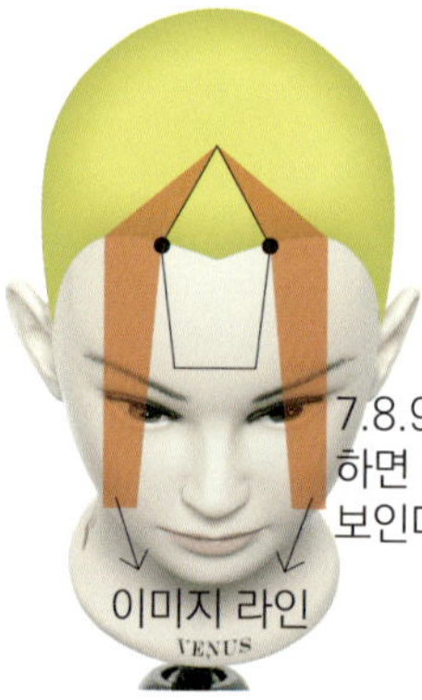

이 구역의 일직선의 폭에 따라 이미지가 달라진다. 본래의 일직선의 폭보다 모발이 떨어지면 3cm 정도 더 넓어진다.

5

6
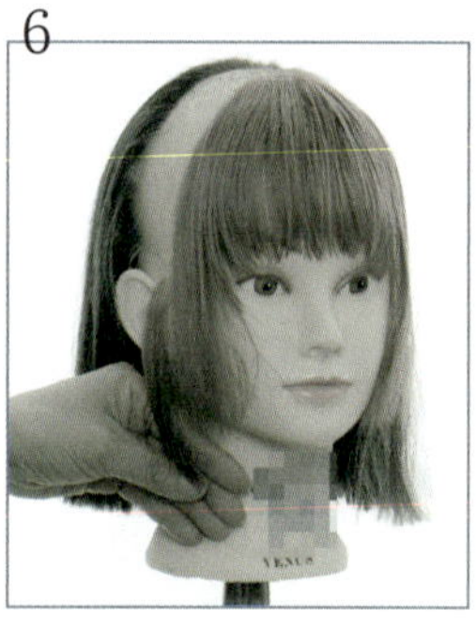
7

8
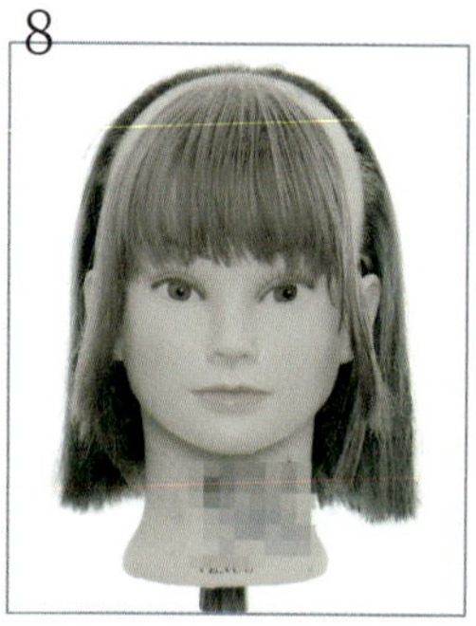

5 10cm길이를 뒤로 당겨서 설정한다.
6 앞으로 모발이 흐름이 된다.
7,8 디자인 존의 모발은 얼굴 반대쪽으로 흐르고 구렛나루 형태선의 모발은 귀바퀴 방향으로 흐르게 시술한다.

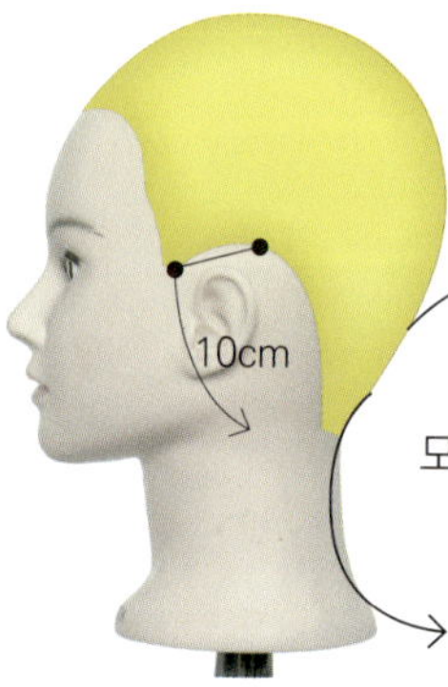

도해도의 비밀

형태선 존의 형태선 길이에 따라 동일한 도해도라도 달라지는 헤어스타일 알아보기

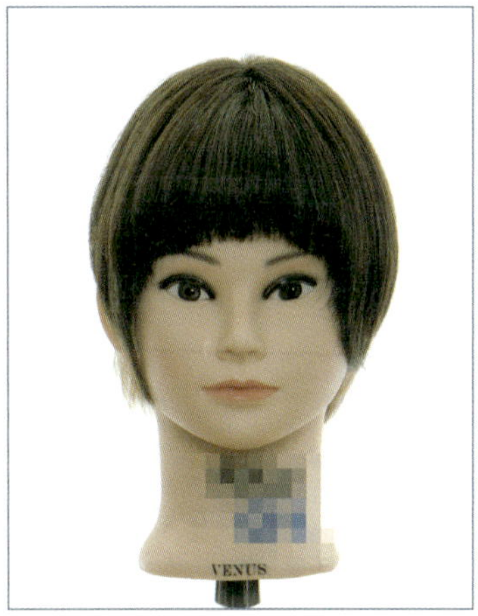
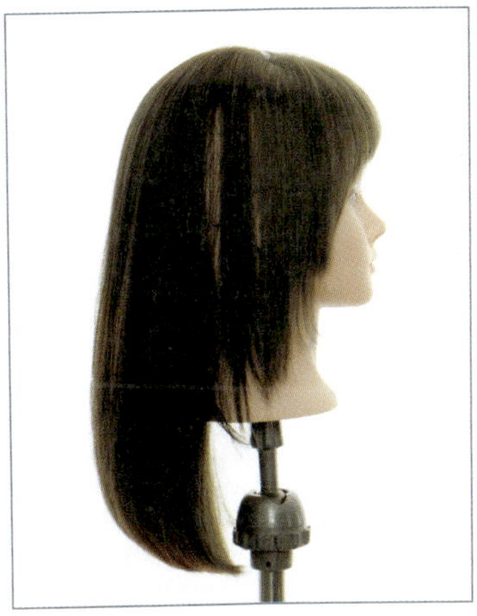
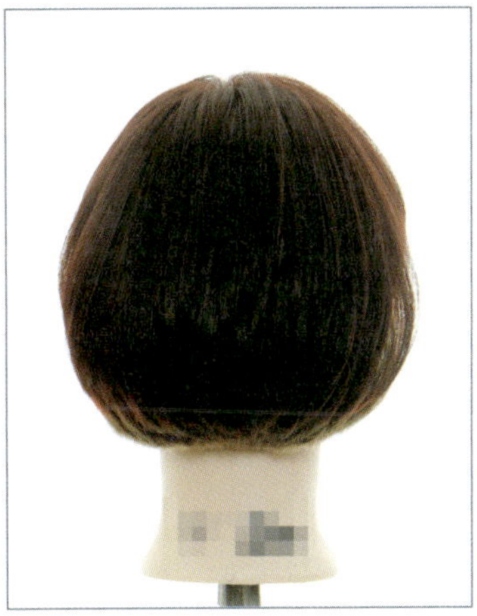
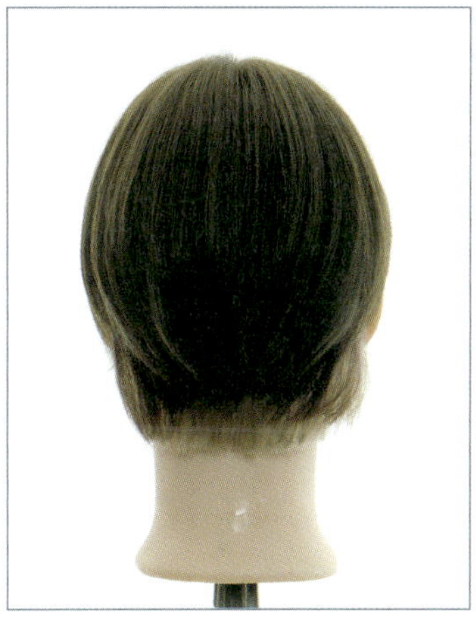

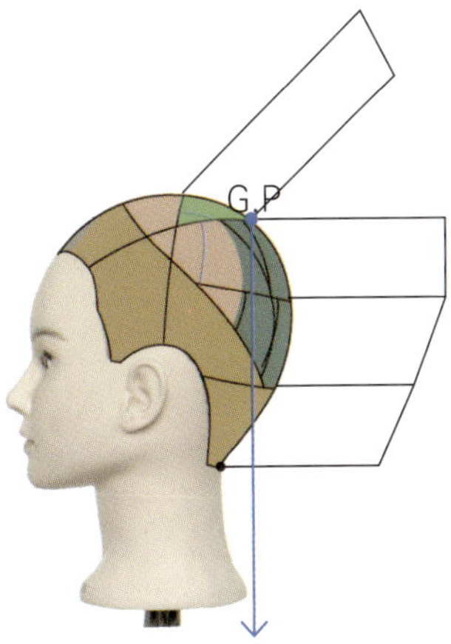

G.P길이가 두상을 벗어난 길이의 층 표현

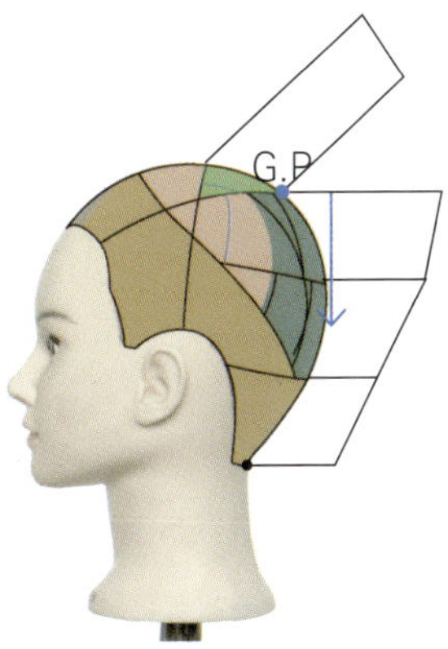

G.P가 크레스트 영역에
떨어지는 짧은길이 볼륨

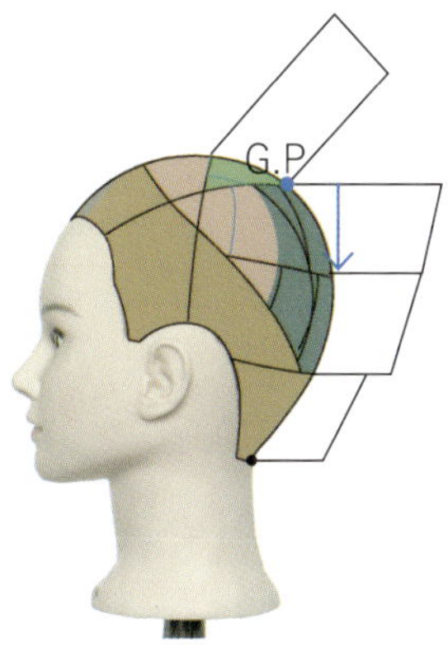

G.P가 B.P위에 떨어지게 되면 볼륨

인크리스 레이어

기울기의 변화

Long Layered 1

Long Layered 2

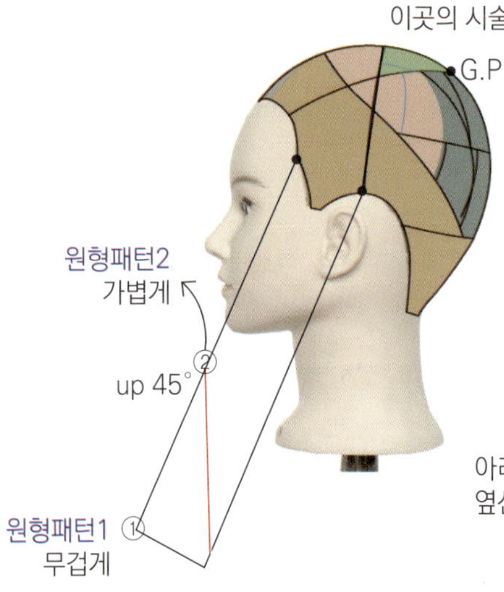

아래까지는 동일한 시술각을 이용하고
옆선, 뒷옆선의 기울기를 다르게 하여 시술한 스타일

모발길이에 따른 기울기의 변화 (원형 패턴)

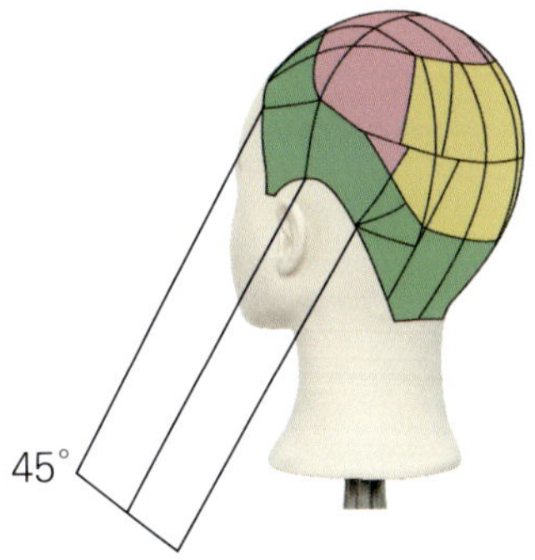

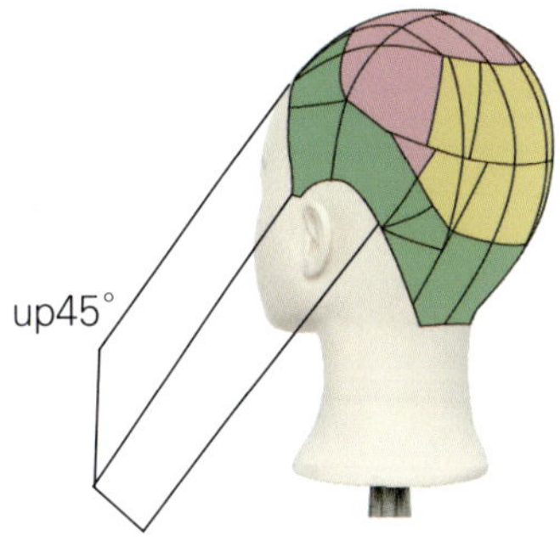

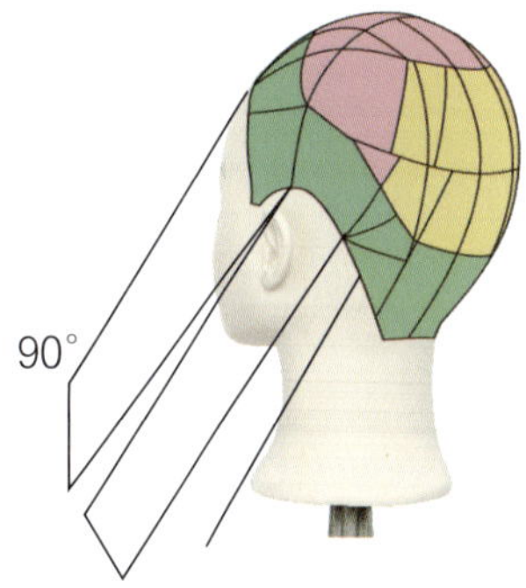

원형 패턴 1	원형 패턴 2	원형 패턴 3
Long Layered 1	Long Layered 2	Long Layered 3

모발길이에 따른 기울기의 변화 (원형 패턴)

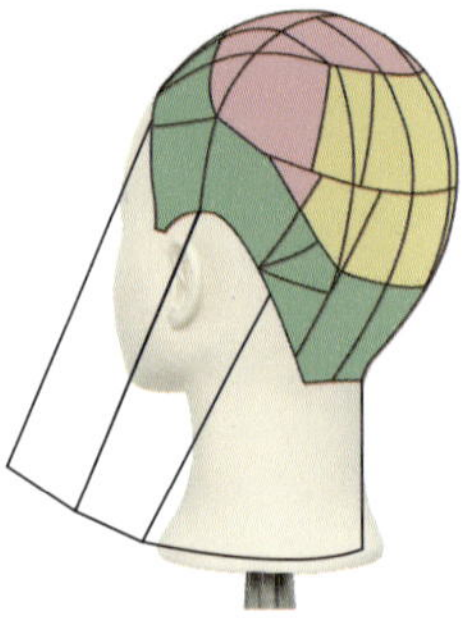

원형 패턴 4

Semi Layered

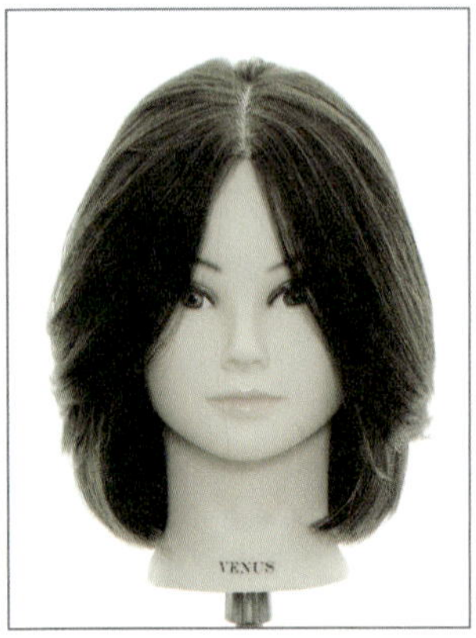

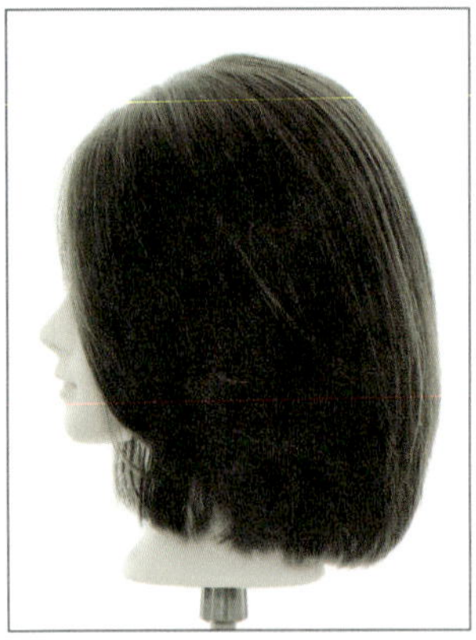

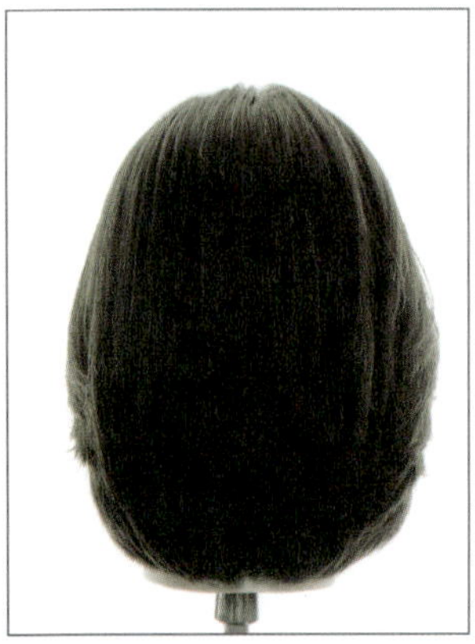

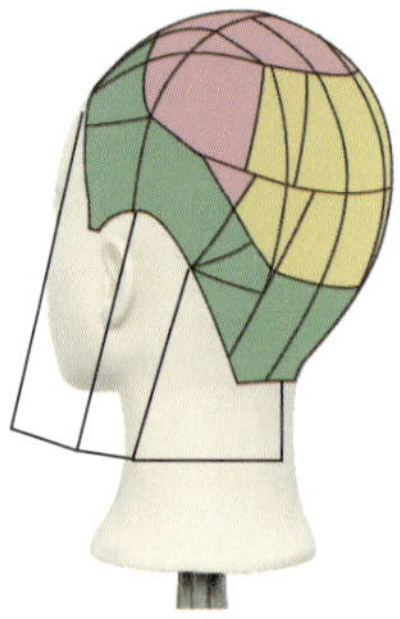

원형 패턴 5

Bob Layered

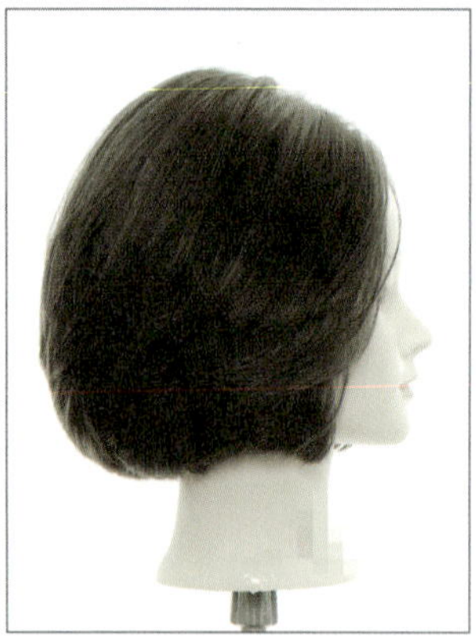

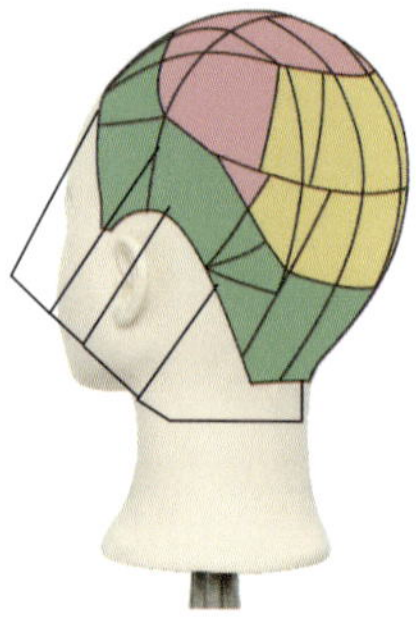

원형 패턴 6

Mushroom

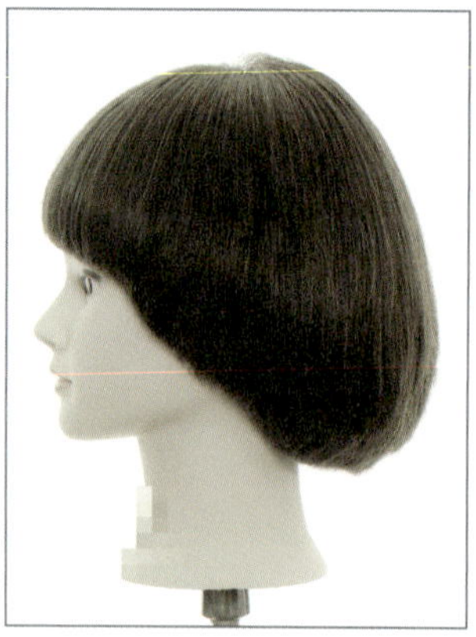

원형 패턴 1 Long Layerde 1

도해도의 비밀 — 모발길이에 따른 기울기 ①

헤어스타일을 분석해서 커트의 순서를 먼저 생각한다.

1. 어디서부터 이 커트를 시작할지?
2. 처음 시작점의 길이가이드는?
3. 형태선은 어떤 형태선을 만들지?
4. 형태선에 맞는 슬라이스는 어떤 슬라이스로 활용할지?
5. 베이스는?
6. 모발이 겹쳐지는 중심축의 시술각의 선택은?
7. 뒷손질이 편한 질감처리는?

1 디자인 존과 형태선 존을 나누어서 전체적인 헤어스타일을 분석하고, 완성된 스타일을 어디서부터 시술하면 쉽게 헤어스타일을 만들지를 결정한다. 무거운 형태선으로 앞머리가 길기 때문에 뒤에서부터 앞으로 시술한다.

2 두상의 길이만큼 연장하는 롱헤어의 기본길이로 N.P. 25 cm에서 시작한다.

3 아웃라인은 전체적으로 무거운 U라인을 만든다.

4 형태선 만들기는 가로와 사선으로, 중심축의 시술각 선택은 세로와 사선으로 곡선을 만들기 위한 전체적인 복합 슬라이스를 활용한다.

5 베이스는 두상을 그대로 연장하는 온더베이스를 활용하고, 모발이 없는 곳이나 형태선 만들기에는 오버다이렉션을 사용한다.

6. 시술각의 활용은 G.P 아래는 모발이 두상대로 떨어지는 판넬의 맨밑은 자연시술각 90°, 손가락각도는 70°로 시술하고 G.P 위는 두상을 거쳐서 떨어지므로 일반시술각 90°로 시술한다.

Tip

이 스타일을 시술하기 위하여 주의할 점

롱헤어는 얼굴을 벗어난 길이에 모발이 떨어지므로 첫 번째의 조건은 좌·우의 길이가 동일하게 시술이 되어야 한다.

시술순서

1. 길이가이드를 설정하고 형태선 만들기를 진행한다.

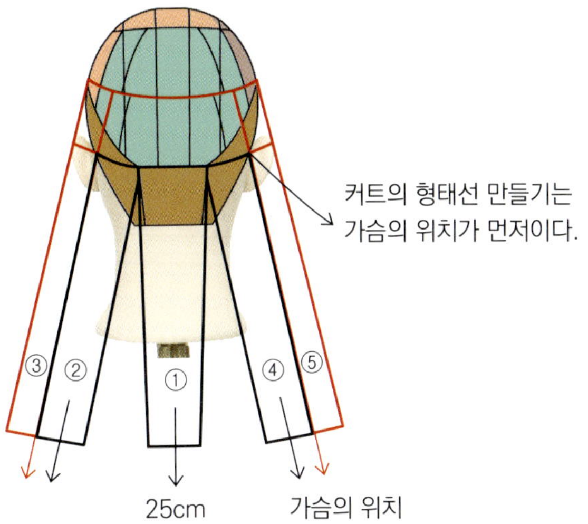

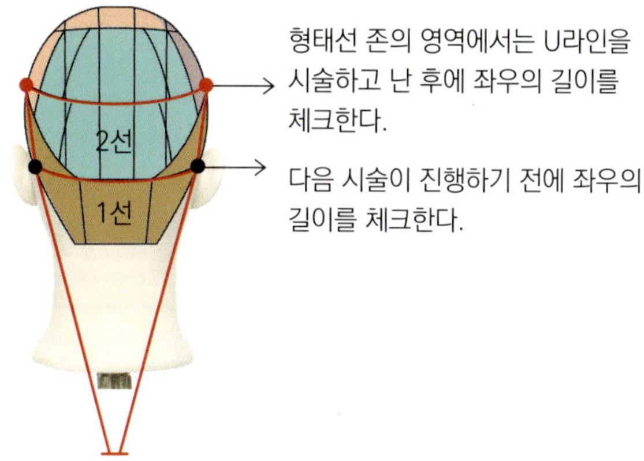

2. 형태선 존에서 시작하여 G.P 아래까지는 자연시술각 90° G.P 위는 일반시술각 90°로 진행한다.

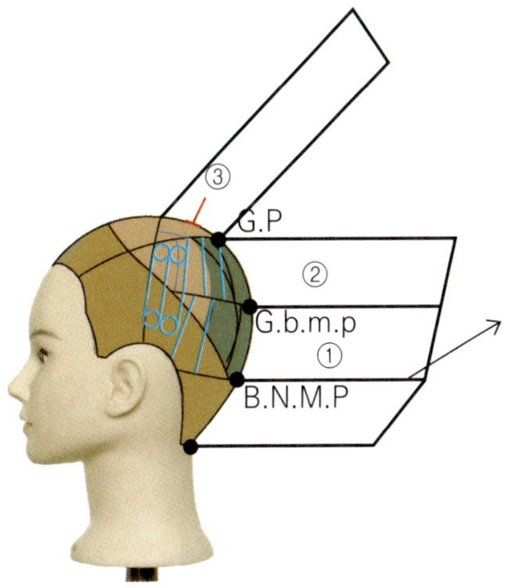

시술하기 위한 판넬을 들었을 때 맨 밑의 모발에 자연시술각 90°로 하고 이 각도에 맞춘 손가락의 각도는 70°로 시술하면 두상의 모양대로 밑길이라 길고 윗모발이 짧게 떨어진다.

① 길이가이드 : B.N.M.P에서 가이드를 가져온다.
슬라이스 : ①② 세로슬라이스 ③ 사선슬라이스로 시술한다.
베이스 : 온더베이스로 시술한다.
시술각 : 자연시술각 90°를 시술하기 위한 손가락각도 70°로 시술한다.

② 길이가이드 : G.B.M.P에서 길이가이드를 설정한다.
슬라이스 : ①② 세로 ③ 사선 ④⑤ 시술각 길이가이드와 형태선의 길이를 사선으로 연결하여 낫칭으로 시술한다.
베이스 : 온더베이스로 시술한다.
시술각 : 자연시술각 90°를 시술하기 위한 손가락각도 70°로 시술한다.

③ 길이가이드 : G.P에서 길이가이드를 설정한다.
슬라이스 : ①②③ 세로 ④⑤ 삼각형으로 떠서 튀어나온 모발을 낫칭으로 시술한다.
베이스 : 온더베이스로 시술한다.
시술각 : G.P에서 일반시술각 90°로 시술한다.

3. 옆선 만들기를 시술한다.

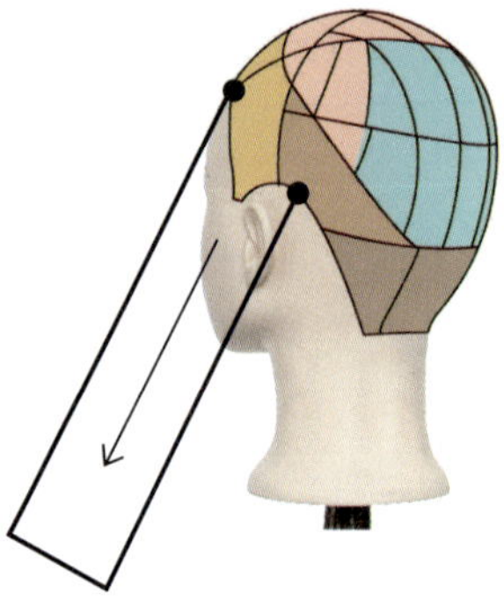

빗질 45˚손가락각도 45˚로
낫칭으로 시술한다.
좌우의 길이가 동일하게
시술한다.

4. 앞머리의 이미지를 만든다.

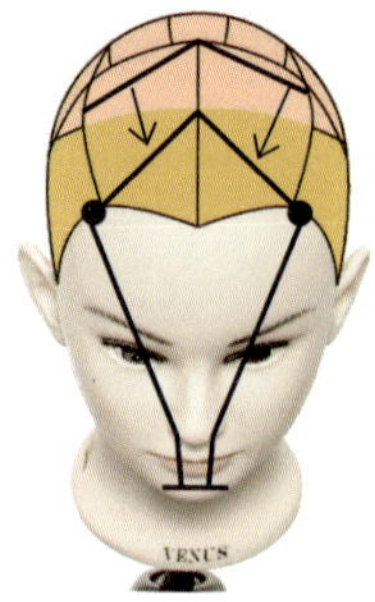

옆선의 모발을 삼각형으로 떠서
코의 중심으로 모아서 빗질하여
일직선으로 시술한다.
연결부위의 모발은
옆선의 길이가이드를 가지고
앞쪽으로 밀어서 시술한다.

나의 작품 디자인 해보기

Long Layerde 1	도해도그리기 (뒤)	도해도그리기 (앞, 옆)
시술순서		

1 형태선 만들기를 진행한다.

1
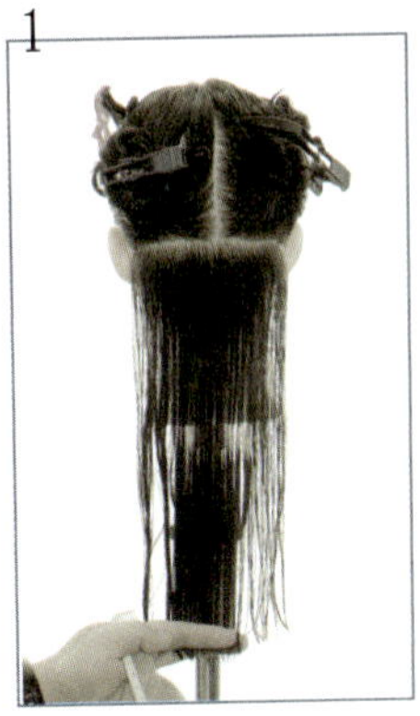
2

3

4

5

6

7

1 뒷선이 결정되는 1선을 나눈 후에 중심축에서 길이가이드를 설정한다.
2 가슴을 움직여서 두상이 함몰된대로 빗질하여 손가락을 45°로 낫칭하여 시술한다.
3 시술한 후에 좌·우에서 모발을 중심으로 당겨서 좌·우의 길이가이드를 맞춘다.
4 U라인의 형태선을 시술하기 위하여 밑모발의 중심가이드에 맞추어서 시술한다.
5,6 뒷옆선에 해당하는 곳은 가슴의 위치를 빗질의 시작점에 두고 시작한다.
7 좌·우의 길이를 중심에 당겨서 길이를 맞추어서 진행한다.

2 모발이 중력에 의해서 떨어지는 곳까지 맨밑에 G.P 아래까지는 모발의 자연시술각 90°, 손가락각도는 자연시술각 70°로 시술한다.

1

2

3

4
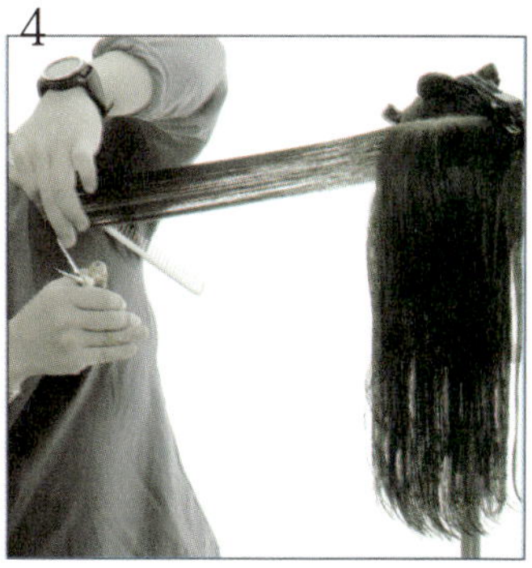
5

6

1 이곳은 두상이 함몰되어 있다. 손가락으로 먼저 손가락을 맞추어 본 후에 그 각도로 시술한다. 맨밑에 모발을 자연시술각으로 시술하려면 손가락각도가 70°가 된다.
2 중심은 세로로 슬라이스를 뜨고 사이드는 사선으로 뒷선이 결정되는 곳까지 떠서 시술한다.
3 G.P아래에 세로슬라이스 온더베이스로 시술한다.
4,5 사이드는 사선슬라이스로 온더베이스로 시술한다.
6 가로로 판넬을 떠서 체크한다.

3 모발이 두상을 거쳐서 떨어지는 곳 G.P위는 일반시술각 90°로 시술한다.

1

2

1 세로 슬라이스로 떠서 온더베이스로 시술한다.
2 3판넬을 제외한 부분은 자른부분과 자르지 않는 부분을 삼각형으로 판넬을 떠서 튀어 나온 모발을 낫칭으로 시술한다.

4 옆선 만들기를 진행한다.

1

2

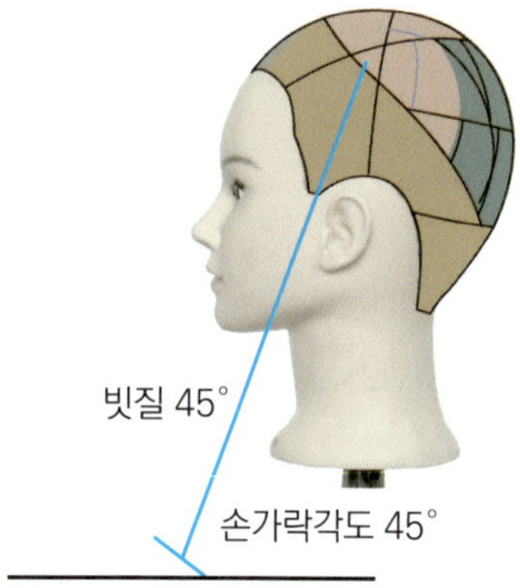

3

1 가슴이 코를 넘지 않는 범위에 서서 빗질을 45°로 하고 손가락각도도 45°로 시술한다.
2 반대편의 모발을 가져와서 반대편의 길이를 설정한다.
3 옆선에 모발이 무겁게 시술된 것을 형태선의 제외하고 사선으로 판넬을 떠서 코너를 제거한다.

5 앞머리를 시술한다.

1

2

3

1 앞머리 영역을 삼각형으로 떠서 양쪽에서 온 가이드를 코선에 맞추어서 일직선으로 시술한다.

2,3 나머지의 연결된 모발은 앞머리의 사선슬라이스와 평행하게 앞쪽으로 밀어서 시술한다.

시술종료

원형 패턴 2-1

Long Layerde 2-1

도해도의 비밀 ——— 모발길이에 따른 기울기 ②

시술방법 뒤에서 앞으로

헤어스타일을 분석해서 커트의 순서를 먼저 생각한다.

1. 어디서부터 이 커트를 시작할지?
2. 처음 시작점의 길이가이드는?
3. 형태선은 어떤 형태선을 만들지?
4. 형태선에 맞는 슬라이스는 어떤 슬라이스로 활용할지?
5. 베이스는?
6. 모발이 겹쳐지는 중심축의 시술각의 선택은?
7. 뒷손질이 편한 질감처리는?

1 뒷선의 형태선 만들기부터 시작하여 형태존의 U라인을 시술하고 디자인 존을 시술한다.

2 N.P에서 두상을 한배 연장하는 롱헤어의 기본길이 25cm에서 시작한다.

3 뒷선에서 가벼운 U라인 형태선을 만든다.

4 형태선 만들기는 가로와 사선으로, 중심축의 시술각 선택은 세로와 사선으로 곡선을 만들기 위한 전체적인 복합 슬라이스를 활용한다.

5 베이스는 두상을 그대로 연장하는 온더베이스를 활용하고, 모발이 없는 곳이나 형태선 만들기에는 오버다이렉션을 사용한다.

6. 시술각의 활용은 G.P 아래는 모발이 두상대로 떨어지는 판넬의 맨밑은 자연시술각 90°, 손가락각도는 70°로 시술하고 G.P 위는 두상을 거쳐서 떨어지므로 일반시술각 90°로 시술한다.

7 쳐내기의 방법을 이용하여 뒷손질이 편하고 예쁘게 표현되는 질감처리를 진행한다.

Tip

이 헤어스타일을 시술하기 위하여 주의할 점 (형태존의 좌·우길이 동일)

롱헤어는 얼굴을 벗어난 길이에 모발이 떨어지므로 첫 번째의 조건은 좌·우의 길이가 동일하게 시술이 되어야 한다.

시술순서

1. 길이가이드를 설정하고 형태선 만들기를 진행한다.

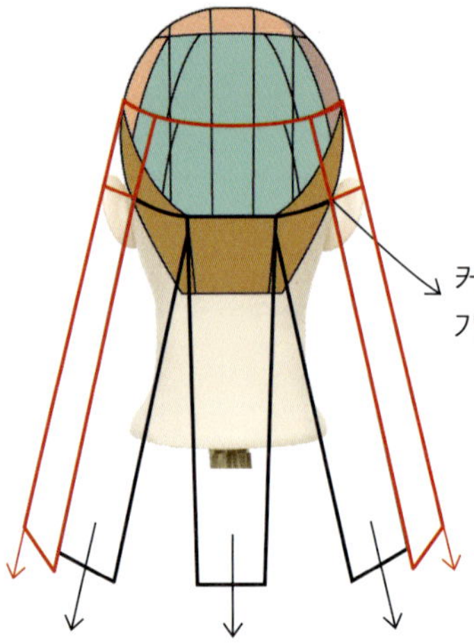

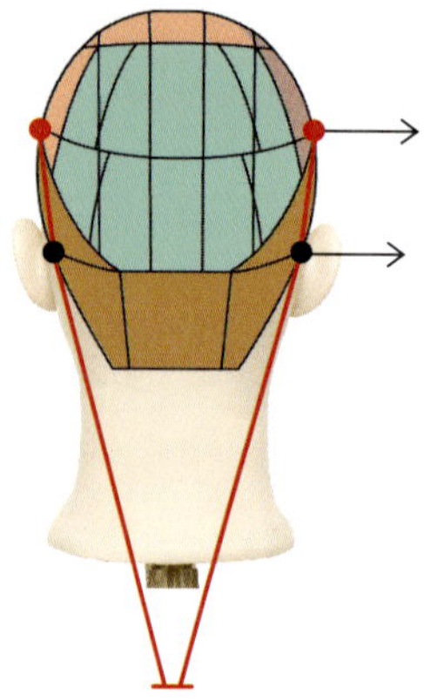

2. 형태선 존에서 시작하여 G.P 아래까지는 자연시술각 90° G.P 위는 일반시술각 90°로 진행한다.

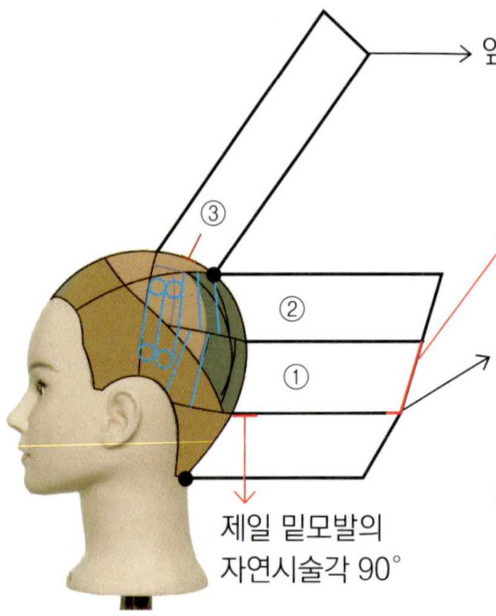

① 길이가이드 : B.N.M.P에서 설정한다.
슬라이스 : ①② 세로슬라이스 ③ 사선슬라이스로 시술한다.
베이스 : 온더베이스로 시술한다.
시술각 : 자연시술각 90°를 시술하기 위한 손가락각도 70°로 시술한다.

② 길이가이드 : G.B.M.P에서 설정한다.
슬라이스 : ①② 세로 ③ 사선 ④⑤ 시술각 길이가이드와 형태선의 길이를 사선으로 연결한다.
베이스 : 온더베이스로 시술한다.
시술각 : 자연시술각 90°를 시술하기 위한 손가락각도 70°로 시술한다.

③ 길이가이드 : G.P에서 길이가이드를 설정한다.
슬라이스 : ①②③ 세로 ④⑤ 삼각형으로 떠서 튀어나온 모발 체크를 낫칭으로 시술한다.
베이스 : 온더베이스
시술각 : G.P에서 일반시술각 90°로 시술하면 손가락각도는 일반시술각 70°가 된다.

3. 옆선 만들기를 시술한다.

4. 앞머리의 이미지를 만든다.

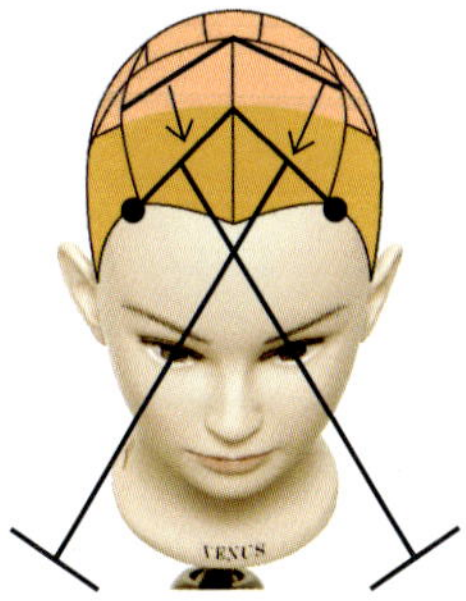

옆선의 길이가이드로 오른쪽은 왼쪽으로,
왼쪽은 오른쪽으로 빗질하여
슬라이스와 평행하게 시술한다.

나의 작품 디자인 해보기

Long Layerde 2

도해도그리기 (뒤)

도해도그리기 (앞, 옆)

시술순서

1 형태선 만들기를 진행한다.

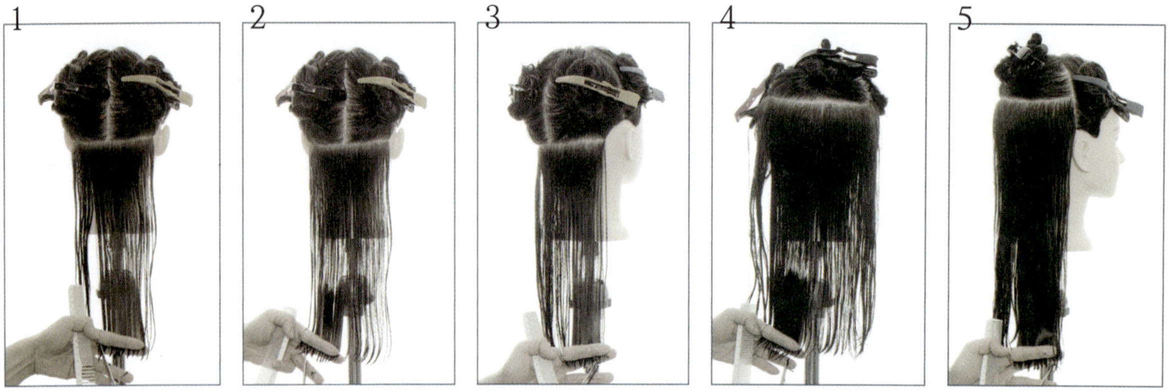

1 뒷선이 결정되는 곳까지 나눈 후에 중심축에서 길이가이드를 설정한다.
2,3 가슴을 움직여서 두상이 함몰된대로 빗질하여 손가락을 45°로 낫칭하여 시술한다.
4 U라인의 형태선을 시술하기 위하여 밑모발의 길이가이드에 맞추어서 시술한다.
5,6 뒷옆선에 해당하는 곳은 가슴의 위치를 빗질의 시작점에 두고 시작한다.

2 모발이 중력에 의해서 떨어지는 곳 G.P 아래까지 맨밑에 모발의 자연시술각 90° 손가락각도는 자연시술각 70°로 시술한다.

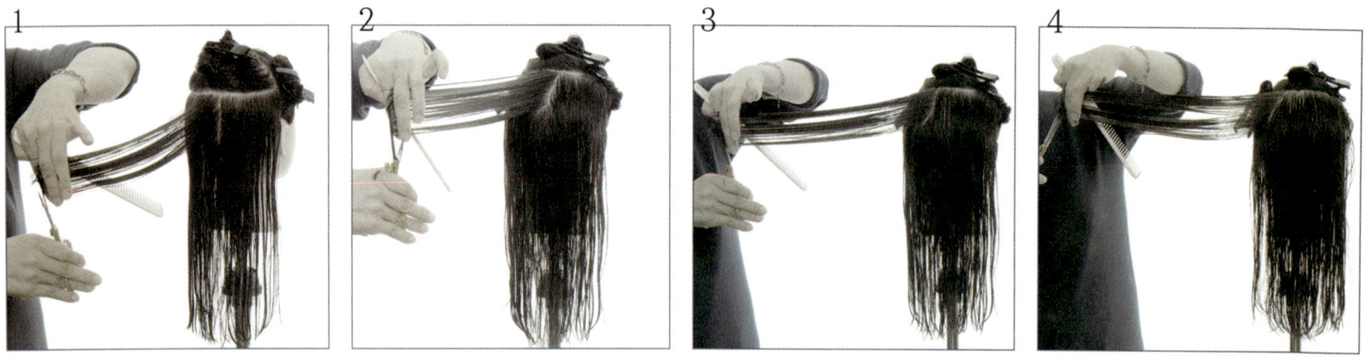

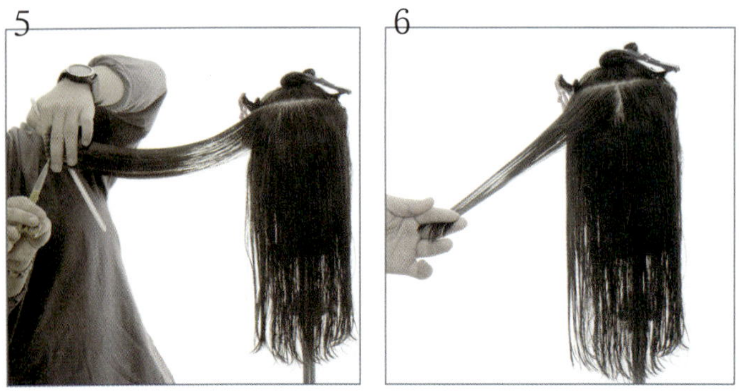

1 이곳은 두상이 함몰되어 있다. 손가락으로 먼저 손가락을 맞추어 본 후에 그 각도로 시술한다. 맨밑에 모발을 자연시술각으로 시술하려면 손가락각도가 70°가 된다.
2 중심은 세로로 슬라이스를 떠서 온더베이스로 자연시술각 90° 손가락각도는 70°가 되게 시술한다.
3 G.P아래에 세로슬라이스 온더베이스로 시술한다.
4,5 사이드는 사선슬라이스로 온더베이스로 시술한다.
6 가로로 판넬을 떠서 체크한다.

3 모발이 두상을 거쳐서 떨어지는 곳은 일반시술각 90°로 시술한다.

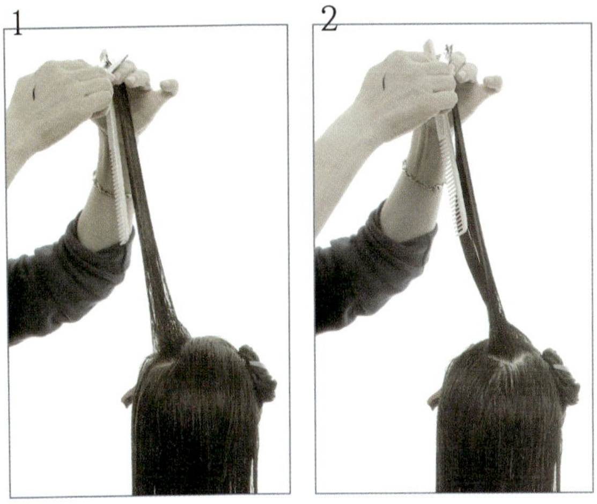

1 세로 슬라이스로 떠서 온더베이스로 시술한다.
2,3 판넬을 제외한 부분은 자른부분과 자르지 않는 부분을 삼각형으로 판넬을 떠서 튀어 나온 모발을 낫칭으로 시술한다.

4 옆선 만들기를 진행한다.

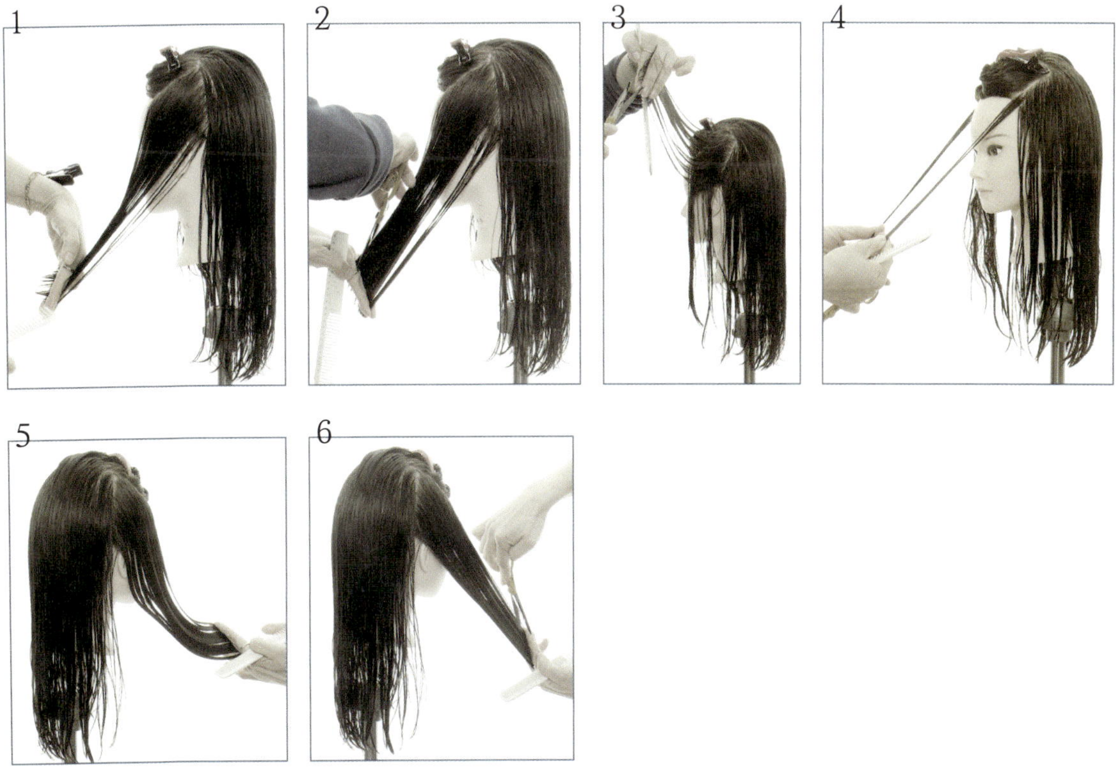

1 가슴이 코를 넘지 않는 범위에서 사선으로 서서 빗질을 45°로 하고 손가락각도도 up45°로 시술한다.
2 손가락으로 판넬을 잡기 힘들 때는 가위로 윗모발이 짧고 아래가 길게 시술한다.
3 옆선에 모발이 무겁게 시술된 것을 형태선의 제외하고 사선으로 판넬을 떠서 코너를 제거한다.
4 반대편에 길이가이드를 설정한다.
5,6 빗질은 45°로, 손가락각도는 up45°로 시술한다.

5 앞머리를 시술한다.

1

2

3

4

1 앞머리 영역을 삼각형으로 떠서 슬라이스와 평행하게 시술한다.
2 반대편도 동일하게 슬라이스와 평행하게 시술한다.
3 나머지의 연결된 모발은 앞머리의 사선슬라이스와 평행하게 앞쪽으로 밀어서 시술한다.
4 반대편도 3번과 동일하게 시술한다.

6 앞머리와 뒷머리를 연결한다.

1

2

1 앞머리의 연결부위의 모발과 위로 떨어지는 뒷모발을 세로로 판넬을 떠서 연결한다.
2 앞모발이 짧고 뒷모발이 길어 앞쪽으로 밀어서 빗질하여 시술한다.

7 드라이 한 것처럼 표현되는 질감처리를 한다.

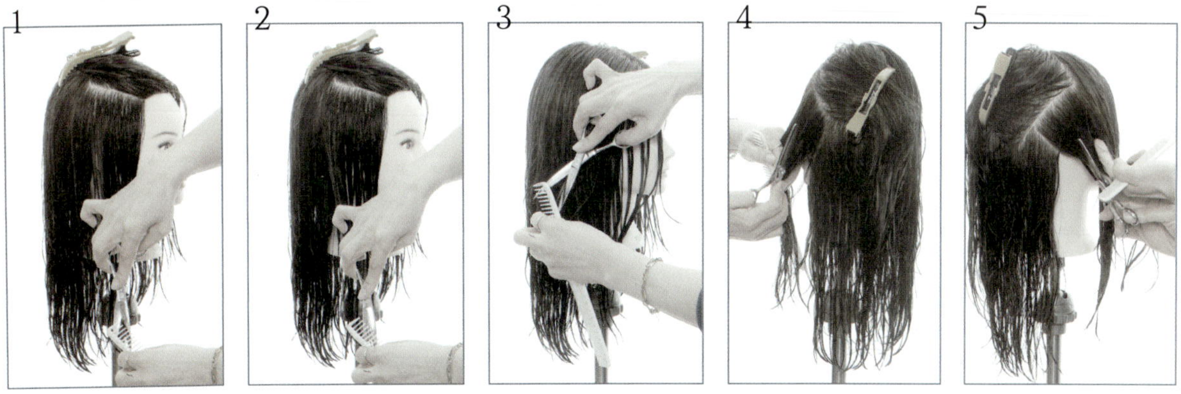

1 모발끝에서 10cm부분에서 커브가위로 모발을 도려내는 빽컷을 진행한다.
2 모발을 사선으로 잡고 방향성을 만들기 위해서 빽컷을 진행한다.
3 디자인 존에 해당하는 모발도 빽컷을 진행한다.
4 이 부분은 두상이 튀어나와 있기 때문에 무거워보여 이곳의 모발을 윗모발이 짧고 아랫모발이 길게 사선으로 틴닝으로 시술한다.
5 반대쪽도 동일하게 앞의 모발이 짧고 뒷 모발이 길게 시술한다.

시술종료

원형 패턴 2-2 Long Layerde 2-2

도해도의 비밀 　　　　　　　　　　 모발길이에 따른 기울기 ②

시술방법 앞에서 뒤로

헤어스타일을 분석해서 커트의 순서를 먼저 생각한다.

1. 어디서부터 이 커트를 시작할지?
2. 처음 시작점의 길이가이드는?
3. 형태선은 어떤 형태선을 만들지?
4. 형태선에 맞는 슬라이스는 어떤 슬라이스로 활용할지?
5. 베이스는?
6. 모발이 겹쳐지는 중심축의 시술각의 선택은?
7. 뒷손질이 편한 질감처리는?

1 좌·우의 길이가 동일하게 시술해야 하고 기울기가 많기 때문에 앞에서 뒤로 시술하는 것이 쉽고 빠르게 시술한다고 생각하고, 여기서는 앞에서 뒤로 시술한다.

2 옆선에서 먼저 길이가이드를 설정하는데 F.S.P에서 25cm를 설정한다.

3 옆선에서 시작하여 기울기를 많이 주는 U라인의 형태선을 시술하기 위하여 up 45° 인크리스 레이어로 시술한다.

4 형태선 만들기는 가로와 사선으로, 중심축의 시술각 선택은 세로와 사선으로 곡선을 만들기 위한 전체적인 복합 슬라이스를 활용한다.

5 베이스는 두상을 그대로 연장하는 온더베이스를 활용하고, 모발이 없는 곳이나 형태선 만들기에는 오버다이렉션을 사용한다.

6. 시술각의 활용은 G.P 아래는 모발이 두상대로 떨어지므로 판넬의 맨밑은 자연시술각 90°, 손가락각도는 70°로 시술하고 G.P 위는 두상을 거쳐서 떨어지므로 일반시술각 90°로 시술한다.

7 질감처리는 뒤에서 앞으로 시술방법에서 활용했다.

Tip

이 헤어스타일을 시술하기 위하여 주의할 점 (형태선 존의 좌·우길이 동일)

롱헤어는 얼굴을 벗어난 길이에 모발이 떨어지므로 첫 번째의 조건은 좌·우의 길이가 동일하게 시술이 되어야 한다.

시술순서

1. 옆선의 형태선 만들기를 시술한다.

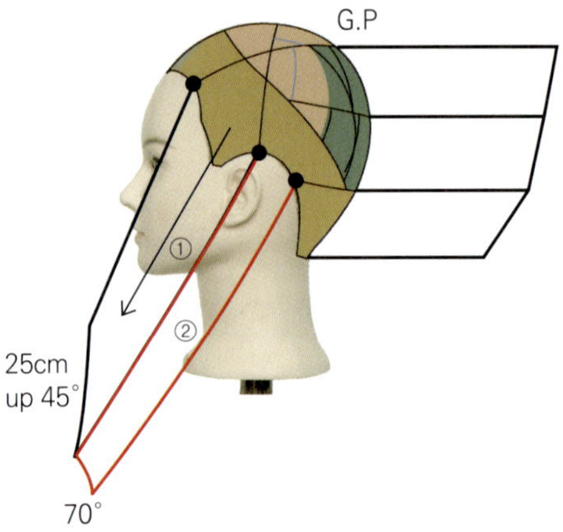

디자인 존의 영역의 모발을 나눈 후
F.S.P에서 25cm 길이를 설정하여
빗질은 45°, 손가락은 up 45°(인크리스 레이어)로
시술하여 옆선을 만든 후
그 가이드로 귀의 반까지 뒷 옆선을
빗질 45° 손가락각도 70°로
U라인 형태선의 기울기를 만든다.

2. 옆선의 가이드로 뒷선의 형태선을 만든다.

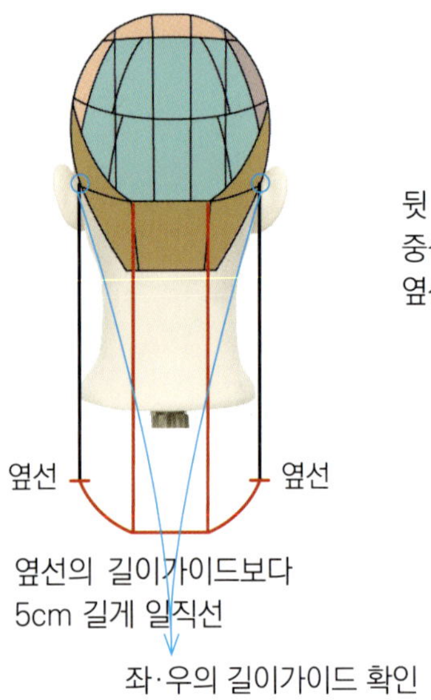

뒷 옆선에서 온 길이가이드보다
중심축에서 5cm 길게 일직선을 먼저 시술하고 뒷
옆선과 연결하여 U라인의 형태선을 시술한다.

3. 형태선 존에서 시작하여 G.P 아래까지는
자연시술각 90° G.P 위는 일반시술각 90°로 진행한다.

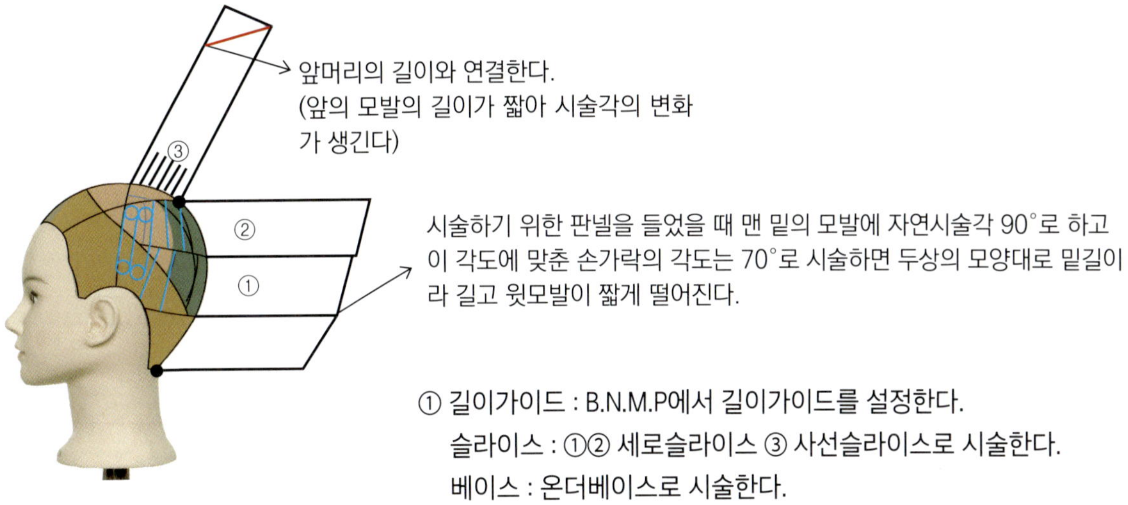

① 길이가이드 : B.N.M.P에서 길이가이드를 설정한다.
슬라이스 : ①② 세로슬라이스 ③ 사선슬라이스로 시술한다.
베이스 : 온더베이스로 시술한다.
시술각 : 자연시술각 90°를 시술하기 위한 손가락각도 70°로 시술한다.

② 길이가이드 : G.B.M.P에서 길이가이드를 설정한다.
슬라이스 : ①② 세로 ③ 사선 ④⑤ 시술각 길이가이드와 형태선의 길이를 사선으로 연결하여 낫칭으로 시술한다.
베이스 : 온더베이스로 시술한다.
시술각 : 자연시술각 90°를 시술하기 위한 손가락각도 70°로 시술한다.

③ 길이가이드 : G.P에서 길이가이드를 설정한다.
슬라이스 : ①②③ 세로 ④⑤ 삼각형으로 떠서 튀어나온 모발 체크하여 낫칭으로 시술한다.
베이스 : 온더베이스로 시술한다.
시술각 : 일반시술각 90°로 시술 후 앞머리 영역에서 온 길이가이드와 연결한다.

4. 앞머리표정 만들기를 진행한다.

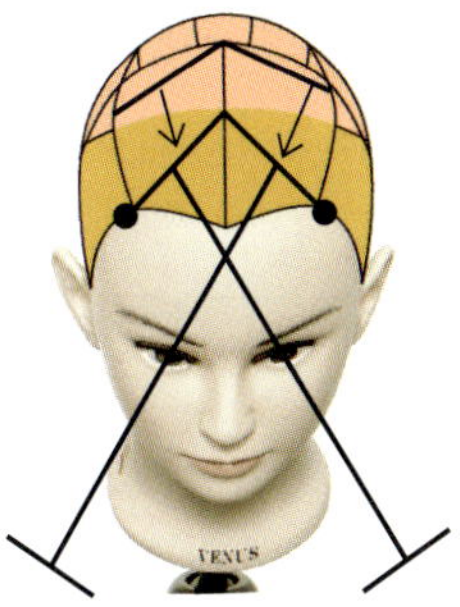

슬라이스와 평행하게 빗질하여 시술한다.
옆선의 길이가이드를 가지고 모발을 앞쪽으로 밀어서 시술한다.
반대쪽도 동일한 방법으로 시술한다.

1 두상나누기를 진행하여 옆선 만들기를 진행한다.

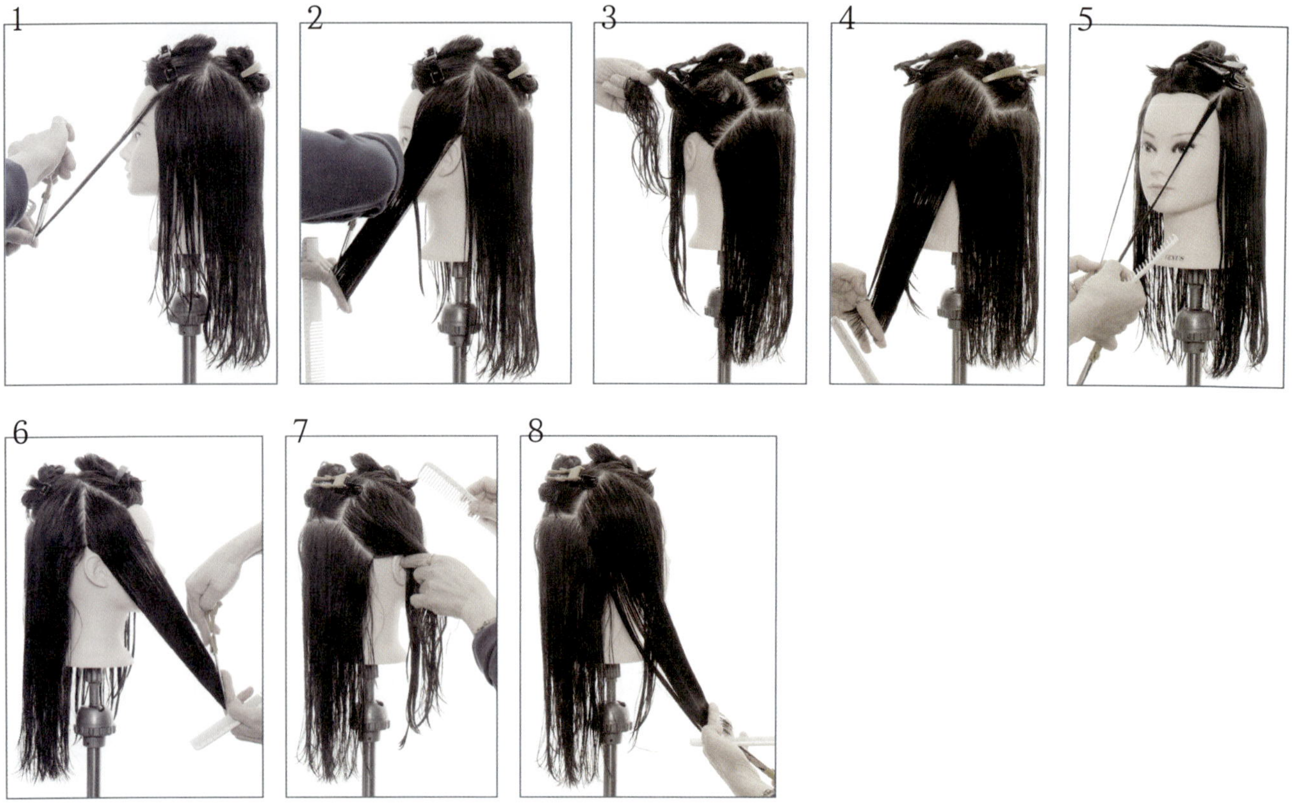

1 F.S.P에서 25cm의 길이가이드를 설정한다.
2 빗질을 45°로 하고 손가락각도도 up45°로 시술한다.(손가락은 45°로 하고 가위가 up45° 시술로 가능)
손가락으로 판넬을 잡기 힘들 때는 가위로 윗모발이 짧고 아래가 길게 시술한다.
3 뒷선의 옆선을 영역을 찾는다.
4 뒷선의 옆선을 빗질은 45° 손가락각도 70°로 진행한다.
5 반대편의 옆선의 길이가이드를 설정한다.
6 빗질을 45°로 진행하고 윗모발이 짧고 아랫모발이 길어지게 인크리스 레이어로 시술한다.
7 뒷선의 옆선의 영역을 결정한다.
8 빗질을 45°로 진행하고 손가락각도 70°로 시술한다. 이때 자세를 낮추어서 시술한다.

2 뒷선의 형태선을 시술한다.

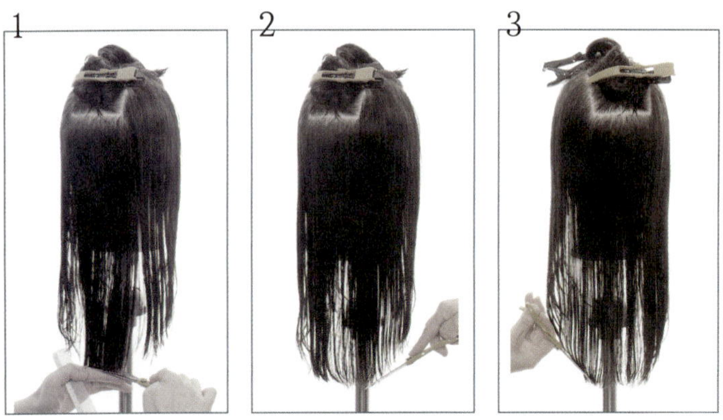

1 양쪽의 길이가이드보다 5cm길어지게 중심축에서 일직선을 시술한다.
2 뒷선의 옆선의 길이가이드와 중심축의 길이를 연결한다.
3 반대쪽도 중심축의 가이드와 옆선의 길이가이드를 연결한다.

3 형태선 존의 손가락각도는 맨 밑의 모발 자연시술각 90°로 하고 손가락각도는 70°로 시술한다.

1

2

3

1 이곳은 두상이 함몰되어 있다. 손가락으로 먼저 손가락을 맞추어 본 후에 그 각도로 시술한다.
맨밑에 모발을 자연시술각으로 시술하려면 손가락각도가 70°가 된다.
2,3 중심은 세로로 슬라이스를 떠서 온더베이스로 자연시술각 90° 손가락각도는 70°가 되게 시술한다.

4 중력에 의해 떨어지는 G.P까지 맨밑 모발의 자연시술각 90° 손가락각도 70°로 시술한다.

1

2

3

4
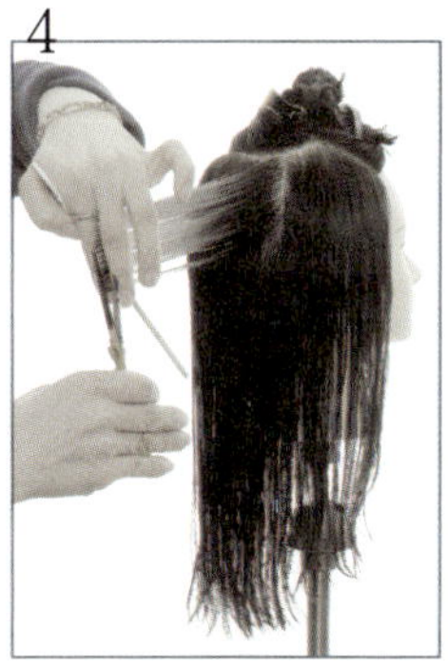

1,2 G.P아래에 세로슬라이스 온더베이스로 시술한다.
3 사이드는 사선슬라이스 온더베이스로 시술한다.
4 반대쪽도 동일한 방법으로 시술한다.

5 형태선까지 시술이 마무리가 된 상태

1

2

6 G.P위는 먼저 G.P에서 일반시술각 90°로 시술한다.

1

1 일반시술각 90°로 온더베이스로 시술한다.

7 앞머리를 시술한다.

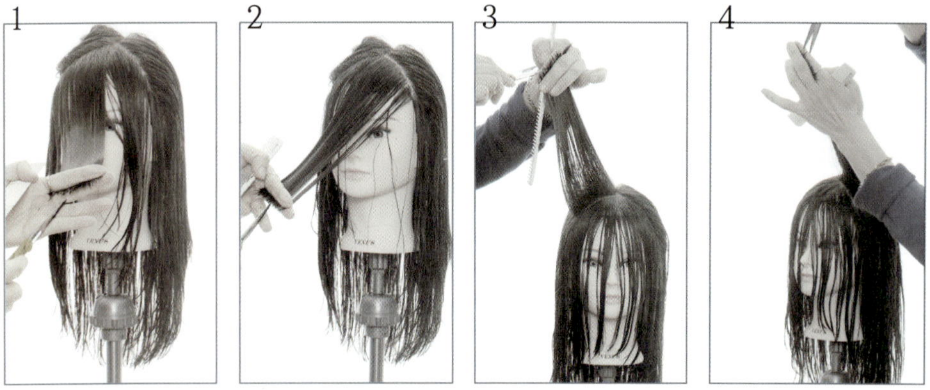

1 앞머리 영역을 삼각형으로 떠서 반대쪽으로 빗질하여 슬라이스와 평행하게 시술한다.
2 반대편도 동일하게 시술한다.
3 나머지의 연결된 모발은 앞머리의 사선슬라이스와 평행하게 앞쪽으로 밀어서 시술한다.
4 반대쪽도 동일하게 시술한다.

8 앞머리와 뒷머리를 연결한다.

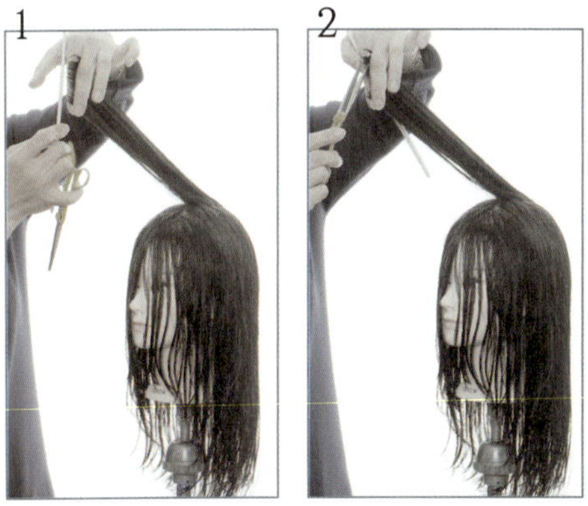

1 앞머리의 연결부위의 모발과 위로 떨어지는 뒷모발을
세로로 판넬을 떠서 연결한다.
2 앞모발이 짧고 뒷모발이 길어 앞쪽으로 밀어서 빗질하여 시술한다.

시술종료

원형 패턴 3 Long Layerde 3

도해도의 비밀 — 모발길이에 따른 기울기 ③

헤어스타일을 분석해서 커트의 순서를 먼저 생각한다.

1. 어디서부터 이 커트를 시작할지?
2. 처음 시작점의 길이가이드는?
3. 형태선은 어떤 형태선을 만들지?
4. 형태선에 맞는 슬라이스는 어떤 슬라이스로 활용할지?
5. 베이스는?
6. 모발이 겹쳐지는 중심축의 시술각의 선택은?
7. 뒷손질이 편한 질감처리는?

1 헤어스타일을 분석하고 쉽게 시술할 수 있는 곳에서 시작한다. 롱헤어의 기본으로 뒤에서부터 앞으로 진행하면서 시술한다.

2 N.P에서 25cm에서 길이가이드를 설정한다.

3 아웃라인은 두상의 곡면을 그대로 연장한 U라인의 형태선을 시술한다.

4 형태선 만들기는 가로와 사선으로, 중심축의 시술각 선택은 세로와 사선으로 곡선을 만들기 위한 전체적인 복합슬라이스를 활용한다.

5 베이스는 두상을 그대로 연장하는 온더베이스를 활용하고, 모발이 없는 곳이나 형태선 만들기에는 오버다이렉션을 사용한다.

6. 시술각의 활용은 G.P 아래는 모발이 두상대로 떨어지는 판넬의 맨밑은 자연시술각 90°, 손가락각도는 70°로 시술하고 G.P 위는 두상을 거쳐서 떨어지므로 일반시술각 90°로 시술하고 앞머리와 연결하면서 시술각의 변화가 생긴다.

7 쳐내기의 방법은 고객의 조건에 따라 달라진다.

Tip

이 헤어스타일을 시술하기 위하여 주의할 점 (형태선 존의 좌·우길이 동일)

롱헤어는 얼굴을 벗어난 길이에 모발이 떨어지므로 첫 번째의 조건은 좌·우의 길이가 동일하게 시술이 되어야 한다.

시술순서

1. 길이가이드를 설정하고 형태선 만들기를 진행한다.

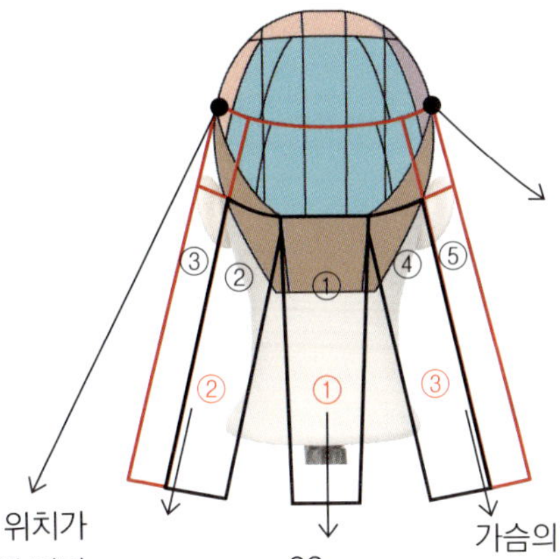

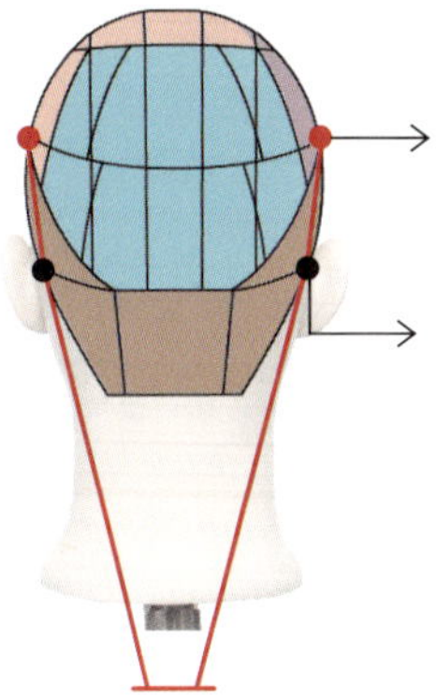

2. 형태선 존에서 시작하여 G.P 아래까지는 자연시술각 90°, 손가락각도는 70°, G.P 위는 일반시술각 90°로 진행한다.

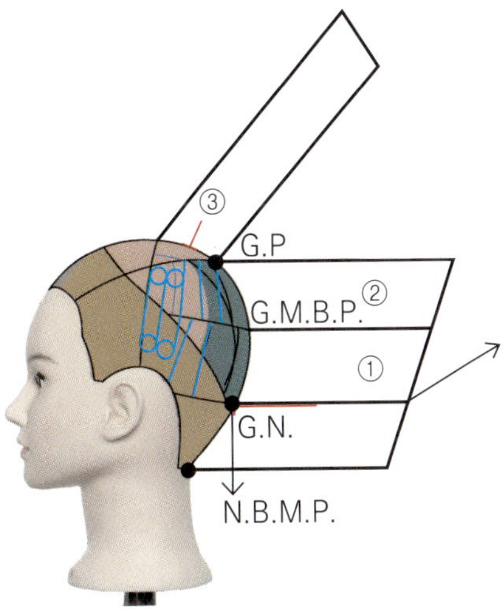

시술하기 위한 판넬을 들었을 때 맨 밑의 모발에 자연시술각 90°로 하고 이 각도에 맞춘 손가락의 각도는 70°로 시술하면 두상의 모양대로 밑길이라 길고 윗모발이 짧게 떨어진다.

① 길이가이드 : B.N.M.P에서 길이가이드를 설정한다.
슬라이스 : ①② 세로슬라이스 ③ 사선슬라이스로 시술한다.
베이스 : 온더베이스로 시술한다.
시술각 : 자연시술각 90°를 시술하기 위한 손가락각도 70°로 시술한다.

② 길이가이드 : G.B.M.P에서 길이가이드를 설정한다.
슬라이스 : ①② 세로 ③ 사선 ④⑤ 시술각 길이가이드와 형태선의 길이를 사선으로 연결하여 시술한다.
베이스 : 온더베이스로 시술한다.
시술각 : 자연시술각 90°를 시술하기 위한 손가락각도 70°로 시술한다.

③ 길이가이드 : G.P에서 길이가이드를 설정한다.
슬라이스 : ①②③ 세로 ④⑤ 삼각형으로 떠서 튀어나온 모발 체크하여 낫칭으로 시술한다.
베이스 : 온더베이스로 시술한다.
시술각 : 일반시술각 90°로 시술한다.

3. 옆선 만들기를 시술한다.

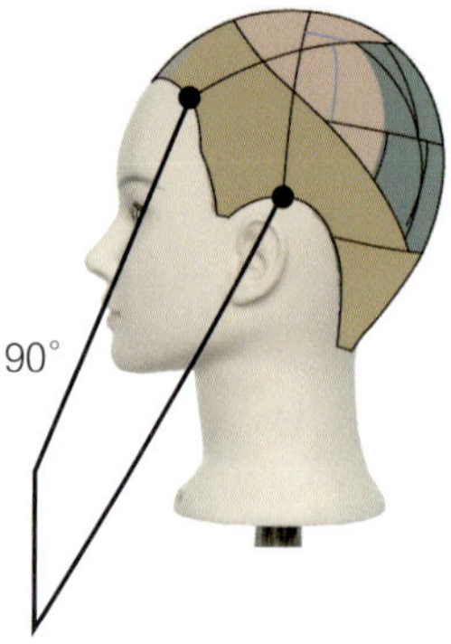

뒷선에서 온 길이가이드로
뒷옆선의 기울기는 45°의 손가락각도로 시술하고
옆선을 뒷옆선의 가이드를 선택하여
빗질은 45° 손가락각도는 90°로 시술한다.

4. 앞머리표정 만들기를 진행한다.

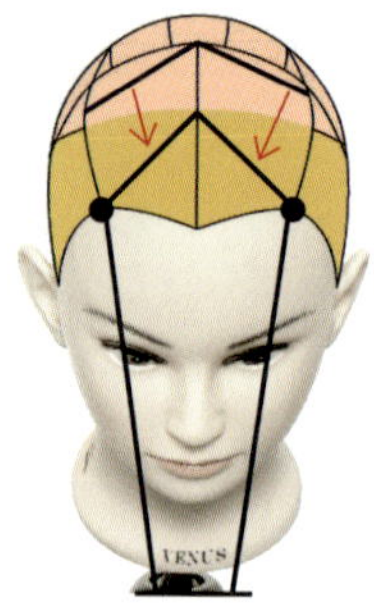

옆선의 길이가이드를
센터쪽으로 당겨서 일직선으로 시술하여
무거운 앞머리 흐름을 만든다.
앞머리의 연결부위는
앞쪽으로 밀어서 시술한다.

나의 작품 디자인 해보기

Long Layerde 3	도해도그리기 (뒤)	도해도그리기 (앞, 옆)
시술순서		

1 형태선 만들기를 진행한다.

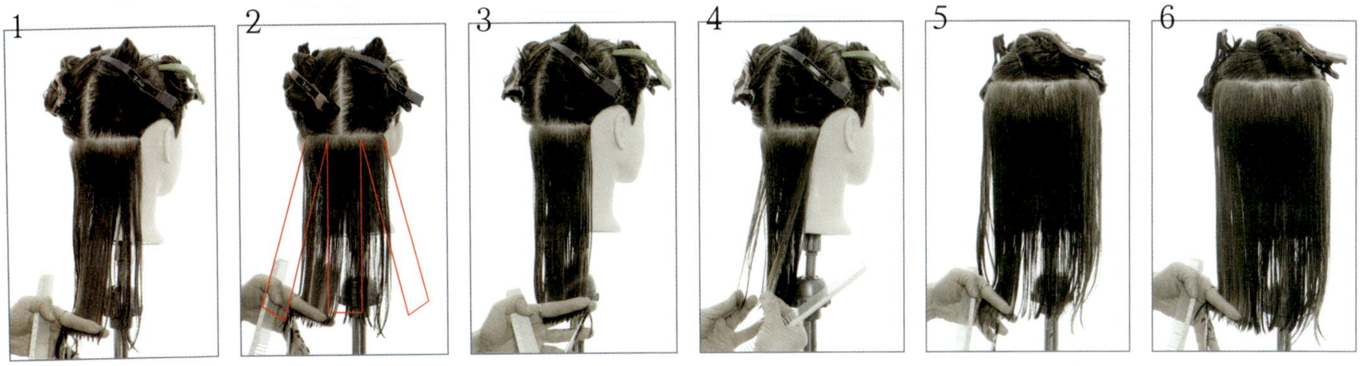

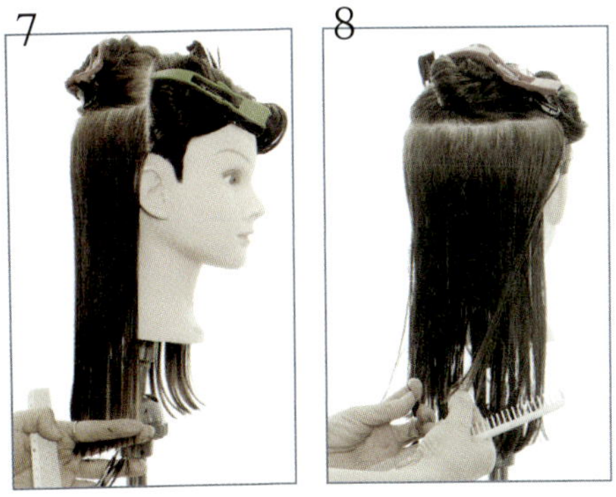

1 뒷선이 결정되는 곳까지 나눈 후에 중심축에서 길이가이드를 설정한다.
2 가슴을 움직여서 두상이 함몰된대로 빗질하여 손가락을 45°로 낫칭하여 시술한다.
3 반대쪽도 2번과 동일한 방법으로 시술한다.
4 시술한 후에 좌·우에서 모발을 중심으로 당겨서 좌·우의 길이가이드를 맞춘다.
5 U라인의 형태선을 시술하기 위하여 밑모발의 가이드에 맞추어서 시술한다.
6 뒷옆선에 해당하는 곳은 가슴의 위치를 빗질의 시작점에 두고 시작한다.
7 반대쪽도 동일한 방법으로 시술한다.
8 좌·우의 길이를 중심에 당겨서 길이를 맞추어서 진행한다.

2 모발이 중력에 의해서 떨어지는 곳 G.P 아래까지는 맨 밑에 모발의 자연시술각 90° 손가락각도는 자연시술각 70°로 시술한다.

1 맨밑에 모발을 자연시술각으로 시술하려면 손가락각도가 70°가 된다.
2 세로로 슬라이스를 떠서 온더베이스로 1번과 동일한 방법으로 시술한다.
3 사이드는 사선으로 뒷선이 결정되는 곳까지 떠서 시술한다.
4 중심은 세로 슬라이스를 시술하고 사이드는 사선슬라이스로 시술한다.
5,6 G.P아래에 세로슬라이스 온더베이스로 시술한다.
7 사이드는 사선슬라이스로 온더베이스로 시술한다.
8 형태선의 가이드와 시술각에서 나온 가이드를 사선으로 연결하여 시술한다.

3 두상 위에 있는 모발은 두상을 거쳐서 떨어지므로 두상의 각도 일반시술각 90° 시술한다

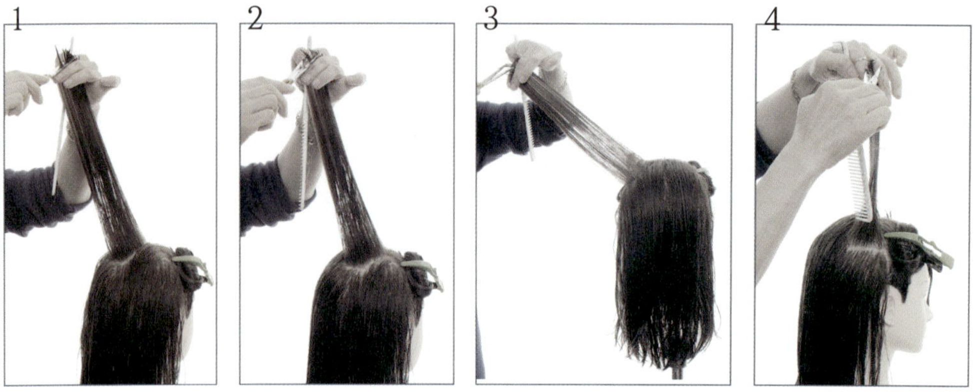

1.2 세로 슬라이스로 떠서 온더베이스로 시술한다.
3.4 3판넬을 제외한 부분은 자른부분과 자르지 않는 부분을 삼각형으로 판넬을 떠서 튀어 나온 모발을 낫칭으로 시술한다.

4 옆선 만들기를 진행한다.

1 빗질을 45°로 하고 손가락각도도 90°로 시술한다.
2 옆선의 형태선을 제외하고 무거운 모발을 사선으로 떠서 삼각코너를 제거한다.
3 반대편의 모발을 가져와서 반대편의 길이를 설정한다.
4 빗질은 45°, 손가락각도는 90°로 밑모발이 길고 윗모발이 짧게 시술한다.
5 옆선에 모발이 무겁게 시술된 것을 형태선의 제외하고 사선으로 판넬을 떠서 코너를 제거한다.

5 앞머리를 시술한다

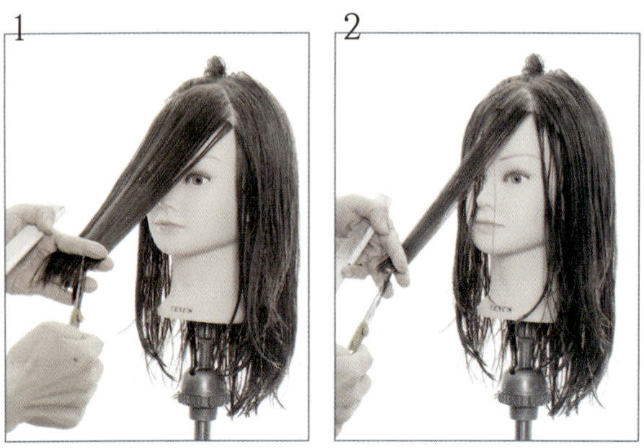

1 앞머리 영역을 삼각형으로 떠서 양쪽에서 온 가이드를 코선에 맞추어서 일직선으로 시술한다.
2 모발이 겹치는 앞머리 부분이 무거우면 이곳만 윗모발이 짧게 시술한다.

6 연결선의 머리를 앞쪽으로 밀어서 시술한다.

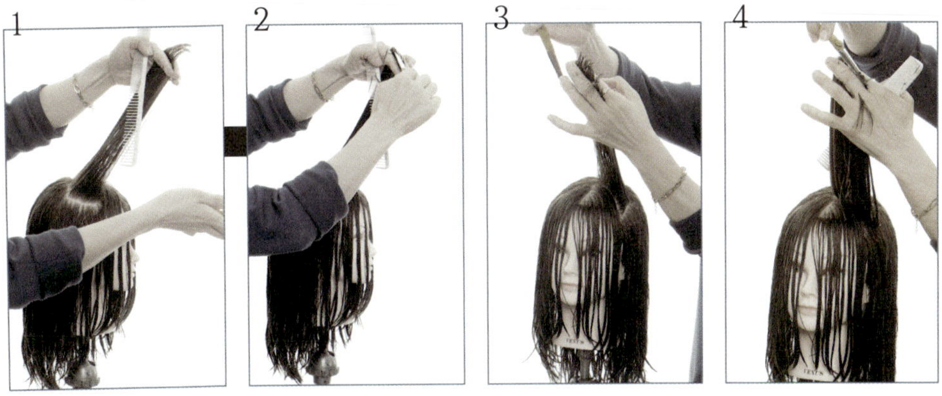

1.2 앞쪽의 연결부위의 모발을 떠서 슬라이스와 평행하게 앞쪽으로 밀어서 시술한다.
3.4 반대쪽도 동일한 방법으로 시술한다. 이때 가슴이 슬라이스의 중앙에 있어야 앞쪽으로 평행하게 밀기가 편리한다.

7 앞머리와 뒷머리를 연결한다.

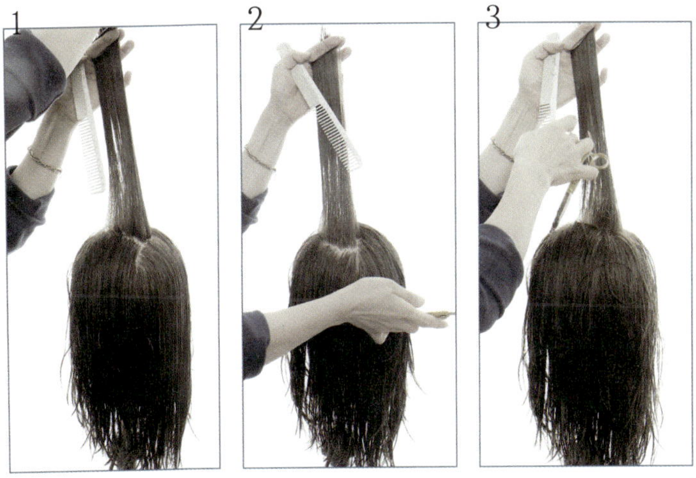

1.2.3 세로 슬라이스를떠서 앞쪽으로 모발을 밀어서 빗질하여 앞머리와 뒷머리를 연결한다.

시술종료

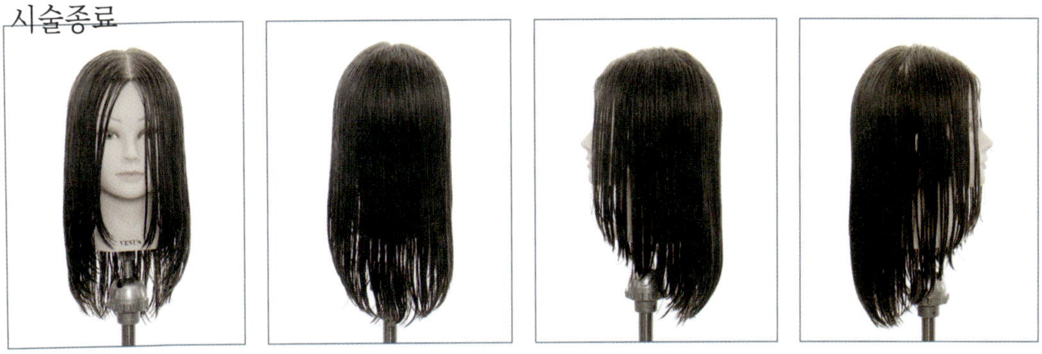

원형 패턴 4 Semi Layerde

도해도의 비밀 모발길이에 따른 기울기 ④

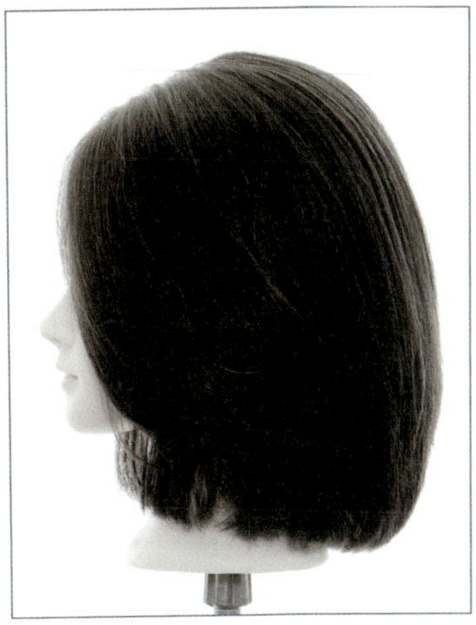

헤어스타일을 분석해서 커트의 순서를 먼저 생각한다.

1. 어디서부터 이 커트를 시작할지?
2. 처음 시작점의 길이가이드는?
3. 형태선은 어떤 형태선을 만들지?
4. 형태선에 맞는 슬라이스는 어떤 슬라이스로 활용할지?
5. 베이스는?
6. 모발이 겹쳐지는 중심축의 시술각의 선택은?
7. 뒷손질이 편한 질감처리는?

1 디자인 존과 형태선 존을 나누어서 전체적인 헤어스타일을 분석하고, 쉽고 빠르게 마무리를 할 수 있을지를 판단하고 결정한다. 길이가 짧고 무거운 형태선을 만들기 위해 뒤에서부터 앞으로 시술한다.

2 N.P에서 C컬이 표현되는 기본길이로 N.P. 8~9cm에서 시작한다.

3 형태선 존에 무거운 U라인을 시술한다.

4 형태선 만들기는 가로와 사선으로, 중심축의 시술각 선택은 세로와 사선으로 곡선을 만들기 위한 전체적인 복합 슬라이스를 활용한다.

5 베이스는 두상을 그대로 연장하는 온더베이스를 활용하고, 모발이 없는 곳이나 형태선 만들기에는 오버다이렉션을 사용한다.

6 시술각의 활용은 G.P 아래는 모발이 두상대로 떨어지는 판넬의 맨 밑에 자연시술각 90°, 손가락각도는 70°로 시술하고 G.P 위는 일반시술각 90°로 시술한다.

Tip

이 헤어스타일을 시술하기 위하여 주의할 점

N.P 길이가 10cm 이하의 길이는 기울기가 많아지면 뒷옆선에 모발이 없는 부분까지 기울기가 표현되게 한다.
N.P의 길이가 짧으면 완만한 U라인 형태선을 시술하면 안전하다.

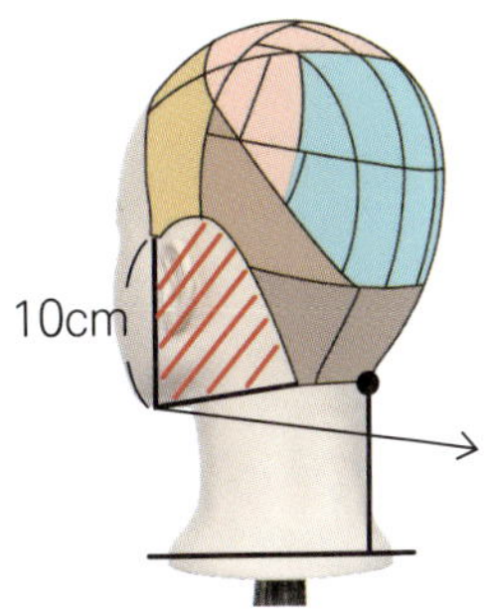

N.P의 길이가이드가 옆선의 모발이 없는 만큼의 길이를 설정할 때는 모발이 없는 만큼 두상이 드러나기 때문에 형태선을 완만하게 시술해야 실패할 확률이 적다.

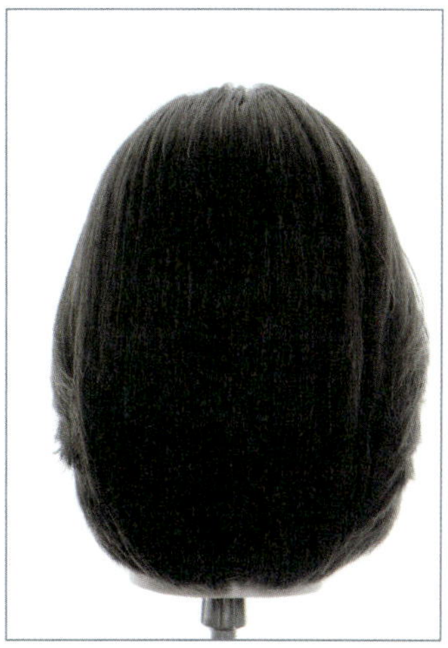

시술순서

1. 길이가이드를 설정하고 뒷선에 U라인 형태선 만들기를 진행한다.

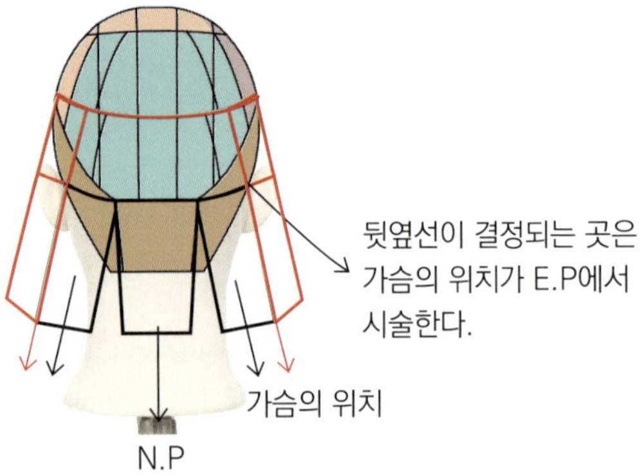

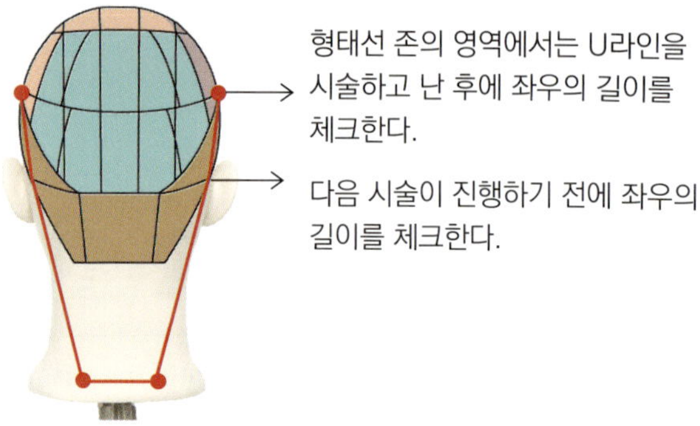

2. 형태선 존에서 시작하여 G.P 아래까지는 자연시술각 90° G.P 위는 일반시술각 90°로 시술한다.

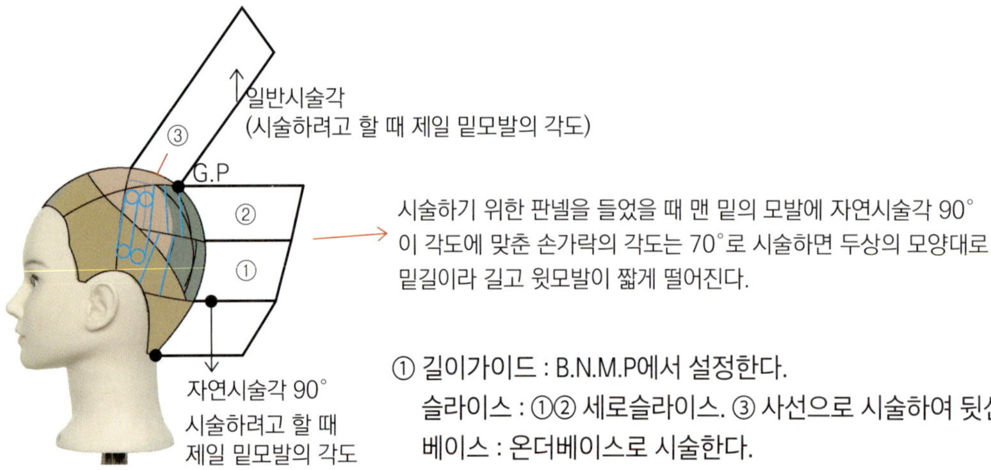

① 길이가이드 : B.N.M.P에서 설정한다.
슬라이스 : ①② 세로슬라이스. ③ 사선으로 시술하여 뒷선의 형태선까지 진행한다.
베이스 : 온더베이스로 시술한다.
시술각 : 자연시술각 90°를 시술하기 위한 손가락각도 70°로 시술한다.

② 길이가이드 : G.B.M.P에서 설정한다.
슬라이스 : ①② 세로 ③ 사선 ④⑤ 시술각 길이가이드와 형태선의 길이를 사선으로 중심축 시술각의 가이드와 형태선의 가이드를 연결한다.
베이스 : 온더베이스로 시술한다.
시술각 : 자연시술각 90°를 시작하기 위한 손가락각도 70°로 시술한다.

③ 길이가이드 : G.P에서 설정한다.
슬라이스 : ①②③ 세로 ④⑤ 삼각형으로 떠서 튀어나온 모발을 체크한다.
베이스 : 온더베이스로 시술한다.
시술각 : 일반시술각 90°로 시술한다.

3. 옆선 만들기를 시술한다.

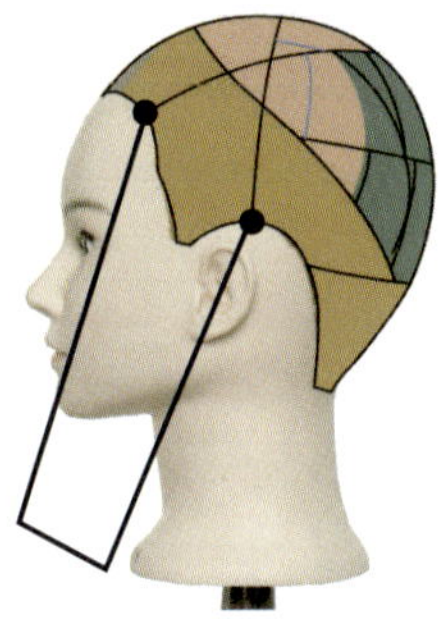

뒷선에서 온 길이가이드로
뒷옆선의 기울기는 20~30°의 손가락각도로 시술하고
옆선을 뒷옆선의 가이드를 선택하여
빗질은 45° 손가락각도는 20~30°로 시술한다.

4. 앞머리표정 만들기를 진행한다.

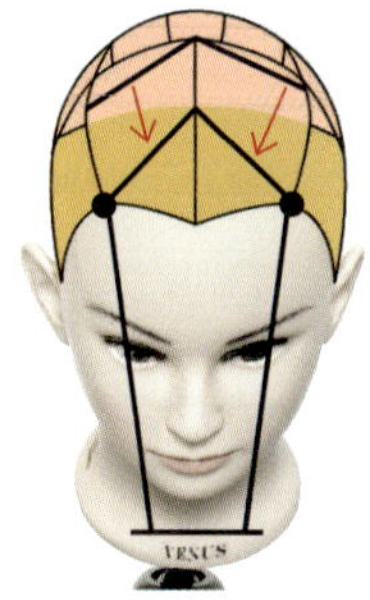

옆선의 길이가이드를
센터쪽으로 당겨서 일직선으로 시술하여
무거운 앞머리 흐름을 만든다.
앞머리의 연결부위는
앞쪽으로 밀어서 시술한다.

나의 작품 디자인 해보기

Semi Layerde	도해도그리기 (뒤)	도해도그리기 (앞, 옆)
시술순서		

1 형태선 만들기를 진행한다.

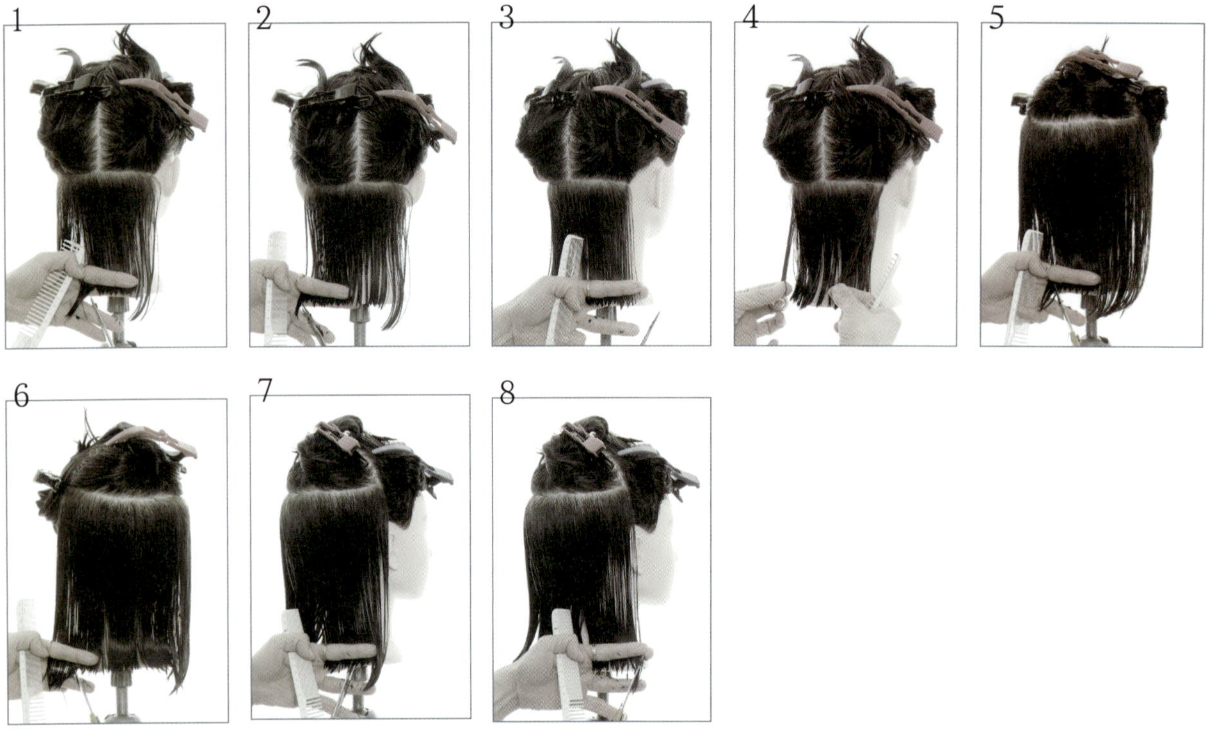

1 뒷선이 결정되는 곳까지 나눈 후에 중심축에서 길이가이드를 설정한다.
2.3 가슴을 움직여서 두상이 함몰된대로 빗질하여 손가락을 20°로 낫칭하여 시술한다.
4 시술한 후에 좌·우에서 모발을 중심으로 당겨서 좌·우의 길이가이드를 맞춘다.
5 U라인의 형태선을 시술하기 위하여 밑모발의 중심가이드에 맞추어서 시술한다.
6.7 뒷옆선에 해당하는 곳은 가슴의 위치를 빗질의 시작점에 두고 시작한다.
8 낫칭을 아래서부터 위를 향해 진행한다.

2 G.P 아래는 맨 밑의 모발 자연시술각 90°, 손가락각도 70°로 시술한다.

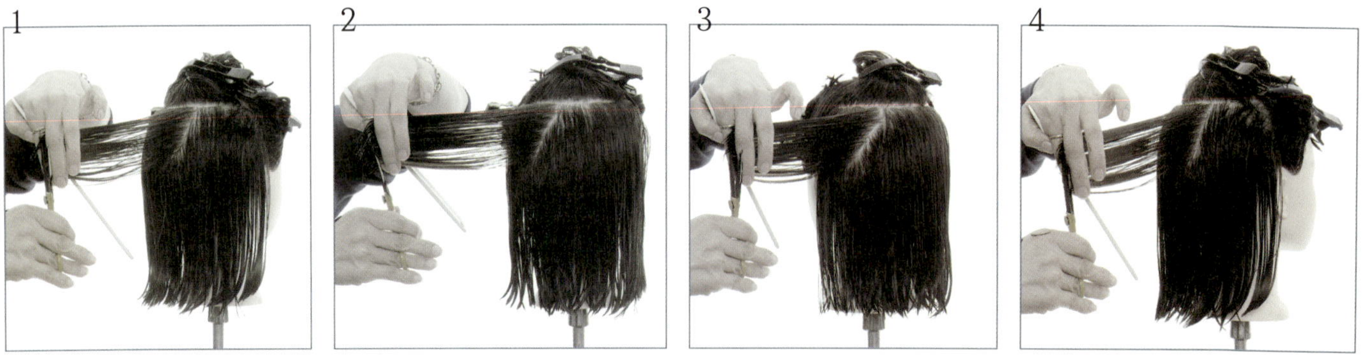

1 세로 슬라이스로 온더베이스로 시술한다.
2,3 두상이 함몰된 영역은 사선슬라이스로 낫칭으로 시술한다.
4,5 반대편에 중심축에 해당하는 부분도 세로 슬라이스로 온더베이스시술한다.

3 모발이 두상을 거쳐서 떨어지는 곳 G.P 위는 일반시술각 90°로 시술한다.

1
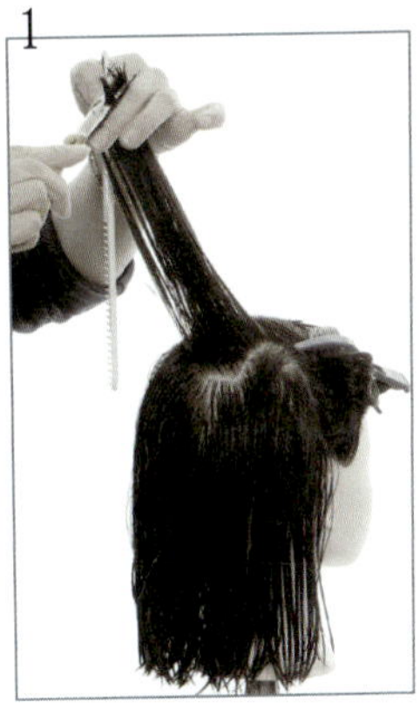
2

3

1 세로 슬라이스로 떠서 온더베이스로 시술한다.
2.3 3판넬을 제외한 부분은 자른부분과 자르지 않는 부분을 삼각형으로 판넬을 떠서 튀어 나온 모발을 낫칭으로 시술한다.

4 옆선 만들기를 진행한다.

1

2

3

4

5

6

1.2 빗질을 45°로 하고 손가락각도도 20~30°로 시술한다.
3 형태선을 제외한 무거운 부분은 사선으로 판넬을 떠서 코너부분을 제거한다.
3 반대편의 모발을 가져와서 반대편의 길이를 설정한다.
4 1번과 동일한 방법으로 시술한다.
5 반대편도 1번과 동일한 방법으로 시술한다.
6 옆선에 모발이 무겁게 시술된 것을 형태선의 제외하고 사선으로 판넬을 떠서 코너를 제거한다.

5 앞머리를 시술한다

1

2

3

4

5

6

1 앞머리 영역을 삼각형으로 뜨고 양쪽에서 온 가이드를 코선에서 일직선으로 시술한다.
2,3 앞머리의 슬라이스와 평행하게 앞쪽으로 밀어서 시술한다.
4 반대쪽도 슬라이스와 평행하게 앞쪽으로 밀어서 시술한다.
5 앞머리와 뒷머리의 영역을 연결하여 튀어나온 모발을 제거한다.
6 세로 슬라이슬로 앞머리와 뒷머리를 연결하여 시술한다.

시술종료
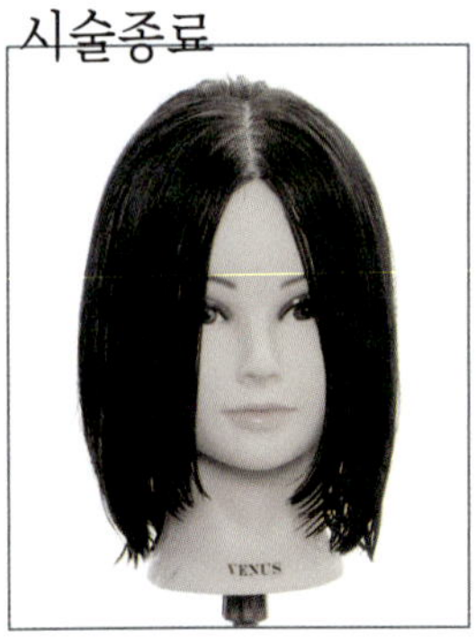
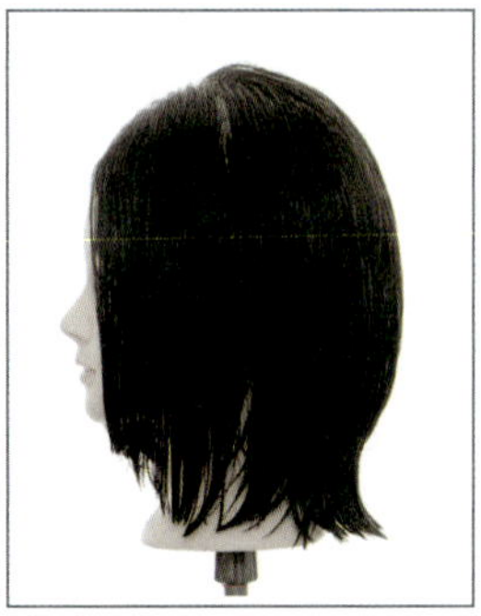
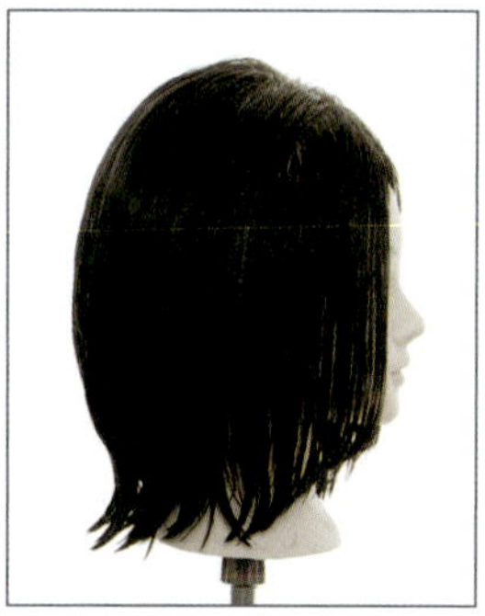

원형 패턴 5 Bob Layered

도해도의 비밀 모발길이에 따른 기울기 ⑤

헤어스타일을 분석해서 커트의 순서를 먼저 생각한다.

1. 어디서부터 이 커트를 시작할지?
2. 처음 시작점의 길이가이드는?
3. 형태선은 어떤 형태선을 만들지?
4. 형태선에 맞는 슬라이스는 어떤 슬라이스로 활용할지?
5. 베이스는?
6. 모발이 겹쳐지는 중심축의 시술각의 선택은?
7. 뒷손질이 편한 질감처리는?

1 디자인 존과 형태선 존을 나누어서 전체적인 헤어스타일을 분석하고, 빠르고 쉽게 시술할 곳을 판단하고 결정한다. 무거운 형태선으로 완만하게 시술하기 위해 뒤에서부터 앞으로 시술한다.

2 두상의 볼륨을 만들기 위하여 N.P 3cm에서 시작한다.

3 형태선 존에 무거운 U라인을 표현한다.

4 형태선 만들기는 가로와 사선으로, 중심축의 시술각 선택은 세로와 사선으로 곡선을 만들기 위한 전체적인 복합 슬라이스를 활용한다.

5 베이스는 두상을 그대로 연장하는 온더베이스를 활용하고, 모발이 없는 곳이나 형태선 만들기에는 오버다이렉션을 사용한다.

6 시술각의 활용은 G.P 아래는 모발이 두상대로 떨어지는 판넬의 맨밑은 자연시술각 90°, 손가락각도는 70°로 시술하고 G.P 위는 두상을 거쳐서 떨어지므로 일반시술각 90°로 시술한다.

Tip

이 헤어스타일을 시술하기 위하여 주의할 점

N.P 길이가 10cm 이하의 길이는 기울기가 많아지면 뒷옆선에 모발이 없는 부분까지 기울기가 표현되게 한다.
N.P의 길이가 짧으면 완만한 U라인 형태선을 시술하면 안전하다.

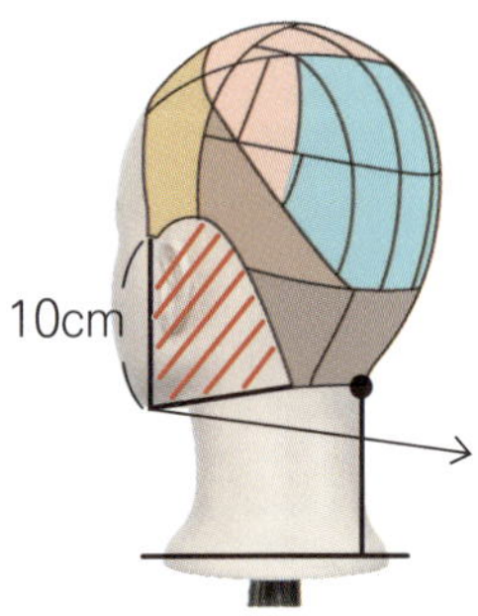

N.P의 길이가이드가
옆선의 모발이 없는 만큼의
길이를 설정할 때는
모발이 없는 만큼
두상이 드러나기 때문에
형태선을 완만하게 시술해야
실패할 확률이 적다.

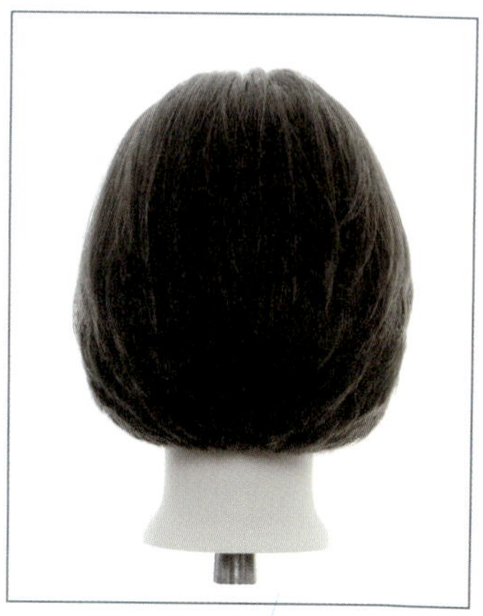

시술순서

1. 길이가이드를 설정하고 형태선 만들기를 진행한다.

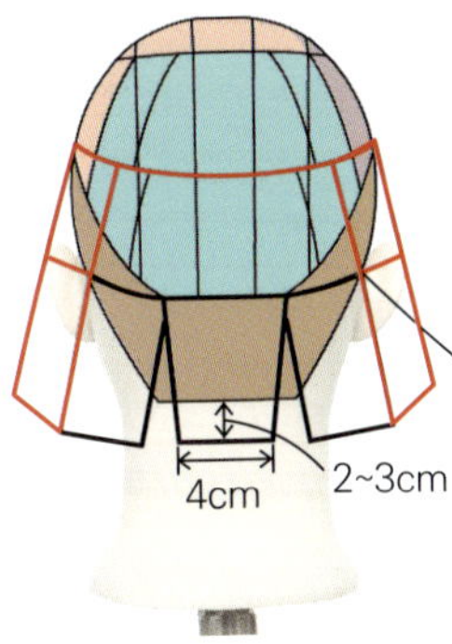

뒷옆선이 결정되는 곳은 가슴의 위치가 E.P에서 시술하면서 완만한 U라인의 형태선을 시술한다.

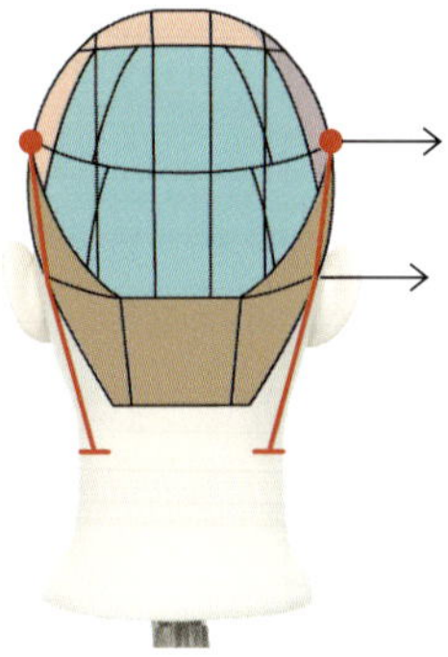

형태선 존의 영역에서는 U라인을 시술하고 난 후에 좌우의 길이를 체크한다.

다음 시술이 진행하기전에 좌우의 길이를 체크한다.

2. 형태선 존에서 시작하여 G.P 아래까지는 자연시술각 90°, G.P위는 일반시술각 90°로 시술한다.

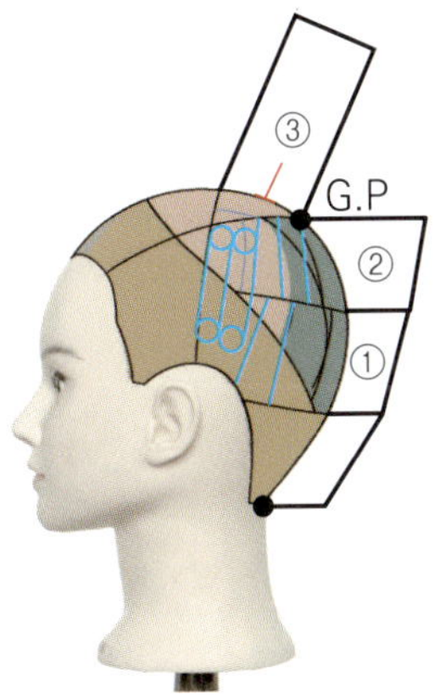

시술하기 위한 판넬을 들었을 때 맨 밑의 모발에 자연시술각 90° 이 각도에 맞춘 손가락의 각도는 70°로 시술하면 두상의 모양대로 밑길이라 길고 윗모발이 짧게 떨어진다.

① 길이가이드 : B.N.B.P에서 설정한다.
슬라이스 : ①② 세로슬라이스. ③ 사선으로 시술하여 뒷선의 형태선까지 진행한다.
베이스 : 온더베이스로 시술한다.
시술각 : 자연시술각 90°를 시술하기 위한 손가락각도 70°로 시술한다.

② 길이가이드 : G.B.M.P에서 길이가이드를 설정한다.
슬라이스 : ①② 세로 ③ 사선 ④⑤ 시술각 길이가이드와 형태선의 길이를 사선으로 형태선의 길이가이드와 시술각의 길이 가이드를 낫칭으로 연결한다.
베이스 : 온더베이스로 시술한다.
시술각 : 자연시술각 90°를 시작하기 위한 손가락각도 70°로 시술한다.

③ 길이가이드 : G.P에서 설정한다.
슬라이스 : ①②③ 세로 ④⑤ 삼각형으로 떠서 튀어나온 모발을 체크하면서 도려낸다.
베이스 : 온더베이스로 시술한다.
시술각 : 일반시술각 90°로 시술한다.

3. 옆선 만들기를 시술한다.

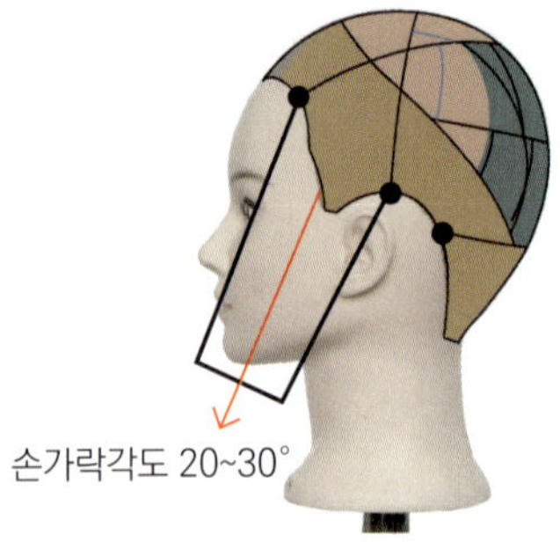

뒷선에서 온 길이가이드로
빗질은 45° 손가락각도는 20~30°로 시술한다.

4. 앞머리표정 만들기를 진행한다.

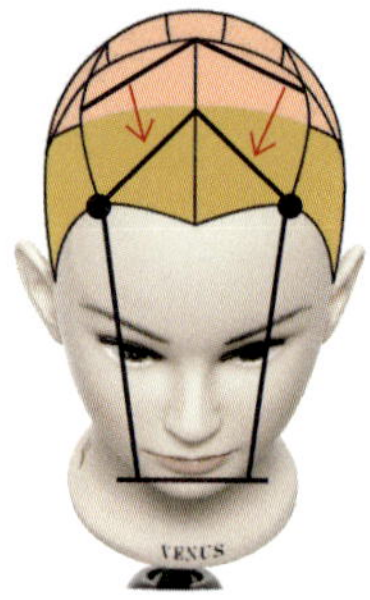

옆선의 길이가이드를
센터쪽으로 당겨서 일직선으로 시술하여
무거운 앞머리 흐름을 만든다.
앞머리의 연결부위는
앞쪽으로 밀어서 시술한다.

나의 작품 디자인 해보기

Bob Layered	도해도그리기 (뒤)	도해도그리기 (앞, 옆)

시술순서

1 형태선 만들기를 진행한다.

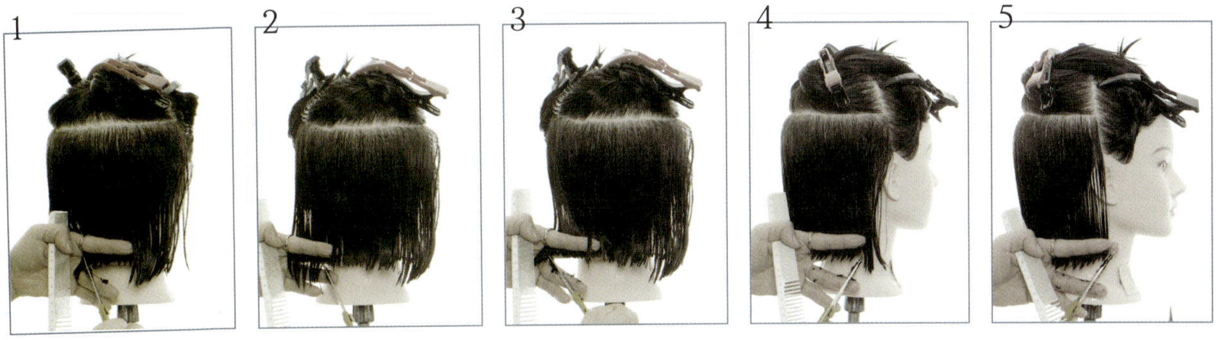

1 U라인의 형태선을 시술하기 위하여 중심에서 길이 가이드를 설정한다.
2,3 뒷옆선에 해당하는 곳은 가슴의 위치를 빗질의 시작점에 두고 시작한다.
4,5 반대쪽도 2.3과 동일한 방법으로 시술한다.

2 형태선 존에 층을 결정한다.

1,2,3 이곳은 두상이 함몰되어 있다. 손가락으로 먼저 손가락을 맞추어 본 후에 자연시술각 90°, 손가락각도 70°로 시술하면 모발이 순서대로 떨어진다.
4 중심은 세로로 슬라이스를 뜨고 사이드는 사선으로 뒷선이 결정되는 곳까지 떠서 시술한다.

3 디자인 존 4번 영역에 해당하는 부분도 자연시술각 90° 손가락각도 70°로 시술한다.

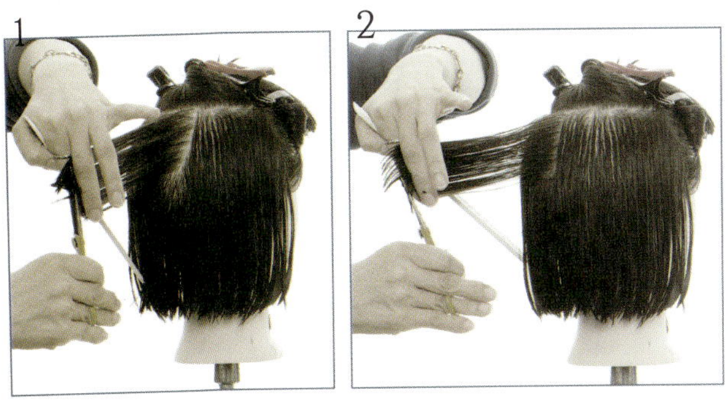

1 세로 슬라이스로 온더베이스로 시술한다.
2 중심축은 세로 슬라이스로 시술한다.

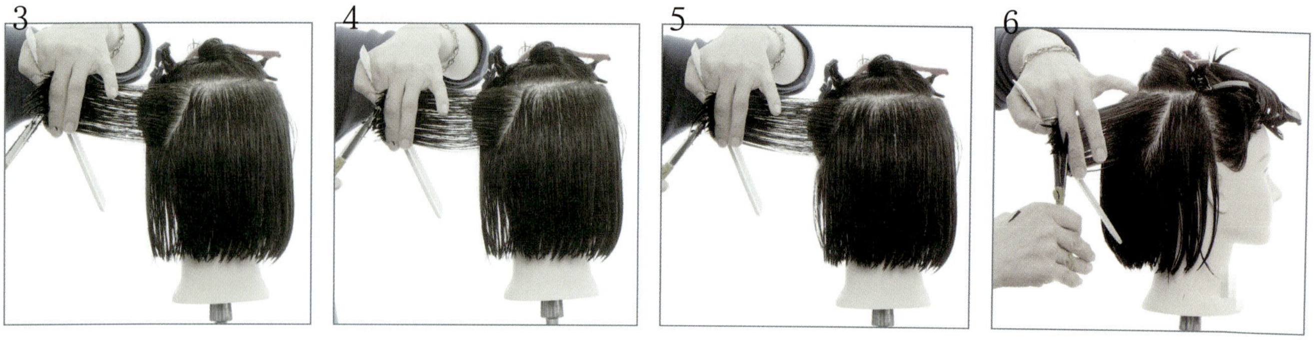

3,4,5 두상이 함몰된 영역은 사선슬라이스로 낫칭으로 시술한다.
6 반대편도 동일한 방법으로 시술한다.

4 모발이 두상을 거쳐서 떨어지는곳은 일반시술각 90˚로 시술한다.

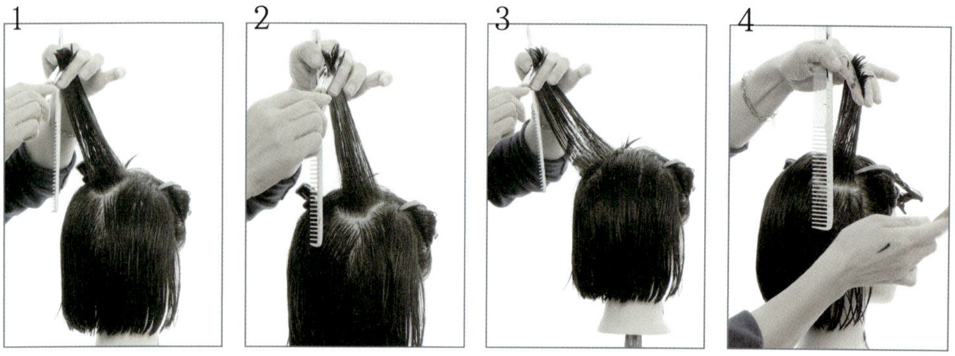

1,2 세로 슬라이스로 떠서 온더베이스로 시술한다.
3,4 3판넬을 제외한 부분은 자른부분과 자르지 않는 부분을 삼각형으로 판넬을 떠서 튀어 나온 모발을 낫칭으로 시술한다.

5 옆선 만들기를 진행한다.

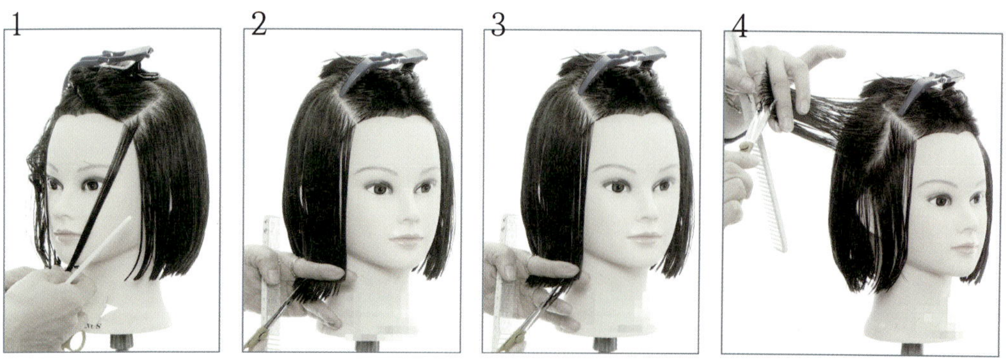

1 옆선의 길이가이드를 설정하여 뒷옆선과 연결한다.
2,3 손가락각도 20~30˚로 옆선 만들기를 시술한다.
4 뒷선과 옆선은 남기고 무거운 모발을 제거한다.

6 앞머리를 시술한다.

1

2

3

4

4

1 앞머리 영역을 삼각형으로 떠서 양쪽 길이 가이드를 코끝으로 빗질하여 일직선으로 시술한다.
2 앞머리의 슬라이스와 평행하게 하고 앞쪽으로 살짝 밀어서 시술한다.
3 반대쪽도 슬라이스와 평행하게 앞쪽으로 살짝 밀어서 시술한다.
4 앞머리와 뒷머리의 영역을 연결하여 튀어나온 모발을 제거한다.
5 세로 슬라이슬로 앞머리와 뒷머리를 연결하여 시술한다.

시술종료

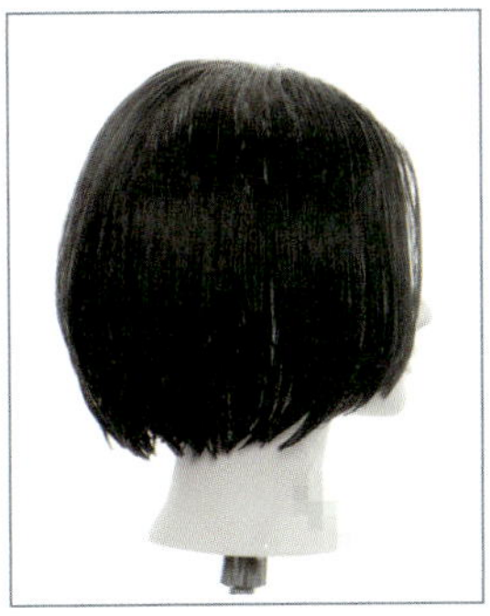
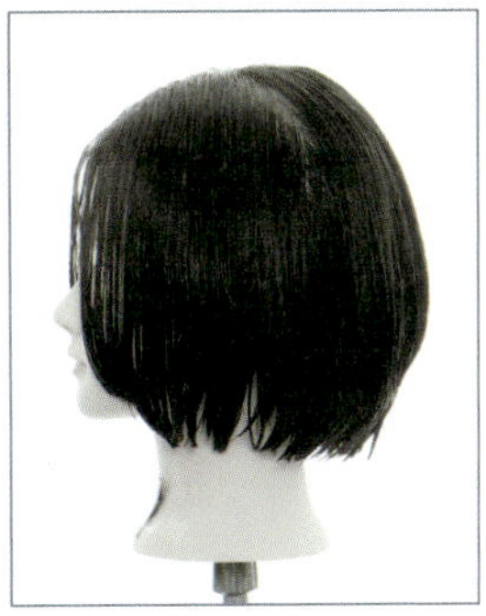

원형 패턴 6 Mushroom

도해도의 비밀 모발길이에 따른 기울기 ⑥

헤어스타일을 분석해서 커트의 순서를 먼저 생각한다.

1. 어디서부터 이 커트를 시작할지?
2. 처음 시작점의 길이가이드는?
3. 형태선은 어떤 형태선을 만들지?
4. 형태선에 맞는 슬라이스는 어떤 슬라이스로 활용할지?
5. 베이스는?
6. 모발이 겹쳐지는 중심축의 시술각의 선택은?
7. 뒷손질이 편한 질감처리는?

1 디자인 존과 형태선 존을 나누어서 전체적인 헤어스타일을 분석하고, 쉽고 빠르게 시술할 수 있는 곳에서 시작한다. 뒷선에서 길이가이드를 설정한 후 앞머리, 옆머리를 시술하여 뒷길이와 연결한다.

2 두상의 볼륨을 만들기 위하여 N.P 3cm에서 시작한다.

3 형태선 존에 U라인을 시술한다.

4 형태선 만들기는 가로와 사선으로, 중심축의 시술각 선택은 세로와 사선으로 곡선을 만들기 위한 전체적인 복합 슬라이스를 활용한다.

5 베이스는 두상을 그대로 연장하는 온더베이스를 활용하고, 모발이 없는 곳이나 형태선 만들기에는 오버다이렉션을 사용한다.

6 시술각의 활용은 G.P 아래는 모발이 두상대로 떨어지는 판넬의 맨밑은 자연시술각 90°, 손가락각도는 70°로 시술하고 G.P 위는 두상을 거쳐서 떨어지므로 일반시술각 90°로 시술한다.

Tip

이 헤어스타일을 시술하기 위하여 주의할 점

N.P 길이가 10cm 이하의 길이는 기울기가 많아지면 뒷옆선에 모발이 없는 부분까지 기울기가 표현되게 한다.

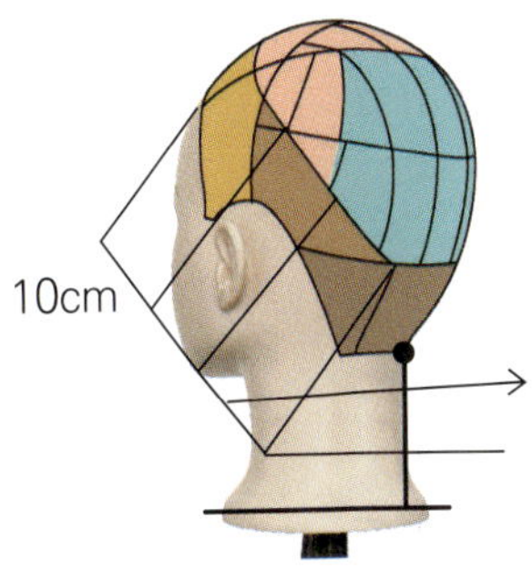

N.P의 길이가 짧으면
뒷길이를 설정한 후
앞머리의 길이가이드를
먼저 설정한 후에 시술하면
기울기를 쉽게 시술할 수 있다.

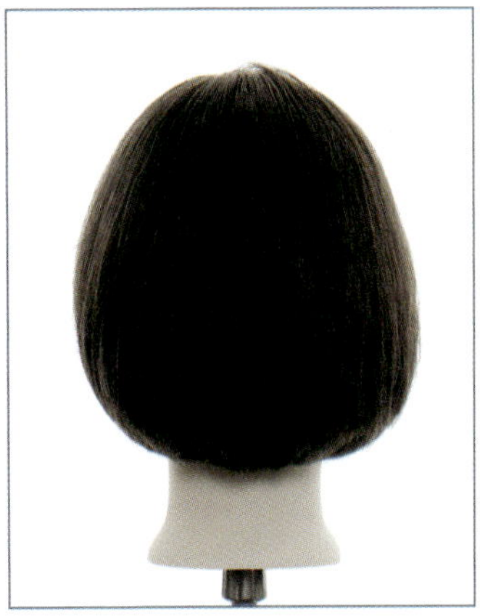

시술순서

1. 길이가이드를 설정하고 형태선 만들기를 진행한다.

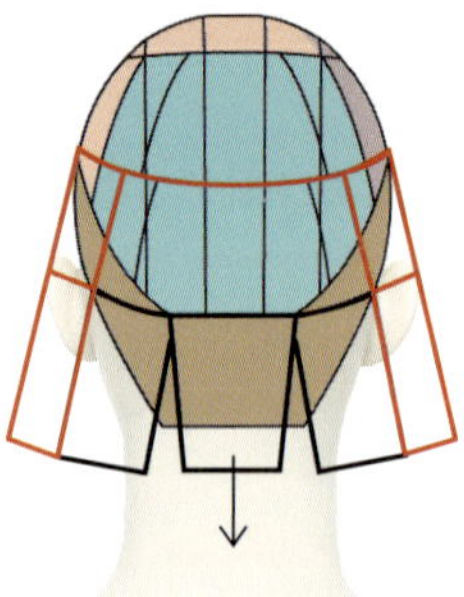

뒷선에서 2~3cm로 길이가이드를 설정하여
완만한 U라인 형태선을 만든다.

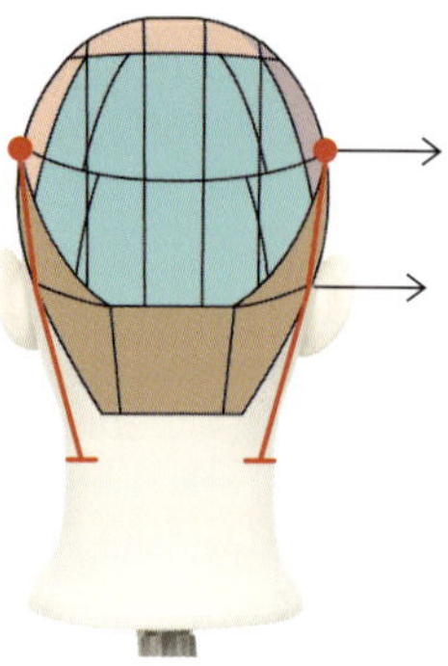

형태선 존의 영역에서는 U라인을 시술하고 난 후에 좌우의 길이를 체크한다.

다음 시술이 진행하기 전에 좌우의 길이를 체크한다.

2. 형태선 존에서 시작하여 G.P 아래까지는
자연시술각 90°, G.P위는 일반시술각 90°로 시술한다.

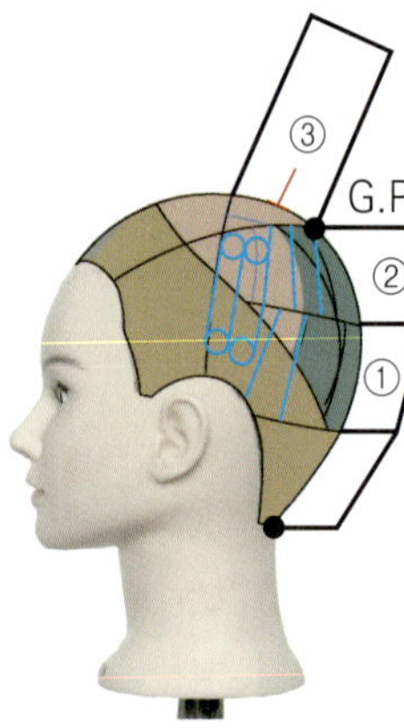

시술하기 위한 판넬을 들었을 때 맨 밑의 모발에 자연시술각 90°로 시술한다. 이 각도에 맞춘 손가락각도 70°로 시술하면 두상의 모양대로 밑길이라 길고 윗 모발이 짧게 떨어진다.

① 길이가이드 : B.N.M.P에서 설정한다.
슬라이스 : ①② 세로슬라이스. ③ 사선으로 시술하여 뒷선의 형태선까지 진행한다.
베이스 : 온더베이스로 시술한다.
시술각 : 자연시술각 90°를 시술하기 위한 손가락각도 70°로 시술한다.

② 길이가이드 : G.B.M.P에서 길이가이드를 설정한다.
슬라이스 : ①② 세로 ③ 사선 ④⑤ 시술각 길이가이드와 형태선의 길이를 사선으로 형태선의 길이가이드와 시술각의 길이 가이드를 낫칭으로 연결한다.
베이스 : 온더베이스로 시술한다.
시술각 : 자연시술각 90°를 시작하기 위한 손가락각도 70°로 시술한다.

③ 길이가이드 : G.P에서 설정한다.
슬라이스 : ①②③ 세로 ④⑤ 삼각형으로 떠서 튀어나온 모발을 체크하면서 도려낸다.
베이스 : 온더베이스로 시술한다.
시술각 : 일반시술각 90°로 시술한다.

3. 앞머리에서 기울기를 연결한다.

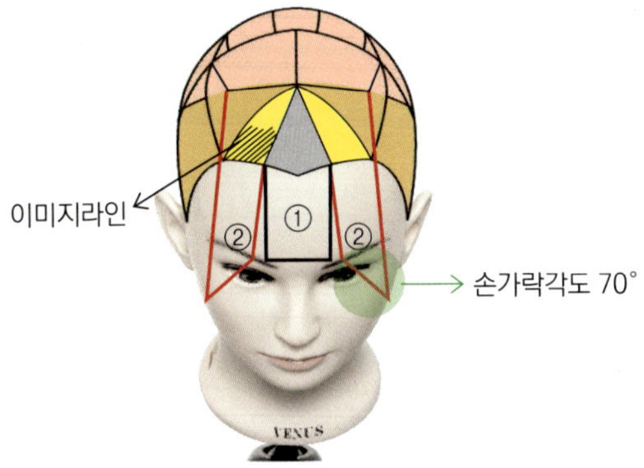

앞머리의 영역을 나눈 후 중심에서 삼각형을 떠서 일직선을 시술한다.
이미지라인을 모발이 순서대로 떨어지게 빗질은 45°로 손가락각도 70°로 시술한다.

4. 옆선 만들기를 진행한다.

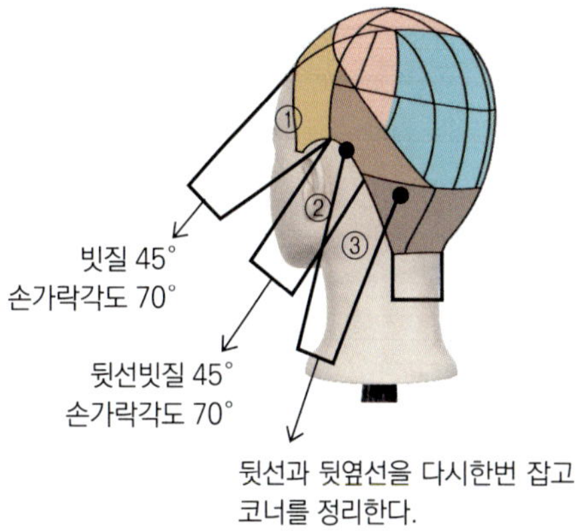

이미지라인에서 온 길이가이드로
옆선을 빗질은 45° 손가락각도 70°로 시술한다.
좌·우의 길이를 맞춘 후에 뒷옆선도 동일한 방법으로 시술하고 일직선의 형태선과 위에서 온 뒷옆선과 함께 빗질하여 코너를 제거한다.

나의 작품 디자인 해보기

Mushroom	도해도그리기 (뒤)	도해도그리기 (앞, 옆)

시술순서

1 형태선 만들기를 진행한다.

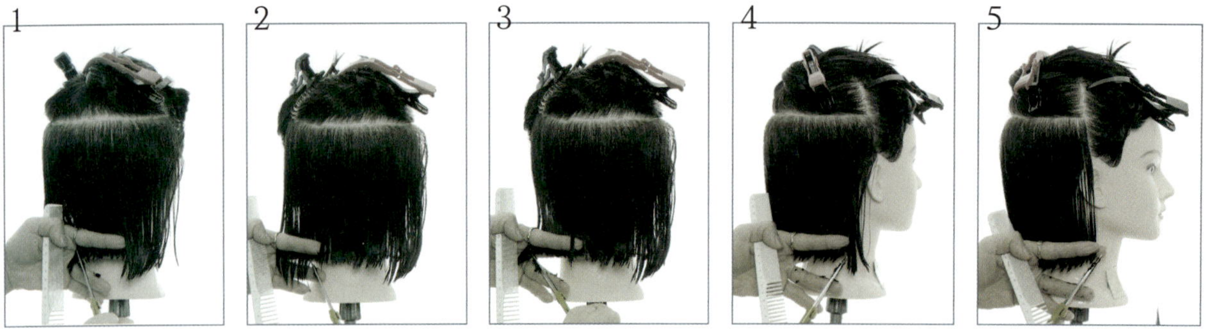

1 U라인의 형태선을 시술하기 위하여 중심에서 길이 가이드를 설정한다.
2.3 뒷옆선에 해당하는 곳은 가슴의 위치를 빗질의 시작점에 두고 시작한다.
4.5 반대쪽도 2.3과 동일한 방법으로 시술한다.

2 형태선 존에 층을 결정한다.

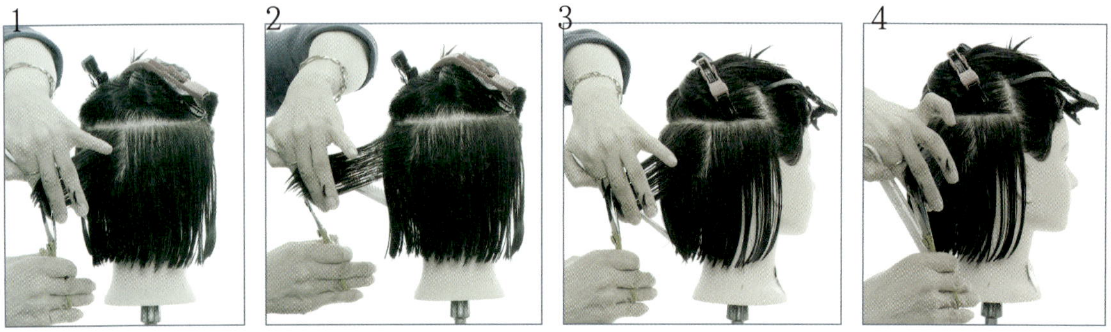

1.2.3 이곳은 두상이 함몰되어 있다. 손가락으로 먼저 손가락을 맞추어 본 후에 자연시술각 90°, 손가락각도 70°로 시술하면 모발이 순서대로 떨어진다.
4 중심은 세로로 슬라이스를 뜨고 사이드는 사선으로 뒷선이 결정되는 곳까지 떠서 시술한다.

3 디자인 존 4번 영역에 해당하는 부분도 자연시술각 90° 손가락각도 70°로 시술한다.

1 세로 슬라이스로 온더베이스로 시술한다.
2 중심축은 세로 슬라이스로 시술한다.

3.4 두상이 함몰된 영역은 사선슬라이스로 낫칭으로 시술한다.
5 반대편도 세로슬라이스로 시술한다.

4 모발이 두상을 거쳐서 떨어지는 곳은 일반시술각 90°로 시술한다.

1.2 세로 슬라이스로 떠서 온더베이스로 시술한다.
3.4 3판넬을 제외한 부분은 자른 부분과 자르지 않는 부분을 삼각형으로 판넬을 떠서 튀어 나온 모발을 낫칭으로 시술한다.

5 앞머리를 시술한다

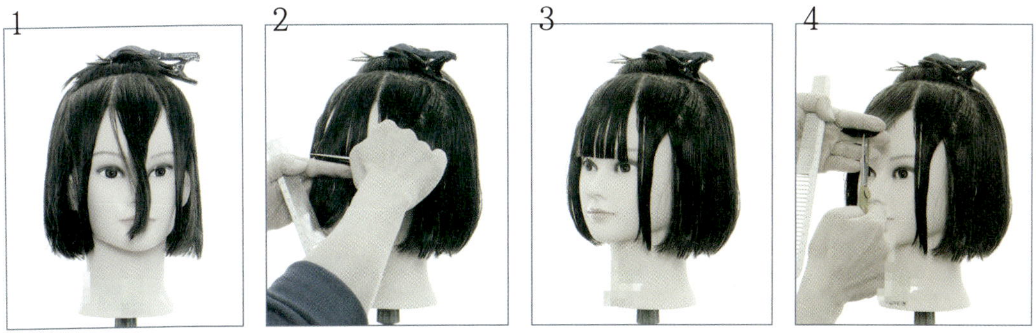

1 앞머리 영역을 제외하면서 라운드 브록킹으로 먼저 나눈 후에 중심에서 삼각형의 판넬을 나눈다.
2.3 눈썹하고 아이라인 사이를 일직선으로 시술한다.
4 무거운 모발을 0.2cm 낫칭으로 시술한다.

5

6

7

8

9
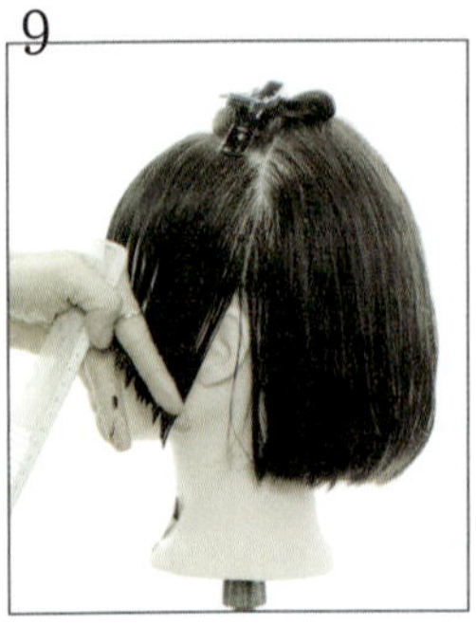
10

5.6 빗질은 45°로 하고 손가락각도는 70°로 시술한다.
7.8 반대편도 5번과 동일하게 시술한다.
9 옆선의 영역까지 빗질은 45° 손가락각도 70°로 시술한다.
10 반대편도 9번과 동일하게 시술한다.

6 옆선과 뒷옆선을 연결한다.

1

2

3

4
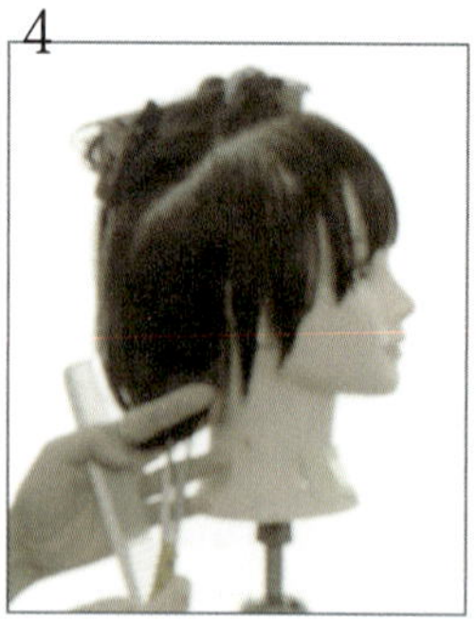

1 옆선과 뒷옆선을 사선으로 연결한다.
2 연결을 해 놓은 상태이다.
3 반대편 옆선과 뒷옆선을 연결한다.
4 빠진 부분을 다시 한번 체크한다.

7 앞머리와 뒷머리를 연결한다.

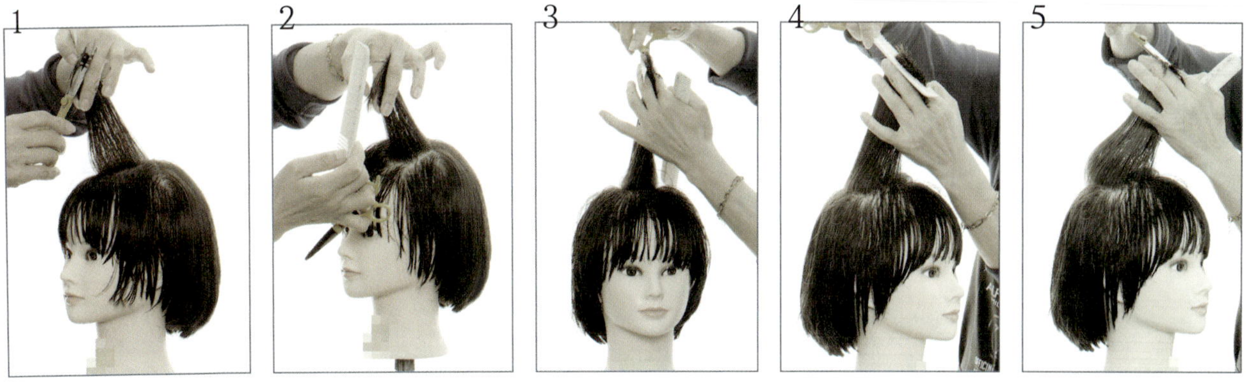

1,2 앞머리에서 온 가이드와 뒷머리를 연결한다.
3 중심은 사선으로 판넬을 떠서 연결한다.
4,5 사이드쪽은 사선으로 중심에 맞추어서 연결한다.

시술종료

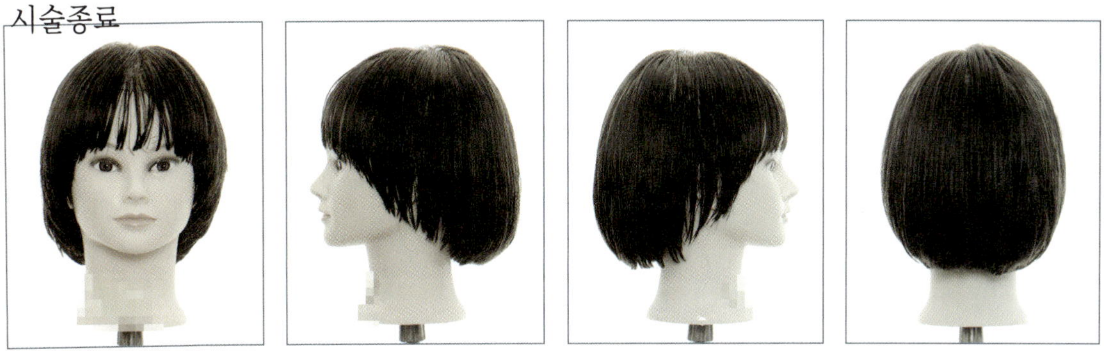

사각형 패턴

시술각의 변화

사각형 패턴 : 시술각의 변화

1) 시술각

시술각은 모발을 커트하기 위해서 모발을 들어올리는 각도를 말한다. 헤어스타일을 만들 때 시술각도에 따라 모발의 길이가 달라지므로 입체감, 무게감, 층(layer) 등 헤어디자인에서 중요한 부분이다. 시술각의 종류는 자연시술각과 일반시술각으로 구분된다.

(1) 자연시술각

커트를 시술하고자 할 때 그 면에 대한 각도(일반미용사, 그라데이션을 시술할 때 사용)

① 면에 대한 각도
② 중력에 의해 모발이 떨어지는 각도
③ 천체축각도

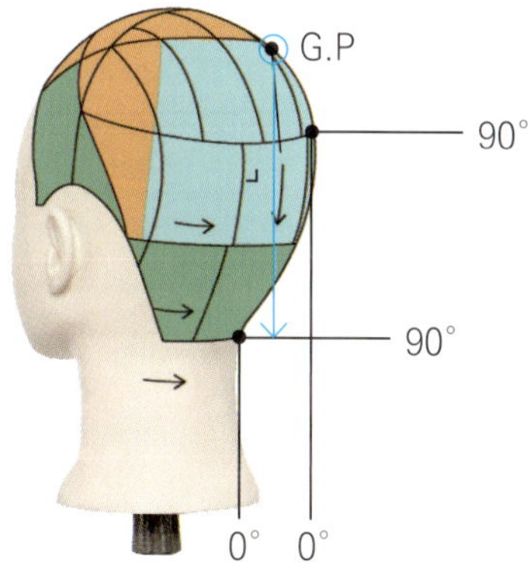

G.P 아래에 모발은 시술 후
중력에 의해 모발이 바로 떨어지므로
자연시술각으로 도해도를 그리기도 한다.

(2) 일반시술각

면에 대한 각도로 시술하다 보면 두상이 함몰된 만큼 모발의 길이가 길어진다. 두상과 동일한 길이를 시술하고자 할 때 일반시술각을 활용한다.

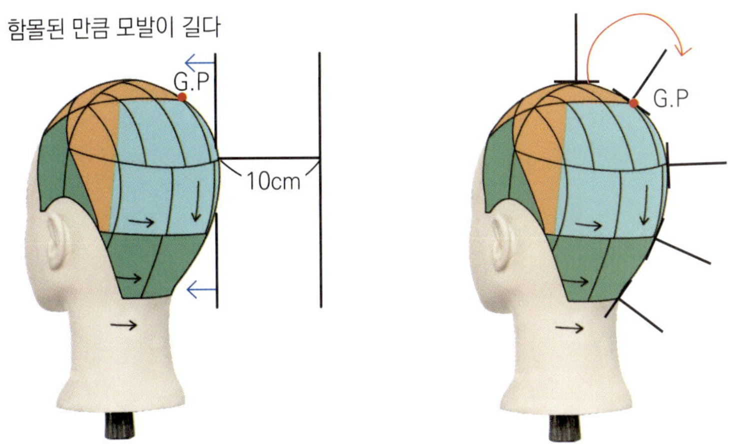

G.P의 위의 모발은
두상을 거쳐서 모발이 떨어지므로
G.P의 위는 일반시술각으로
도해도를 그리면 이해하기 쉽다.

(예시 : 일반미용사 레이어 시험 활용)

모량조절과 모류보정이 필요한 이유 : 솔리드 모발의 겹침

윗 모발이 가늘고 아랫모발은 모류도 강하고 모질도 두꺼워서 모량이 많아 일직선 표현이 힘들다.
N.P 10cm 이하의 길이는 모량조절과 모류보정을 진행한 후에 일직선을 표현하면 일직선이 확실하게 표현된다.

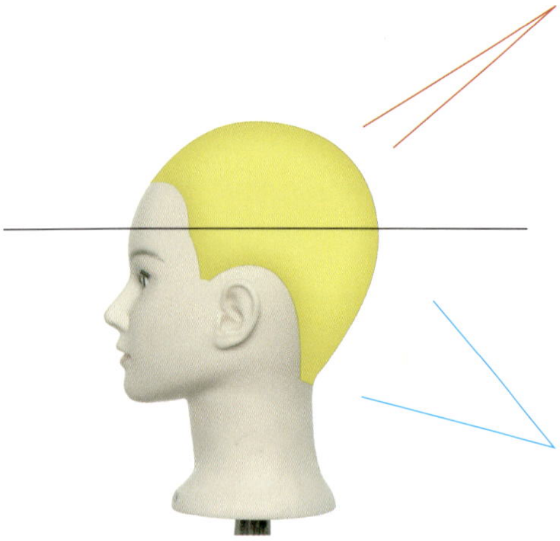

윗모발의 모질이 가늘다.

아랫모발의 모질이 굵고 모류도 강하다.

→ 형태선 존의 모발은 겹치는 모발이 많기 때문에 모류보정과 모량조절이 필요한 곳이다.

아랫모발에 모류보정과 모량조절을 위하여 아랫모발의 양을 제거해야 윗모발에 일직선이 표현된다.

동일한 길이지만 시술각의 변화에 따라 달라진 헤어스타일

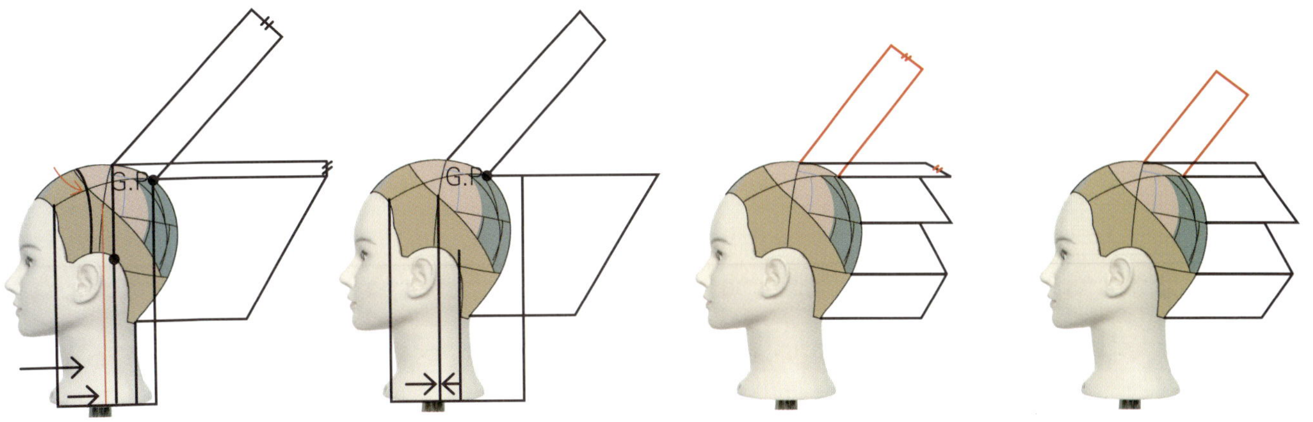

사각형 패턴 1 — Medium Bob 1

사각형 패턴 2 — 중단발 테슬컷

사각형 패턴 3-1 — Hush Bob 1

사각형 패턴 3-2 — Hush Bob 2

* 사각형 패턴 1의 시술각도가 길이에 따라 달라진 모습

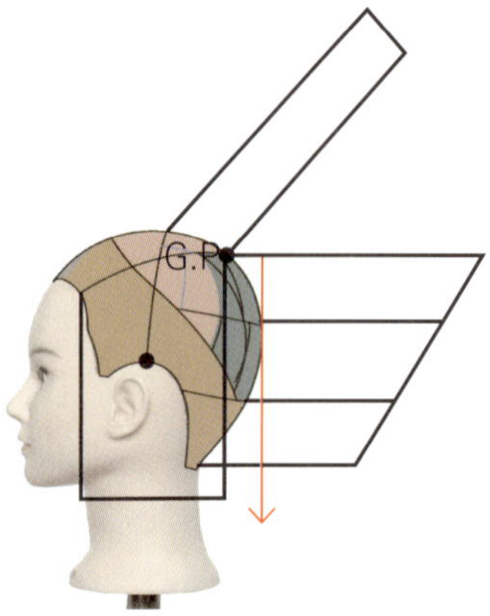

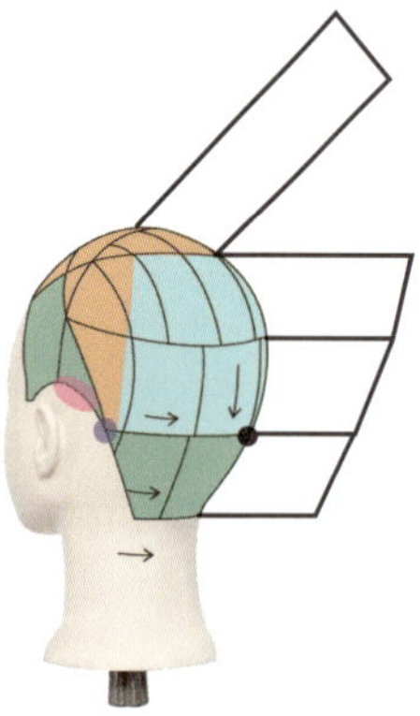

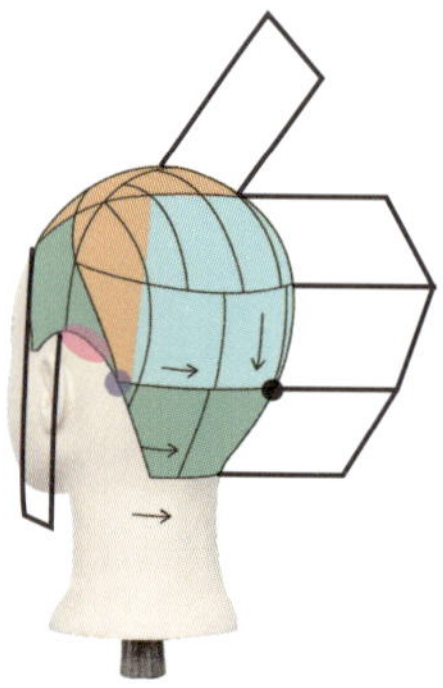

사각형 패턴 4

Original Bob 2

사각형 패턴 5

Bob Graduation 1

사각형 패턴 6

Bob Graduation 2

사각형 패턴 1-1 Medium Bob 1

시술각의 변화

- 뒤에서 앞으로 -

헤어스타일을 분석해서 커트의 순서를 먼저 생각한다.

1. 어디서부터 이 커트를 시작할지?
2. 처음 시작점의 길이가이드는?
3. 형태선은 어떤 형태선을 만들지?
4. 형태선에 맞는 슬라이스는 어떤 슬라이스로 활용할지?
5. 베이스는?
6. 모발이 겹쳐지는 중심축의 시술각의 선택은?
7. 뒷손질이 편한 질감처리는?

1 디자인 존과 형태선 존을 나누어서 전체적인 헤어스타일을 분석하고, 뒷선에 일직선을 무겁게 표현하기 위하여 뒤에서부터 앞으로 시술한다.

2 N.P.에서 C컬이 표현되는 기본길이로 N.P. 12cm에서 시작한다.

3 아웃라인은 전체적으로 무거운 일직선을 만든다.

4 형태선 만들기는 가로슬라이스로, 중심축의 시술각 선택은 세로로 일직선을 만들기 위한 전체 가로와 세로 슬라이스를 활용한다.

5 베이스는 두상을 그대로 연장하는 온더베이스를 활용하고, 모발이 없는 곳이나 함몰된 곳은 트위스트베이스를 이용한다.

6 시술각의 활용은 G.P 아래는 모발이 두상대로 떨어지는 판넬의 맨밑은 자연시술각 90°로 일직선을 만들고 G.P위는 G.P에서 일반시술각 90° 손가락각도는 일반시술각 70°로 시술한다.

Tip
이 스타일을 시술하기 위하여 주의할 점

롱헤어는 얼굴을 벗어난 길이에 모발이 떨어지므로 첫 번째의 조건은 좌·우의 길이가 동일하게 일직선이 표현되어야 한다.

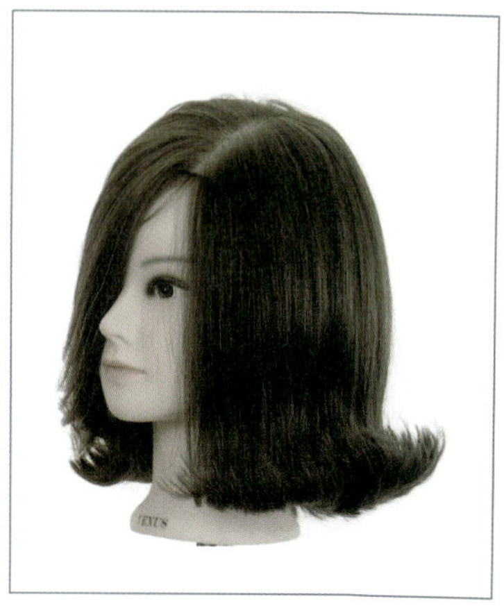

시술순서

1. 뒷선에서 일직선의 형태선을 시술한 후 G.P아래까지 일직선을 시술한다.
   형태선 존의 가로폭이 20cm이다. 일직선의 수평을 시술하기가 어려우므로
   모발이 겹치는 중심축에 뒷선이 결정되는 곳까지 일직선을 시술하고
   양쪽에 일직선을 시술하면 일직선이 쉽게 만들어진다.

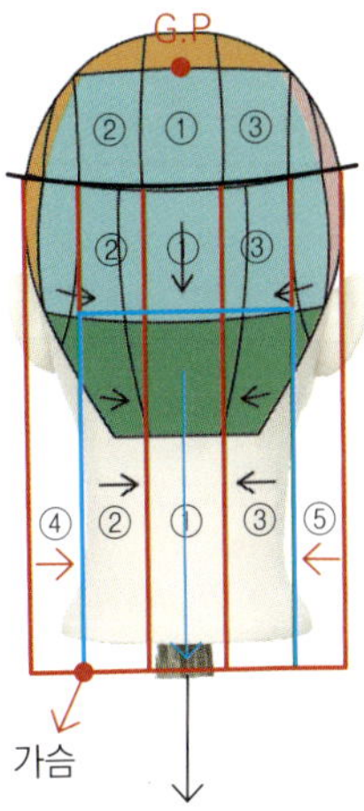

가슴이 중심에서 시작한다.
두상이 함몰된 곳은 베이스를 틀어서
일직선을 시술한 후 다시 한번 확인하고
④, ⑤을 시술한다.

2. 옆선 만들기를 진행한다.

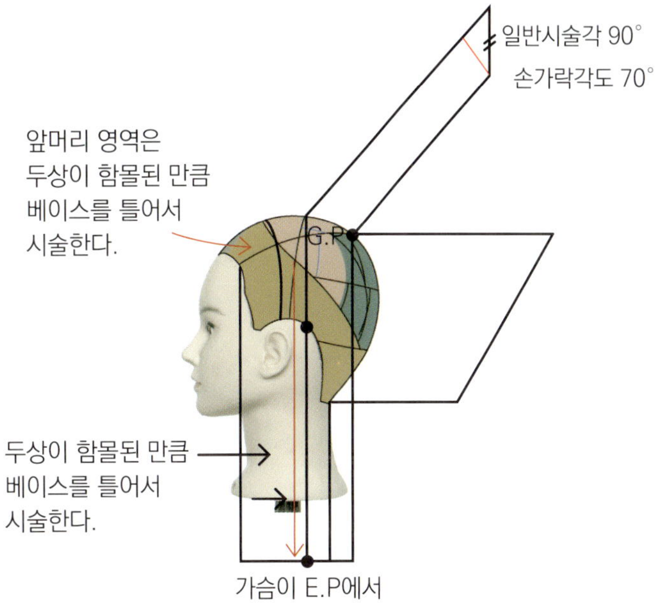

3. 앞머리표정 만들기를 진행한다.

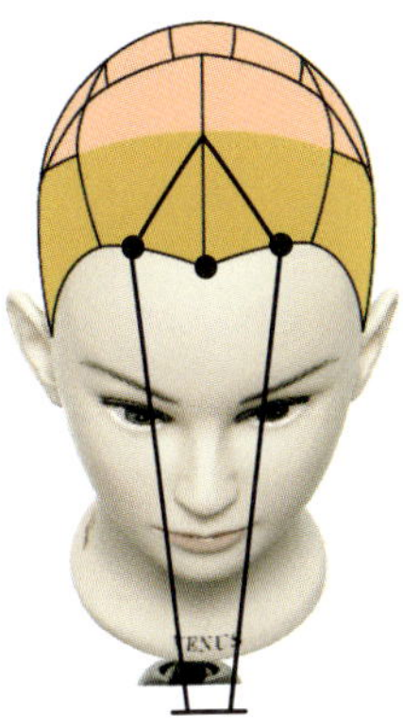

중심축으로 모발을 모아서
튀어나온 것을 제거한다.

1 일직선의 형태선 만들기를 진행한다.

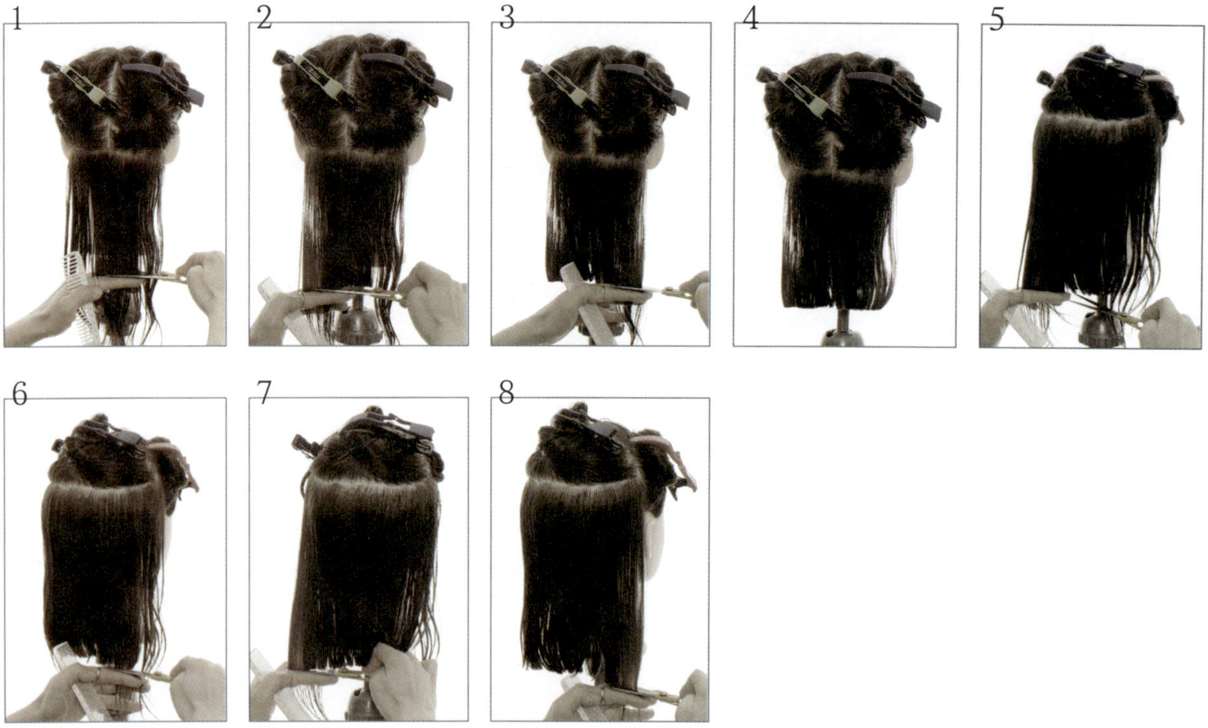

1 뒷선이 결정되는 곳까지 나눈 후에 중심축에서 길이가이드를 설정한다.
2 가슴이 중심축에 있으면서 베이스를 틀어서 일직선으로 시술한다.
3 반대쪽도 가슴은 중심에 있으면서 베이스를 틀어서 일직선으로 시술한다.
4 뒷선이 결정되는 곳까지 일직선을 시술해 놓은 상태이다.
5.6.7.8 형태선 존까지 일직선을 만들기 위하여 밑모발에 맞추어서 일직선으로 시술한다.

2 모발이 중력에 의해서 떨어지는 곳 G.P 아래까지 일직선의 형태선을 만든다.

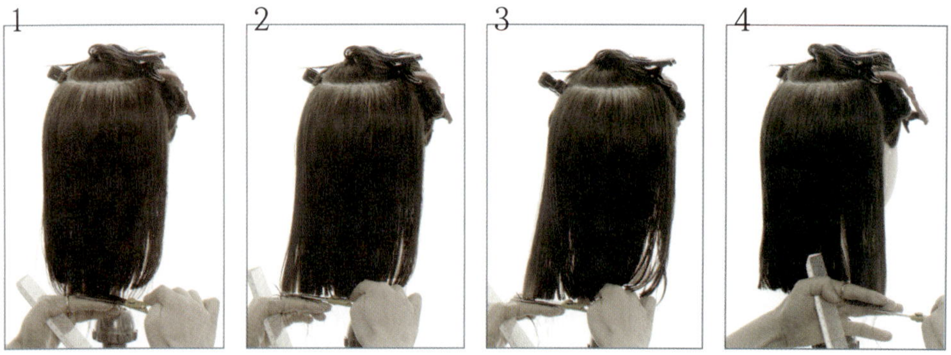

1 밑모발의 길이에 맞추어서 일직선으로 시술한다.
2 밑모발의 길이가이드를 두상이 함몰되기 직전의 모발을 선택하여 일직선으로 시술한다.
3.4 중심축의 모발을 먼저 일직선을 시술한 후에 양쪽의 모발도 베이스를 틀어서 일직선으로 시술한다.

3 모발이 두상을 거쳐서 떨어지는 곳은 G.P 일반시술각 90°(손가락각도70°)로 시술한다.

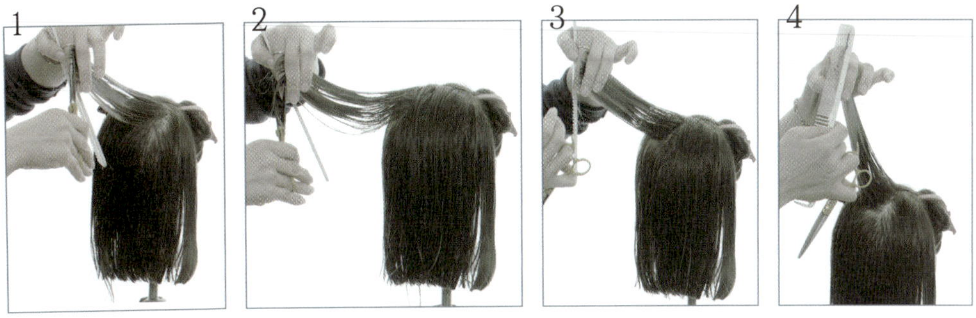

1.2.3 세로 슬라이스로 떠서 온더베이스로 그대로 G.P에서 일반시술각 90°로 시술한다.
4 G.P에서 일반시술각 90°는 손가락각도는 일반시술각 70°로 시술한다.

4 옆선 만들기를 진행한다.

1 가슴을 E.P에서 시술하고 두상이 들어간 만큼 베이스를 틀어서 일직선으로 시술한다.
2 반대편의 모발을 가져와서 반대편의 길이를 설정한다.
3 앞머리의 길이가이드와 뒷선의 길이를 맞추어서 시술하면 된다.

5 앞머리를 시술한다

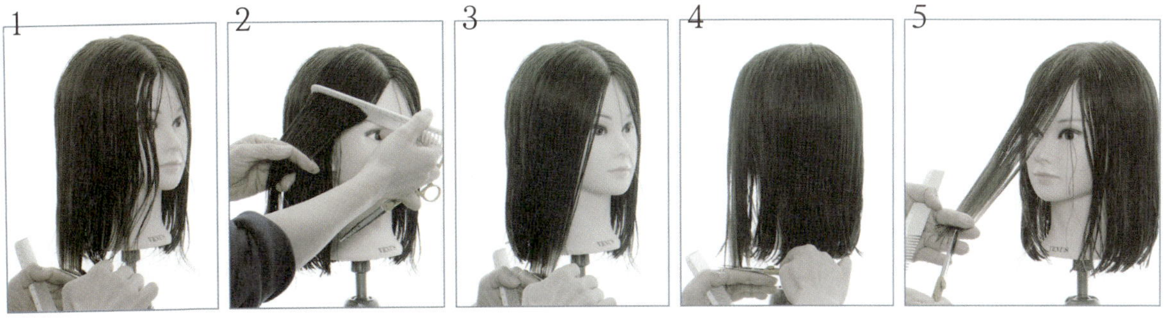

1 연결부위의 영역을 일직선으로 시술한다.
2 앞머리의 영역은 함몰된 곳에서 베이스를 틀어서 시술한다.
3 베이스를 틀어서 일직선으로 시술한다.
4 반대쪽도 동일한 방법으로 시술한다.
5 양쪽에서 길이가이드를 중심으로 빗질하여 일직선으로 시술한다.

시술종료

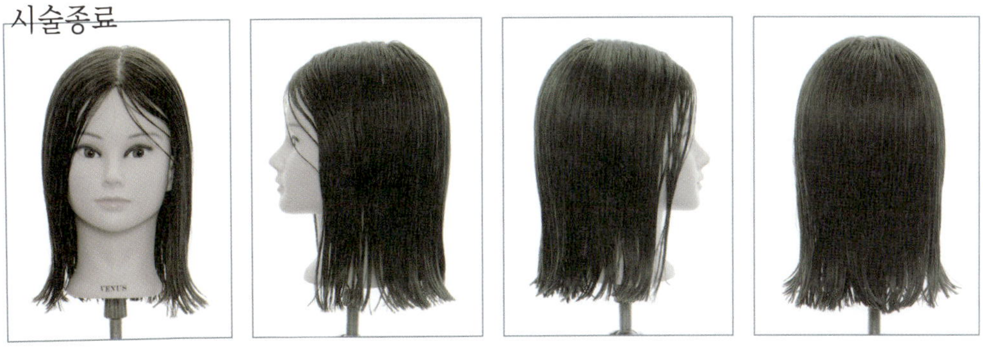

사각형 패턴 1-2 Medium Bob 2

시술각의 변화

- 앞에서 뒤로 -

헤어스타일을 분석해서 커트의 순서를 먼저 생각한다.

1. 어디서부터 이 커트를 시작할지?
2. 처음 시작점의 길이가이드는?
3. 형태선은 어떤 형태선을 만들지?
4. 형태선에 맞는 슬라이스는 어떤 슬라이스로 활용할지?
5. 베이스는?
6. 모발이 겹쳐지는 중심축의 시술각의 선택은?
7. 뒷손질이 편한 질감처리는?

1 디자인 존과 형태선 존을 나누어서 전체적인 헤어스타일을 분석하고, 쉽고 빠르게 시술할 수 있는 곳에서 시술을 진행한다. 좌·우의 길이를 동일하게 시술해야 되므로 앞으로 뒤로 시술한다.

2 디자인 존의 모발을 정리한 후에 F.S.P에서 23cm를 설정한다.

3 F.S.P. 길이로 일직선의 형태선을 만든다.

4 형태선 만들기는 가로슬라이스로, 중심축의 시술각 선택은 세로와 사선으로 일직선을 만들기 위한 전체적인 복합슬라이스를 활용한다.

5 베이스는 두상을 그대로 연장하는 온더베이스를 활용하고, 두상이 함몰된 곳은 트위스트베이스를 활용한다.

6 시술각의 활용은 G.P 아래는 모발이 두상대로 떨어지는 모발은 자연시술각 90°로 시술하고 G.P위는 두상을 거쳐서 떨어지므로 일반시술각 90°로 시술한다.

7 뒷손질이 편하게 쳐내기 방법을 이용하여 질감처리를 시술한다..

Tip
이 스타일을 시술하기 위하여 주의할 점

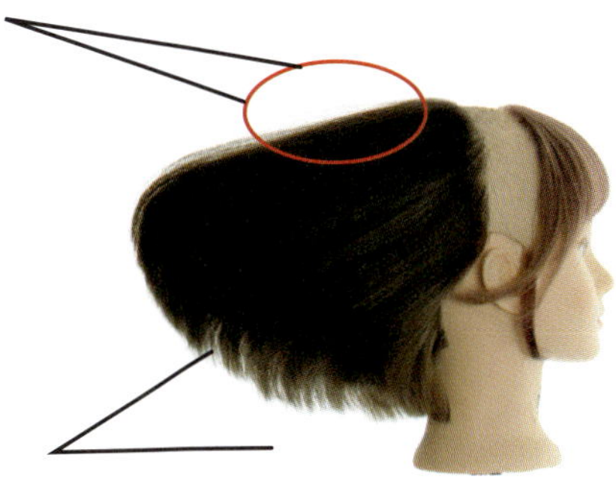

아랫모발에 모질이 굵고 모류도 강하기 때문에 모류보정과 모량조절을 시술한 후에 일직선을 만든다.

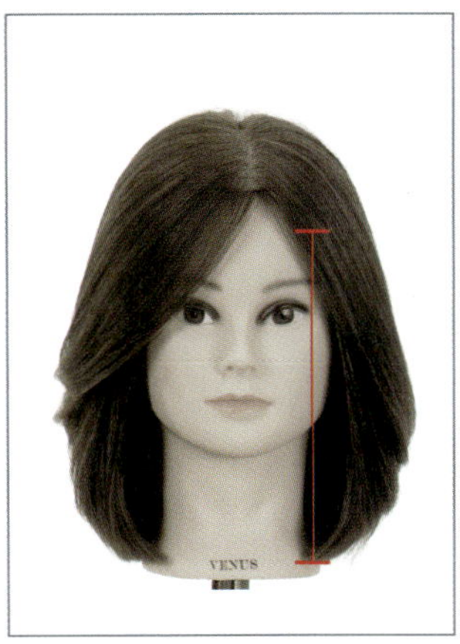

시술순서

1. 앞부분에 옆선 만들기를 진행한다.

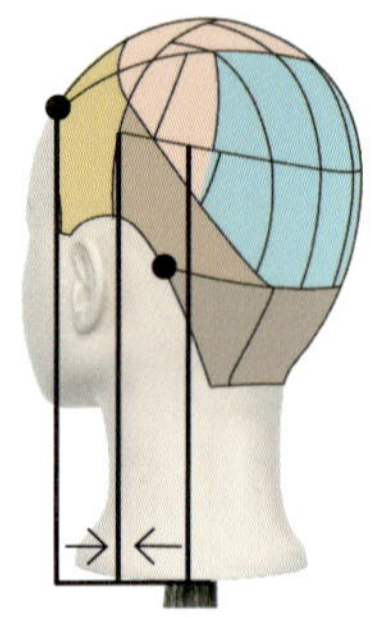

F.S.P.에서 23cm 길이가이드 설정

가슴이 E.P.에 있는 상태에서
두상이 함몰된 부분은 E.P.쪽으로
베이스를 틀어서 일직선으로 시술한다.

2. 뒷선만들기를 진행한다.

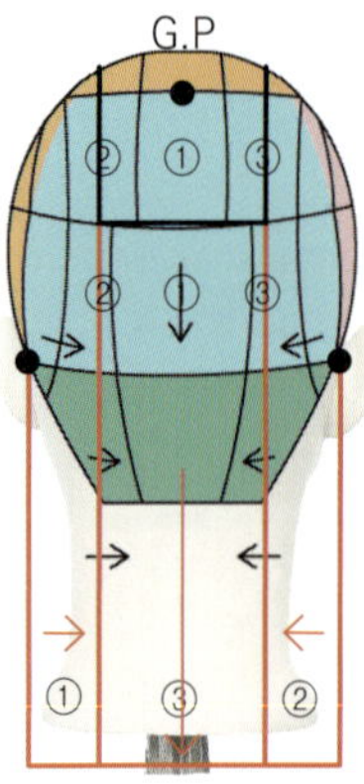

앞에서 온 뒷옆선의 가이드로 일직선을 시술하기 위하여 가로슬라이스로 시술한다. 반대쪽도 동일하게 시술한 후에 중심축에 일직선을 시술한다.

3. 뒷선 형태선 아래에 빠진 모발을 다시 한번 정리한다.

C컬을 그리면서 떨어지기 때문에
모발의 길이가 짧아진다.

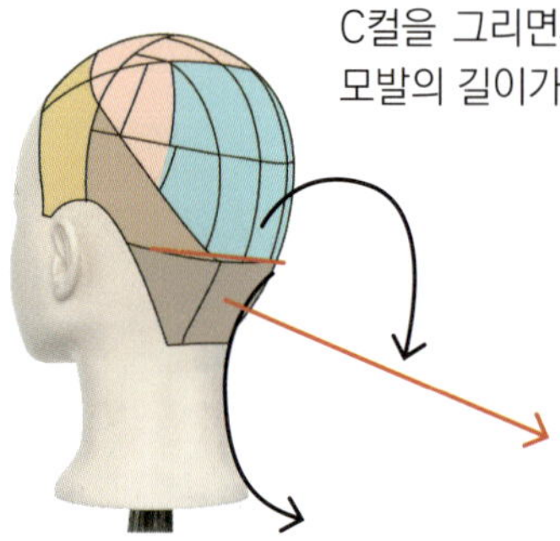

모발이 성질이 아래로 떨어져서 마르면 모발이 길게 떨어진다.
시술하고 난 후에 뒷선의 형태선 길이를 0.5~1.0cm를 짧게 시술하면 깔끔하게 일직선이 표현된다.

4. G.P 아래는 일직선의 형태선을 시술하고 G.P 위는 일반시술각 90°로 시술한다.

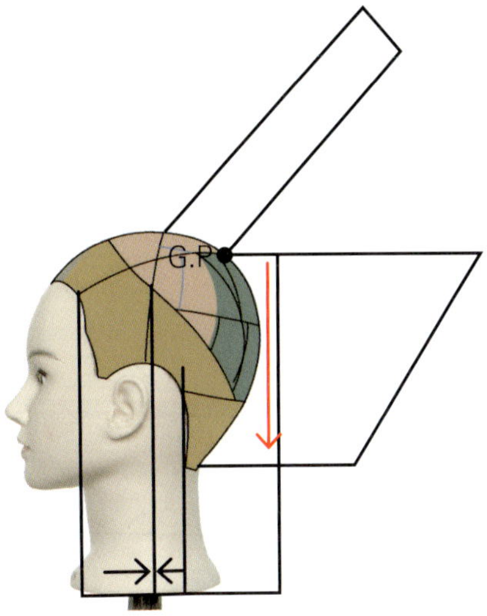

모발이 중력에 떨어지는 G.P아래는 일직선으로 시술하고
두상을 거쳐서 떨어지는 G.P 위는 일반시술각 90°로 시술한다.

5. 앞머리를 시술한다.

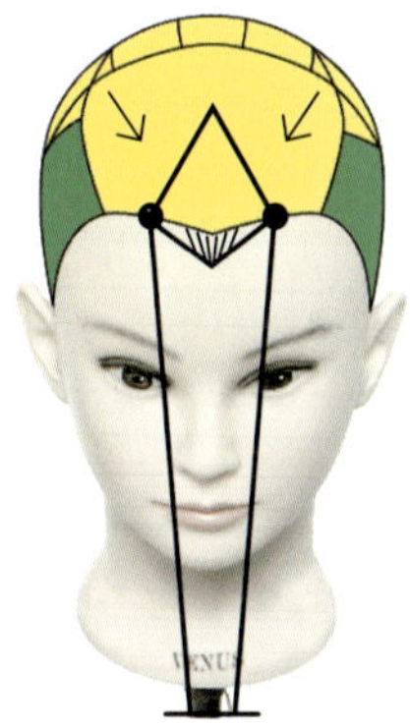

앞부분만큼 길게 떨어지는 것을 제거하기 위하여 중심축으로 빗질하여 코너진 모발을 도려낸다.

나의 작품 디자인 해보기

미디움 봅 헤어 2	도해도그리기 (뒤)	도해도그리기 (앞, 옆)
시술순서		

1 디자인 존과 형태선을 나누고 앞에서부터 뒤로 형태선에 일직선을 시술한다.

1 2 3 4

1 F.S.P에서 23cm 길이가이드를 설정한다.
2 두상이 함몰된 만큼 베이스를 틀어서 일직선을 만든다.
3 반대편의 길이가이드를 설정한다.
4 반대편도 두상이 함몰된 만큼 베이스를 틀어서 일직선을 만든다.

2 모류를 보정한 후에 G.P 아래까지는 일직선을 만든다.

1 2 3 4

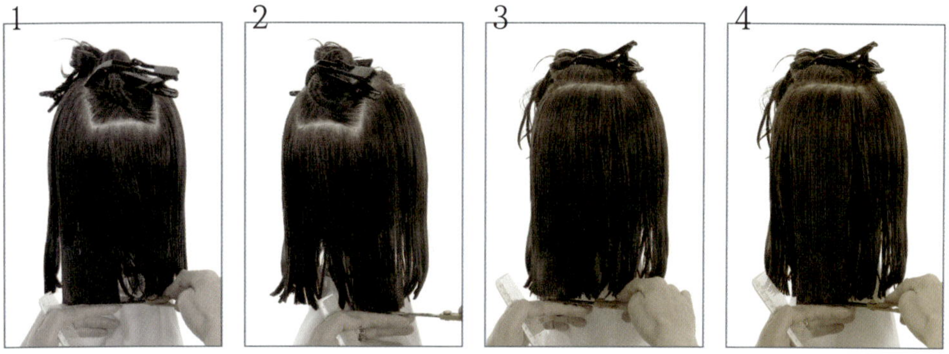

1 뒷옆선에 온 길이가이드로 베이스를 틀어서 일직선을 시술한다.
2 반대쪽도 뒷옆선에 온 길이가이드로 베이스를 틀어서 일직선을 시술한다.
3.4 G.P아래까지는 중심축에서 좌·우에서 온 길이가이드에 맞추어서 일직선을 시술한다.

3 G.P 위는 일반시술각 90°로 시술한다.

1 2 3 4

1 중심축에서 세로슬라이스를 떠서 온더베이스로 일반시술각 90°로 시술한다.
2 중심축에 3판넬은 세로슬라이스로 시술한다.
3.4 나머지 코너부분은 삼각형으로 떠서 튀어나온 모발을 낫칭으로 시술한다.

4 뒷선에 빠진 모발을 다시 한번 정리한다.

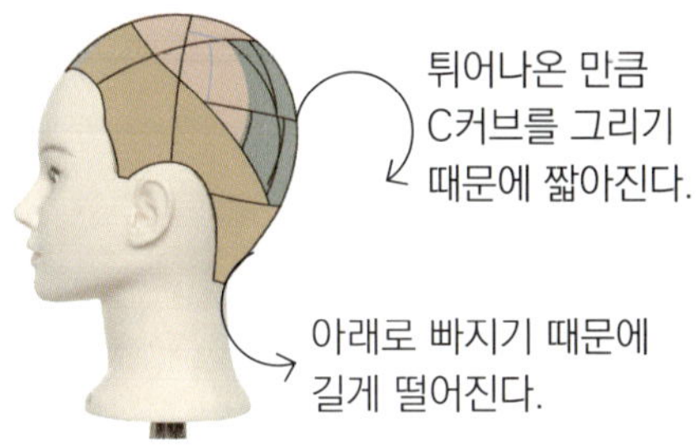

1.2.3 아랫모발은 모류가 아래로 흐르기 때문에 시술이 끝나고 나면 길게 떨어진다. 뒷선아래에 모발을 0.5cm를 짧게 다시 한번 정리한다.

5 디자인 존에 해당하는 모발로 일직선으로 시술한다.

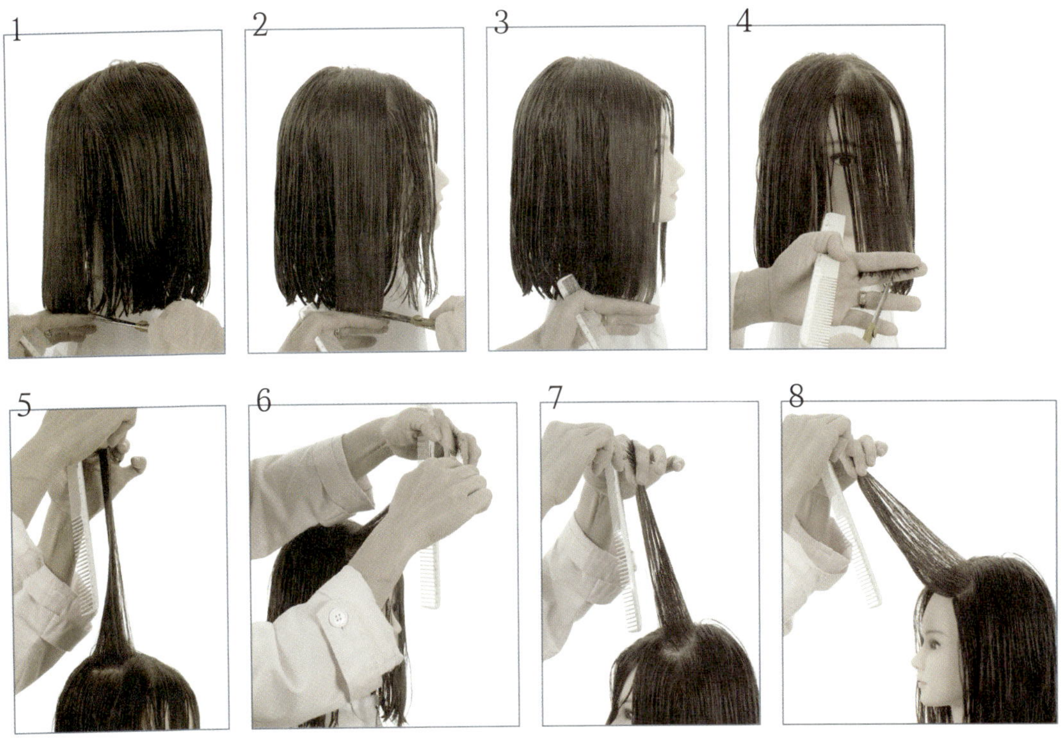

1 두상이 함몰된 만큼 베이스를 틀어서 일직선을 만든다.
2.3 반대쪽도 베이스를 틀어서 일직선을 시술한다.
4 앞머리의 코너를 제거한다.
5 뒷모발과 형태선 존의 가이드를 잡으면 삼각코너를 제거한다.
6 베이스를 앞쪽으로 살짝 밀면서 삼각코너를 제거한다.
7.8 반대쪽도 동일한 방법으로 시술한다.

6 뒷손질이 드라이 한 것처럼 표현되게 질감처리를 한다.

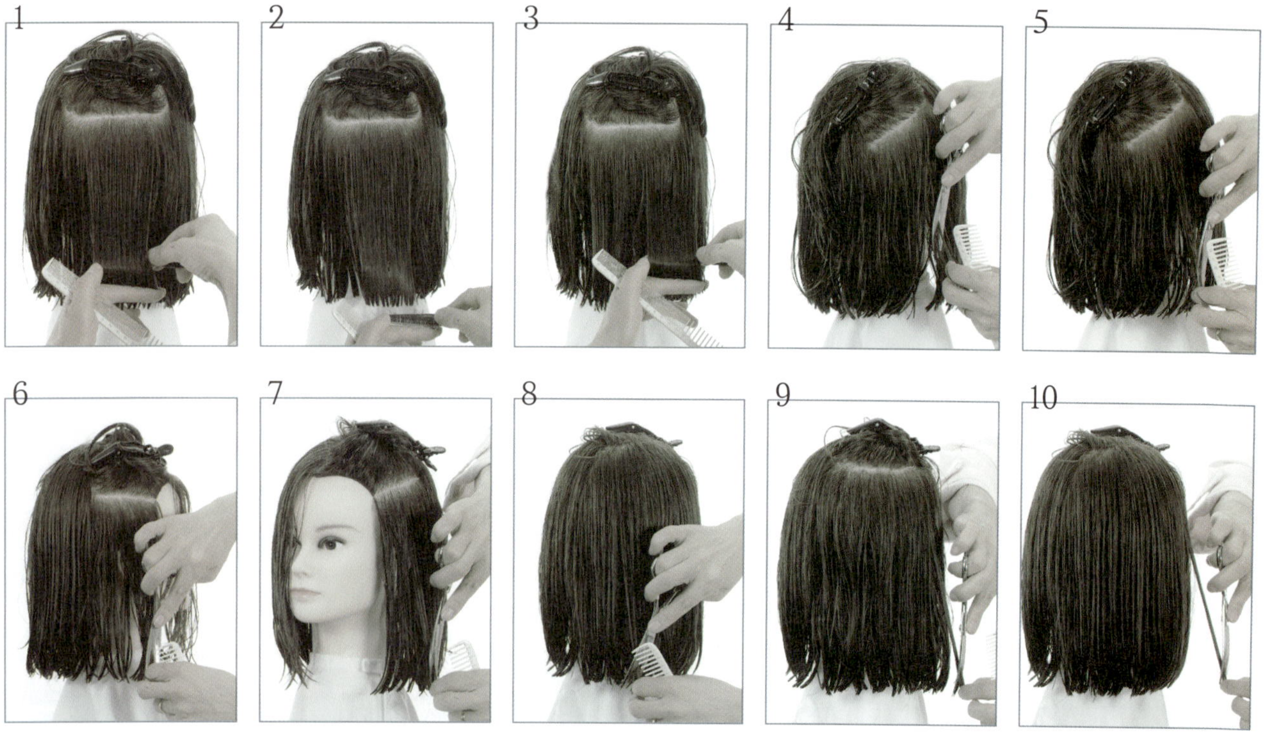

1.2 레자로 속모발이 짧아지게 아킹으로 질감처리를 진행한다.
3 가로 슬라이스로 판넬을 떠서 아킹으로 질감처리를 진행한다.
4.5 커브가위로 빽컷을 진행하여 모발을 가볍게 표현한다.
6 옆선도 커브가위로 빽컷을 진행하여 공기감을 만든다.
7 반대쪽도 커브가위로 빽컷을 진행하여 공기감을 만든다.
8.6.10 모량을 조절하면서 빽컷을 진행하여 공기감을 만든다.

시술종료

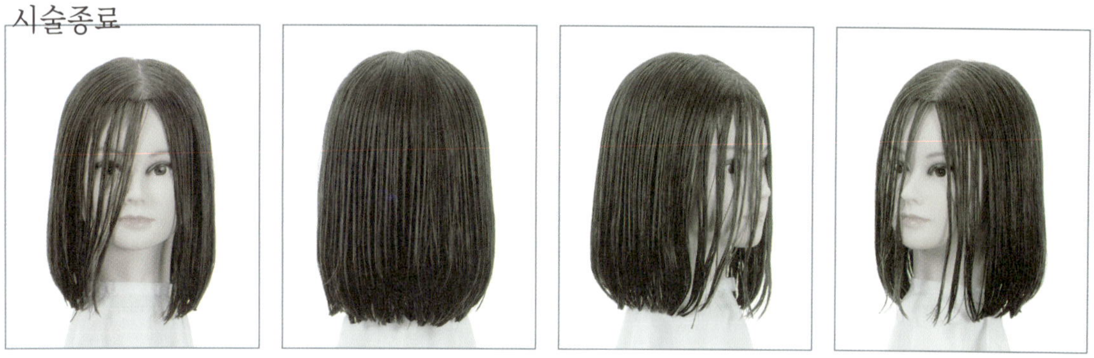

사각형 패턴 2 중단발 테슬컷

시술각의 변화

헤어스타일을 분석해서 커트의 순서를 먼저 생각한다.

1. 어디서부터 이 커트를 시작할지?
2. 처음 시작점의 길이가이드는?
3. 형태선은 어떤 형태선을 만들지?
4. 형태선에 맞는 슬라이스는 어떤 슬라이스로 활용할지?
5. 베이스는?
6. 모발이 겹쳐지는 중심축의 시술각의 선택은?
7. 뒷손질이 편한 질감처리는?

1 디자인 존과 형태선 존을 나누어서 전체적인 헤어스타일을 분석하고, 쉽고 빠르게 시술할 수 있는 곳에서 시술을 진행한다. 좌·우의 길이를 동일하게 시술해야 되므로 뒤에서 앞으로 시술한다.

2 뒷선의 영역을 파팅을 나눈 후에 N.P.에서 12cm 빽스트록으로 일직선의 형태선을 시술한다.

3 일직선의 형태선을 만든다.

4 형태선 만들기는 가로슬라이스로, 중심축 먼저 시술하고 일직선 만들기를 하기 위하여 사이드를 시술한다.

5 베이스는 두상을 그대로 연장하는 온더베이스를 활용하고, 두상이 함몰된 곳은 트위스트베이스를 활용한다.

6 시술각의 활용은 G.P 아래는 모발이 두상대로 떨어지는 모발은 자연시술각 0~45°로 시술하고 G.P위는 두상을 거쳐서 떨어지므로 일반시술각 90°로 시술한다.

Tip

이 스타일을 시술하기 위하여 주의할 점

모질이 굵고 모량이 많은 경우에 단정하고 깔끔한 매력의 단발이미지를 빽스트록 커트를 이용하여 공기감과 율동감이 있는 일직선의 모발을 표현하였다.
앞머리의 흐름도 빽스트록 커트를 이용하여 모발의 자연스런 흐름을 표현하였다.

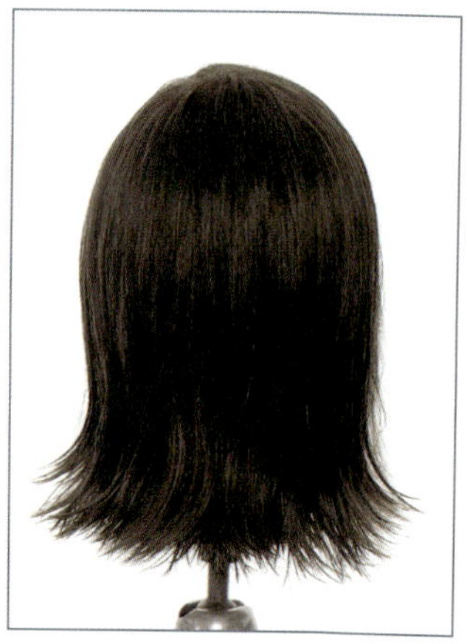

1 빽스트록 테크닉으로 일직선을 시술한다.

1 뒷 선의 형태선까지 모발을 나눈 후에 중심축의 모발의 판넬을 떠서 빽사이드 스트록 커트를 시술한다.
2 중심축의 가이드에 맞추어서 사이드는 가로슬라이스로 베이스를 틀어서 빽사이드 스트록 커트를 시술한다.
3 반대편도 베이스를 틀어서 동일한 방법으로 시술한다.

2 G.P 아래까지 일직선의 형태선을 만들기 위하여 모발의 판넬을 내려서 시술한다.

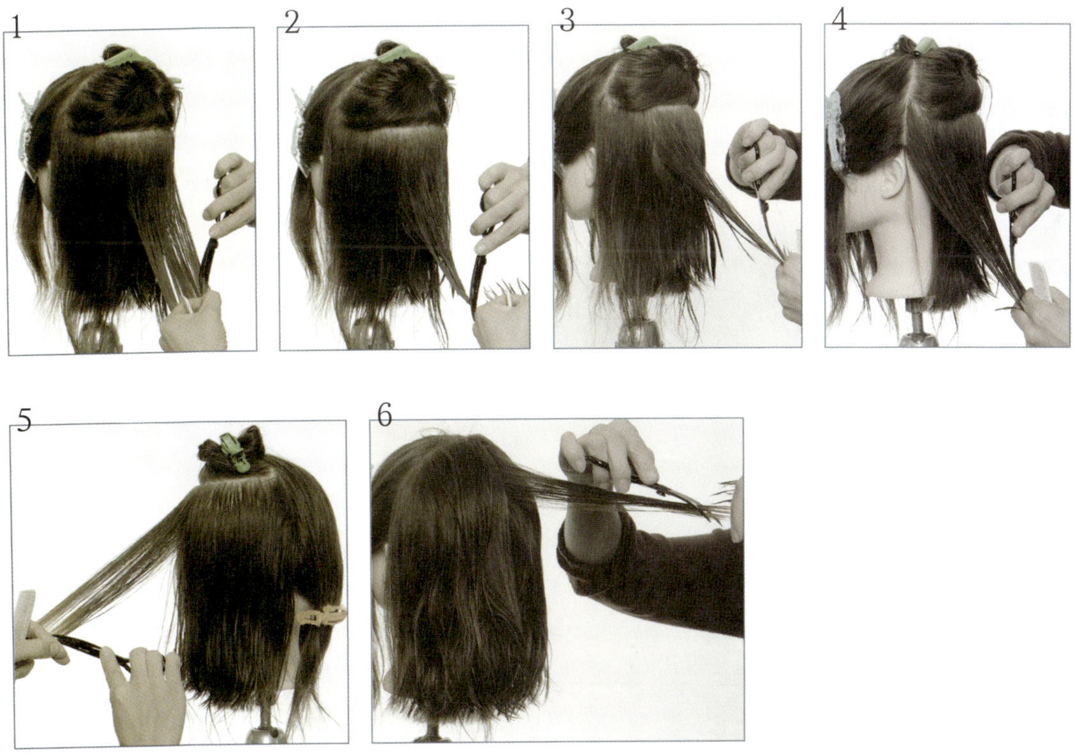

1 형태선 존의 영역까지는 사이드 빽스트록으로 5cm안쪽부터 시작하여 모발끝의 공기감과 율동감을 이용한 자연스러움을 표현한다.
2 모발의 판넬을 C커브로 잡고 밀면서 빽사이드 스트록 커트를 시술한다.
3.4 모발을 잡을 때는 가로슬라이스로 베이스를 틀어서 시술한다.
5 G.P아래의 모발은 다운 업스트록 커트로 손가락끝이 밑으로 오게 하여 C커브를 그리면서 시술한다.
6 G.P위의 모발은 업스트록 커트로 손가락끝으로 위로 잡고 C커브를 그리면서 시술한다.

3 뒷선의 형태선에서 빠진 모발은 다시 한번 일직선으로 시술하고 옆선 만들기를 진행한다.

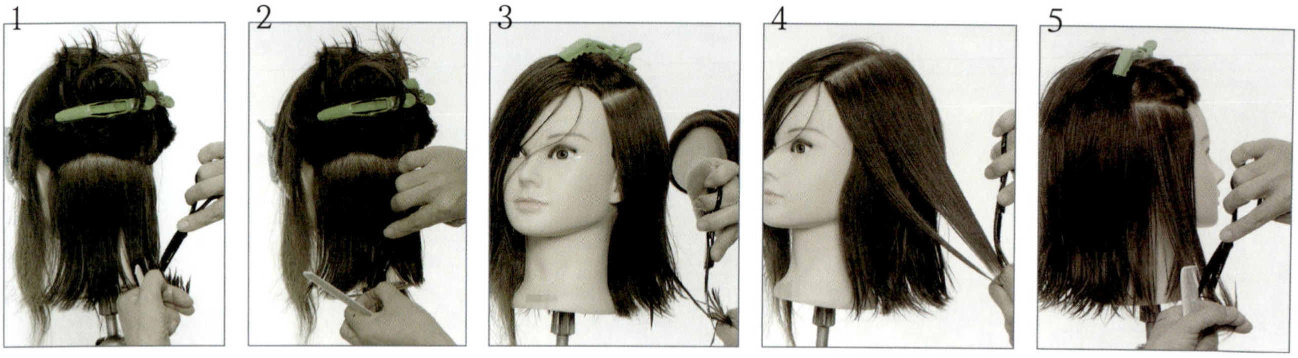

1.2 뒷 선의 형태선은 모발이 아래로 빠져서 길게 표현된다.
시술을 하고 난 후에 이곳에는 다시 한번 길이를 짧게 하여 다듬는다.
3 옆선도 두상이 들어간 만큼 베이스를 틀어서 빽사이드 스트록 커트를 시술한다.
4 디자인 존의 모발도 형태선 존의 길이가이드에 맞추어서 빽사이드 스트록 커트로 시술한다.
5 반대편도 베이스를 틀어서 빽사이드 스트록 커트로 시술한다.

4 앞머리의 흐름을 자연스럽게 시술하기 위하여 빽스트록 커트로 진행한다.

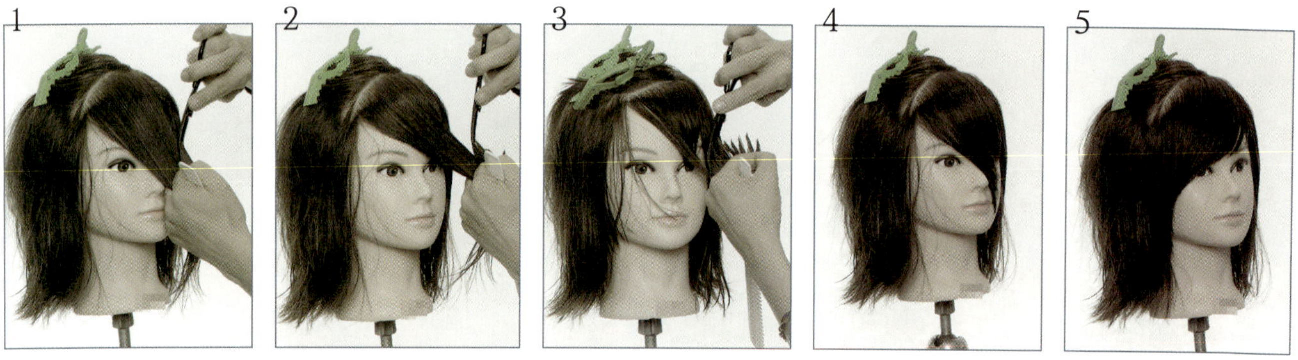

1 뒷선의 형태선은 모발이 아래로 빠져서 길게 표현된다.
2 시술을 하고 난 후에 이곳에는 다시 한번 길이를 짧게 하여 다듬는다.
3 옆선도 두상이 들어간 만큼 베이스를 틀어서 빽사이드 스트록 커트를 시술한다.
4 디자인 존의 모발도 형태선 존의 길이가이드에 맞추어서 빽사이드 스트록 커트로 시술한다.
5 반대편도 베이스를 틀어서 빽사이드 스트록 커트로 시술한다.

6

7

8

6 반대편도 가르마쪽으로 밀면서 시술한다.
7 앞머리 판넬의 반을 다시 떠서 길이가이드를 짧게 시술한다.
8 모발이 많은 곳에는 다시 한번 도려낸다.

시술종료

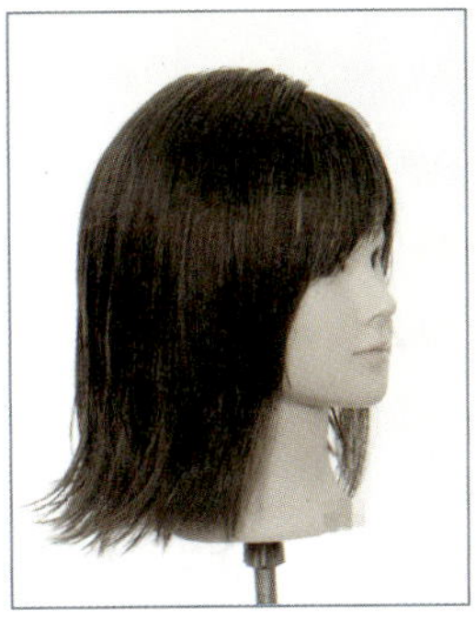

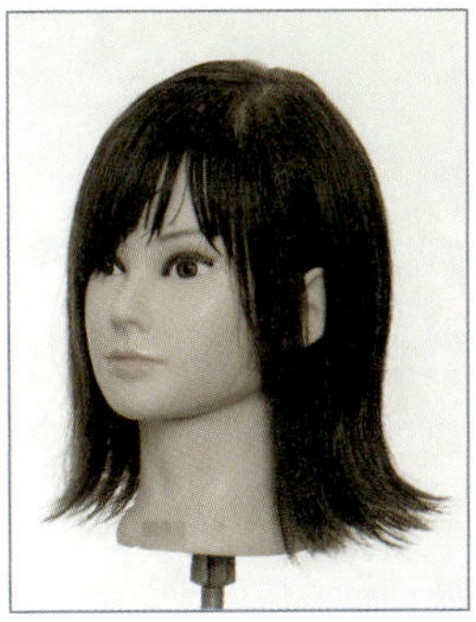

사각형 패턴 3-1 Hush Bob 1

시술각의 변화 도로시커트 활용 ①

헤어스타일을 분석해서 커트의 순서를 먼저 생각한다.

1. 어디서부터 이 커트를 시작할지?
2. 처음 시작점의 길이가이드는?
3. 형태선은 어떤 형태선을 만들지?
4. 형태선에 맞는 슬라이스는 어떤 슬라이스로 활용할지?
5. 베이스는?
6. 모발이 겹쳐지는 중심축의 시술각의 선택은?
7. 뒷손질이 편한 질감처리는?

1 디자인 존과 형태선 존을 나누어서 전체적인 헤어스타일을 분석하고, 쉽고 빠르게 완성된 스타일이 나올지를 판단하고 결정한다. 가벼운 형태선을 시술하고 디자인 존에 볼륨을 주어 모발이 길게 표현하기 위하여 뒤에서부터 앞으로 시술한다.

2 N.P.에서 C컬이 표현되는 기본길이로 N.P. 12cm에서 시작한다.

3 아웃라인은 가벼운 일직선의 형태선을 만든다.

4 형태선 만들기는 가로슬라이스로, 중심축의 시술각 선택은 세로와 사선으로 이용하기 때문에 전체적인 복합슬라이스를 활용한다.

5 베이스는 두상을 그대로 연장하는 온더베이스를 활용하고, 모발이 없는 곳이나 두상이 함몰된 곳은 트위스트베이스를 활용한다.

6 시술각의 활용은 두상이 튀어나온 곳이 길이가 짧아져서 디자인의 한계를 느끼기 때문에 디스커넥션을 이용하여 시술한다.

7 쳐내기의 방법은 공기감과 율동감을 주기 위하여 빽컷으로 시술한다.

Tip
이 스타일을 시술하기 위하여 주의할 점

두상이 튀어나온 부분은 길이가 짧아져서 디자인의 한계를 느끼기 때문에
디스커넥션을 이용하는 도로시 커트 방법을 이용한다.

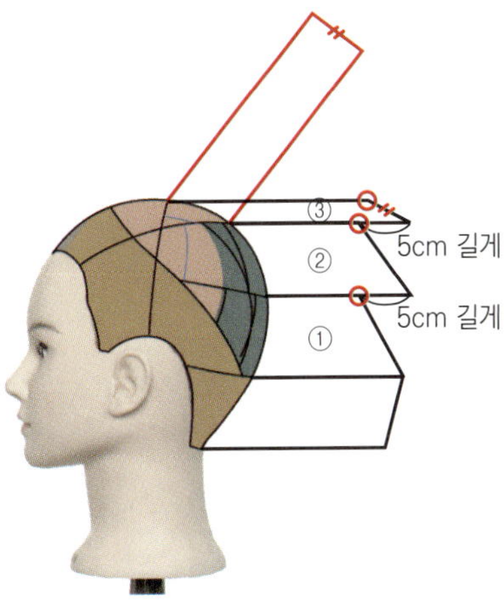

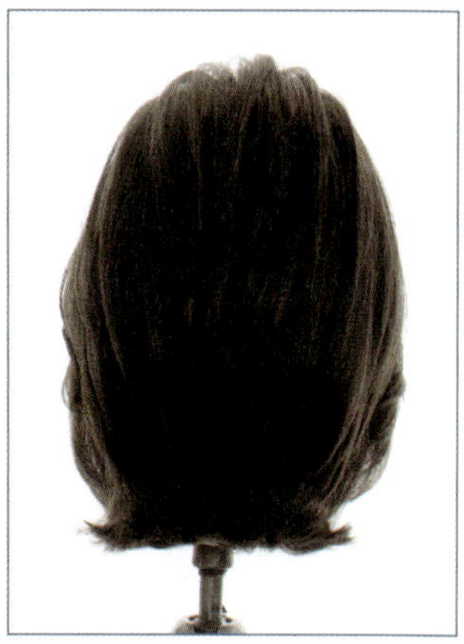

시술순서

1. 형태선 존에서 일직선을 시술한다.

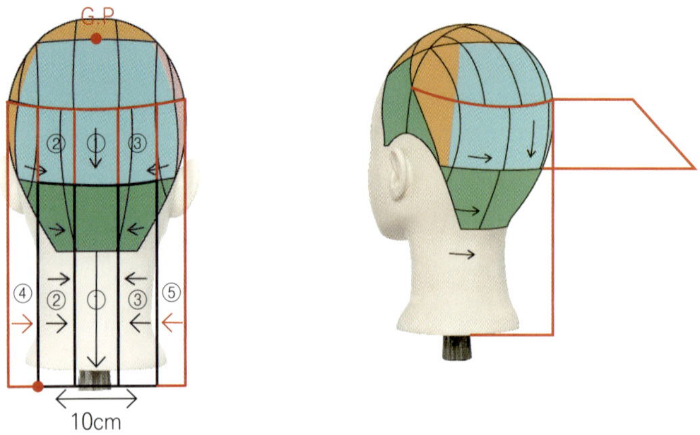

일직선 먼저 시술하여 수평을 만든다.

2. 디스커넥션을 이용한 시술각을 활용하기를 한다.

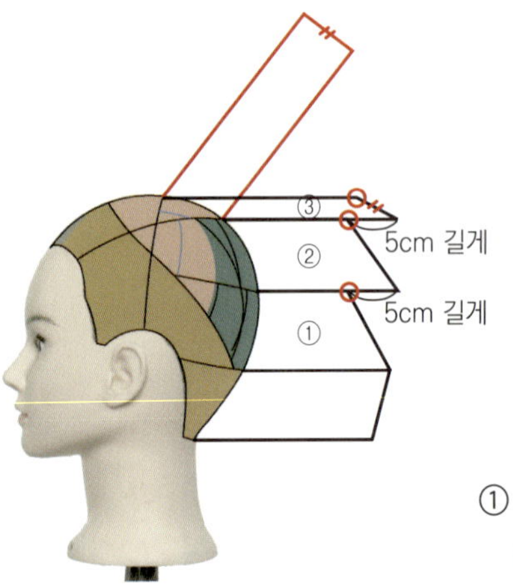

두상이 튀어나와 길이가 짧아지기 때문에 디자인의 한계를 느끼게 되면 가이드를 연결하지 않고 다시 돌아올 길이만큼 길게 자르는 디스커넥션을 활용하여 윗모발이 짧아짐을 방지한다.

① 길이가이드 : N.B.M.P.에서 시술한다.
슬라이스 : 세로슬라이스로 ①②번을 진행하고 ③ 사선은 뒷선 형태선까지 연결하여 시술한다.
베이스 : 온더베이스로 시술한다.
시술각 : 자연시술각 up 45°. 윗모발이 짧아지게 인크리스 레이어로 시술한다.

② 길이가이드 : B.G.M.P보다 5cm길게 시술한다.
슬라이스 : ①② 세로슬라이스로 ③ 사선슬라이스 ④⑤ 중심축에서 길이가이드와 형태선을 연결한다.
베이스 : 온더베이스로 시술한다.
시술각 : 일반시술각 90°, 자연시술각 up 45°로 시술한다.

③ 길이가이드 : G.P보다 5cm 길게하여 시술한다.
슬라이스 : ①②③ 세로슬라이스로 ④⑤ 삼각형으로 떠서 튀어나온 모발을 낫칭으로 시술한다.
베이스 : 온더베이스로 시술한다.
시술각 : 일반시술각 90°, 자연시술각 up 45°로 시술한다.

3. 옆선 만들기를 시술한다.

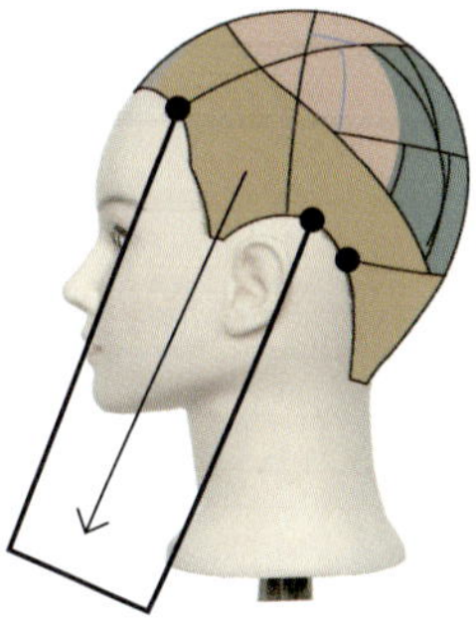

뒷옆선의 길이가이드를 선택하여
빗질은 45° 손가락각도는 20~30°
로 시술한다.

4. 앞머리표정 만들기를 진행한다.

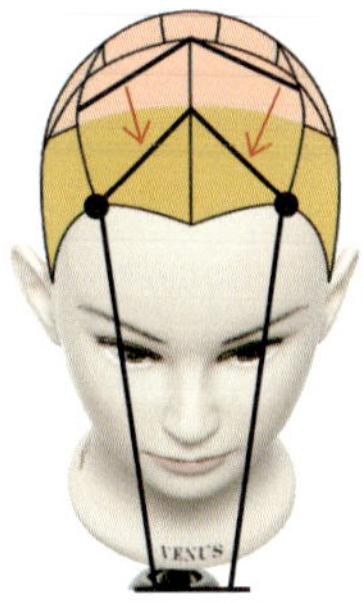

옆선의 길이가이드를
센터쪽으로 당겨서 일직선으로 시술하여
무거운 앞머리 흐름을 만든다.
앞머리의 연결부위는
앞쪽으로 밀어서 시술한다.

나의 작품 디자인 해보기

<table>
<tr><td>Hush Bob 1</td><td>도해도그리기 (뒤)</td><td>도해도그리기 (앞, 옆)</td></tr>
<tr><td colspan="3">시술순서</td></tr>
</table>

1 뒷선에서 일직선 형태선 만들기를 진행한다.

1 뒷선이 결정되는 곳까지 나눈 후에 중심축에서 길이가이드를 설정한다.
2 가슴이 중심축에 있으면서 베이스를 틀어서 일직선으로 시술한다.
3 형태선 존 영역까지 일직선으로 시술한다.
4.5 사이드로 베이스를 틀어서 일직선으로 시술한다,

2 형태선 존에 가벼운층(인크리스 레이어로)을 시술한다.

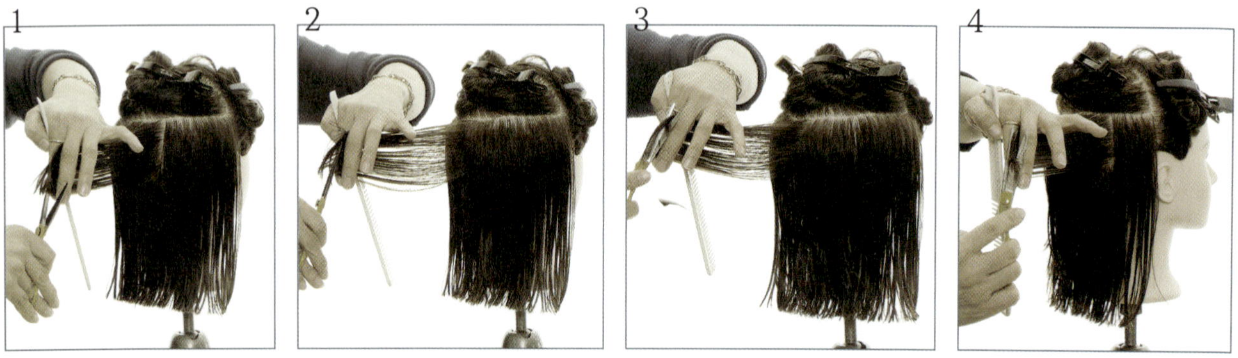

1 밑모발이 길고 윗모발이 짧아지게 인크리스 레이어, up 45˚로 시술한다.
2 세로로 판넬을 떠서 온더베이스로 인크리스 레이어, up 45˚로 시술한다.
3 두상이 함몰된 곳은 사선슬라이스로 떠서 형태선과 연결한다.
4 반대쪽도 동일한 방법으로 시술한다.

3 디자인 존을 길이가 짧아짐을 방지하기 위하여 길이가이드보다 5cm 길게 하는 도로시커트를 하기 위한 디스커넥션으로 시술한다.

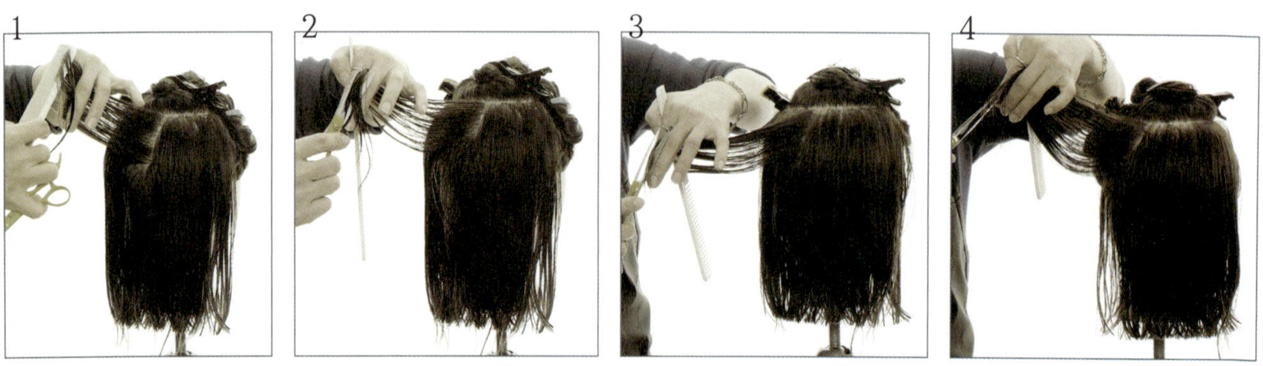

1 일반시술각 90˚로 가이드보다 5cm길게 온더베이스, 세로슬라이스로 시술한다.
2 중심축의 3판넬은 세로 슬라이스로 시술한다.
3.4 두상이 함몰된 곳은 사선슬라이스로 떠서 중심축의 길이가이드와 형태선의 길이가이드를 연결한다.

4 디자인 존 3번 영역의 영역도 디스커넥션(길이가이드 보다 5cm 길게)으로 시술한다.

1 일반시술각 90°로 가이드보다 5cm길게 온더베이스, 세로슬라이스로 시술한다.
2 중심축의 3판넬은 세로슬라이스로 시술한다.
3.4 판넬을 제외한 부분은 삼각형으로 시술한것과 시술하지 않는 곳을 떠서 튀어나온 모발을 낫칭으로 시술한다.

5 뒷부분 시술이 종료된 상태이다.

6 옆선을 시술한다.

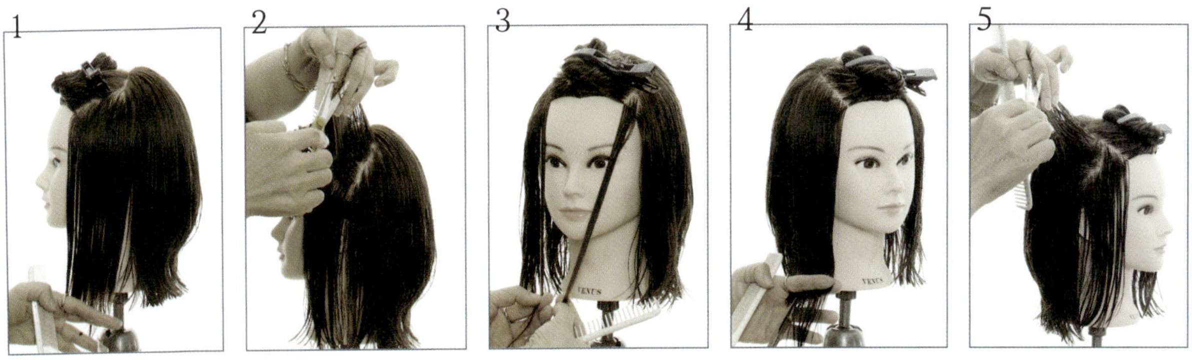

1 손가락각도 20~30°로 시술한다.
2 뒷모발과 옆선의 모발을 사선으로 연결한다.
3 반대편의 길이가이드를 설정한다.
4 반대편도 손가락각도 20~30°로 시술한다.
5 옆선의 형태선을 제외한 부분을 사선으로 떠서 무거운 삼각코너를 제외한다.

7 앞머리를 시술한다.

1

2

3

4

5
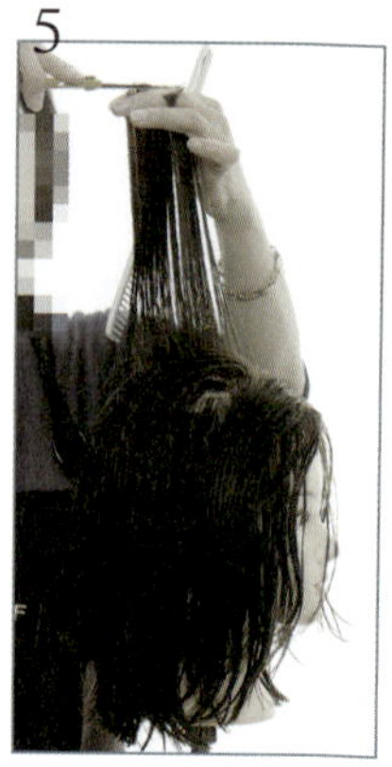

1 중심축의 가르마를 나누고 사선슬라이스를 타서 슬라이스와 평행하게 시술한다.
2 반대쪽도 동일한 방법으로 시술한다.
3 앞머리의 연결부위는 앞쪽으로 살짝 밀어서 시술한다.
4 반대쪽도 동일한 방법으로 시술한다.
5 앞머리 연결부위와 뒷부분의 모발을 연결한다.

시술종료

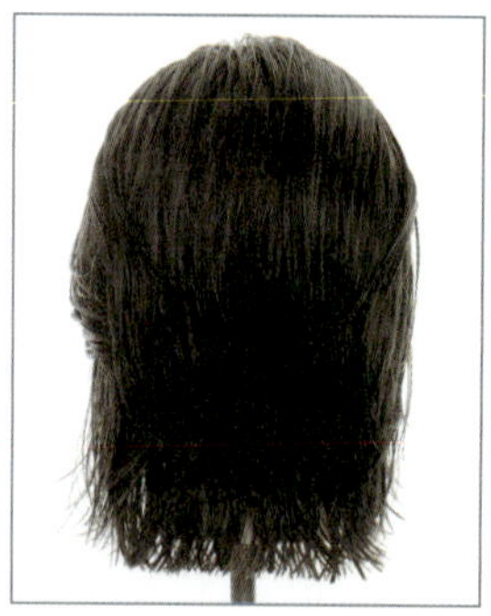

사각형 패턴 3-2 Hush Bob 2

시술각의 변화 도로시커트 활용 ①

헤어스타일을 분석해서 커트의 순서를 먼저 생각한다.

1. 어디서부터 이 커트를 시작할지?
2. 처음 시작점의 길이가이드는?
3. 형태선은 어떤 형태선을 만들지?
4. 형태선에 맞는 슬라이스는 어떤 슬라이스로 활용할지?
5. 베이스는?
6. 모발이 겹쳐지는 중심축의 시술각의 선택은?
7. 뒷손질이 편한 질감처리는?

1 디자인 존과 형태선 존을 나누어서 전체적인 헤어스타일을 분석하고, 쉽고 빠르게 완성된 스타일이 나올지를 판단하고 결정한다. 가벼운 형태선을 시술하고 디자인 존에 볼륨을 주고 모발이 길게 표현하기 위하여 뒤에서부터 앞으로 시술한다.

2 N.P.에서 C컬이 표현되는 기본길이로 N.P. 12cm에서 시작한다.

3 아웃라인은 가벼운 일직선의 형태선을 만든다.

4 형태선 만들기는 가로슬라이스로, 중심축의 시술각 선택은 세로와 사선으로 이용하기 때문에 전체적인 복합슬라이스를 활용한다.

5 베이스는 두상을 그대로 연장하는 온더베이스를 활용하고, 모발이 없는 곳이나 두상이 함몰된 곳은 트위스트베이스를 활용한다.

6 시술각의 활용은 두상이 겹치는 곳에 길이의 짧아짐을 방지하기 위하여 디스커넥션을 3-1의 작품과 동일하게 시술하나 디자인 존 3번은 디스커넥션을 이용하지 않는다.

7 쳐내기의 방법을 이용하여 질감처리를 한다.

Tip

이 스타일을 시술하기 위하여 주의할 점

형태선 존과 디자인 존을 나누어서 디스커넥션의 활용법을 알고 시술한다.

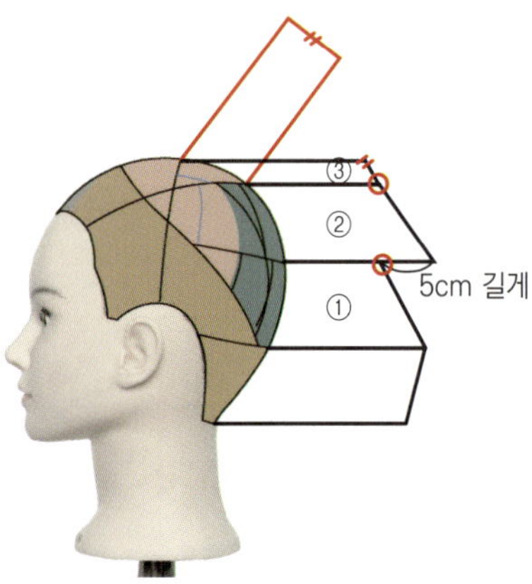

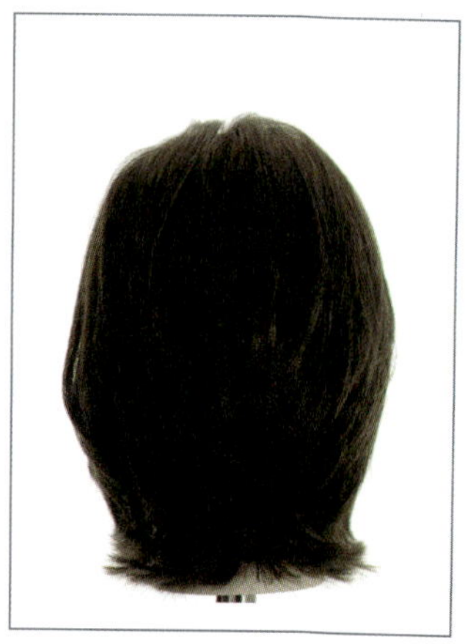

시술순서

1. 형태선 존에서 일직선을 시술한다.

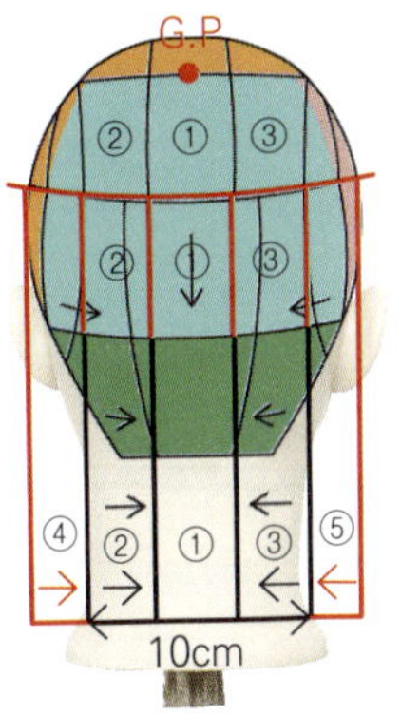

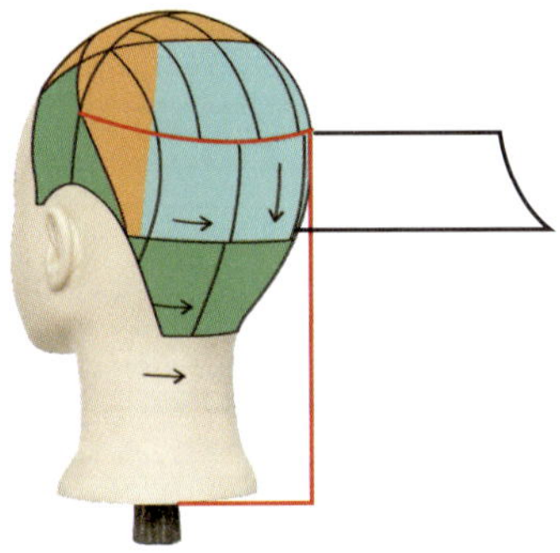

일직선 먼저 시술하여 수평을 만든다.

2. 디스커넥션을 이용한 시술각을 활용하기를 한다.

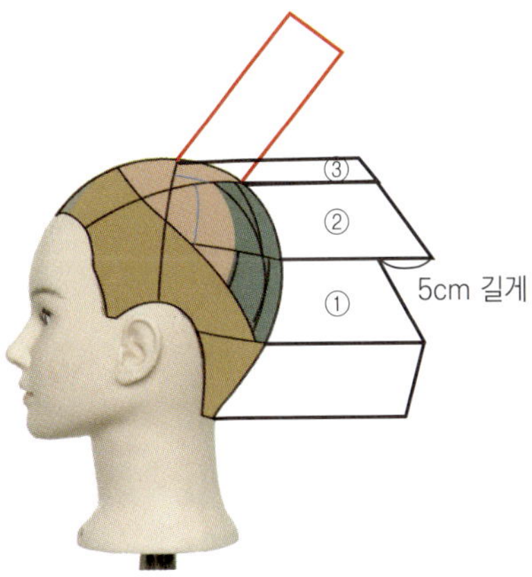

두상이 튀어나와 길이가 짧아지기 때문에 디자인의 한계를 느끼게 되면 가이드를 연결하지 않고 다시 돌아올 길이만큼 길게 자르는 디스커넥션을 활용하여 윗모발이 짧아짐을 방지한다.

① 길이가이드 : N.B.M.P.에서 시술한다.
슬라이스 : 세로슬라이스로 ①②번을 진행하고 ③ 사선은 뒷선 형태선까지 연결하여 시술한다.
베이스 : 온더베이스로 시술한다.
시술각 : up 45°로 시술한다.

② 길이가이드 : B.G.M.P보다 5cm길게 시술한다.
슬라이스 : ①② 세로슬라이스로 ③ 사선슬라이스 ④⑤ 중심축에서 길이가이드와 형태선을 연결한다.
베이스 : 온더베이스로 시술한다.
시술각 : 일반시술각 90°, 자연시술각 up 45°로 시술한다.

③ 길이가이드 : G.P에서 길이가이드를 설정한다.
슬라이스 : ①②③ 세로슬라이스로 ④⑤ 삼각형으로 떠서 튀어나온 모발을 낫칭으로 시술한다.
베이스 : 온더베이스로 시술한다.
시술각 : 일반시술각 90°, 자연시술각 up 45°으로 시술한다.

3. 옆선 만들기를 시술한다.

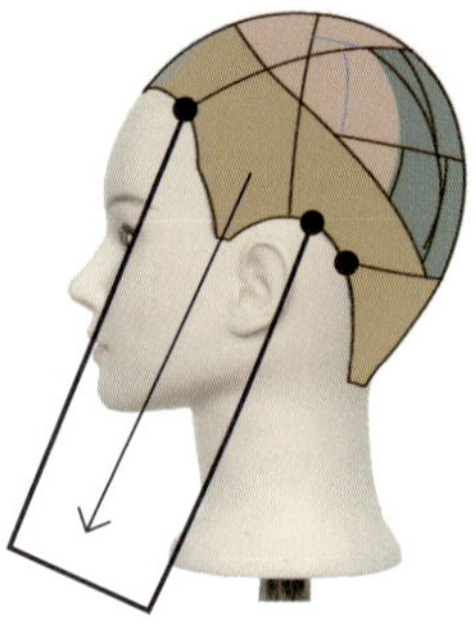

뒷옆선의 길이가이드를 선택하여
빗질은 45° 손가락각도는 20~30°
로 시술한다.

4. 앞머리표정 만들기를 진행한다.

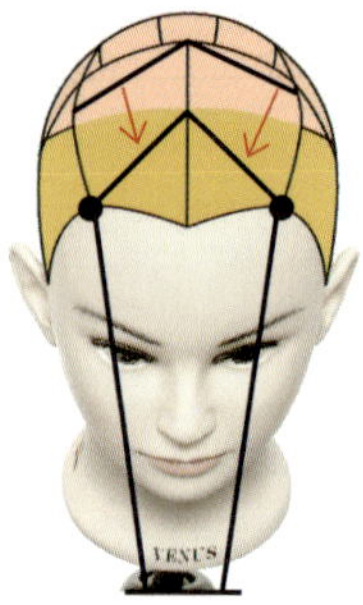

옆선의 길이가이드를 센터쪽으로 당겨서
일직선으로 시술하여 무거운 앞머리 흐름을 만든다.
앞머리의 연결부위는 앞쪽으로 밀어서 시술한다.

나의 작품 디자인 해보기

Hush Bob 2	도해도그리기 (뒤)	도해도그리기 (앞, 옆)
시술순서		

1 형태선 존에서 일직선 형태선 만들기를 진행한다.

1 중심축에서 먼저 길이가이드를 일직선으로 설정한다.
2 중심축에서 일직선을 시술한다.
3 반대쪽 중심축에서도 가로슬라이스로 일직선을 시술한다.
4 중심축에서 일직선을 먼저 확인한 후 사이드로 베이스를 틀어서 일직선으로 시술한다.

2 형태선 존에 가벼운 층(인크리스 레이어)으로 시술한다.

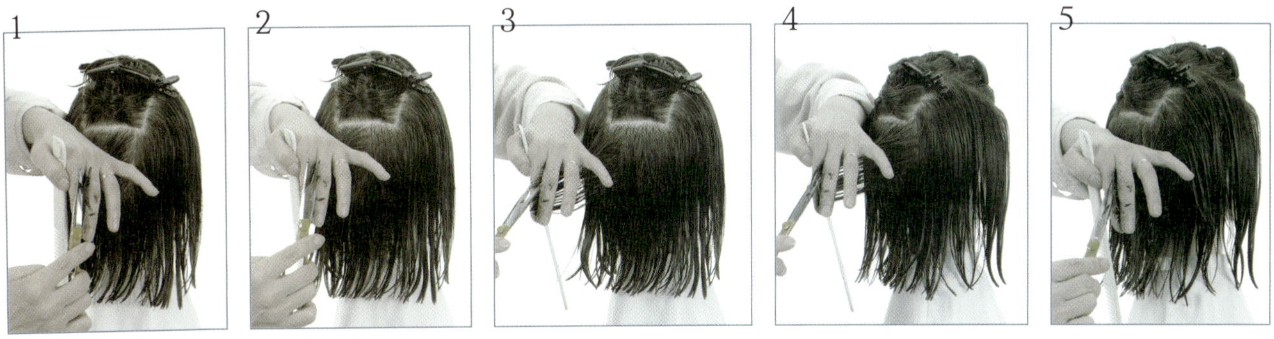

1 온더베이스로 떠서 자연시술각 up45°로 시술한다.
2 세로로 판넬을 떠서 윗모발이 짧고 아랫모발이 길어지게 인크리스 레이어로 시술한다.
3 사선으로 떠서 시술한다.
4.5 반대쪽도 동일한 방법으로 시술한다.

3 디자인 존의 길이가 짧아짐을 방지하기 위하여 5cm 길게 시술한다.

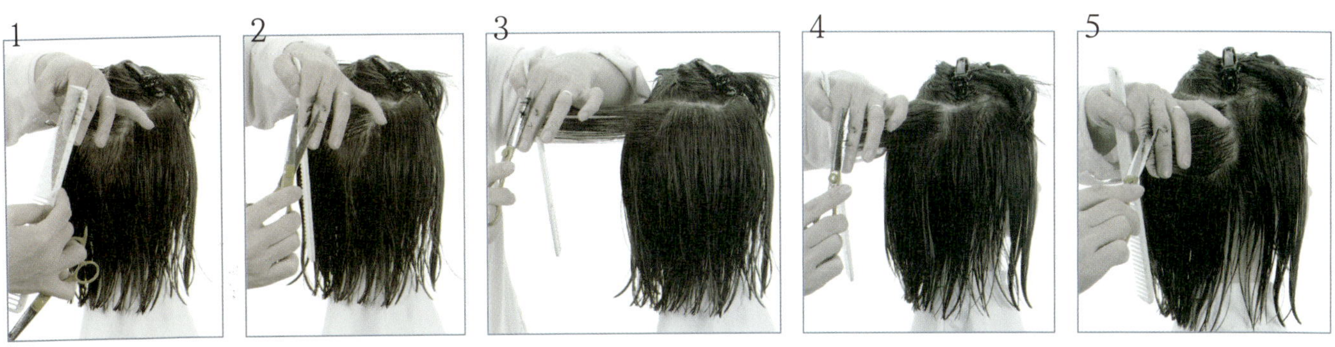

1 일반시술각 90°로 가이드보다 5cm 길게하여 시술한다.
2 세로 슬라이스로 판넬을 떠서 가이드보다 5cm 길게 시술한다.
3 사선슬라이스로 시술한다.
4.5 반대쪽도 동일한 방법으로 시술한다.

4 디자인 존 3번 영역의 영역은 일반시술각 90°로 시술한다.

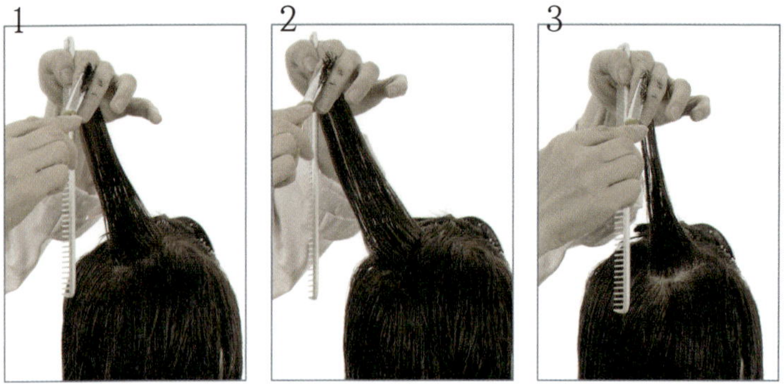

1 G.P에서 길이가이드를 설정하여 일반시술각 90°로 시술한다.
2 세로슬라이스로 판넬을 떠서 온더베이스로 시술한다.
3 중심축 3판넬을 세로슬라이스로 시술한다.

5 옆선 만들기를 진행한다.

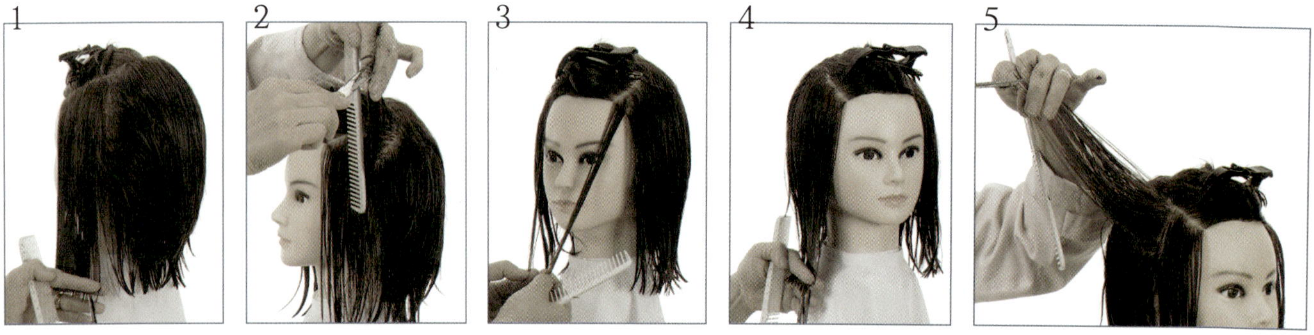

1 손가락각도 20~30°로 앞올림 사선을 시술한다.
2 옆선의 무거운 부분을 제거한다.
3 반대쪽 길이가이드를 설정한다.
4 손가락각도 20~30°로 시술한다.
5 무거운 부분을 제거한다.

6 앞머리를 시술한다.

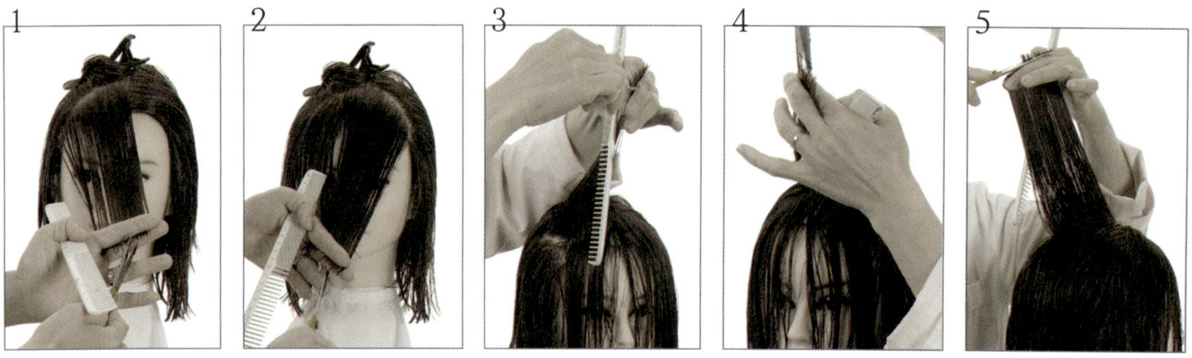

1 6:4 가르마를 나눈 후에 슬라이스와 평행하게 낫칭으로 시술한다.
2 반대쪽도 시술한다.
3 앞쪽으로 앞머리의 연결부위 모발을 밀면서 앞머리의 가이드에 맞추어서 시술한다,
4 반대쪽도 동일하게 시술한다.
5 앞머리와 뒷모발을 연결한다.

7 형태선 존과 디자인 존을 나누어서 쳐내기를 한다.

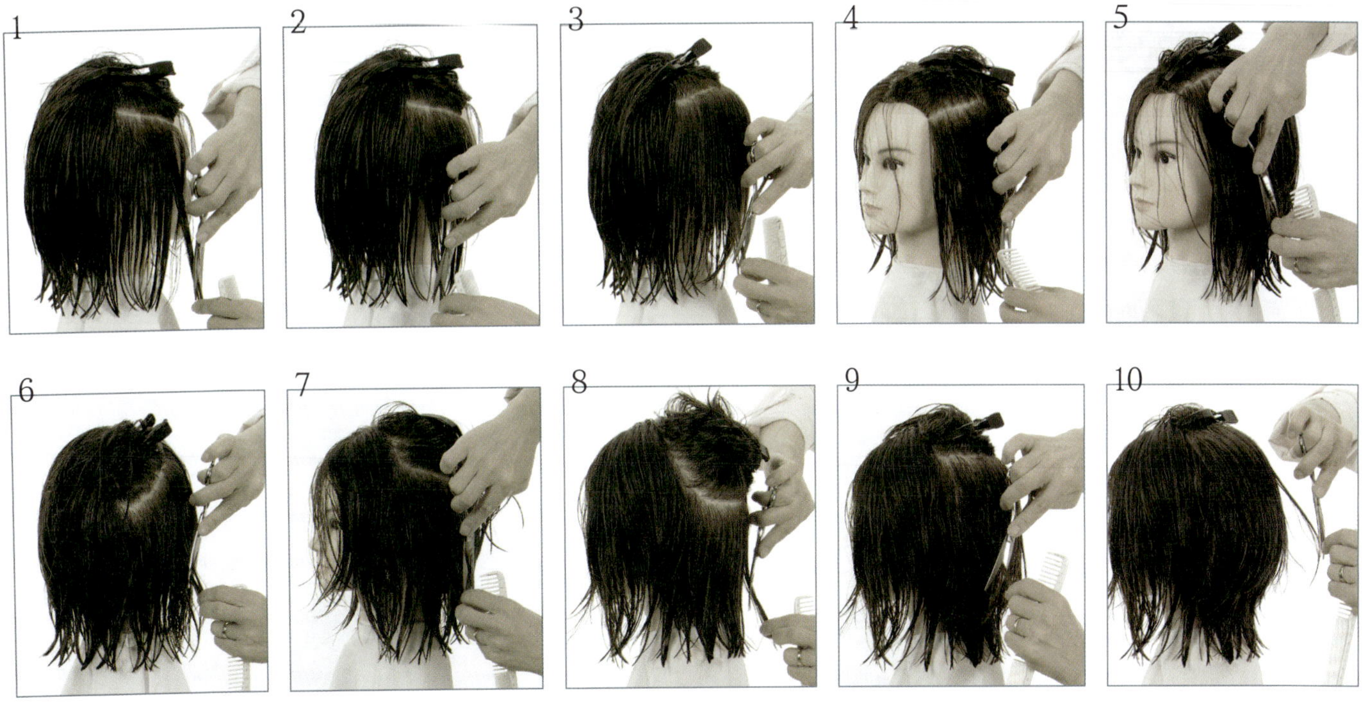

1.2.3 커브가위로 모발을 도려내기를 하여 공기감을 만든다. 5cm에서 도려내기를 하면 C컬이 만들어지기가 쉽다.
4.5 방향성을 주기 위하여 사선으로 커브가위를 잡고 시술한다.
6 커브가위로 모발 도려내기를 한다.
7.8 모질이 굵은 곳을 가볍게 표현하기 위해서 윗모발보다 아랫모발이 길어지게 시술한다.
9.10 디자인 존은 커브가위로 도려내기를 모발이 붓끝처럼 만들기를 하면서 시술한다.

시술종료

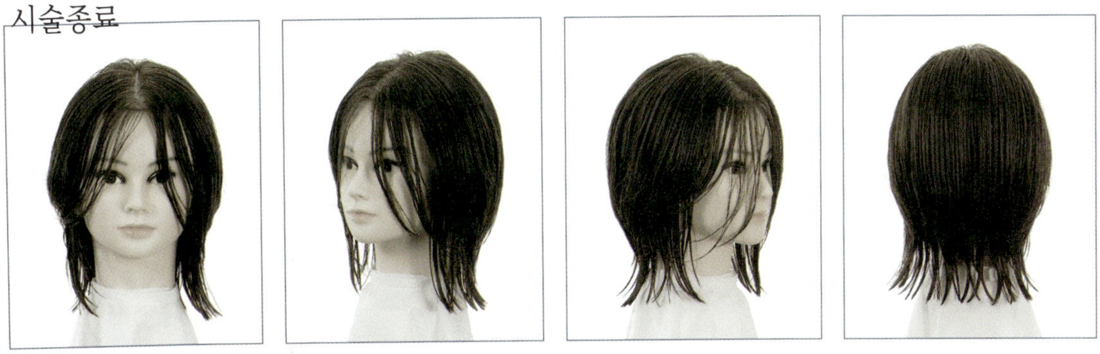

사각형 패턴 4 Original Bob

시술각의 변화 — 일직선을 표현(G.P 아래까지 0°)

헤어스타일을 분석해서 커트의 순서를 먼저 생각한다.

1. 어디서부터 이 커트를 시작할지?
2. 처음 시작점의 길이가이드는?
3. 형태선은 어떤 형태선을 만들지?
4. 형태선에 맞는 슬라이스는 어떤 슬라이스로 활용할지?
5. 베이스는?
6. 모발이 겹쳐지는 중심축의 시술각의 선택은?
7. 뒷손질이 편한 질감처리는?

1 디자인 존과 형태선 존을 나누어서 전체적인 헤어스타일을 분석하고, 모질이 두껍고 모량이 많은 경우 길이가 짧은 경우에는 뒤에서부터 앞으로 시술한다.

2 두상의 볼륨을 주기 위하여 N.P.길이를 N.P. 3cm에서 시작한다.

3 아웃라인은 전체적으로 무거운 일직선을 시술한다.

4 형태선 만들기는 가로슬라이스로, G.P 아래까지 일직선으로 시술하고 G.P 위는 세로, 사선슬라이스를 떠서 시술하기 때문에 복합슬라이스로 시술한다.

5 베이스는 두상을 그대로 연장하는 온더베이스를 활용하고, 모발이 없는 곳이나 두상이 함몰된 부분은 트위스트 베이스를 활용한다.

6 시술각의 활용은 G.P 아래는 모발이 두상대로 떨어지는 자연시술각 0°로 시술하고, G.P 위는 두상을 거쳐서 떨어지므로 일반시술각 90°로 시술한다.

7 쳐내기의 방법을 이용하여 뒷손질이 편하게 질감처리를 한다.

Tip

이 스타일을 시술하기 위하여 주의할 점

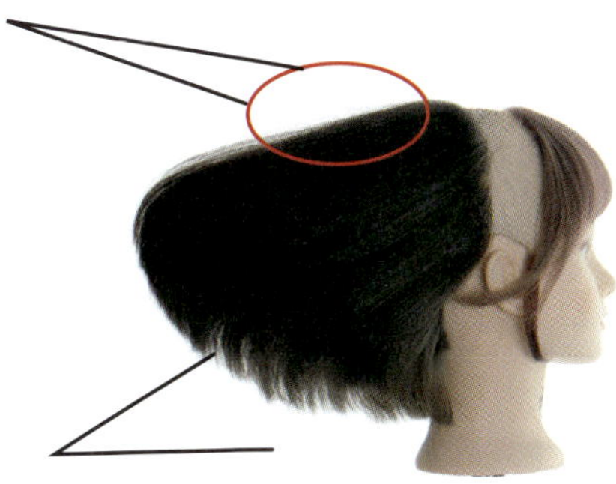

아랫모발에 모질이 굵고 모류도 강하기 때문에 모류보정과 모량조절을 시술한 후에 일직선을 만든다.

시술순서

1. 형태선 존에서 일직선의 형태선을 시술한 후 G.P아래까지 일직선을 시술한다.
   형태선 존의 가로폭이 20cm이다. 일직선의 수평을 시술하기가 어려우므로
   모발이 겹치는 중심축에 뒷선이 결정되는 곳까지 일직선을 시술하고
   양쪽에 일직선을 시술하면 일직선이 쉽게 만들어진다.

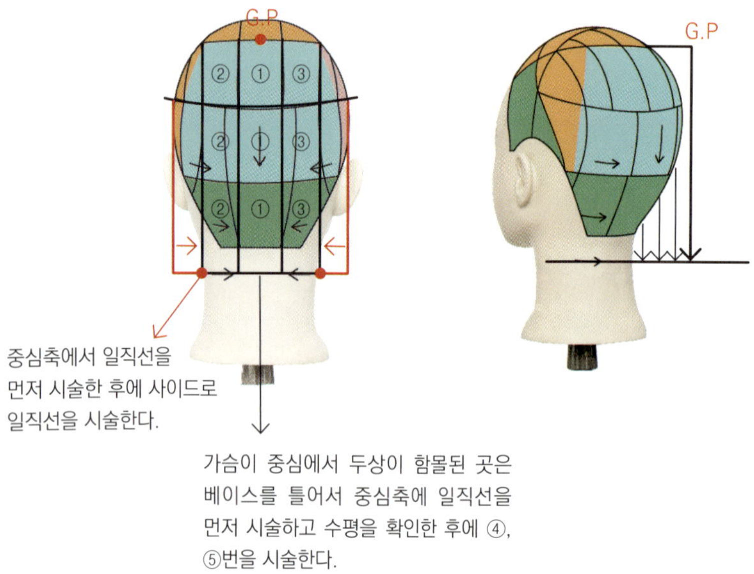

2. G.P 아래까지는 자연시술각 0°로 시술하고 G.P 위는 일반시술각 90°로 시술한다.

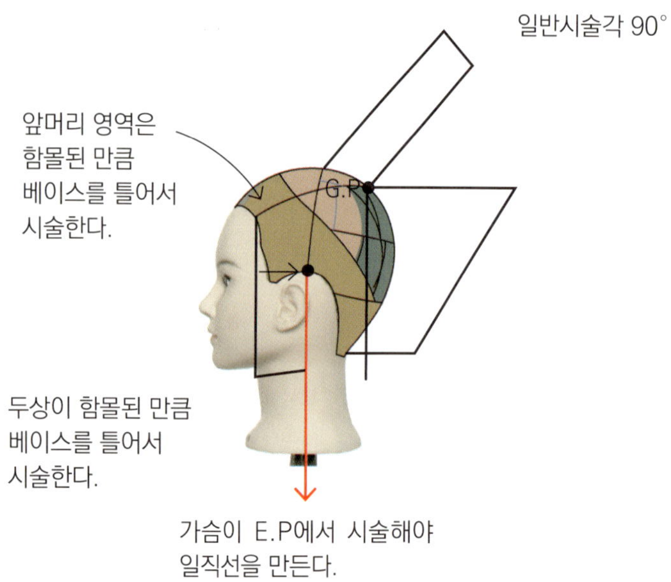

3. 옆선 만들기를 시술한다.

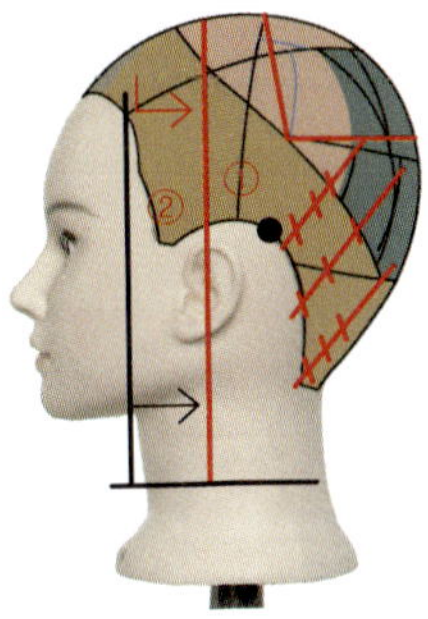

두상이 튀어나온 곳에서
두상이 함몰된 만큼 베이스를 틀어서
일직선으로 시술한다.

4. 앞머리표정 만들기를 시술한다.

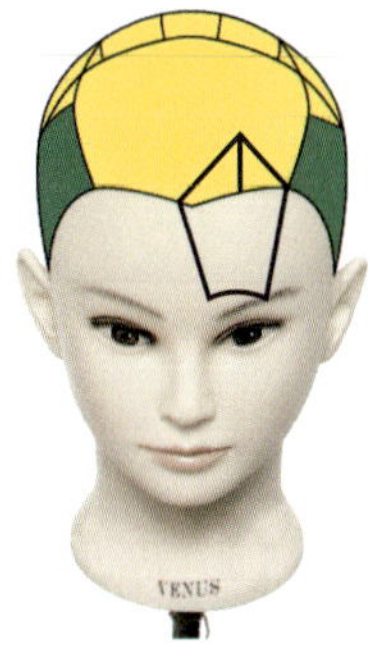

6:4의 가르마를 탄 후에 삼각형을 떠서
모발을 뒤집어서 일직선을 시술한다.
이렇게 시술한 이유는
약간의 곡선을 만들기 위함이다.

나의 작품 디자인 해보기

Original Bob 2	도해도그리기 (뒤)	도해도그리기 (앞, 옆)

시술순서

1 모류를 보정한 후에 형태선 만들기를 시술한다.

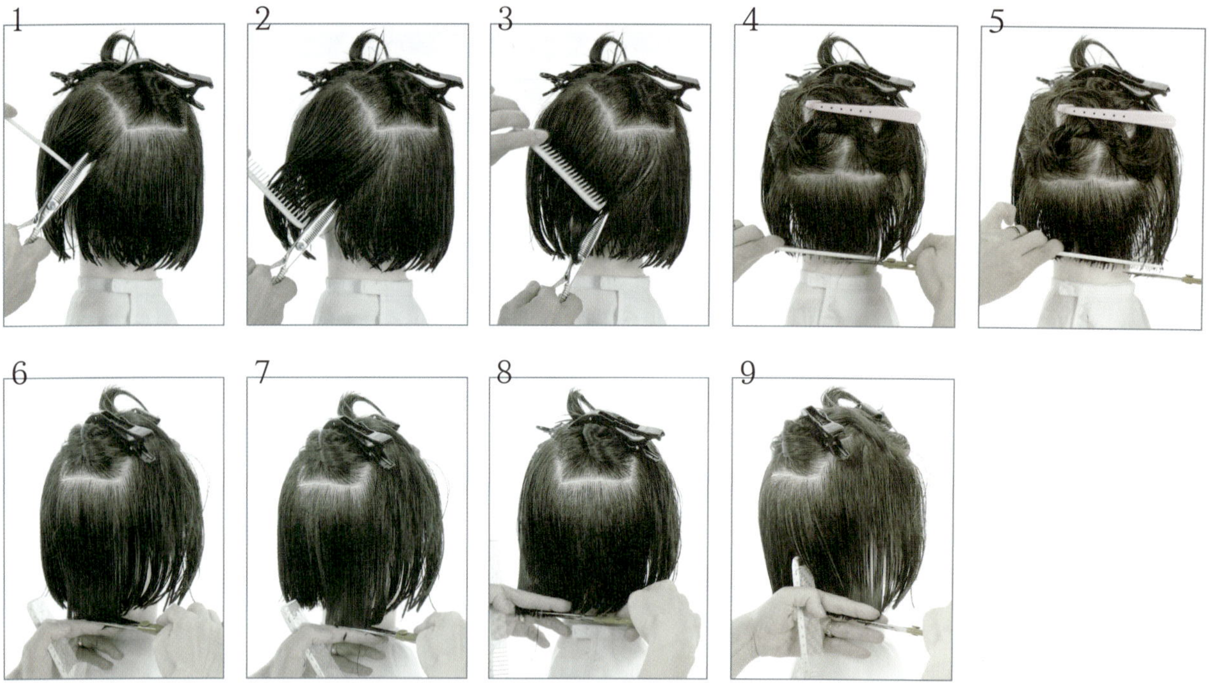

1 디자인 존과 형태선의 영역을 나눈 후에 형태선 존을 모류보정과 모량조절을 하기 위하여 사선으로 빗질하고 틴닝으로 시술한다.
2.3 모류를 보정하기 위하여 사선으로 빗질하여 앞모발이 짧고 뒷 모발이 길어지게 틴닝을 진행한다.
4.5 뒷선이 결정되는 곳까지 나눈 후에 일직선으로 시술한다.
6.7 형태선 존까지 일직선을 시술한다.가슴이 중심축에 있으면서 베이스를 틀어서 일직선으로 시술한다.
8.9 중심축에서 일직선을 시술한 후에 사이드도 베이스를 틀어서 일직선으로 시술한다.

2 G.P 아래까지 자연시술각 0°로 일직선을 시술한다.

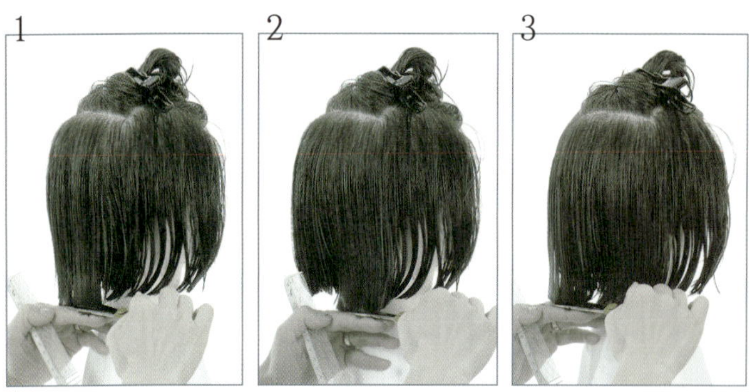

1 밑모발의 길이에 맞추어서 일직선으로 시술한다.
2 밑모발의 길이가이드를 두상이 함몰되기 직전의 모발을 선택하여 일직선으로 시술한다.
3 중심축의 모발을 먼저 일직선을 시술한 후에 양쪽의 모발도 베이스를 들어서 일직선으로 시술한다.

3 디자인 존 3번에 해당하는 부분은 G.P 윗부분은 일반시술각 90°로 시술한다.

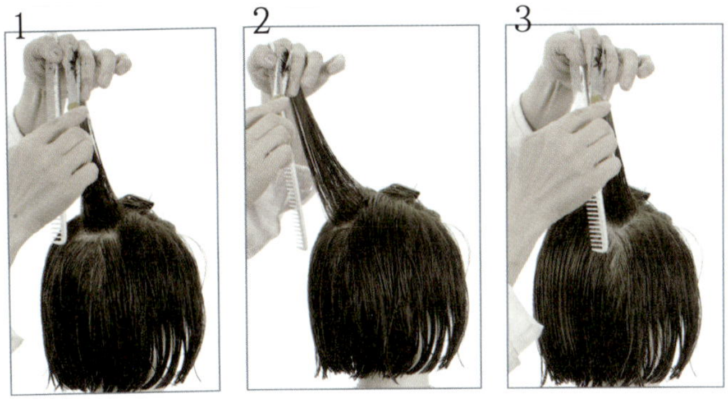

1 세로 슬라이스로 판넬을 떠서 일반시술각 90°로 시술한다.
2 중심축의 3판넬을 세로 슬라이스로 떠서 일반시술각 90°로 시술한다.
3 3판넬을 제외한 부분은 삼각형으로 떠서 튀어나온 모발을 낫칭으로 시술한다.

5 옆선 만들기를 진행한다.

1 베이스를 E.P쪽으로 틀어서 일직선으로 시술한다.
2 반대쪽에 길이가이드를 설정한다.
3 베이스를 E.P쪽으로 틀어서 일직선으로 시술한다.

6 앞머리를 시술한다.

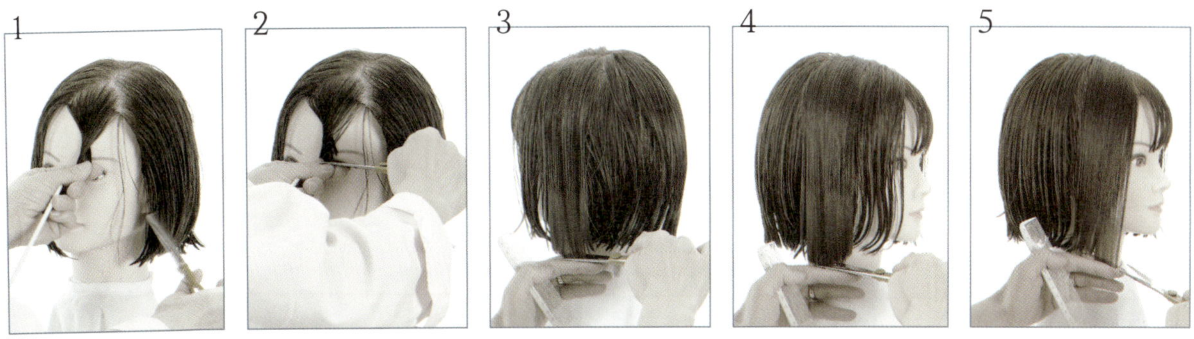

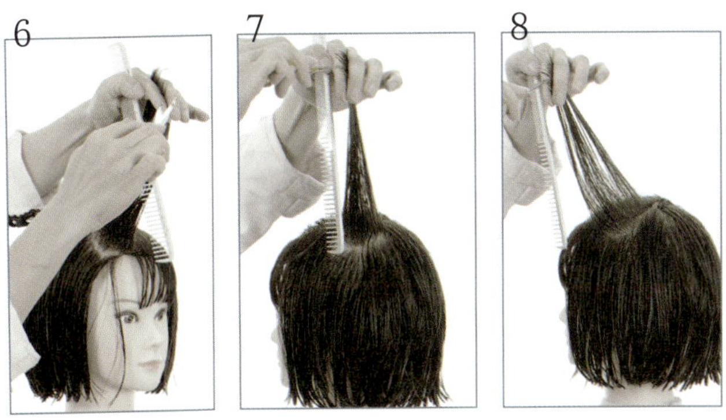

1 6:4영역으로 앞머리를 시술하기 위하여 앞머리를 나눈다.
2 모발을 한바퀴를 돌려서 일직선으로 시술한다.
3 아랫모발에 맞추어서 일직선으로 시술한다.
4 앞머리의 영역은 베이스를 틀어서 일직선으로 시술한다.
5 반대쪽도 동일한 방법으로 시술한다.
6 뒷모발과 옆선의 길이를 앞쪽으로 밀며서 시술한다.
7 삼각코너를 시술한다.
8 반대쪽도 동일한 방법으로 시술한다.

7 뒷손질이 편하게 질감처리를 진행한다.

1

2

3
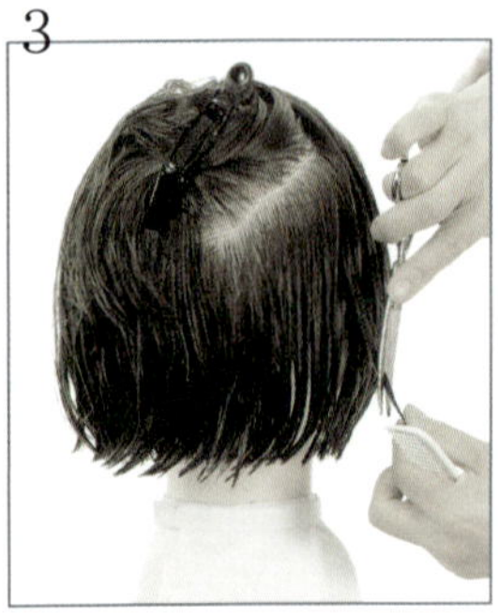

4

5

6
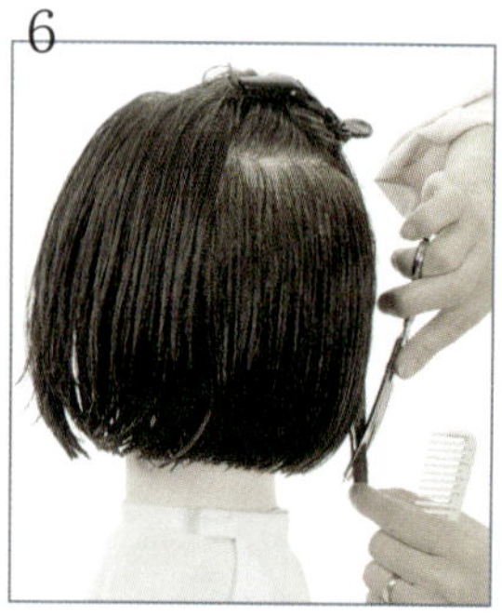

1 모발을 가볍게 공기감을 주기 위하여 커브가위로 빽컷을 진행한다.
2 모발의 끝부분 5~8cm에서 모발을 도려낸다.
3.4.5.6 뒷 부분의 모발이 겹치는 부분도 모량을 없애고 공기감을 주기 위하여 빽컷을 진행한다.

시술종료

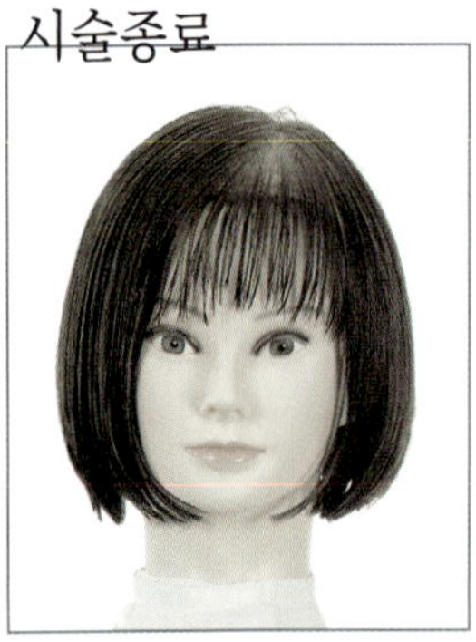

사각형 패턴 5 Bob Graduation 1

시술각의 변화 자연스러운 볼륨(G.P 아래 자연시술각 90°)

헤어스타일을 분석해서 커트의 순서를 먼저 생각한다.

1. 어디서부터 이 커트를 시작할지?
2. 처음 시작점의 길이가이드는?
3. 형태선은 어떤 형태선을 만들지?
4. 형태선에 맞는 슬라이스는 어떤 슬라이스로 활용할지?
5. 베이스는?
6. 모발이 겹쳐지는 중심축의 시술각의 선택은?
7. 뒷손질이 편한 질감처리는?

1 디자인 존과 형태선 존을 나누어서 전체적인 헤어스타일을 분석하고, 쉽고 빠르게 완성된 스타일이 나올지를 판단하고 결정한다. 길이가 짧고 시술각을 활용하기 위하여 뒤에서 앞으로 시술한다.

2 두상에 볼륨을 주기 위하여 N.P 길이를 2~3cm에서 시작한다.

3 아웃라인은 일직선의 형태선을 만든다.

4 형태선 만들기는 가로슬라이스로, 중심축의 시술각 선택은 세로와 사선으로 일직선을 만들기 위한 전체적인 복합슬라이스를 활용한다.

5 베이스는 두상을 그대로 연장하는 온더베이스를 활용하고, 두상이 함몰된 곳은 트위스트베이스를 활용한다.

6 시술각의 활용은 G.P 아래는 모발이 두상대로 떨어지는 모발은 자연시술각 90°, 손가락각도 70°로 시술하고 G.P위는 두상을 거쳐서 떨어지므로 일반시술각 90°로 시술한다.

Tip
이 스타일을 시술하기 위하여 주의할 점

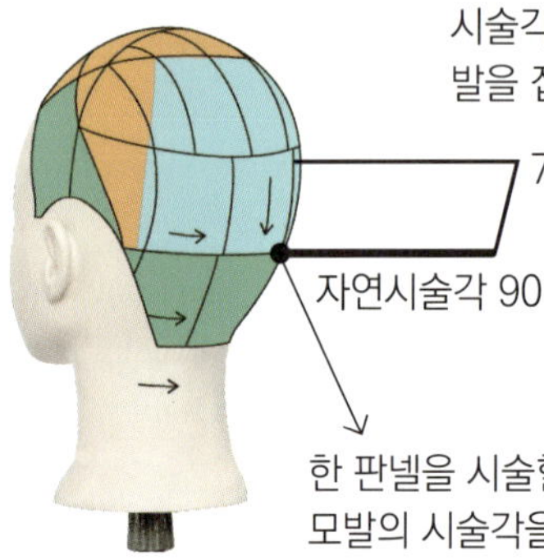

시술순서

1. 형태선 존에서 일직선을 시술한다.

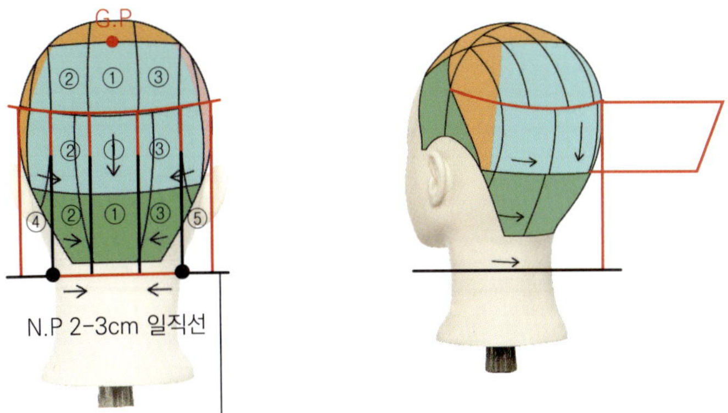

일직선 먼저 시술하여 중심에 수평을
먼저 시술한 후에 양쪽으로 일직선을 만든다.

2. 중심축에 시술각을 조절한다.

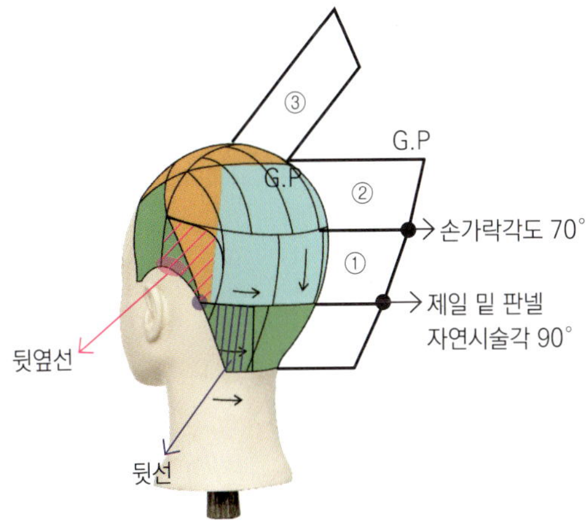

① 형태선까지 일직선을 먼저 시술한 후에 층을 시술한다.
길이가이드 : N.B.M.P.에서 설정한다.
슬라이스 : 중심축 ①② 세로슬라이스 ③ 사선슬라이스로 뒷선의 형태선까지 시술한다.
베이스 : 온더베이스로 시술한다.
시술각 : 펜넬 맨밑의 모발 자연시술각 90° 손가락각도는 70°로 시술한다.

② 디자인 존은 길이가이드는 G.B.M.P에서 설정한다.
슬라이스 : ①②③④ 세로로 ⑤번은 중심축의 길이가이드와 뒷옆선의 길이를 사선슬라이스로 시술한다.
베이스 : 온더베이스로 시술한다.
시술각 : 자연시술각 90°, 손가락각도 70°로 시술한다.

③ 디자인 존은 길이가이드는 G.P에서 설정한다.
슬라이스 : ①②③ 세로슬라이스, 나머지 모발은 삼각형을 떠서 튀어나온 모발을 정리한다.
베이스 : 온더베이스로 시술한다.
시술각 : 일반시술각 90°로 시술한다.

3. 옆선 만들기를 시술한다.

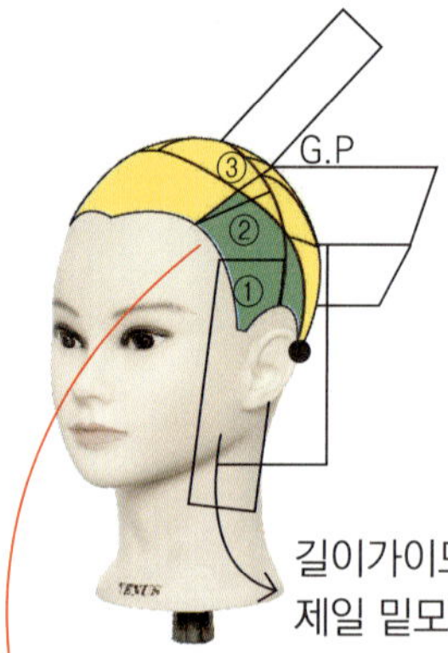

길이가이드를 설정 후
제일 밑모발의 90°, 손가락각도 70°로
무거움을 제거한다.

두상이 튀어나온 곳에서
두상이 함몰된 만큼 베이스를 틀어서
일직선으로 시술한다.

4. 앞머리표정 만들기를 진행한다.

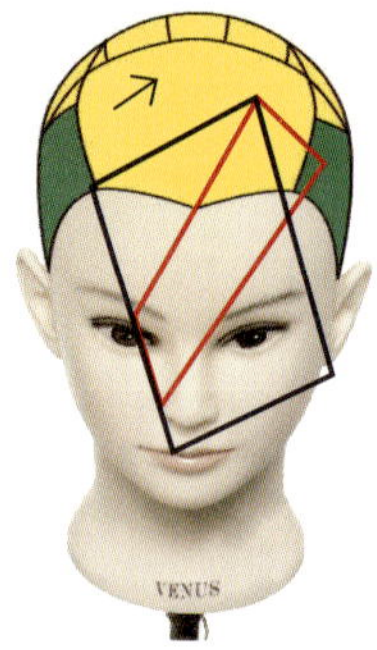

7:3 가르마를 나눈 후 사선슬라이스를 떠서
슬라이스와 평행하게 시술한다.
앞머리의 연결부위는
앞쪽으로 살짝 밀어서 시술한다.
반대쪽은 영역이 적어 손가락은 틀어서
모발이 좀더 길어지게 시술한다.

나의 작품 디자인 해보기

Bob Graduation 1	도해도그리기 (뒤)	도해도그리기 (앞, 옆)

시술순서

1 일직선 형태선 만들기를 진행한다.

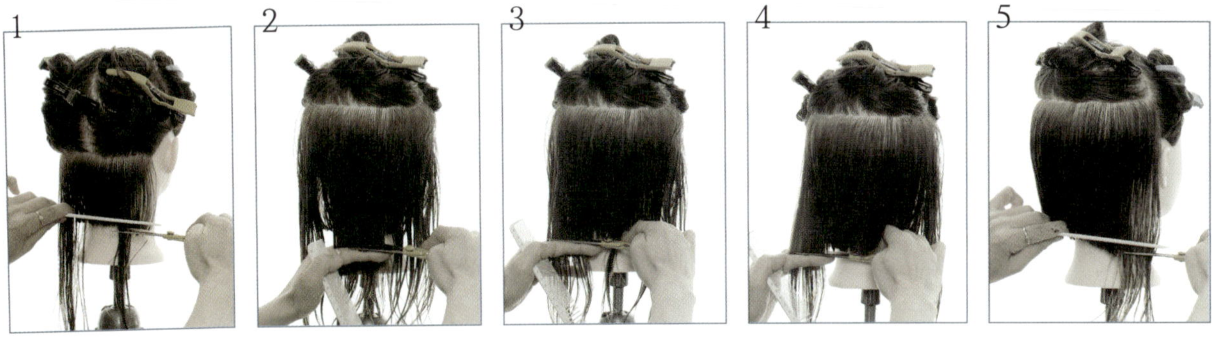

1 뒷선이 결정되는 부분까지 파팅을 나눈후 일직선을 시술한다.
2.3 형태선 존까지 일직선을 시술한다.가슴이 중심축에 있으면서 베이스를 틀어서 일직선으로 시술한다.
4.5 중심축에서 일직선을 시술한 후에 사이드도 베이스를 틀어서 일직선으로 시술한다.

2 형태선 존의 층을 결정한다.

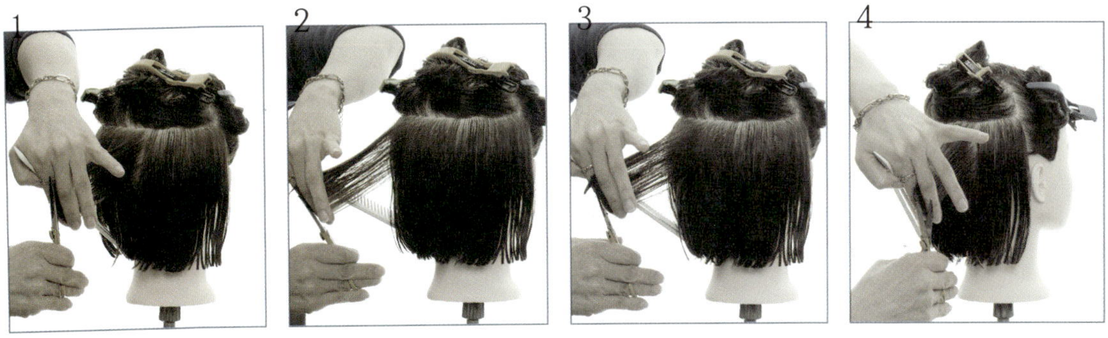

1 함몰된 아랫부분에서 가이드를 설정하여 모발이 순서대로 떨어지게 손가락각도 70°로 시술한다.
2.3 중심축은 세로로 판넬을 뜨고 한쪽 사이드는 사이드로 판넬을 떠서 시술한다.
4 반대편도 동일하게 시술한다.

3 모발이 중력에 의해서 떨어지는 G.P 아래까지 자연시술각 90° 손가락각도 70°로 시술한다.

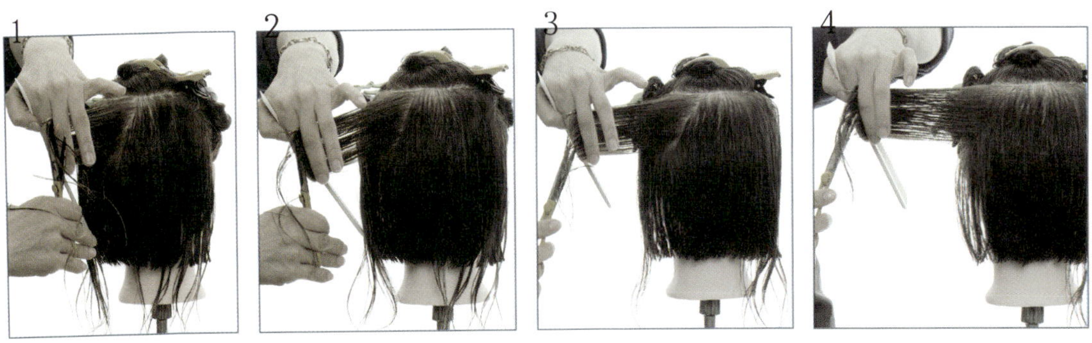

1 세로로 판넬을 떠서 맨밑의 자연시술각 90° 손가락각도 70°가 되게 시술한다.
2 중심축을 벗어나면 사선으로 판넬을 떠서 사선으로 시술한다.
3 시술각에서 나온 길이가이드와 형태선에서 나온 길이가이드를 사선으로 연결한다.
4 이곳은 모류가 강하고 모량이 많기 때문에 낫칭으로 시술한다.

4 디자인 존 3번에 해당하는 부분은 일반시술각 90°로 시술한다.

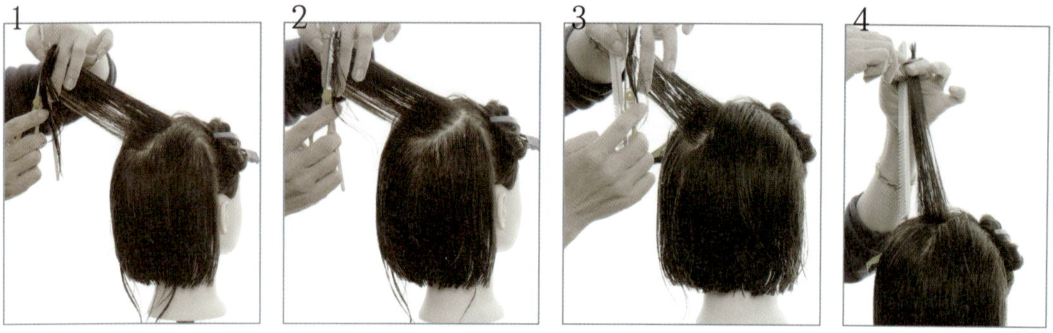

1 세로 슬라이스로 판넬을 떠서 G.P에서 일반시술각 90°로 시술한다.
2.3 중심축의 3판넬을 세로 슬라이스로 떠서 일반시술각 90°로 시술한다.
4 3판넬을 제외한 부분은 삼각형으로 떠서 튀어나온 모발을 낫칭으로 시술한다.

5 뒷부분이 종료된 상태이다.

6 옆선 만들기를 진행한다.

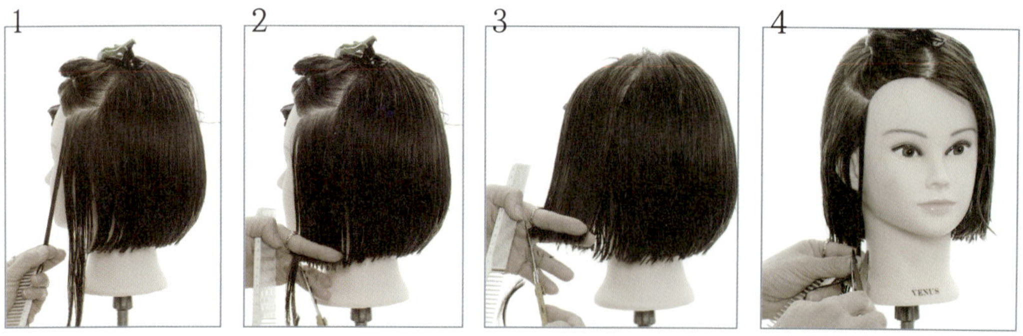

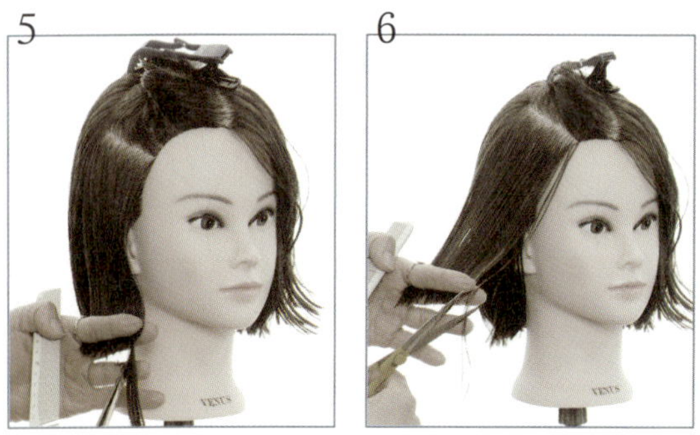

1 먼저 원하는 길이가이드를 설정한다.
2 앞머리의 길이가이드와 뒷선의 길이를 다시 한번 확인하여 연결한다.
3 디자인 존의 모발을 내려서 밑길이에 맞추어서 시술한다.
4 반대쪽의 길이가이드를 설정한다.
5 앞머리의 길이가이드와 뒷선의 길이가이드를 연결한다.
6 디자인 존의 모발을 아랫모발에 맞추어서 시술한다.

7 앞머리를 시술한다.

1 7:3으로 가르마를 나누어서 슬라이스와 평행하게 시술한다.
2 반대쪽은 손가락을 좀더 틀어서 시술한다.
3 연결부위에 해당하는 모발을 앞쪽으로 밀어서 시술한다.
4 반대쪽도 동일하게 시술한다.
5 세로 슬라이스를 떠서 앞머리와 뒷머리를 연결한다.

8 형태선 존의 모류보정과 모량조절을 하고 뒷선부분에 길이를 한번 더 정리한다.

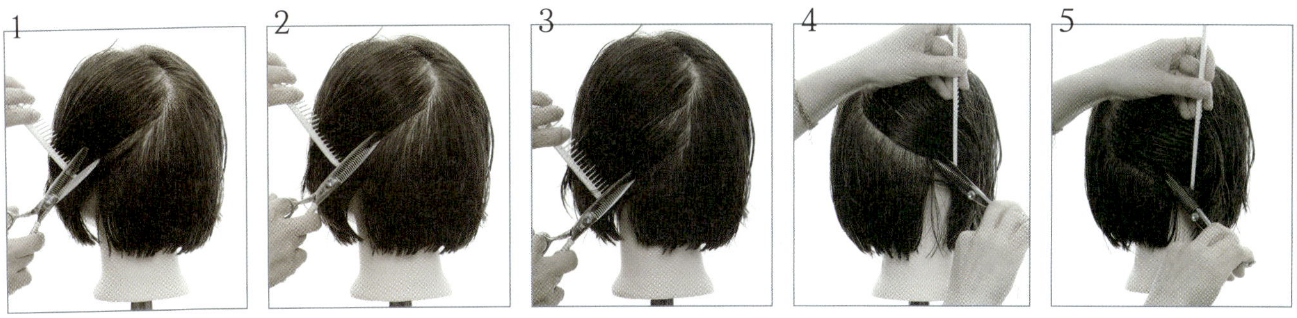

1 사선으로 빗질하고 틴닝으로 앞모발이 짧고 뒷모발이 길어지게 시술한다.
2 2cm를 뛰우고 다시 한번 틴닝으로 시술한다.
3 슬라이스와 틴닝가위가 모발이 흐르는대로 시술해야 한다.
4 반대쪽도 동일하게 시술한다.
5 슬라이스와 틴닝가위의 자세를 잘 잡아서 시술해야 한다.

시술종료

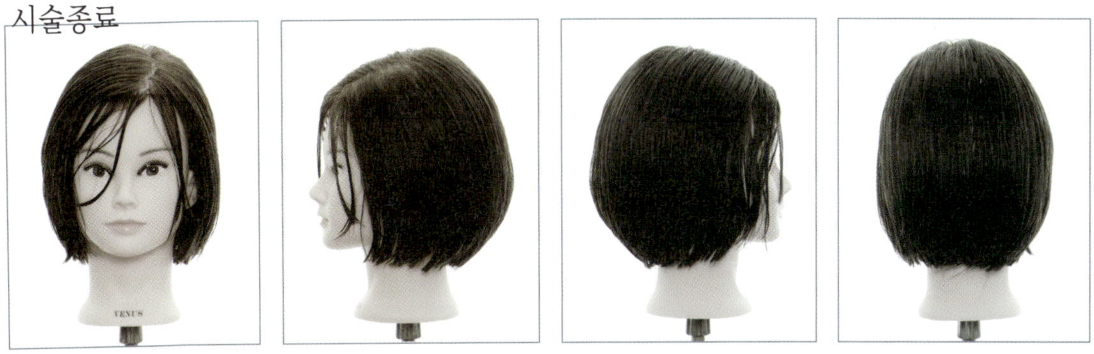

사각형 패턴 6 Bob Graduation 2

시술각의 변화 — 두상 생긴모양의 층, 디자인 존의 일반시술각 90°

헤어스타일을 분석해서 커트의 순서를 먼저 생각한다.

1. 어디서부터 이 커트를 시작할지?
2. 처음 시작점의 길이가이드는?
3. 형태선은 어떤 형태선을 만들지?
4. 형태선에 맞는 슬라이스는 어떤 슬라이스로 활용할지?
5. 베이스는?
6. 모발이 겹쳐지는 중심축의 시술각의 선택은?
7. 뒷손질이 편한 질감처리는?

1 디자인 존과 형태선 존을 나누어서 전체적인 헤어스타일을 분석하고, 쉽고 빠르게 완성된 스타일이 나올지를 판단하고 결정한다. 일직선의 형태선을 만들고 시술각을 선택하기 위하여 뒤에서 앞으로 시술한다.

2 두상에 볼륨을 주기 위하여 N.P에서 2-3cm 길이가이드를 선택한다.

3 F.S.P. 길이로 무거운 일직선의 형태선을 만든다.

4 형태선 만들기는 가로슬라이스로, 중심축의 시술각 선택은 세로와 사선으로 일직선을 만들기 위한 전체적인 복합슬라이스를 활용한다.

5 베이스는 두상을 그대로 연장하는 온더베이스를 활용하고, 두상이 함몰된 곳은 트위스트베이스를 활용한다.

6 시술각의 활용은 형태선 존 모발이 두상대로 떨어지는 모발은 자연시술각 90°로 시술하고 디자인 존은 일반시술각 90°로 시술한다.

7 쳐내기의 방법을 이용하여 뒷손질이 편한 헤어스타일 만들기를 진행한다.

Tip

이 스타일을 시술하기 위하여 주의할 점

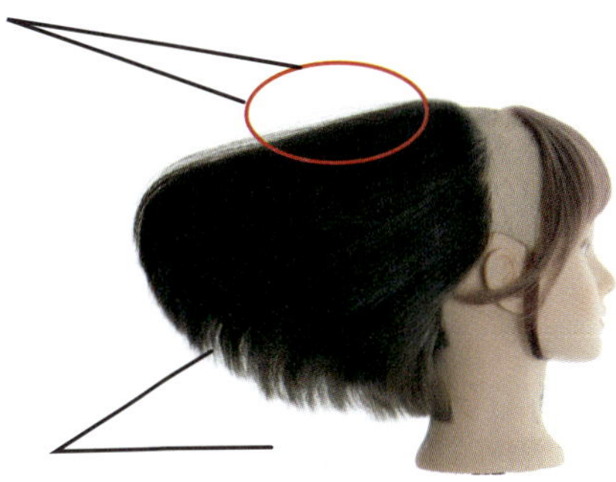

아랫모발에 모질이 굵고 모류도 강하기 때문에 모류보정과 모량조절을 시술한 후에 일직선을 만든다.

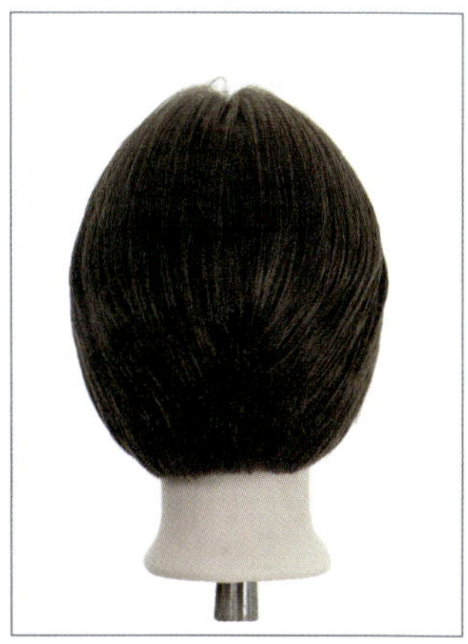

시술순서

1. 모류보정과 모량조절을 진행한다.

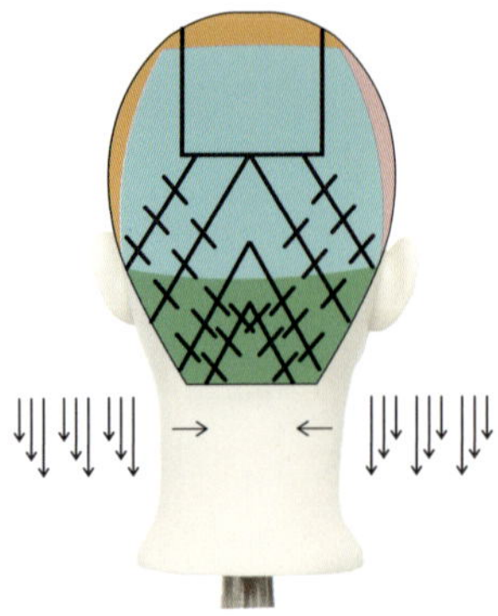

디자인 존의 중심축 모발을 따로 놓고 형태선 존의 모발을 빗질을 사선으로 하고 틴닝가위로 앞모발이 짧고 뒷모발이 길어지게 시술한다.
모류가 강하고 모질이 두껍기 때문에 3~4번 정도 진행하여 빗질하면 디자인 존의 일직선이 예쁘게 표현된다.

2. 형태선에서 일직선을 표현한다.

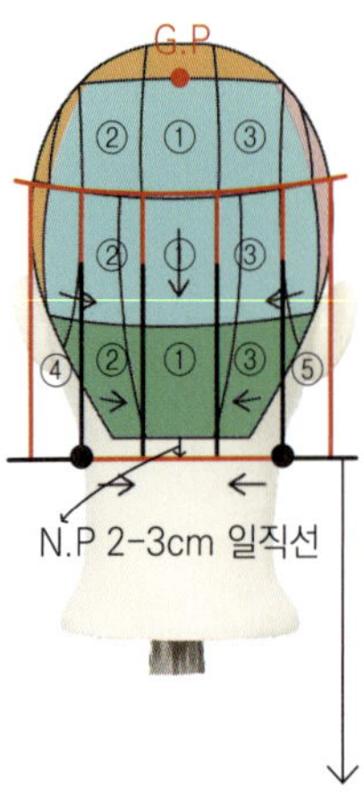

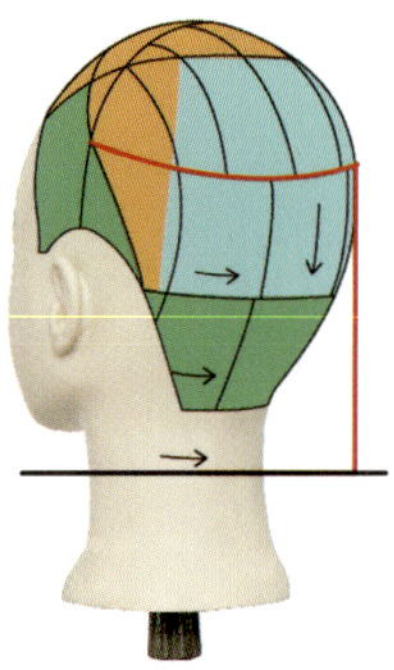

일직선 먼저 시술하여 중심에
수평을 먼저 시술한 후에 양쪽으로
일직선을 만든다.

3. 중심축에 시술각을 조절한다.

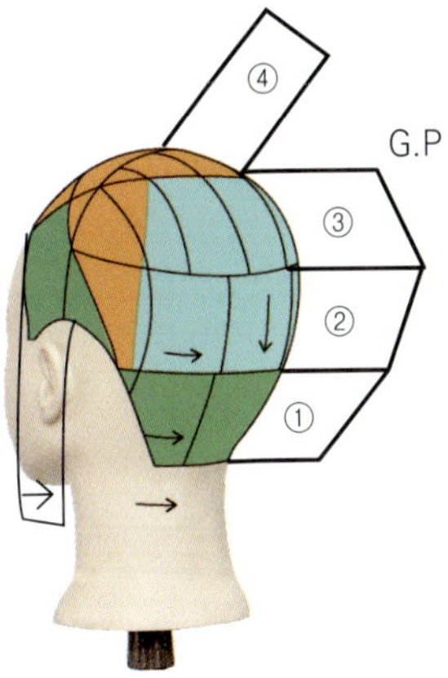

① 가로슬라이스로 한 판넬의 1/3에서 시술한다.
이렇게 시술하면 자연시술각 70°로 시술된다.
② 길이가이드 : N.B.M.P.에서 설정한다.
슬라이스 : ①② 세로, ③번 사선슬라이스로 뒷선으로 연결하여 시술한다.
베이스 : 온더베이스로 시술한다.
시술각 : 제일 밑의 모발 자연시술각 90° 손가락각도 70°로 시술한다.
③ 길이가이드 : B.G.M.P에서 설정한다.
슬라이스 : ①② 세로슬라이스 ③번은 사선슬라이스 ④⑤ 중심축의 시술각에서 나온 길이와 형태선의 길이를 낫칭으로 시술한다.
베이스 : 온더베이스를 시술한다.
시술각 : 일반시술각 90° 자연시술각 up 45°로 시술한다.
④ 길이가이드 : G.P에서 설정한다.
슬라이스 : ①②③ 세로 ④⑤ 삼각형으로 떠서 튀어나온 모발을 낫칭으로 시술한다.
베이스 : 온더베이스로 시술한다.
시술각 : 일반시술각 90°로 시술한다.
⑤ 옆선 만들기 : 가슴이 E.P.에 있고 베이스를 틀어서 일직선으로 시술한다.

4. 앞머리표정 만들기

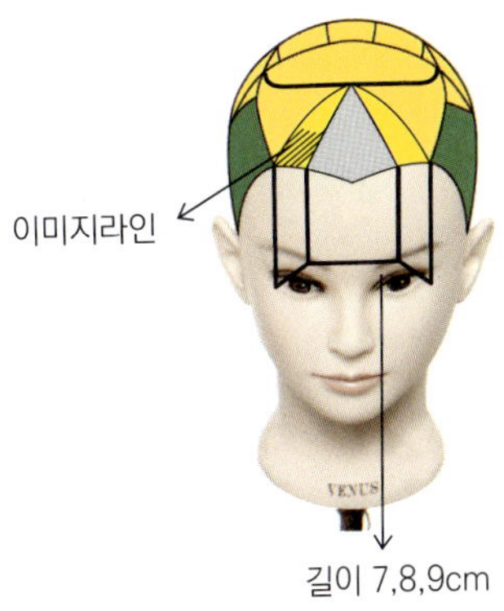

중심축에서 삼각형을 나눈 후에
일직선으로 시술하고
이미지 라인과 연결한다.

1 모류보정을 한 후 일직선 형태선 만들기를 진행한다.

1

2

3
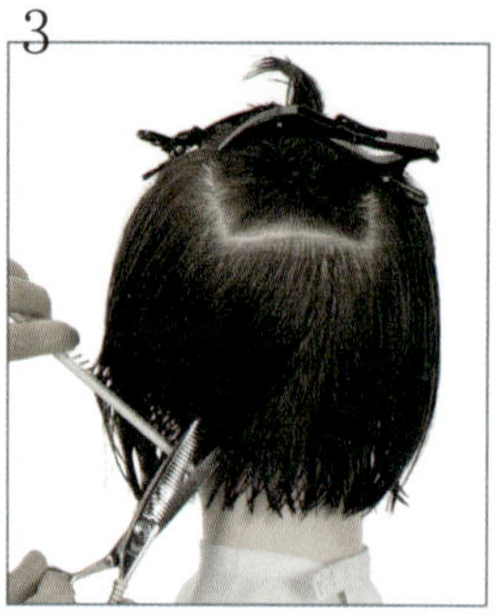
4

5

6

1 형태선 존과 디자인 존을 나누어서 형태선 존에 모류보정과 모량 조절을 진행한다.
2.3 사선으로 빗질하고 틴닝으로 앞모발이 짧고 뒷모발이 길어지게 시술한다
4.5 가슴이 중심축에 있으면서 베이스를 틀어서 일직선으로 시술한다.
6 중심축에 일직선을 먼저 시술한 후에 사이드도 베이스를 틀어서 일직선으로 시술한다.

2 형태선 존의 층을 시술한다.

1

2
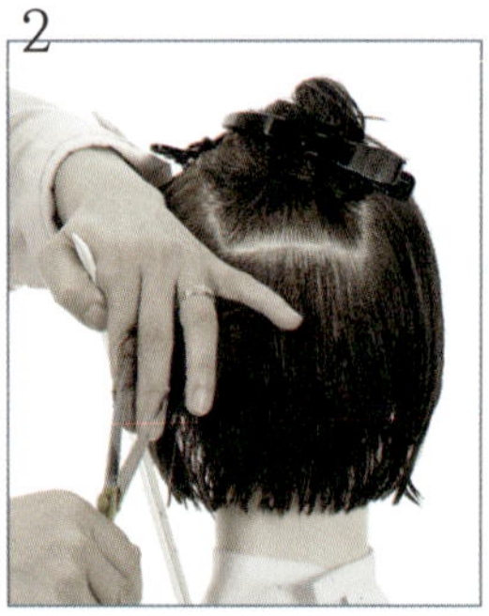

1 중심축은 세로로 슬라이스를 떠서 손가락각도 70°로 시술한다.
2 두상이 함몰된 곳은 사선으로 슬라이스를 떠서 중심축의 가이드와 형태선의 가이드를 연결한다.

3 디자인 존 4번 영역을 일반시술각 90°로 두상생긴 모양대로 시술한다.

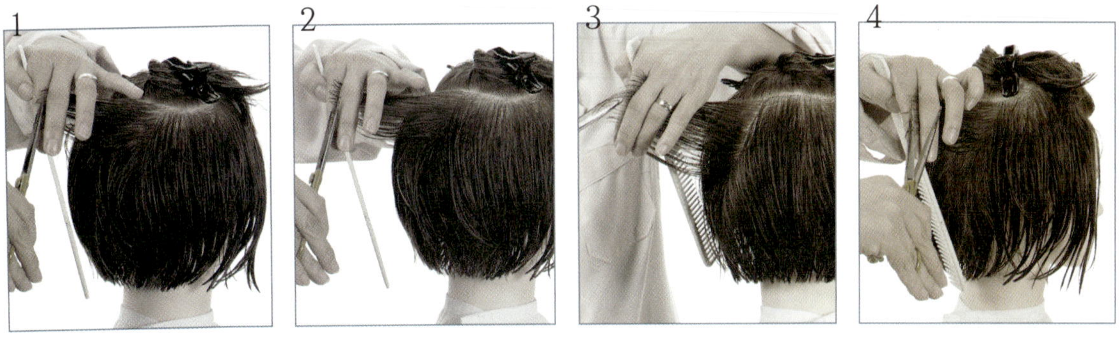

1.2 중심에서 세로슬라이스, 온더베이스로 일반시술각 90°로 시술한다.
3 사이드는 사선슬라이스로 중심축의 시술각의 가이드와 형태선의 가이드를 사선으로 연결하여 시술한다.
4 반대편도 동일하게 시술한다.

4 디자인 존 3번 영역은 일반시술각 90°로 시술한다.

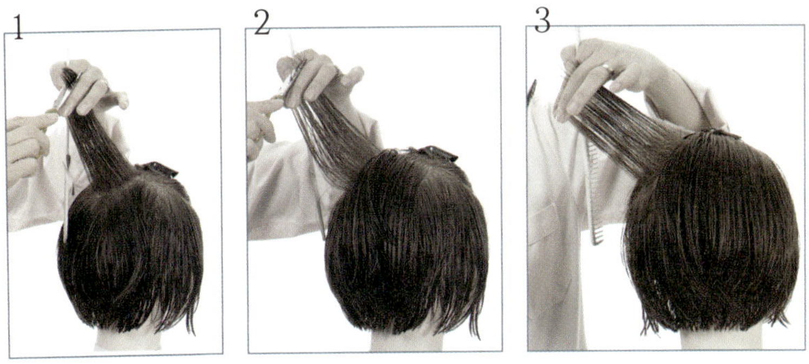

1 일반시술각 90°로 온더베이스, 세로슬라이스로 시술한다.
2 중심축의 3판넬은 세로 슬라이스로 시술한다.
3 판넬을 제외한 부분은 삼각형으로 시술한 것과 시술하지 않는 곳을 떠서 튀어나온 모발을 낫칭으로 시술한다.

5 옆선을 시술한다.

1 두상이 함몰된 만큼 베이스를 틀어서 일직선으로 시술한다.
2 반대편의 길이 가이드를 설정한다.
3 앞머리의 길이 가이드와 뒷 선의 길이가이드를 연결하여 일직선으로 시술한다.
4 형태선을 제외한 무거운 부분을 사선으로 떠서 코너를 제거한다.

6 앞머리를 시술한다.

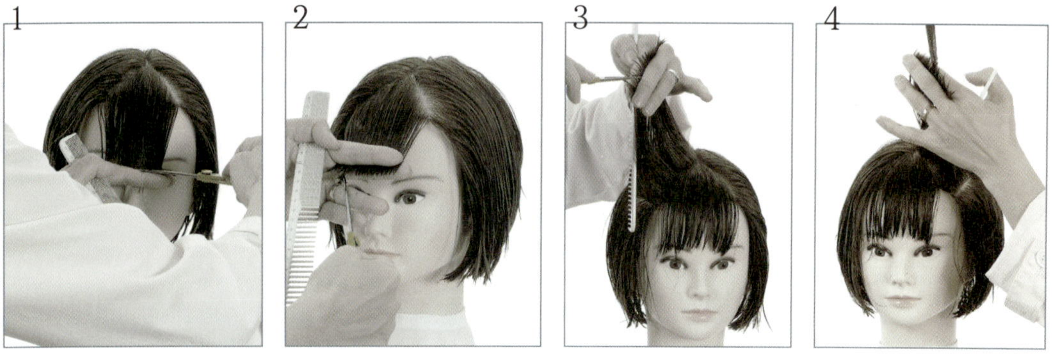

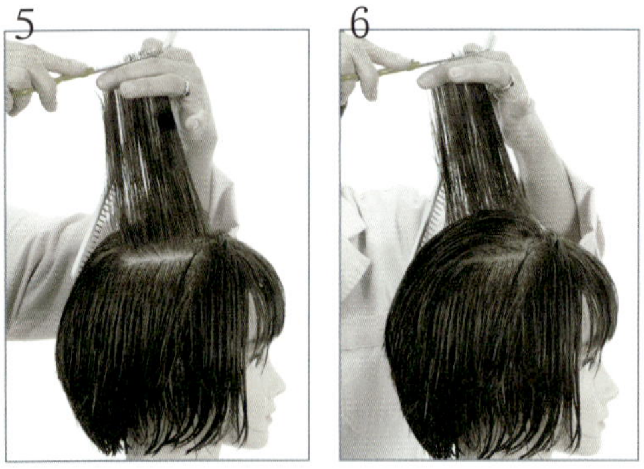

1 앞머리를 중심에서 삼각형으로 나눈 후 일직선으로 시술한다.
2 무거운 모발을 낫칭으로 시술한다.
3 앞머리의 연결부위를 앞쪽으로 밀어서 시술한다.
4 반대쪽도 동일한 방법으로 시술한다.
5.6 앞머리와 뒷머리를 세로 슬라이스로 떠서 튀어나온 모발을 제거한다.

7 뒷 손질이 편하게 질감처리를 진행한다.

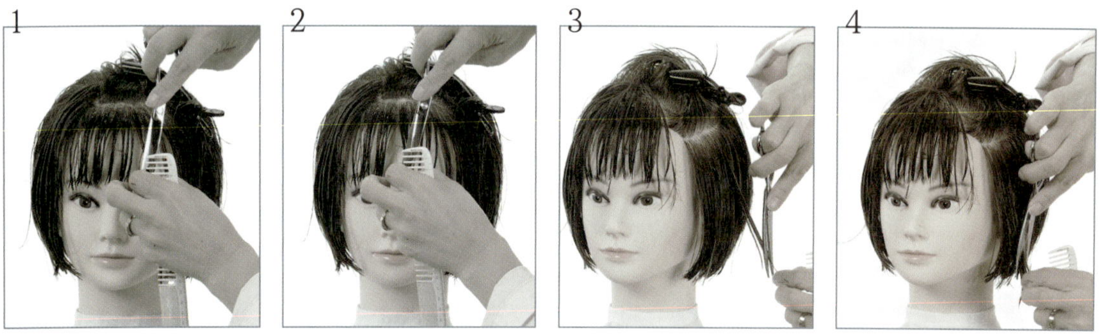

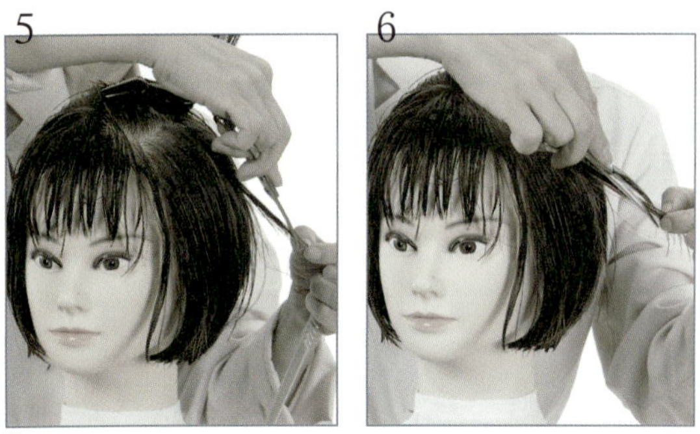

1 앞머리의 가벼움을 주기 위하여 커브가위로 공기감을 준다.
2 모발끝 5cm에서 도려내듯이 하여 공기감을 주어 드라이 한 것처럼 표현한다.
3.4 옆선에 해당한는 부분의 모발도 공기감을 주기 위하여 커브가위로 도려내듯이 빽컷을 진행한다.
5.6 옆선의 공기감을 주기 위하여 커브가위로 모발을 도려낸다.

8 형태선의 모발을 공기감을 주어서 드라이 한 것처럼 표현한다.

1

2
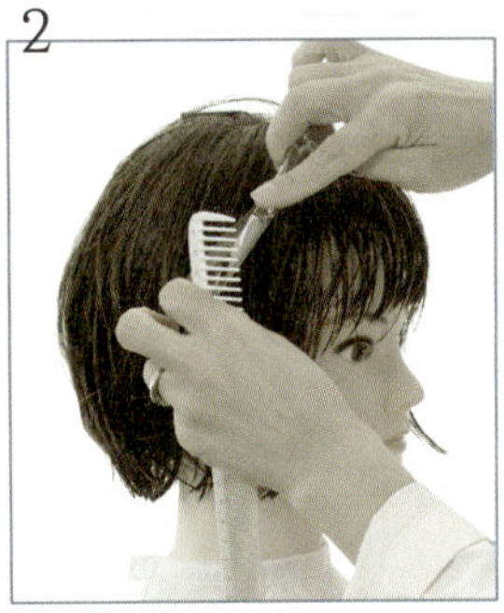
3
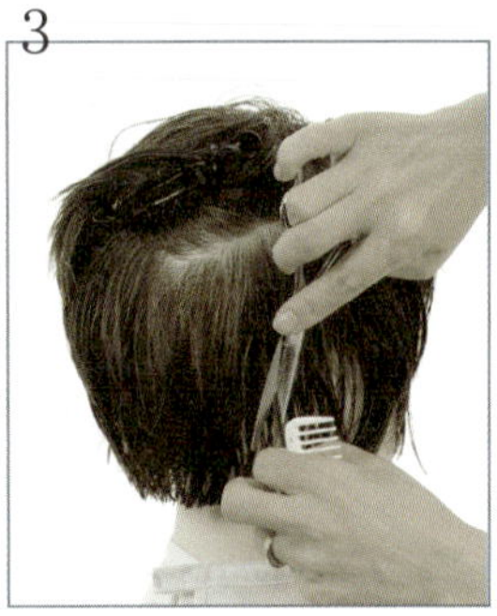
4
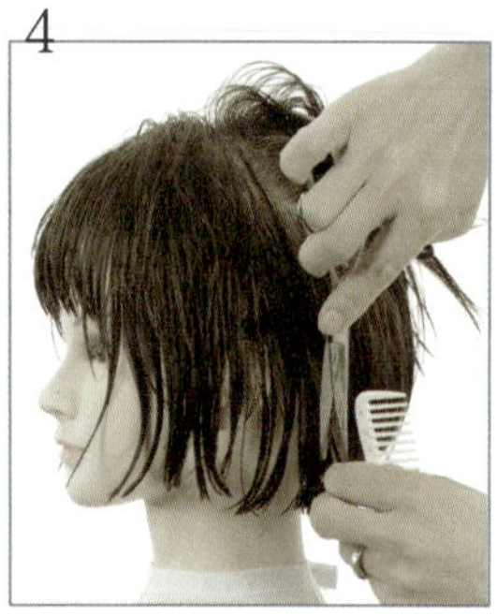
5

6
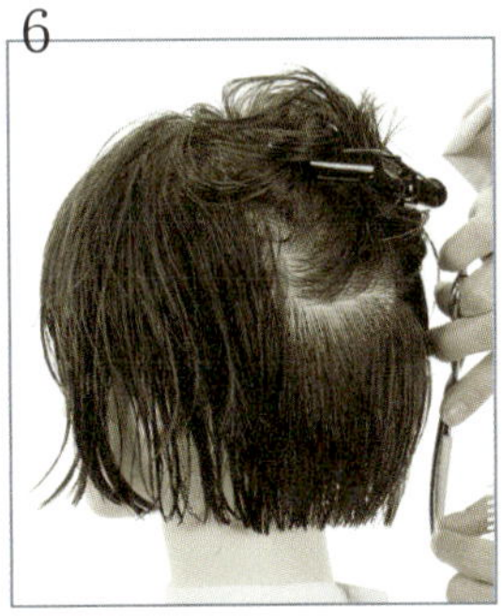
7

8

9
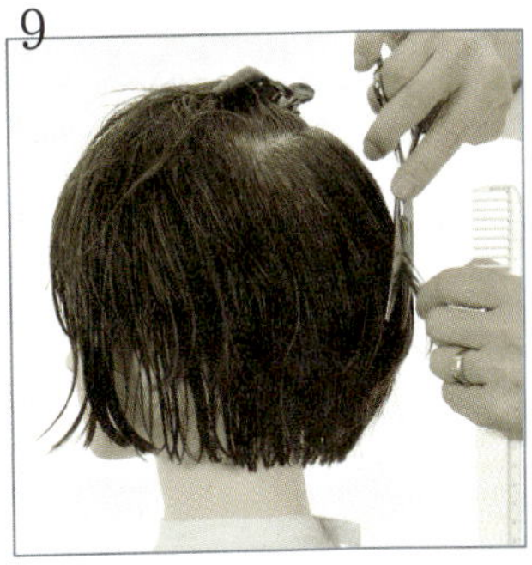

1 옆선의 모발을 모발이 뒤로 흐르게 모발을 방향을 주어 도려낸다.
2 뒤쪽으로 모발이 흐르게 커브가위로 모발을 도려낸다.
3.4.5.6.7.8.9 뒤의 형태선의 영역에 모량이 많거나 무거운 부분을 커브가위로 모발을 오려내여 가볍게 표현한다.

시술종료

혼합형 패턴

그래쥬에이션
레이어의조합

혼합형 패턴 : 그래쥬에이션 ∞ 레이어의 조합

디자인 존과 형태선 존을 나누어 시술각을 선택하는 것에 따라 달라지는 헤어스타일

누구나 헤어커트를 쉽게 시술할 수 있는 것이 아니다.
먼저 두상의 조건을 먼저 알고 난 후에 왼손의 자가 시술각을 어떻게 선택하느냐에 따라 헤어커트의 형태가 달라지는 것을 알고 시술한다면 빠르게 고객이 원하는 헤어스타일을 시술할 수 있을 것이다. 모발이 자연스럽게 떨어지는 곳은 G.P를 중심으로 아래는 자연시술각을 이용하고 위는 두상을 거쳐서 떨어지기 때문에 일반시술각을 활용하면서 디자인 존의 헤어스타일을 분석하여 시술하게 되면 쉽고 빠르게 진행할 수 있다.

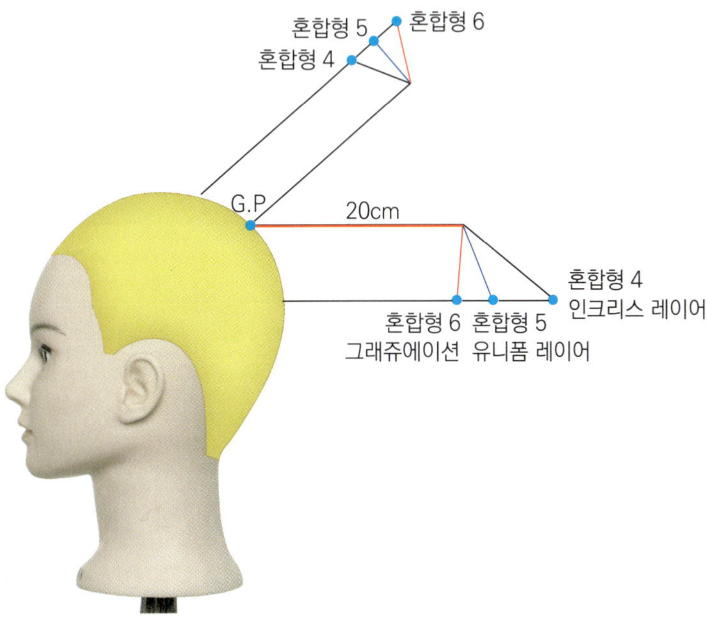

디자인존의 G.P 20cm를 설정하고 시술각을 이용한 경우

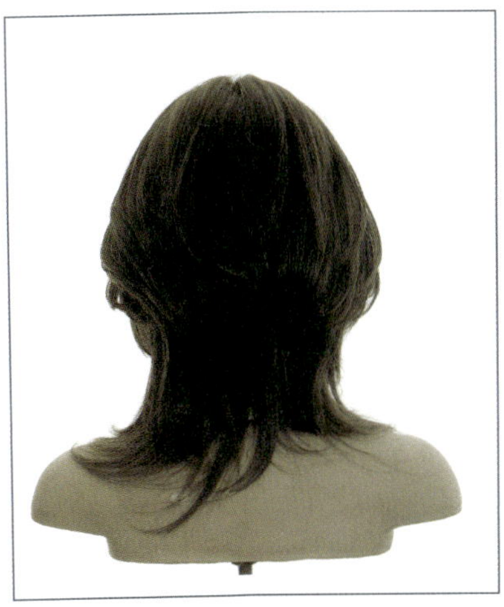

혼합형 4
그래쥬에이션 ∞ 그래쥬에이션

혼합형 5
유니폼 레이어 ∞ 유니폼 레이어

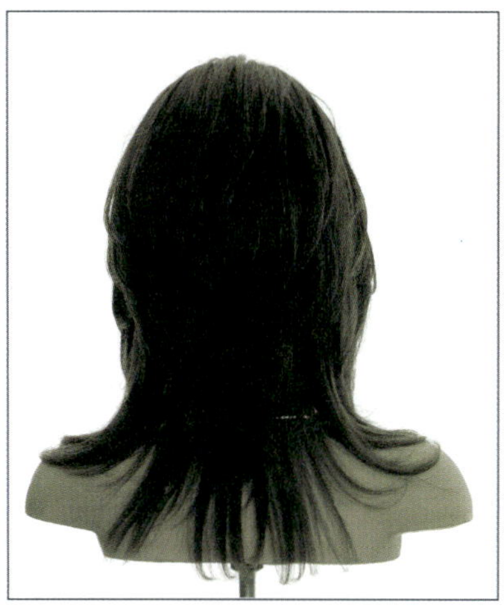

혼합형 6
인크리스 레이어 ∞ 인크리스 레이어

모발에서 떨어지는 G.P에서 길이가이드를 17cm를 설정하여 시술하더라도
디자인 존에서 모발의 시술각을 어떻게 하느냐에 따라 밑모발과 윗모발의 길이가 달라진다.

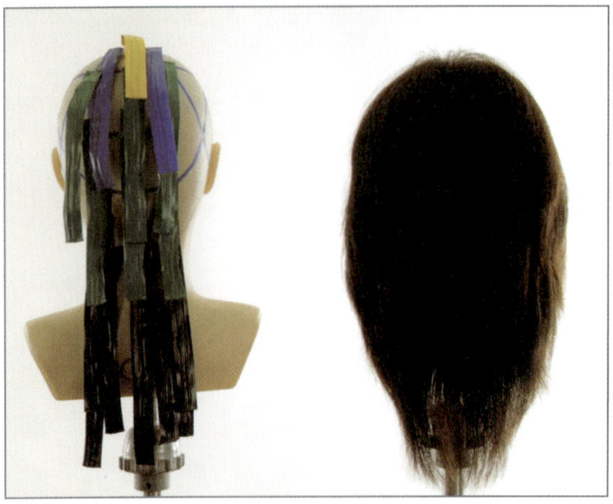

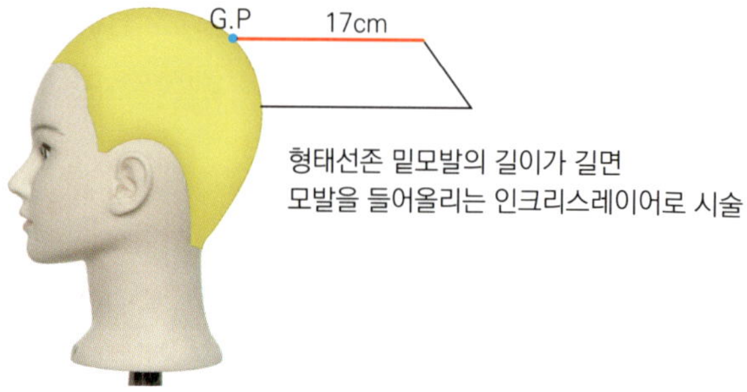

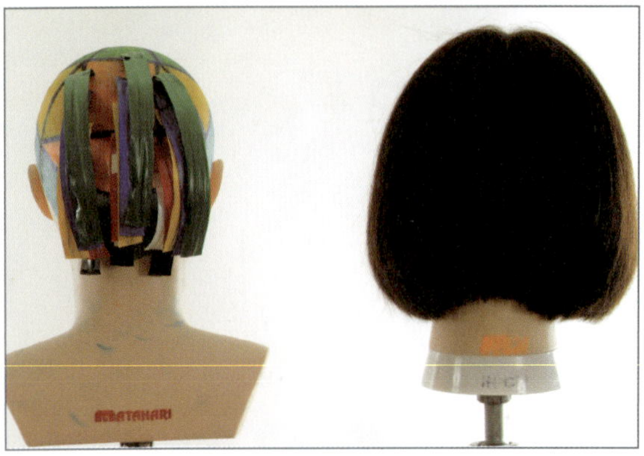

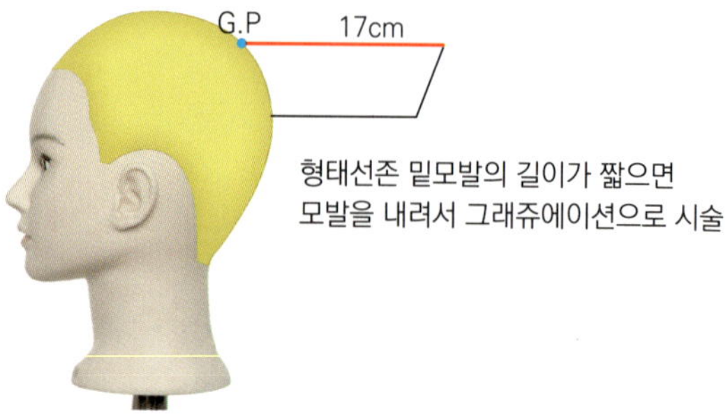

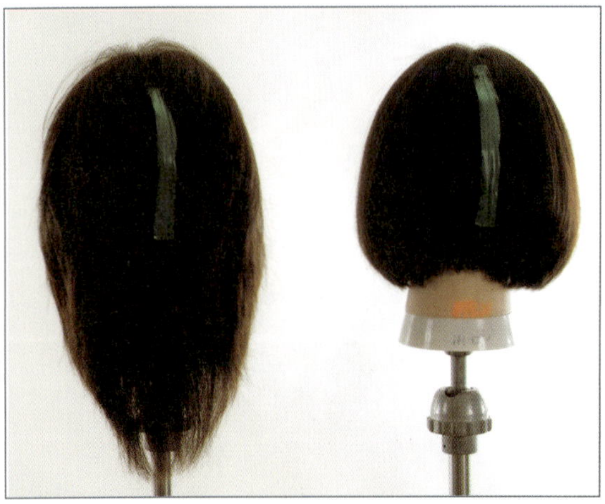

G.P의 길이를 동일하게 선택하여도 밑모발이 길면 시술각을 들어서 인크리스 레이어로 시술을 하게 되면 밑모발이 길어지고, 밑모발의 길이가 짧으면 그래쥬에이션으로 시술각을 내려서 시술하면 밑모발이 짧게 표현되므로 디자인 존의 시술각을 잘 활용하여 사용하게 되면 헤어커트 시간이 짧아지게 된다.

혼합형 : 형태선 존을 가볍게 시술한 후 디자인 존에 시술각을 선택하기 위한 방법 알기

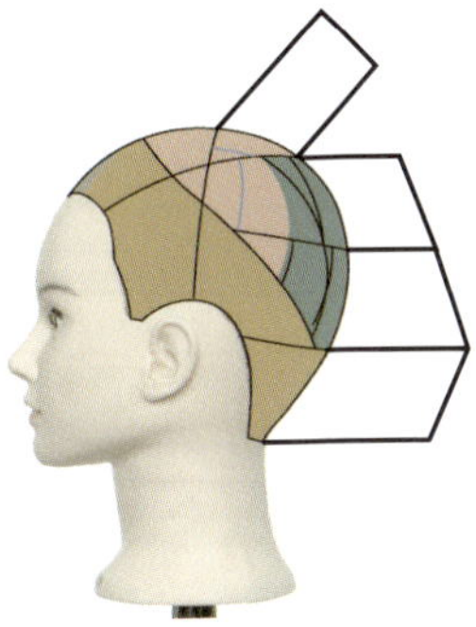

유니폼 레이어(기본층)

혼합형 패턴 1

Semi Layered 1

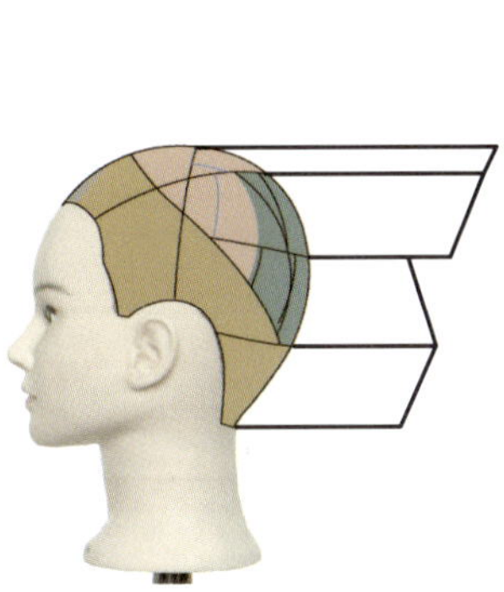

그래쥬에이션 디스커넥션

혼합형 패턴 2

Semi Layered 2

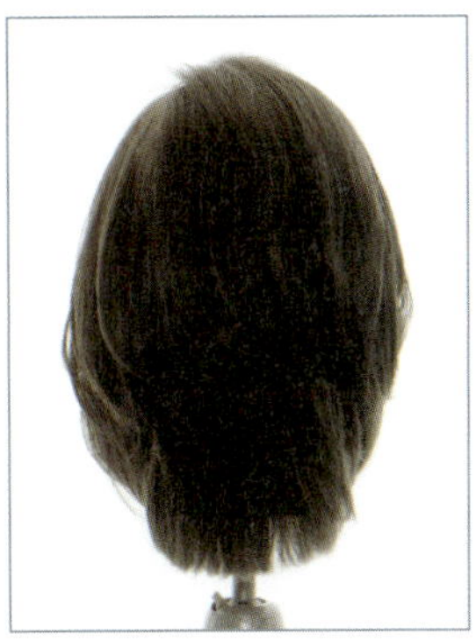

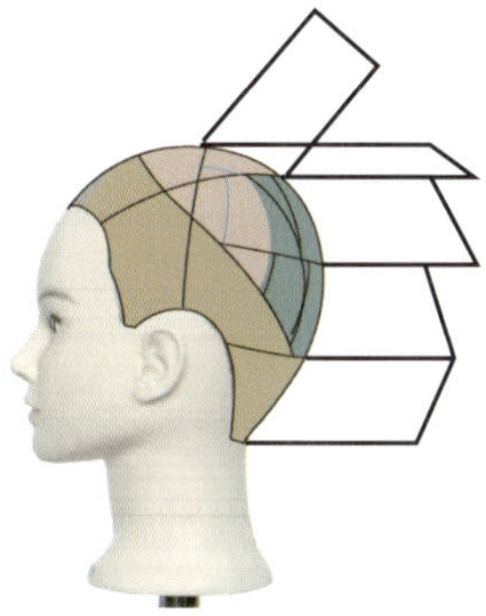

도로시커트로 디스커넥션

혼합형 패턴 3

Semi Layered 3

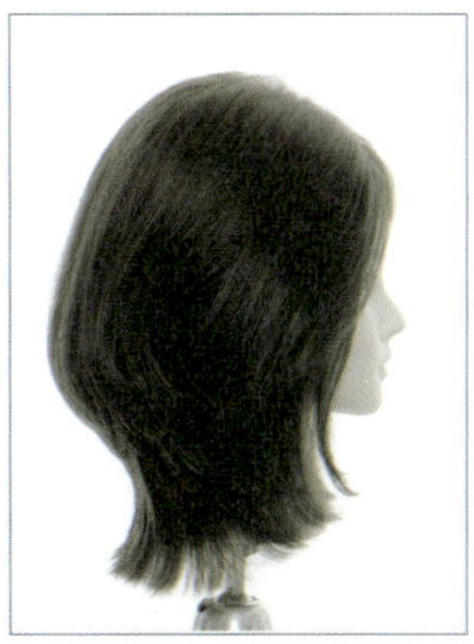

G.P에서 떨어지는 길이가이드를 설정하여 시술각을 선택하는 방법 알기

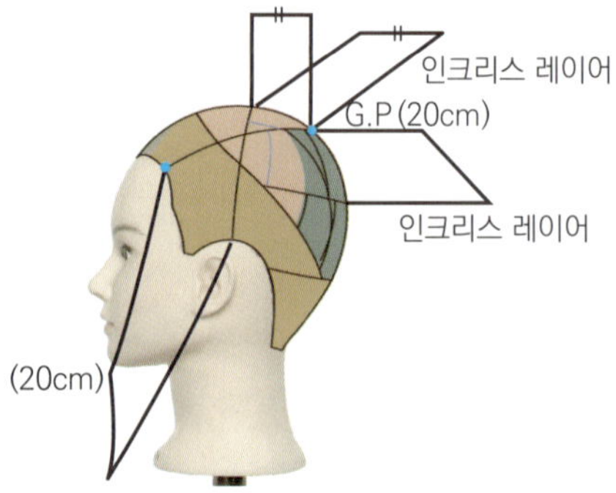

빌드레이어커트(인크리스 레이어)

혼합형 패턴 4

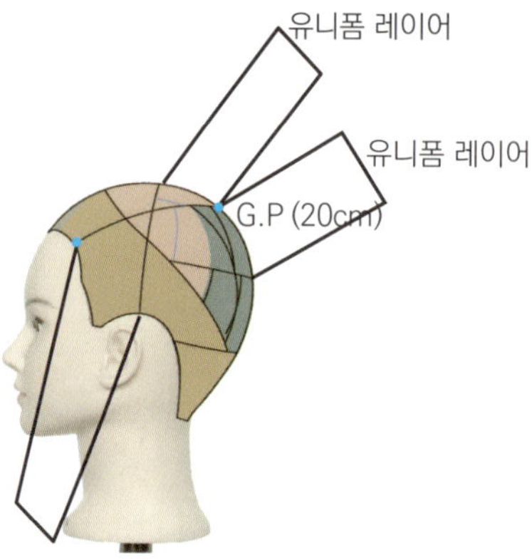

빌드레이어드커트(기본형)

혼합형 패턴 5

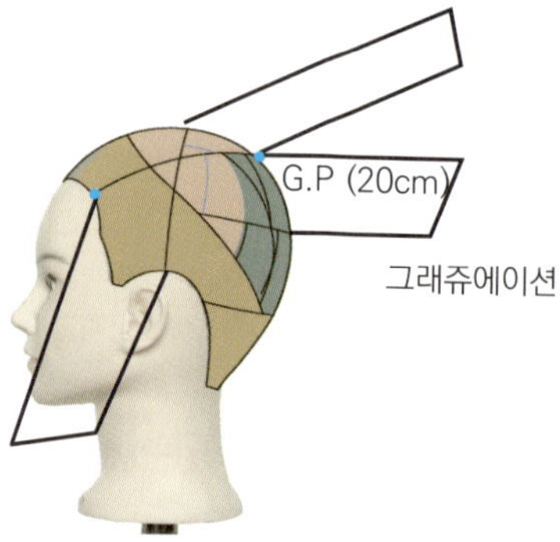

빌드레이어커트(그래쥬에이션)

혼합형 패턴 6

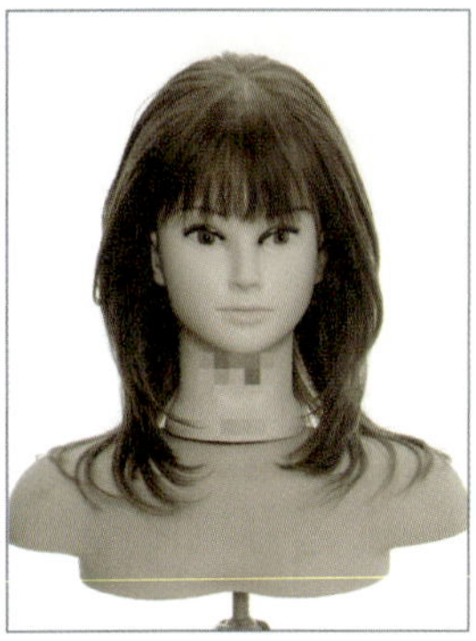

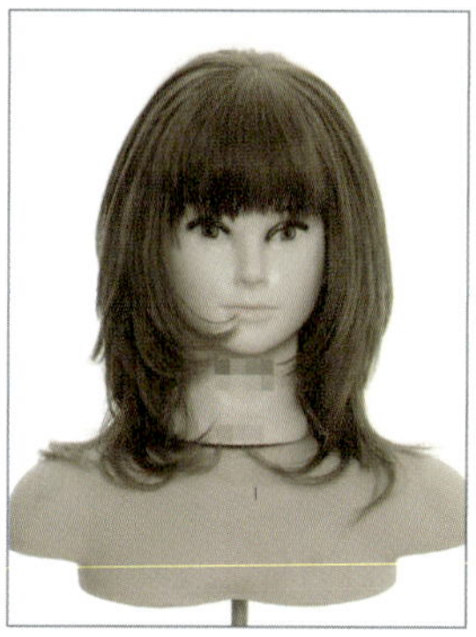

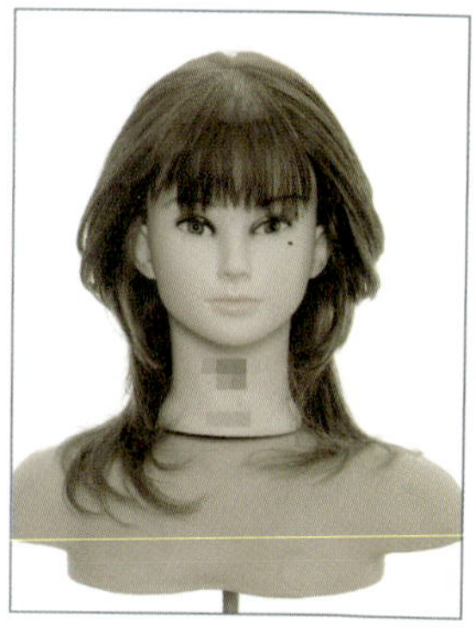

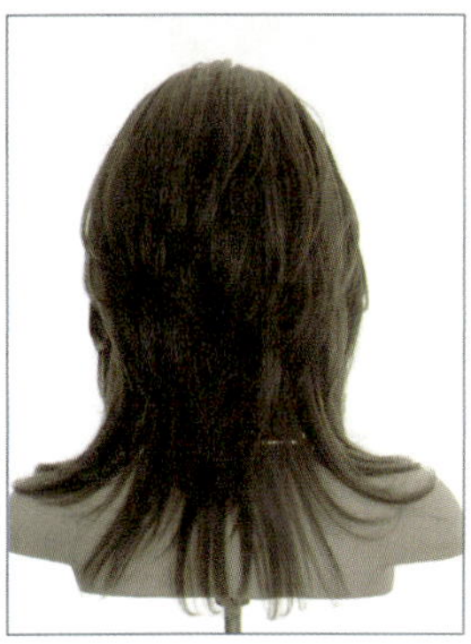

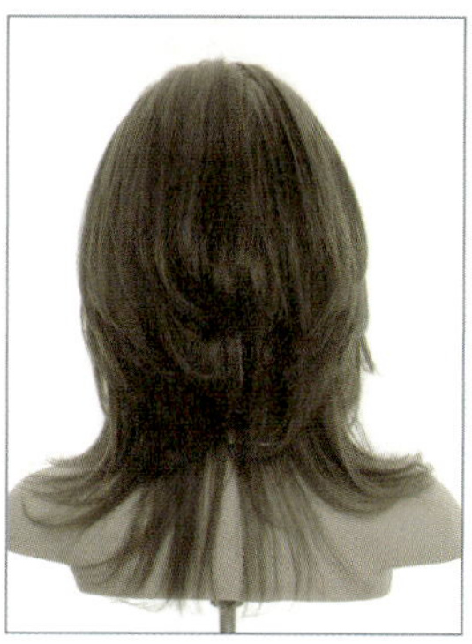

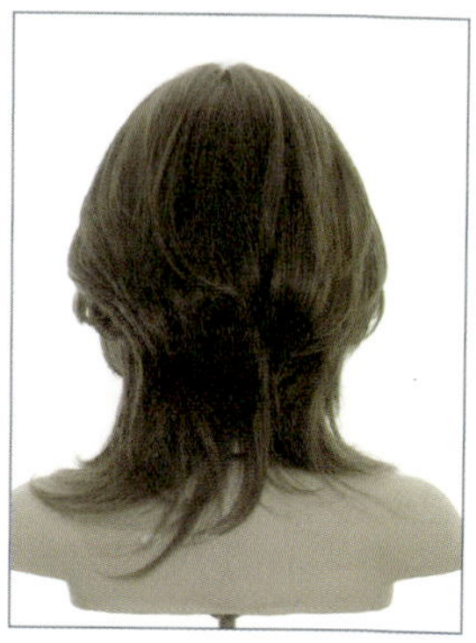

혼합형 1 Semi Layerde 1

레이어 ∞ 유니폼 레이어 혼합

헤어스타일을 분석해서 커트의 순서를 먼저 생각한다.

1. 어디서부터 이 커트를 시작할지?
2. 처음 시작점의 길이가이드는?
3. 형태선은 어떤 형태선을 만들지?
4. 형태선에 맞는 슬라이스는 어떤 슬라이스로 활용할지?
5. 베이스는?
6. 모발이 겹쳐지는 중심축의 시술각의 선택은?
7. 뒷손질이 편한 질감처리는?

1 디자인 존과 형태선 존을 나누어서 어떻게 무겁고 가벼움을 표현할지를 분석한다. 형태선 존을 가볍게 표현하기 위해 진행하기 때문에 뒤에서 앞으로 진행한다.

2 N.P에서 12cm정도의 길이를 설정한다.

3 형태선 존에 가벼운 U라인을 표현하기 위하여 시술각을 들어서 시술한다.

4 형태선 만들기는 가로와 사선으로, 중심축의 시술각 선택은 세로와 사선으로 곡선을 만들기 위한 전체적인 복합 슬라이스를 활용한다.

5 베이스는 두상을 그대로 연장하는 온더베이스를 활용하고, 모발이 없는 곳이나 형태선 만들기에는 오버다이렉션을 사용한다.

6. 시술각의 활용은 형태선 존에 가벼움을 만들기 위해 up45° 인크리스 레이어를 이용하고 디자인 존에 해당하는 곳은 모두 일반시술각 90° 유니폼 레이어를 이용한다.

Tip

이 헤어스타일을 시술하기 위하여 주의할 점

형태선 존에 가벼움을 표현했을 경우 짧은 길이 가이드로 디자인을 시술하게 되면 디자인 존의 길이가 길이가 짧게 표현된다. 그 짧은 길이를 그대로 이용한 커넥션의 헤어스타일을 만들지 디자인의 한계를 벗어나기 위하여 디스커넥션을 이용할지를 결정하고 시술한다.

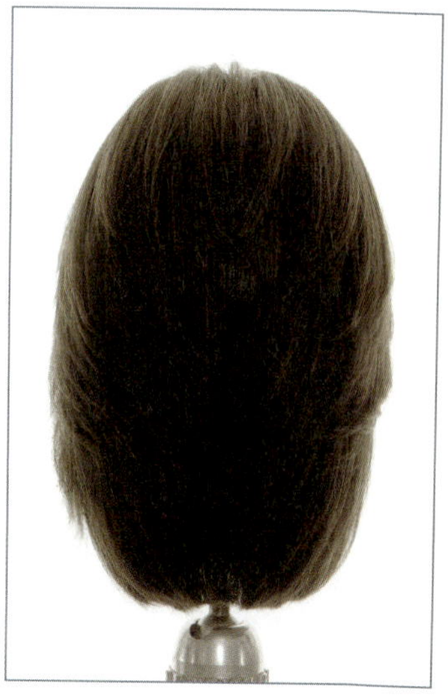

시술순서

1. 길이가이드를 설정하고 형태선 만들기를 진행한다.

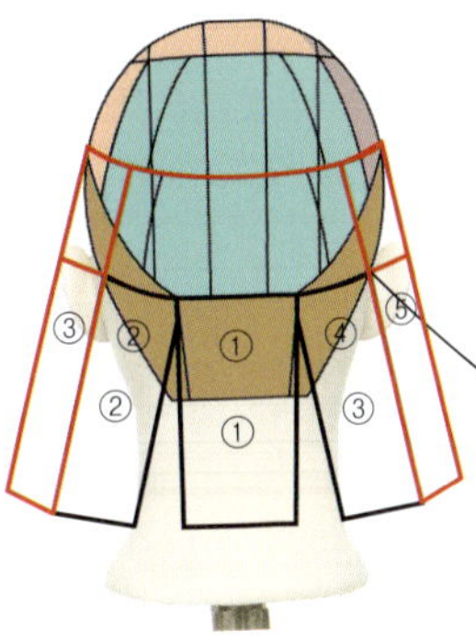

뒷옆선이 결정되는 곳은
가슴의 위치가 E.P에서
시술한다.

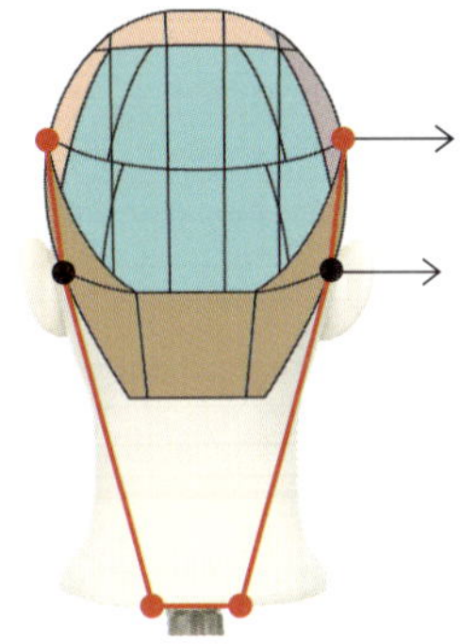

형태선 존의 영역에서는 U라인을
시술하고 난 후에 좌우의 길이를
체크한다.

다음 시술이 진행하기전에 좌우의
길이를 체크한다.

2. 형태선 존에서 시작하여 형태선을 시술하고 난 후
겹치는 모발은 위가 짧게 인크리스 레이어로 시술하고 디자인 존은 일반시술각 90°로 진행한다.

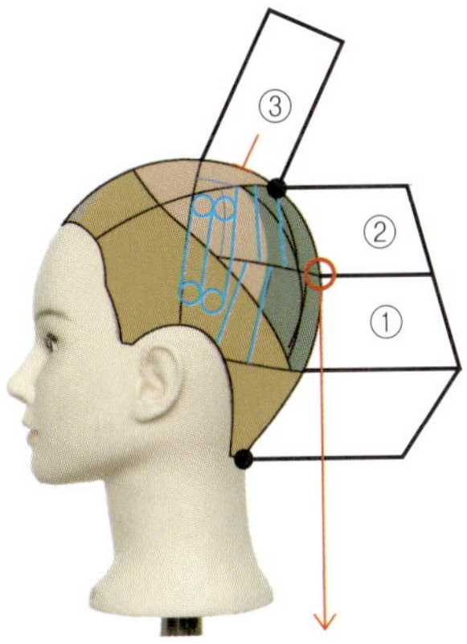

튀어나왔기 때문에
길이가 짧아져서
디자인 존에 짧게 표현된다.

① 길이가이드 : B.N.B.P에서 가져온다.
슬라이스 : ①② 중심축 세로 슬라이스. ③ 사선으로 시술한다.
베이스 : 온더베이스로 진행한다.
시술각 : up 45° 모발을 들어서 인크리스 레이어로 시술한다.

② 길이가이드 : G.B.M.P에서 가져온다.
슬라이스 : ①② 세로 ③ 사선 ④⑤ 시술각 길이가이드와 형태선의 길이를 사선으로 연결하여 낫칭으로 시술한다.
베이스 : 온더베이스로 시술한다.
시술각 : 일반시술각 90° or 자연시술각 up 45°로 시술한다.

③ 길이가이드 : G.P에서 가져온다.
슬라이스 : ①②③ 세로 ④⑤ 삼각형으로 떠서 튀어나온 모발을 낫칭으로 시술한다.
베이스 : 온더베이스로 시술한다.
시술각 : 일반시술각 90°로 시술한다.

3. 옆선 만들기를 시술한다.

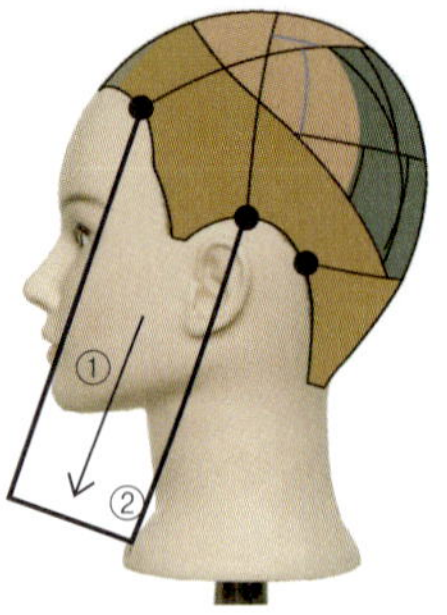

빗질 45°
손가락각도 30°

뒷선에서 온 길이가이드로
뒷옆선의 기울기는 손가락각도 45°로 시술하고
옆선을 뒷옆선의 가이드를 선택하여
빗질은 45°, 손가락각도 90°로 시술한다.

4. 앞머리표정 만들기를 진행한다.

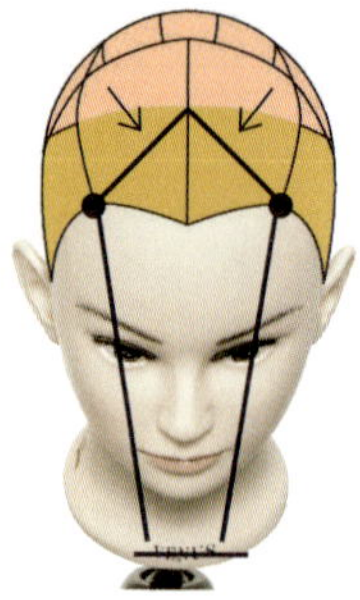

F.S.P에서 길이가이드를 선택하여
중심축으로 빗질하여 일직선으로 시술한 후
앞머리 연결선의 모발은 앞쪽으로 살짝 밀어서
시술한다.

1 형태선 만들기를 진행한다.

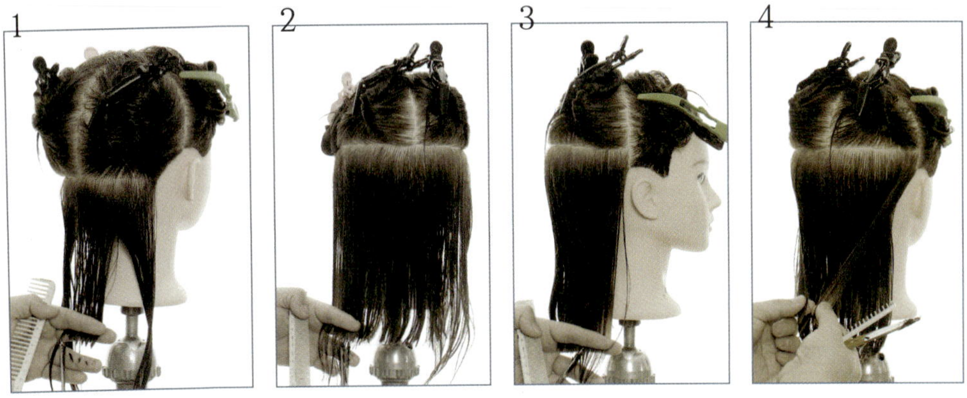

1 뒷선이 결정되는 곳까지 나눈 후에 중심축에서 길이가이드를 설정하여 U라인의 형태선을 시술한다.
2,3 형태선 존의 영역을 아랫모발에 맞추어서 U라인의 형태선을 시술한다.
4 시술한 후에 좌·우에서 모발을 중심으로 당겨 좌·우 길이가이드를 맞춘다.

2 형태선의 영역을 층을 결정한다.

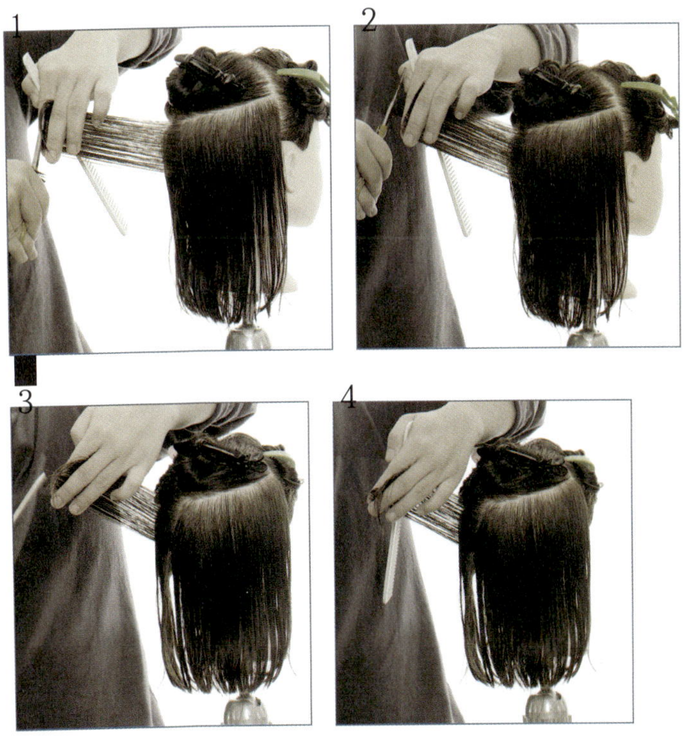

1,2 형태선의 영역의 모발을 윗 모발이 짧고 아랫모발이 길어지게 인크리스 레이어로 시술한다.
3,4 사선으로 슬라이스를 떠서 윗 모발이 짧게 시술한다.

3 디자인의 영역을 일반시술각 90°로 시술한다.

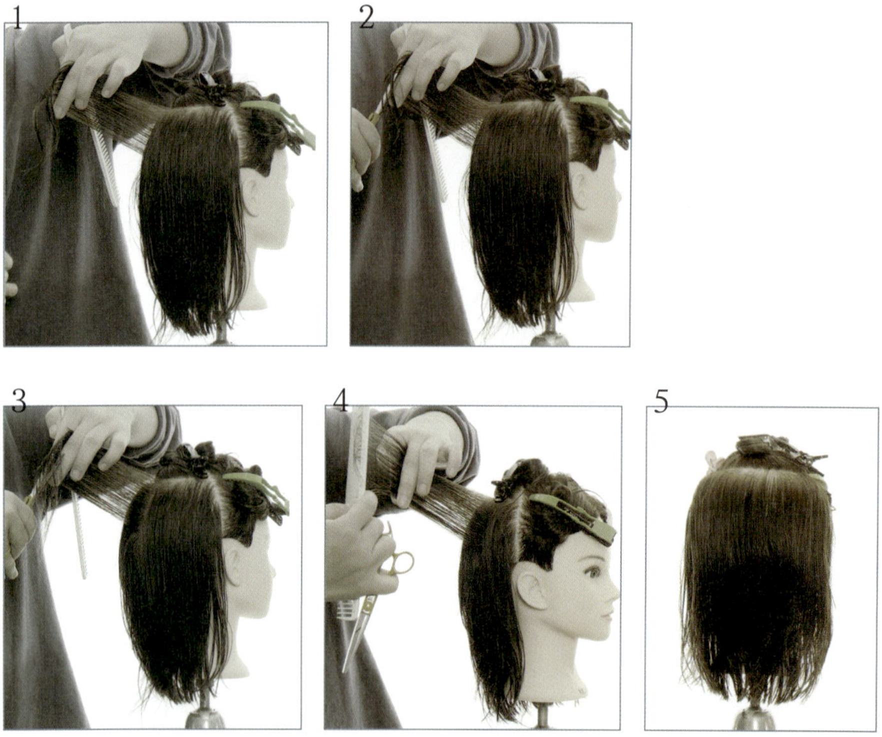

1,2 세로슬라이스로 판넬을 떠서 온더베이스로 일반시술각 90°로 시술한다.
3.4 사선슬라이스로 판넬을 떠서 시술한다. 이곳까지 시술각을 결정한다.
5 이곳까지 시술이 완료된 상태이다.

4 모발이 두상을 거쳐서 떨어지는 곳은 일반시술각 90°로 시술한다.

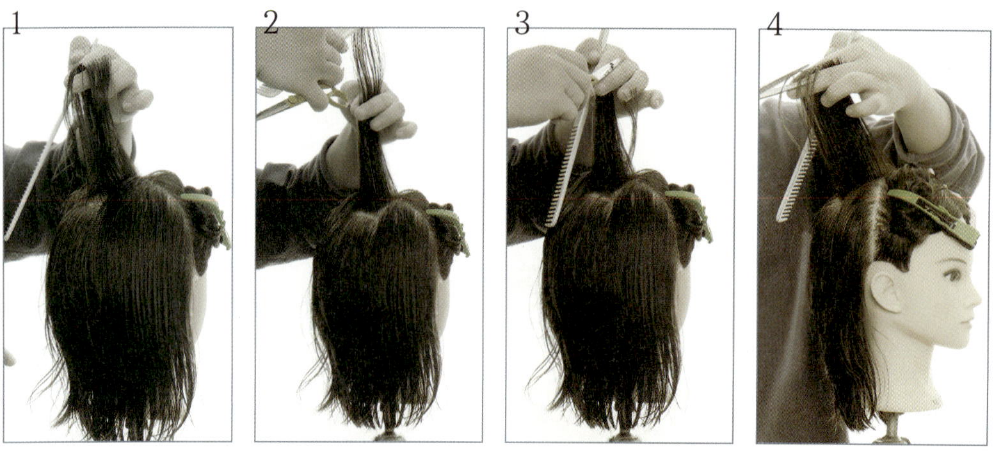

1,2,3 세로슬라이스로 떠서 온더베이스로 일반시술각 90°로 시술한다.
4 3판넬을 제외한 부분은 자른부분과 자르지 않는 부분을 삼각형으로 판넬을 떠서 튀어나온 모발을 낫칭으로 시술한다.

5 옆선 만들기를 진행한다.

1
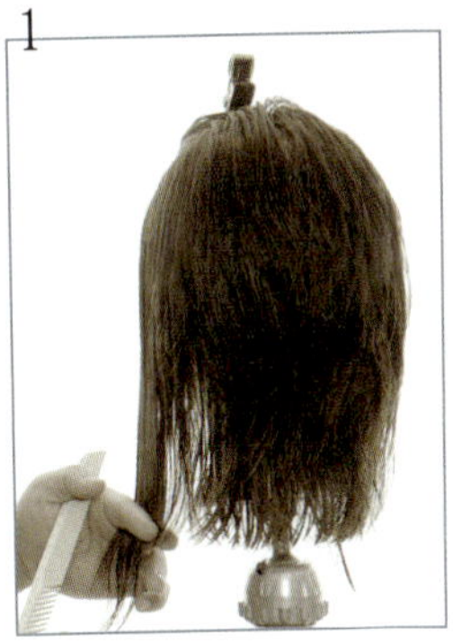
2

3

4

5

1 빗질을 45°로 하고 손가락각도 30°로 시술한다.
2 옆선에 모발이 무겁게 시술된 것을 형태선의 제외하고 사선으로 판넬을 떠서 코너를 제거한다.
3 반대편의 길이가이드를 설정한다.
4 반대편의 옆선을 1번과 동일한 방법으로 시술한다.
5 앞머리 영역을 삼각형으로 떠서 양쪽에서 온 가이드를 중심에 맞추어서 일직선으로 시술한다.

시술종료

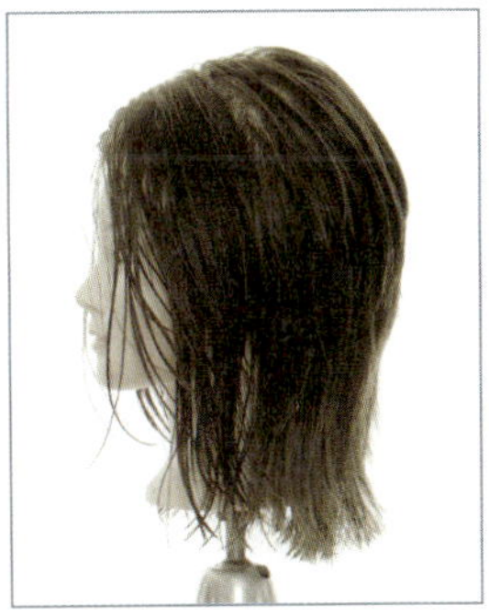

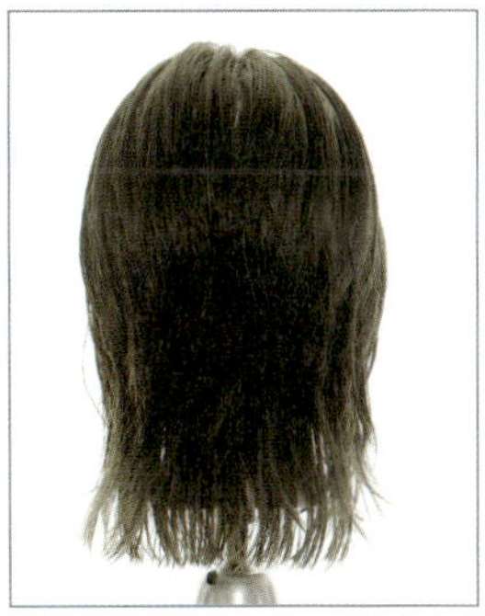

혼합형 2 Semi Layerde 2

레이어 ∞ 5cm 디스커넥션 유니폼 레이어 혼합

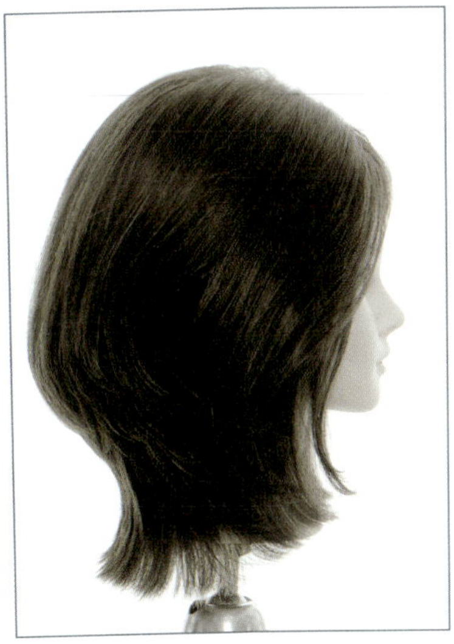

헤어스타일을 분석해서 커트의 순서를 먼저 생각한다.

1. 어디서부터 이 커트를 시작할지?
2. 처음 시작점의 길이가이드는?
3. 형태선은 어떤 형태선을 만들지?
4. 형태선에 맞는 슬라이스는 어떤 슬라이스로 활용할지?
5. 베이스는?
6. 모발이 겹쳐지는 중심축의 시술각의 선택은?
7. 뒷손질이 편한 질감처리는?

1 디자인 존과 형태선 존을 나누어서 전체적인 헤어스타일을 분석하고, 실패할 확률이 적은 곳에서 완성된 스타일이 나올지를 판단하고 결정한다. 가벼운 형태선으로 디자인 존에 볼륨을 주기 위해 뒤에서부터 앞으로 시술한다.

2 네이프에서 C컬이 표현되는 기본길이로 N.P. 12cm에서 시작한다.

3 형태선 존에 가벼운 U라인을 표현한다.

4 형태선 만들기는 가로와 사선으로, 중심축의 시술각 선택은 세로와 사선으로 곡선을 만들기 위한 전체적인 복합 슬라이스를 활용한다.

5 베이스는 두상을 그대로 연장하는 온더베이스를 활용하고, 모발이 없는 곳이나 형태선 만들기에는 오버다이렉션을 사용한다.

6 시술각의 활용은 형태선 존은 up 45° 디자인 존에 해당하는 부분에 볼륨을 주기 위하여 모발이 길어지게 가이드보다 5cm 디스커넥션으로 두번을 진행한다.

7 쳐내기의 방법은 아직은 사용하지 않음

Tip

이 헤어스타일을 시술하기 위하여 주의할 점

형태선 존에 가벼움을 표현했을 경우 짧은 길이 가이드로 디자인을 시술하게 되면 디자인 존의 길이가 길이가 짧게 표현된다. 그 짧은 길이를 그대로 이용한 커넥션의 헤어스타일을 만들지 디자인의 한계를 벗어나기 위하여 디스커넥션을 이용할지를 결정하고 시술한다.

시술순서

1. 길이가이드를 설정하고 형태선 만들기를 진행한다.

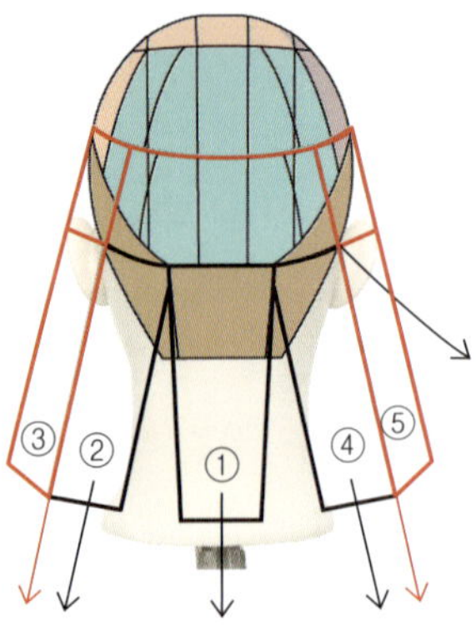

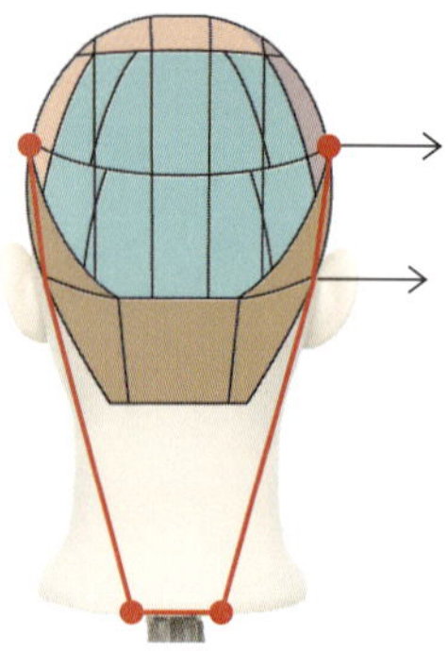

2. 형태선 존에서 시작하여 G.P 아래까지는 길이가 짧아짐을 방지하기 위하여 가이드보다 5cm 길게하여 일반시술각 90°로 진행한다. 모발이 겹치는 ①번은 up 45° 인크리스 레이어로 시술하고 G.P위로 길이가 짧아짐 방지하기 위해 5cm 길게하여 일반시술각 90°로 하면 자연시술각으로 도해도를 그렸을 때 아래의 도해도와 동일하다.

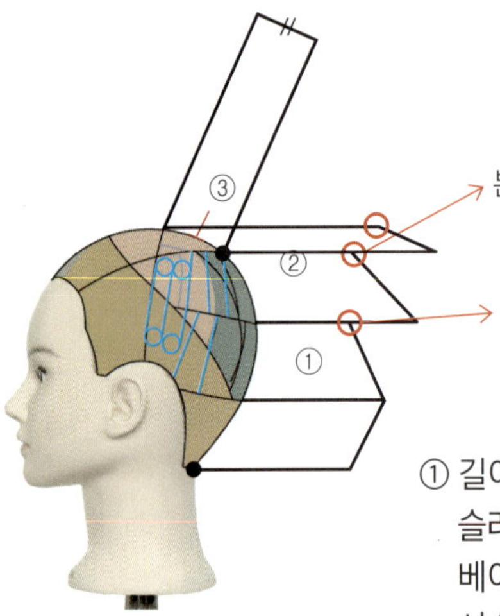

① 길이가이드 : B.N.B.P에서 설정한다.
슬라이스 : ①② 세로슬라이스. ③ 사선으로 형태선까지 진행한다.
베이스 : 온더베이스로 시술한다.
시술각 : 자연시술각 up 45°를 시술하기 위한 손가락각도 인크리스 레이어로 시술한다.

② 길이가이드 : G.B.M.P에서 설정한 후 길이가이드 보다 5cm 길게한다.
슬라이스 : ①② 세로 ③ 사선 ④⑤ 시술각 길이가이드와 형태선의 길이를 사선으로 중심축의 길이가이드와 형태선을 낫칭으로 연결한다.
베이스 : 온더베이스로 시술한다.
시술각 : 일반시술각 90°로 하던지 자연시술각은 up 45°로 시술한다.

③ 길이가이드 : G.P 가이드보다 5cm 길게 설정한다.
슬라이스 : ①②③ 세로 슬라이스 ④⑤ 삼각형으로 떠러 튀어나온 모발을 낫칭으로 시술한다.
베이스 : 온더베이스로 시술한다.
시술각 : 가이드보다 5cm 길게 일반시술각 90°로 시술한다.

3. 옆선 만들기를 시술한다.

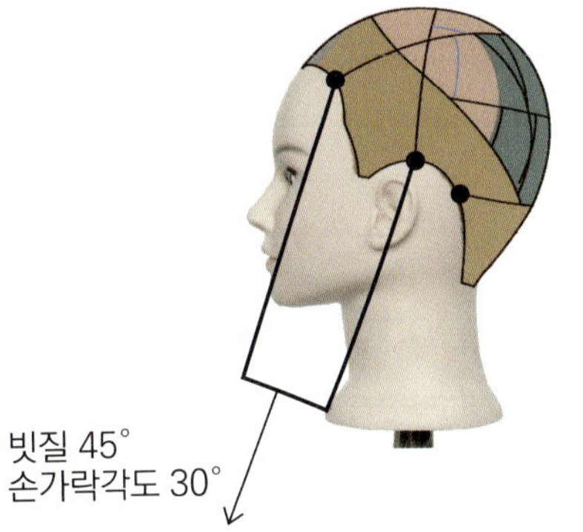

뒷선에서 온 길이가이드로
옆선을 빗질 45°, 손가락각도 30°로 시술한다.

4. 앞머리표정 만들기를 진행한다.

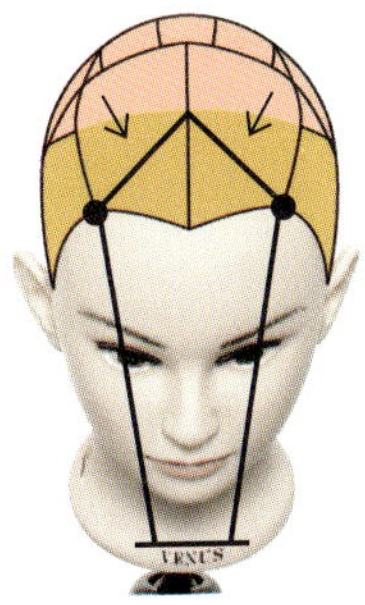

F.S.P에서 길이가이드를 선택하여
중심축으로 빗질하여 일직선으로 시술한 후
앞머리 연결선의 모발은 앞쪽으로 살짝 밀어서
시술한다.

1 형태선 만들기를 진행한다.

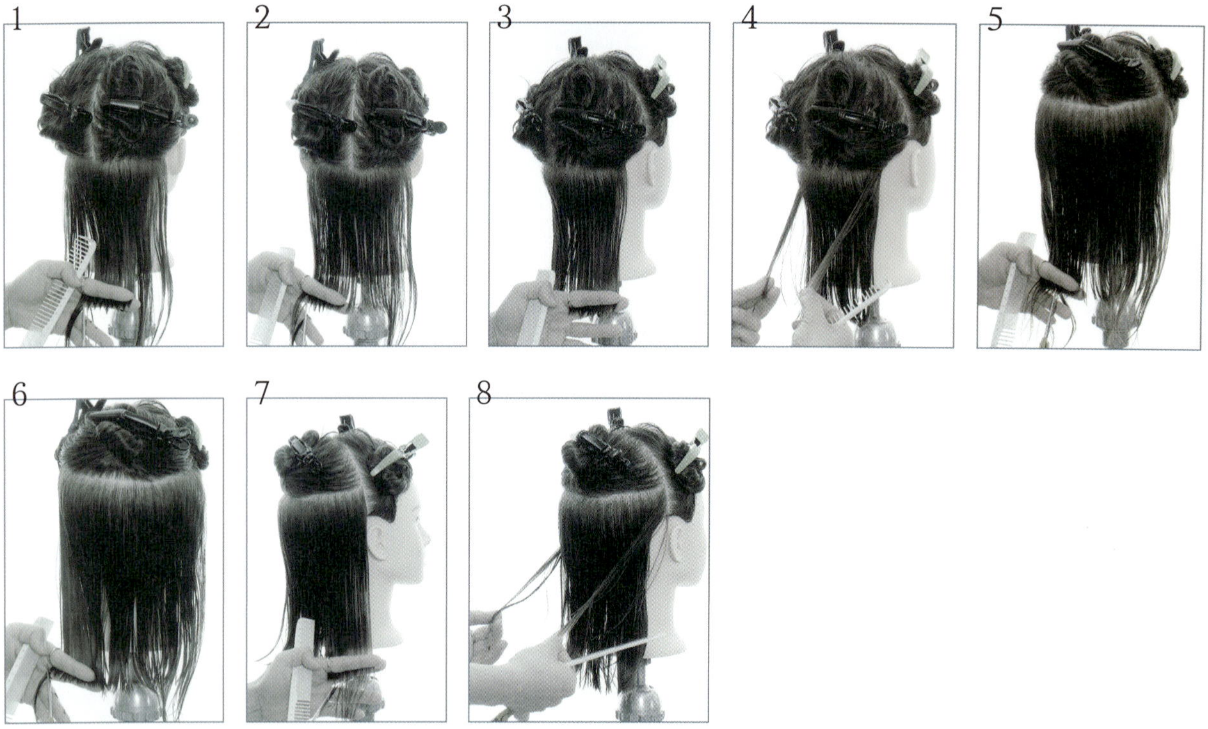

1 U라인의 형태선을 시술하기 위하여 중심축에서 길이를 설정한다.
2 빗질을 사선으로 진행하고 손가락의 기울기를 45°로 시술한다.
3 반대편도 왼쪽과 동일하게 손가락의 기울기를 45°로 시술한다.
4 시술한 후에 좌·우에서 모발을 중심으로 당겨서 좌·우의 길이가이드를 맞춘다.
5 형태선의 영역을 밑모발에 맞추어서 U라인의 형태선을 시술한다.
6.7 빗질을 곡면대로 빗질하고 손가락의 기울기로 형태선을 만든다.
8 좌·우의 모발을 중심으로 당겨서 길이의 맞춘다.

2 형태선 존의 층을 결정한다.

3 디자인의 영역을 디스커넥션(유니폼 레이어)으로 시술한다.

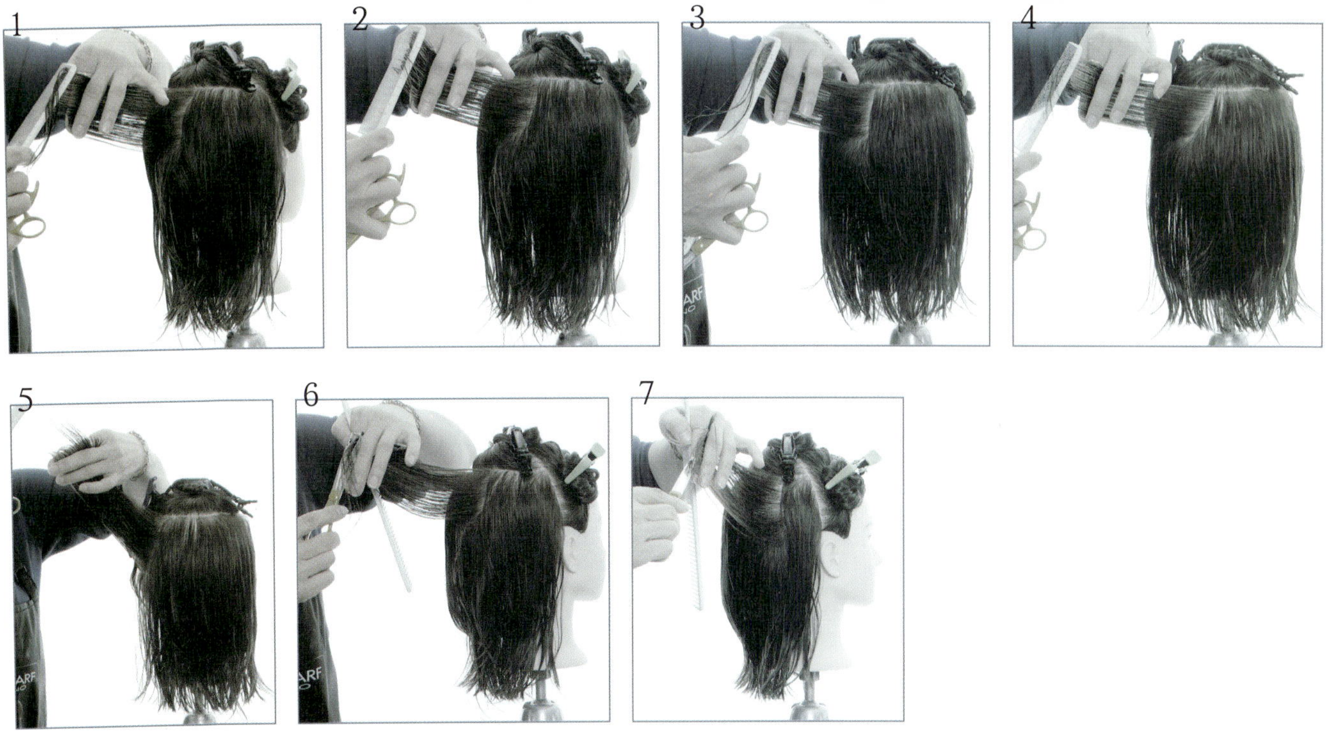

1,2,3 세로슬라이스로 판넬을 떠서 가이드보다 5cm 길어지게 디스커넥션으로 시술한다.
4 사이드는 사선으로 슬라이스를 떠서 디스커넥션으로 시술한다.
5 형태선의 길이와 시술각에서 만든 길이와 사선으로 연결한다.
6 반대쪽도 동일한 방법으로 디스커넥션으로 시술한다.
7 사이드는 사선슬라이슬를 떠서 시술한다.

4 모발이 두상을 거쳐서 떨어지는곳도 디스커넥션으로 시술한다.

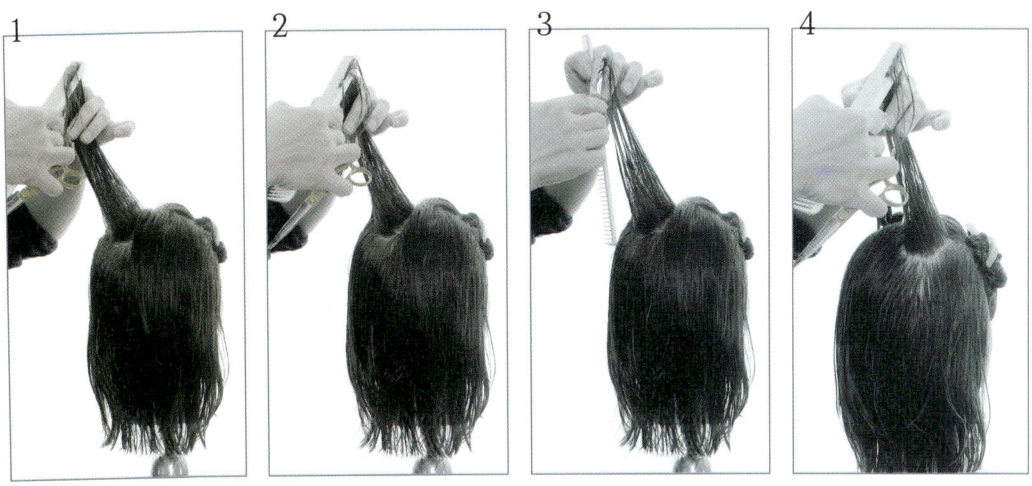

1,2,3 세로 슬라이스로 떠서 온더베이스로 가이드보다 5cm 길이를 길게 하여 일반시술각 90˚로 시술한다.
4 3판넬을 제외한 부분은 자른 부분과 자르지 않는 부분을 삼각형으로 판넬을 떠서 튀어나온 모발을 낫칭으로 시술한다.

5 옆선 만들기를 시술한다.

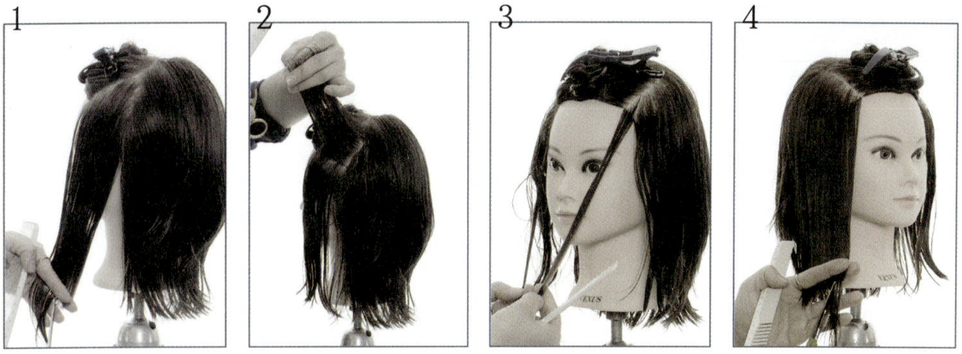

1 빗질을 45°로 하고 손가락각도 45°로 시술한다.
2 옆선에 모발이 무겁게 시술된 것을 형태선의 제외하고 사선으로 판넬을 떠서 코너를 제거한다.
3 반대편의 길이가이드를 설정한다.
4 반대편의 옆선을 1번과 동일한 방법으로 시술한다.

6 앞머리를 시술한다.

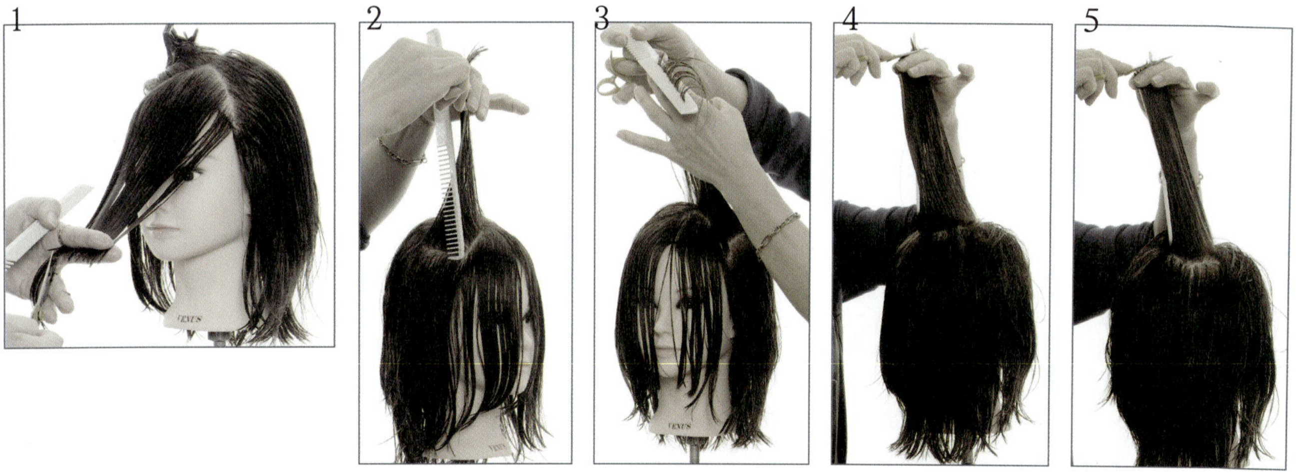

1 양쪽에서 길이가이드를 가지고 와서 입술라인에서 일직선으로 시술한다.
2 연결부위는 앞쪽으로 밀어서 시술한다
3 반대쪽도 동일하게 앞쪽으로 밀어서 시술한다.
4 앞머리와 뒷머리를 연결한다.
5 앞머리와 뒷머리를 세로로 떠서 연결한다.

시술종료

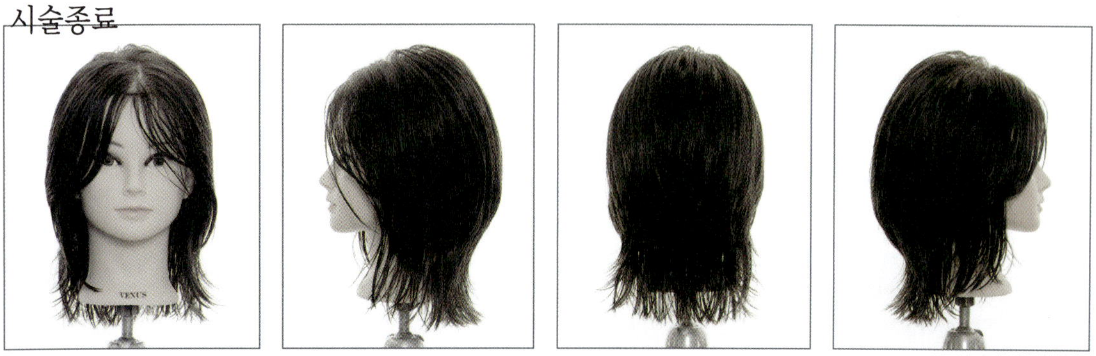

혼합형 3 Semi Layerde 3

레이어 ∞ 5cm 디스커넥션 그래쥬에이션 혼합

헤어스타일을 분석해서 커트의 순서를 먼저 생각한다.

1. 어디서부터 이 커트를 시작할지?
2. 처음 시작점의 길이가이드는?
3. 형태선은 어떤 형태선을 만들지?
4. 형태선에 맞는 슬라이스는 어떤 슬라이스로 활용할지?
5. 베이스는?
6. 모발이 겹쳐지는 중심축의 시술각의 선택은?
7. 뒷손질이 편한 질감처리는?

1 디자인 존과 형태선 존을 나누어서 전체적인 헤어스타일을 분석하고, 실패할 확률이 적은 곳에서 완성된 스타일이 나올지를 판단하고 결정한다. 가벼운 형태선이고 디자인 존이 무겁기 때문에 뒤에서부터 앞으로 시술한다.

2 N.P에서 12cm정도의 길이를 설정한다.

3 형태선 존에 가벼운 U라인을 표현한다.

4 형태선 만들기는 가로와 사선으로, 중심축의 시술각 선택은 세로와 사선으로 곡선을 만들기 위한 전체적인 복합 슬라이스를 활용한다.

5 베이스는 두상을 그대로 연장하는 온더베이스를 활용하고, 모발이 없는 곳이나 형태선 만들기에는 오버다이렉션을 사용한다.

6. 시술각의 활용은 형태선 존에 가벼움을 만들기 위해 인크리스 레이어를 이용하고 디자인 존에 해당하는 곳은 디자인의 무게감을 주고 길이의 짧아짐을 방지하기 위하여 가이드보다 5cm 길게 디스커넥션을 활용한다.

Tip

이 헤어스타일을 시술하기 위하여 주의할 점

형태선 존에 가벼움을 표현했을 경우 짧은 길이 가이드로 디자인을 시술하게 되면 디자인 존의 길이가 길이가 짧게 표현된다. 그 짧은 길이를 그대로 이용한 커넥션의 헤어스타일을 만들지 디자인의 한계를 벗어나기 위하여 디스커넥션을 이용할지를 결정하고 시술한다.

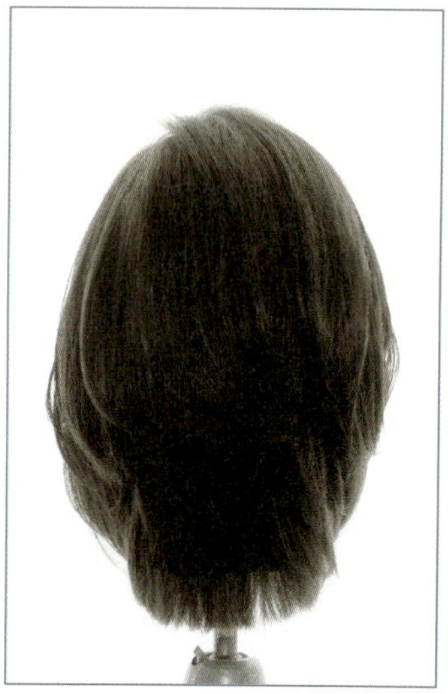

시술순서

1. 길이가이드를 설정하고 형태선 만들기를 진행한다.

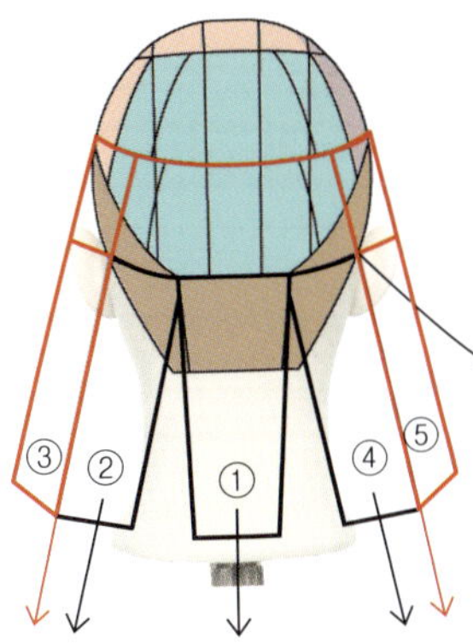

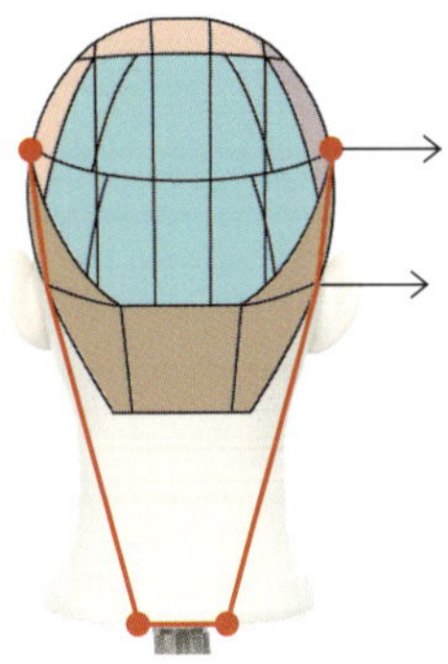

2. 형태선 존에서 시작하여 모발이 겹치는 ①번 영역은 윗모발이 짧게 up 45° 혹은 인크리스 레이어로 시술하고 디자인 존은 자연시술각 90°, 손가락각도 70°로 시술하며 강한 볼륨을 만든다.

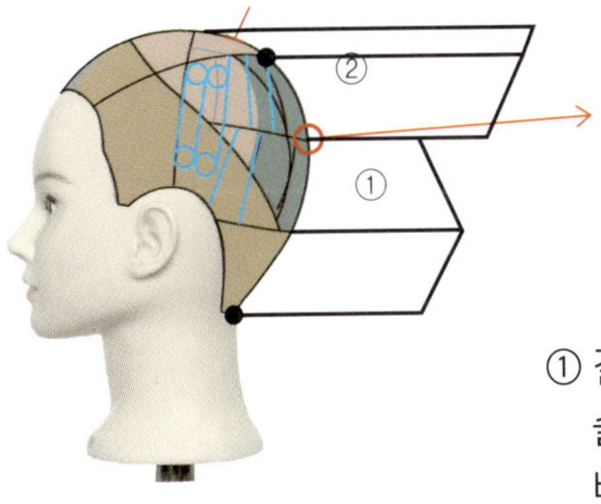

① 길이가이드 : B.N.B.P에서 설정한다.
슬라이스 : ①② 중심축 세로 슬라이스. ③ 사선으로 시술한다.
베이스 : 온더베이스로 시술한다.
시술각 : 형태선 존 up 45°를 시술하기 위한 손가락각도 인크리스 레이어로 시술한다.

② 길이가이드 : G.B.M.P에서 설정한 후 길이가이드 보다 5cm 길게한다.
슬라이스 : ①② 세로 ③ 사선 ④⑤ 시술각 길이가이드와 형태선의 길이를 사선슬라이스를 떠서 낫칭으로 시술한다.
베이스 : 온더베이스로 시술한다.
시술각 : 가이드보다 5cm 길게 자연시술각 90°를 시작하기 위한 손가락각도 일반시술각 70°로 시술한다.

③ 길이가이드 : G.P에서 설정한다.
슬라이스 : ①②③ 세로 ④⑤ 삼각형으로 떠서 자연시술각 90°로 먼저 중심축을 시술한 후에 양쪽에 △ 판넬을 떠서 튀어나온 모발을 낫칭으로 시술한다.
베이스 : 온더베이스로 시술한다.
시술각 : 자연시술각 90°로 시술한다.

3. 옆선 만들기를 시술한다.

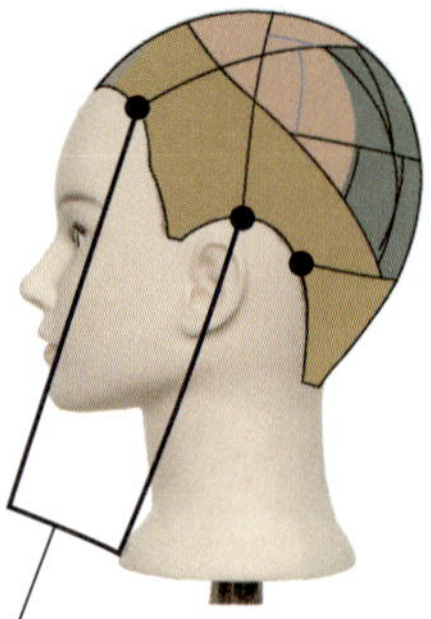

빗질 45°
손가락각도 30°

뒷선에서 온 길이가이드로
빗질은 45° 손가락각도는 30°로 시술한다.

4. 앞머리표정 만들기를 진행한다.

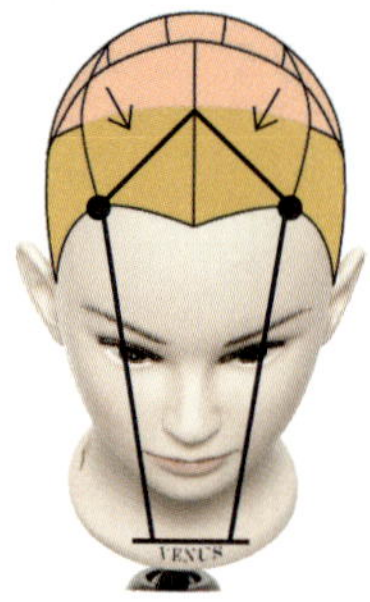

F.S.P에서 길이가이드를 선택하여 중심축으로 빗질하여 일직선으로 시술한 후 앞머리 연결선의 모발은 앞쪽으로 살짝 밀어서 시술한다.

나의 작품 디자인 해보기

Semi Layerde	도해도그리기 (뒤)	도해도그리기 (앞, 옆)

시술순서

1 형태선 만들기를 진행한다.

1 형태선 존의 영역을 U라인의 형태선을 시술하기 위하여 중심축에서 길이를 설정한다.
2 빗질을 사선으로 진행하고 손가락의 기울기를 20~30˚로 시술한다.
3 반대편도 왼쪽과 동일하게 손가락의 기울기를 20~30˚로 시술한다.
4 시술한 후에 좌·우에서 모발을 중심으로 당겨서 좌·우의 길이가이드를 맞춘다.

2 형태선의 영역을 층을 결정한다.

1,2 형태선의 영역의 모발을 윗모발이 짧고 아랫모발이 길어지게 인크리스 레이어로 시술한다.
3 사선으로 슬라이스를 떠서 윗모발이 짧게 시술한다.
4 반대쪽도 왼쪽과 윗모발이 짧고 아랫모발이 길어지게 인크리스 레이어로 시술한다.

3 디자인의 영역을 디스커넥션(그래쥬에이션)으로 시술한다.

1,2 세로슬라이스로 판넬을 떠서 가이드보다 5cm 길어지게 디스커넥션 그래쥬에이션으로 시술한다.
3.4 반대쪽도 동일한 방법으로 디스커넥션으로 시술한다.

4 자연시술각 90°, 손가락각도 70°로 시술한다.

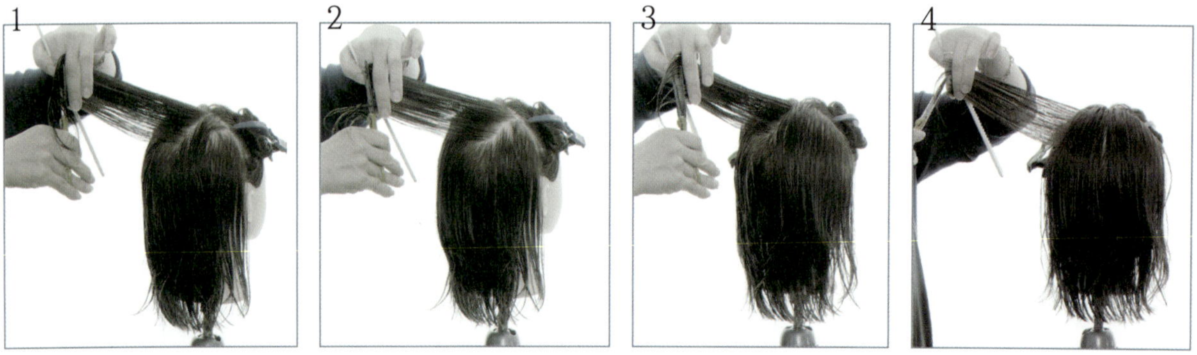

1,2,3 세로 슬라이스로 떠서 온더베이스로 자연시술각 90°, 손가락각도 70°로 시술한다.
4 3판넬을 제외한 부분은 자른부분과 자르지 않는 부분을 삼각형으로 판넬을 떠서 튀어 나온 모발을 낫칭으로 시술한다.

5 옆선 만들기를 시술한다.

1

2

3

4

5

1 빗질을 45°로 하고 손가락각도도 30°로 시술한다.
2 옆선에 모발이 무겁게 시술된 것을 형태선의 제외하고 사선으로 판넬을 떠서 코너를 제거한다.
3 반대편의 길이가이드를 설정한다.
4 반대편의 옆선을 1번과 동일한 방법으로 시술한다.
5 앞머리 영역을 삼각형으로 떠서 양쪽에서 온 가이드를 코선에 맞추어서 일직선으로 시술한다.

6 앞머리를 시술한다

1

2

3

4
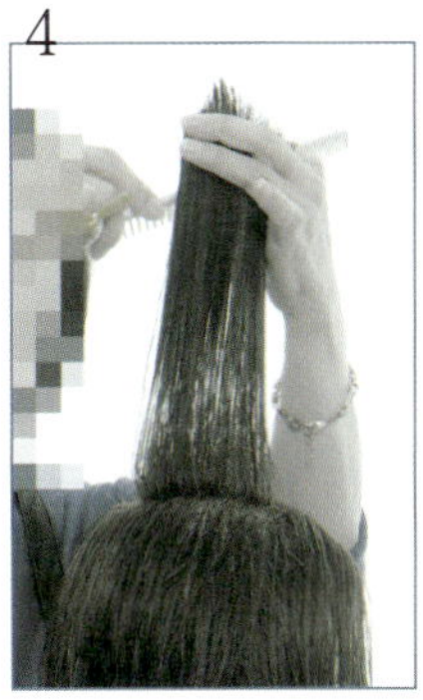
5

1 양쪽에서 길이가이드를 가지고 와서 입술라인에서 일직선으로 시술한다.
2 연결부위는 앞쪽으로 밀어서 시술한다
3 반대쪽도 동일하게 앞쪽으로 밀어서 시술한다.
4 앞머리와 뒷머리를 연결한다.
5 앞머리와 뒷머리를 세로로 떠서 연결한다.

시술종료

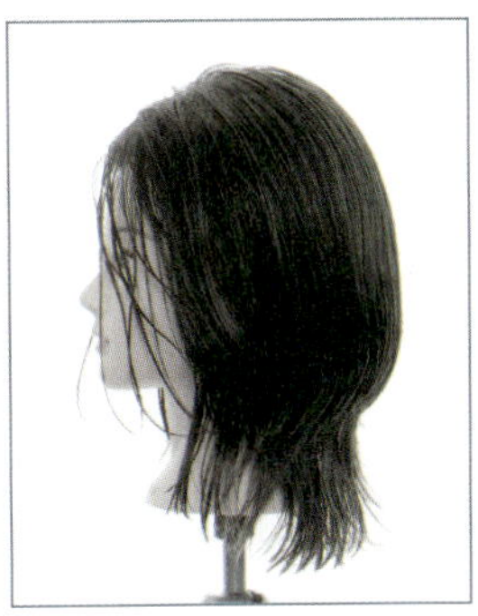
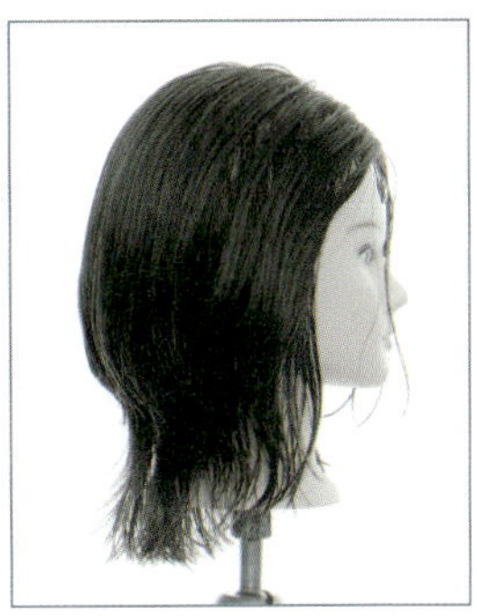
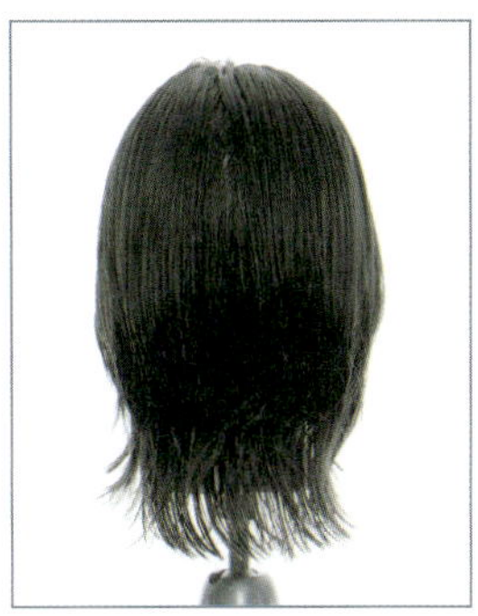

혼합형 4 빌드레이어드 커트(인크리스 레이어)

인크리스 & 인크리스 레이어

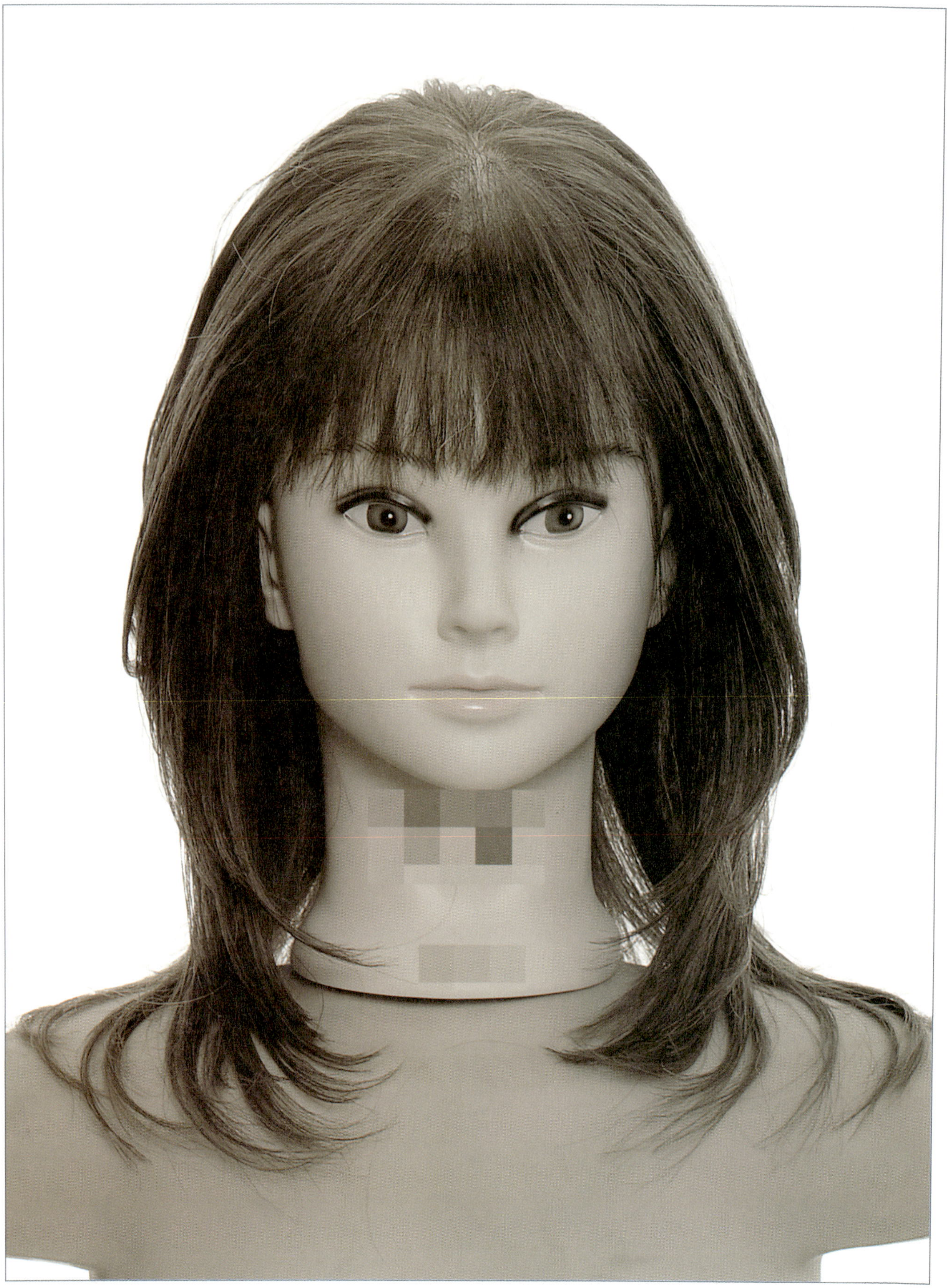

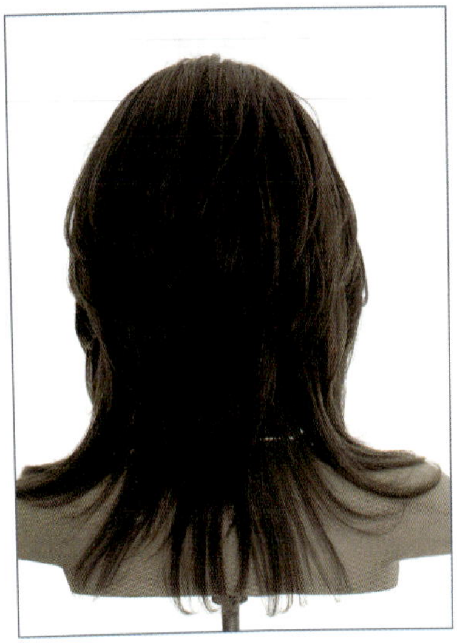

헤어스타일을 분석해서 커트의 순서를 먼저 생각한다.

1. 어디서부터 이커트를 시작할지?
2. 처음 시작점의 길이가이드는?
3. 형태선은 만들기는 어떻게 할 것인지?
4. 형태선에 맞는 슬라이스는 어떤 슬라이스를 활용할 것인지?
5. 베이스는 어떻게 이용할 것인지?
6. 모발이 겹쳐지는 중심축의 시술각의 선택은?
7. 쳐내기의 방법을 이용한 질감처리는 어떻게 할 것인지?

1 형태선을 먼저 시술한 후에 면에 대한 각도를 활용한 G.P에서 길이가이드를 설정하여 층을 결정하면서 시술한다.
2 N.P에서길이 가이드를 두상 한배의 연장인 25cm를 설정하고 G.P에서는 20cm를 설정한다.
3 U라인의 형태선 만들기를 진행한다.
4 곡선을 이용한 U라인의 슬라이스를 활용한다.
5 베이스는 두상을 그대로 연장하기 위하여 온더베이스를 이용하고 모발이 없는 영역은 없는 만큼 베이스를 이동하여 시술한다.
6 디자인 존의 영역을 up 45˚, 인크리스 레이어로 시술한다.
7 디자인 존의 모발이 잘 표현되기 위하여 두상이 튀어나온 부분은 모량을 제거하고 양감조절과 질감조절을 이용하여 시술한다.

Tip
이 헤어스타일을 시술하기 위하여 주의할 점

먼저 형태선 만들기를 좌우가 동일하게 시술하고 디자인 존을 up45˚(인크리스 레이어)로 시술각을 결정한 후에 형태선과 디자인 존을 연결하여 시술한다.

1 G.P를 중심으로 두상나누기를 한다.

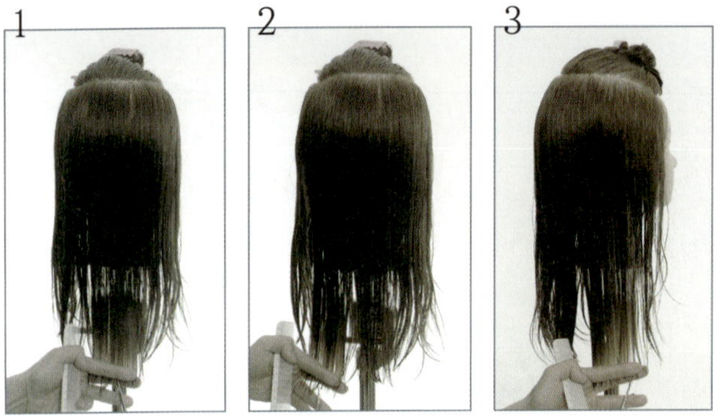

1 뒷선에 U라인을 만들기 위하여 중심축에서 25cm의 길이가이드를 설정한다.
2 빗질을 사선으로 시술한 후에 낫칭으로 U라인 형태선 만들기를 진행한다.
3 반대편도 동일한 방법으로 시술한다.

2 G.P에서 길이가이드를 20cm 설정하여 인크리스 레이어로 시술한다.

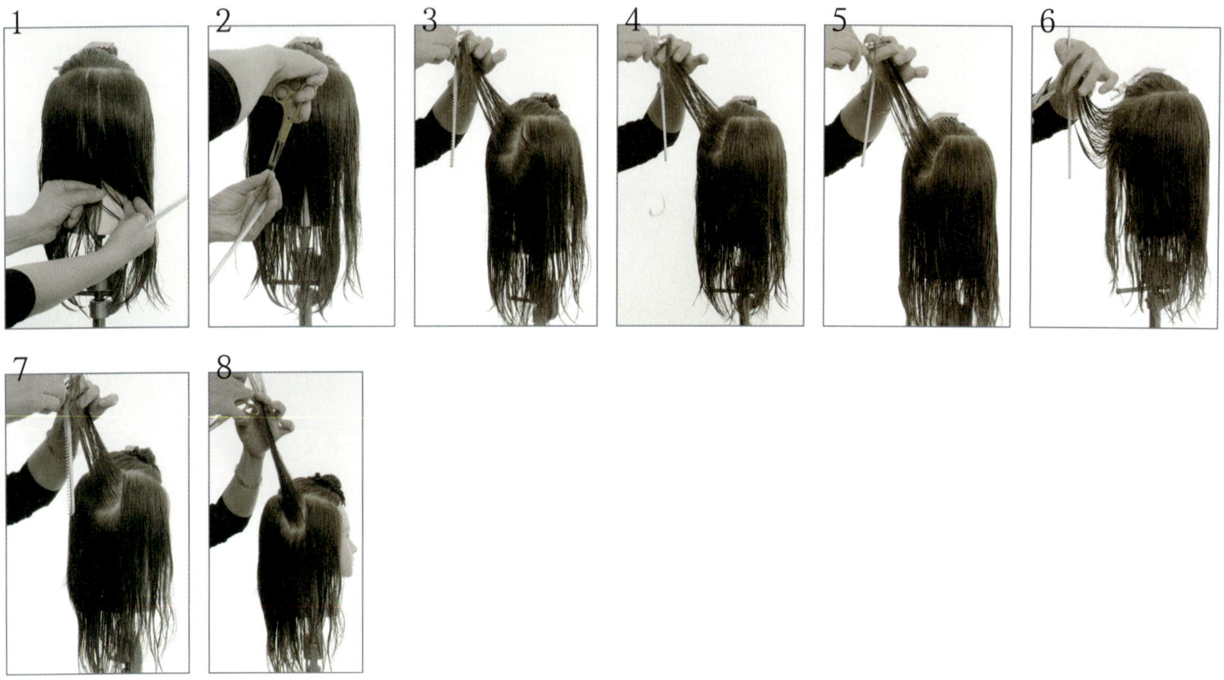

1,2 G.P에서 두상을 벗어난 길이 20cm의 길이가이드를 설정한다.
3,4,5 G.P에서 up45° 인크리스 레이어로 온더베이스로 시술한다.
6 모발이 없는 것 만큼 베이스를 이동하여 중심축의 길이가이드와 형태선의 가이드를 사선으로 낫칭으로 시술한다.
7,8 반대편도 동일한 방법으로 시술한다.

3 디자인 존의 길이가이드와 형태선 존의 길이가이드를 연결한다.

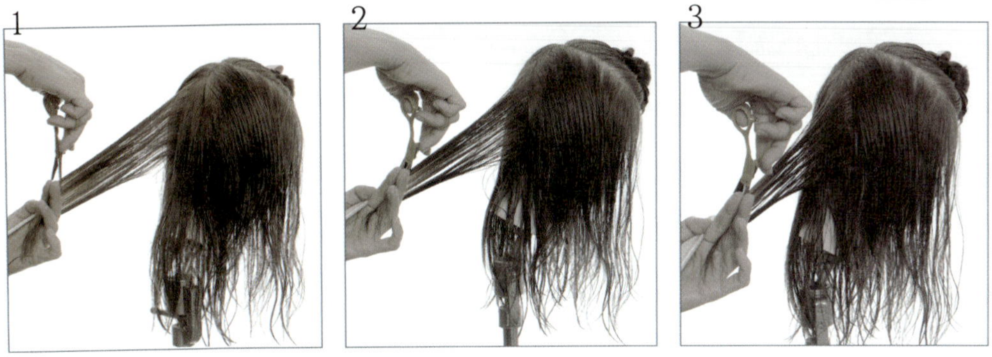

1 디자인 존의 모발과 형태선 존의 모발을 연결한다.
2 빗질을 두상이 함몰되어 있는 대로 잡아 길이가이드와 길이가이드를 연결한다.
3 반대편도 동일한 방법으로 시술한다.

4 옆선에 20cm의 길이가이드를 설정하여 이미지를 만든다.

1.2 옆선의 길이가이드도 20cm의 길이가이드를 설정한다.
3 옆선은 빗질 45°로 진행하고 가위는 up45°로 인크리스 레이어가 되게 시술한다.
4 옆선과 뒷옆선을 연결하여 시술한다.
5 반대편의 길이가이드를 설정한다.
6 반대편도 동일하게 빗질 45°, 가위는 up45° 인크리스 레이어가 되게 시술한다.
7 가위로 미쳐 자르지 못한 모발은 다시 한번 낫칭으로 정리한다.
8 옆선과 뒷선을 연결하는 뒷옆선을 시술한다.

5 G.P 위를 인크리스 레이어로 시술한다.

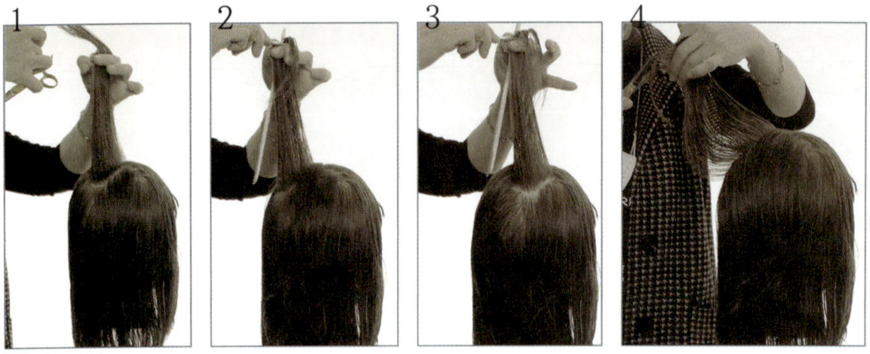

1.2.3 디자인 존 3번 영역도 인크리스 레이어로 온더베이스로 시술한다.
4 중심축에서 제외한 부분은 삼각형으로 판넬을 떠서 낫칭으로 시술한다.

6 앞머리 연결 영역을 시술한다.

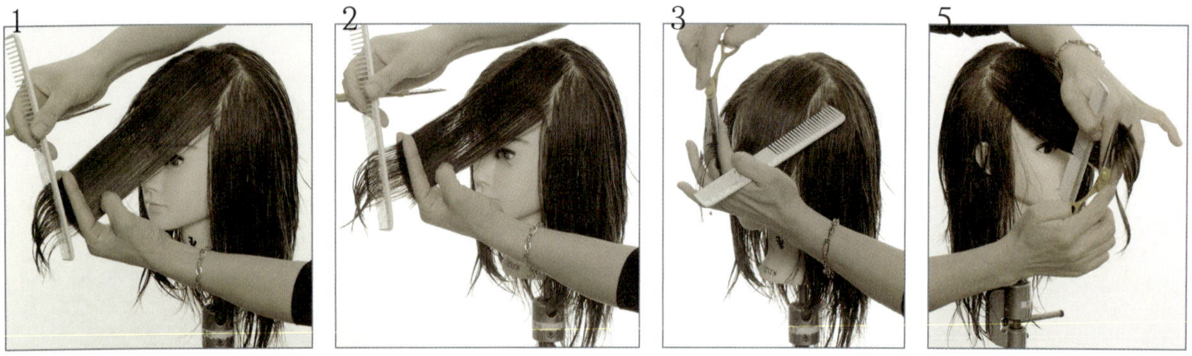

1.2.3 빗질 45°로 손가락이 일직선이 되게 레이어로 시술한다.
4 반대편도 동일한 방법으로 빗질 45°로 손가락이 일직선이 되게 레이어로 시술한다.

7 앞머리의 이미지를 만든 후 앞머리 연결부분과 뒤로 떨어진 모발을 시술한다.

1 중심축에서 삼각형을 떠서 일직선으로 시술한다.
2 곡면이기 때문에 중심축에서 5cm를 뜨면 8cm의 일직선이 표현된다.
3 옆선의 길이가이드와 뒤에서 온 가이드를 연결하여 튀어나온 부분을 제거한다.
4 반대편도 동일한 방법으로 시술한다.
5.6 앞머리 연결부위와 뒤로 떨어진 모발을 세로로 떠서 연결되지 않은 부분을 제거한다.
7 앞머리 연결부위과 뒤로 떨어지는 모발을 세로로 떠서 튀어나온 모발을 제거한다.
8 뒷부분의 시술이 종료된 상태이다.

8 쳐내기의 방법을 이용하여 예쁜 헤어스타일을 만든다.

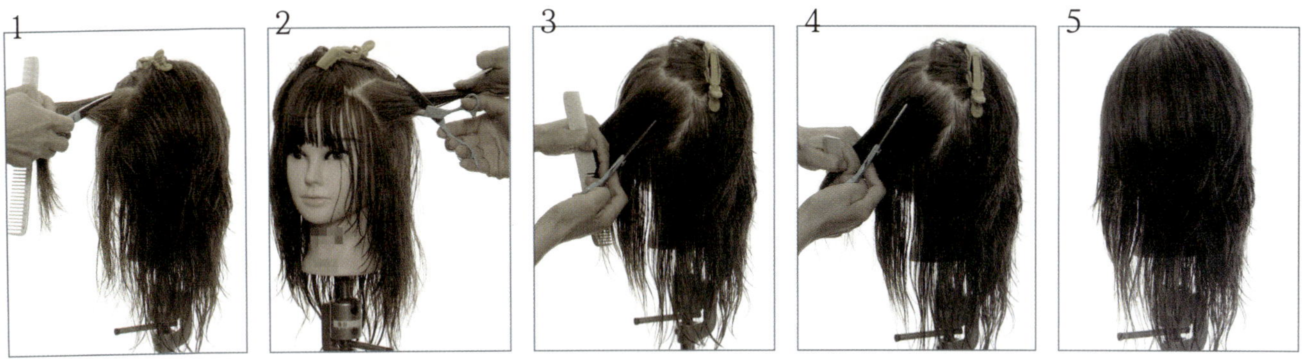

1.2 형태선 존의 튀어나온 부분의 모발을 제거하기 위하여 틴닝으로 시술한다.
3.4 뒷옆선의 영역에 튀어나온 부분의 모발의 제거하기 위하여 모발을 앞쪽으로 사선으로 빗질하고 틴닝으로 위를 짧게 하여 3번에 나누어서 시술한다.
5 쳐내기를 하고 난 후의 상태이다.

6

7
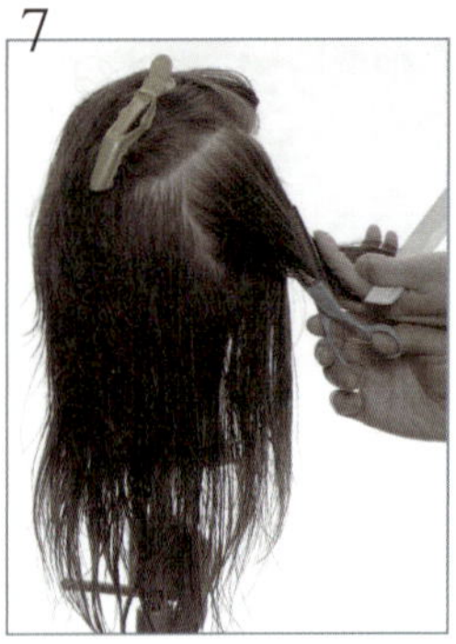
8
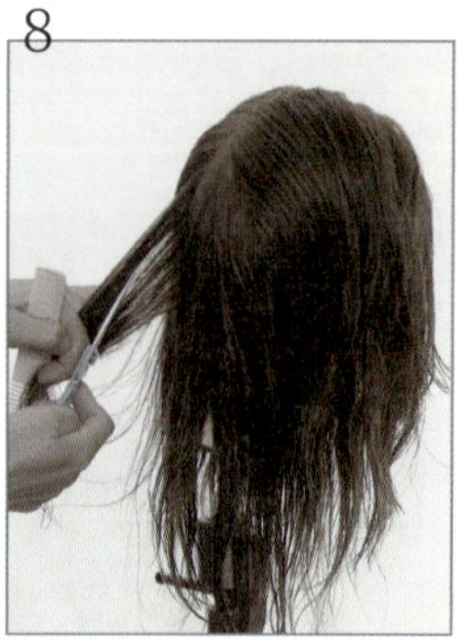
9

10

11

12

6 반대쪽도 동일한 방법으로 형태선 존의 모발을 제거한다.
7 반대쪽 뒷옆선의 튀어 나온 영역도 동일한 방법으로 시술한다.
8 형태선 존의 모발이 많은 곳을 제거하기 위하여 이너레이어로 시술한다.
9 옆선의 모발 끝을 도려내기를 진행한다.
10 반대편도 옆선의 모발 끝을 도려내기를 진행한다.
11 뒷옆선에 해당하는 부분도 도려내기를 시술하여 가벼움을 표현한다.
12 앞머리도 모발을 도려내기를 시루한다.

9 시술이 종료된 상태

1
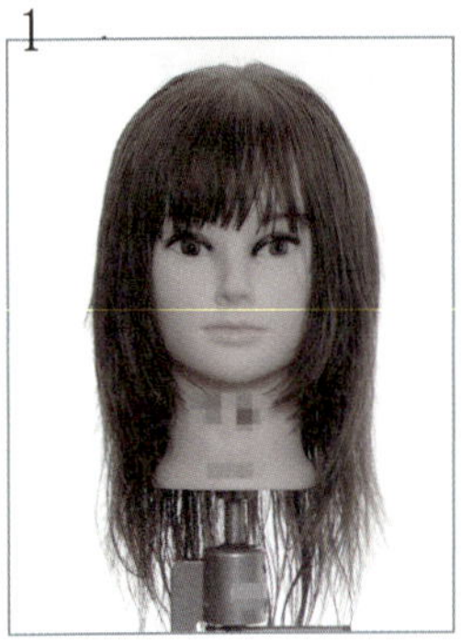
2
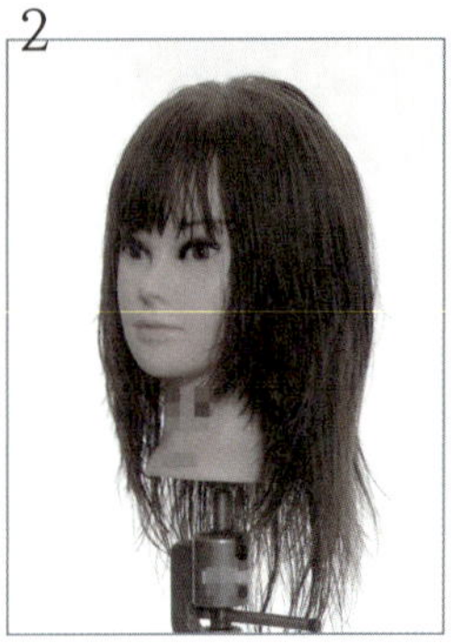
3
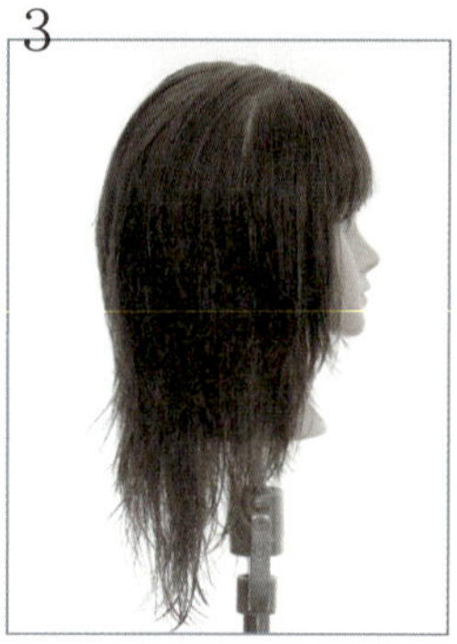
4

10 마무리를 한 상태

1

2

3
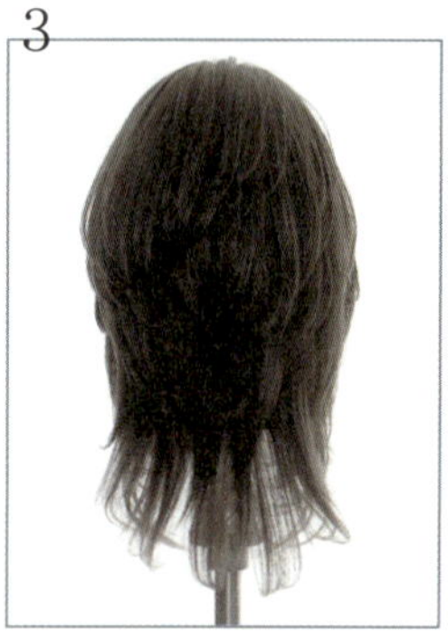
4

혼합형 5 빌드레이어드 커트(기본형)

인크리스 & 유니폼 레이어

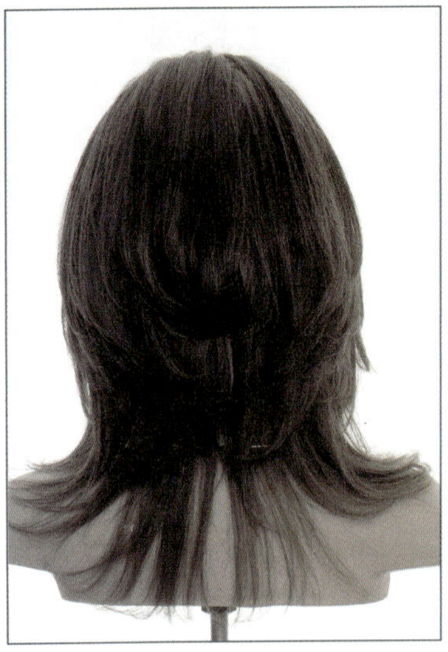

헤어스타일을 분석해서 커트의 순서를 먼저 생각한다.

1. 어디서부터 이 커트를 시작할지?
2. 처음 시작점의 길이가이드는?
3. 형태선은 만들기는 어떻게 할 것인지?
4. 형태선에 맞는 슬라이스는 어떤 슬라이스를 활용할 것인지?
5. 베이스는 어떻게 이용할 것인지?
6. 모발이 겹쳐지는 중심축의 시술각의 선택은?
7. 쳐내기의 방법을 이용한 질감처리는 어떻게 할 것인지?

1 형태선을 먼저 시술한 후에 면에 대한 각도를 활용한 G.P에서 길이가이드를 설정하여 층을 결정하면서 시술한다.

2 N.P에서길이 가이드를 두상 한배의 연장인 25cm를 설정한다.

3 U라인의 형태선 만들기를 진행한다.

4 곡선을 이용한 U라인의 슬라이스를 활용한다.

5 베이스는 두상을 그대로 연장하기 위하여 온더베이스를 이용하고 모발이 없는 영역은 없는 만큼 베이스를 이동하여 시술한다.

6 디자인 존의 영역을 유니폼 레이어로 시술한다.

7 디자인 존의 모발이 잘 표현되기 위하여 두상이 튀어나온 부분은 모량을 제거하고 양감조절과 질감조절을 이용하여 시술한다.

Tip

이 헤어스타일을 시술하기 위하여 주의할 점

먼저 형태선 만들기를 좌우가 동일하게 시술하고 디자인 존을 일반시술각 90°(유니폼 레이어)로 시술각을 결정한 후에 형태선과 디자인 존을 연결하여 시술한다.

1 G.P를 중심으로 영역을 나눈다.

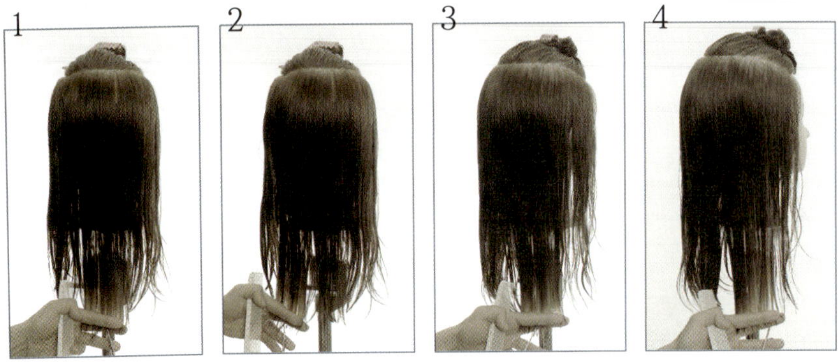

1 뒷선에 U라인을 만들기 위하여 중심축에서 25cm의 길이가이드를 설정한다.
2 빗질을 사선으로 시술한 후에 낫칭으로 U라인 형태선 만들기를 진행한다.
3 반대편도 동일한 방법으로 시술한다.

2 디자인 존을 일반시술각 90°로 시술한다.

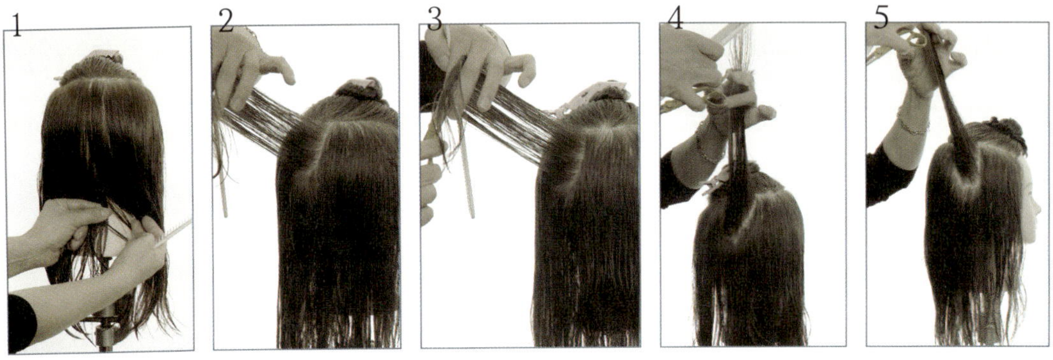

1 G.P에서 두상을 벗어난 길이 20cm의 길이가이드를 설정한다.
2.3 G.P에서 up45° 인크리스 레이어로 온더베이스로 시술한다.
4 모발이 없는 것 만큼 베이스를 이동하여 중심축의 길이가이드와 형태선의 가이드를 사선으로 낫칭으로 시술한다.
5 반대편도 동일한 방법으로 시술한다.

3 디자인 존의 길이가이드와 형태선 존의 길이가이드를 연결한다.

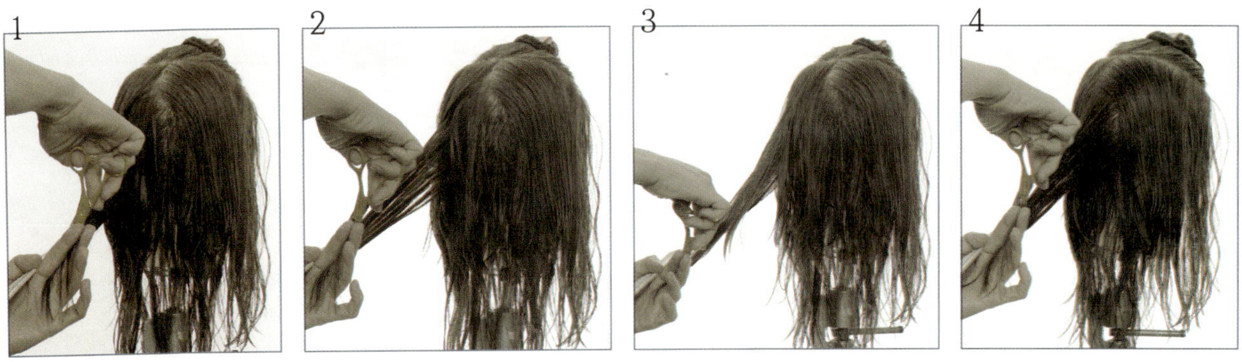

1 디자인 존의 모발과 형태선 존의 모발을 연결한다.
2 빗질을 두상이 함몰되어 있는 대로 잡아 길이가이드와 길이가이드를 연결한다.
3 중심축의 길이가이드를 연결한 후에 사이드도 연결한다.

4 F.S.P에서 20cm 길이가이드를 설정하여 옆선의 이미지를 만든다.

1 옆선의 길이가이드도 20cm의 길이가이드를 설정한다.
2 옆선은 빗질은 45° 손가락각도는 70°로 진행하고 모발이 없어진 만큼 채워지는 유니폼 레이어가 되게 시술한다.
3 옆선과 뒷옆선을 연결하여 시술한다.
4 반대편의 길이가이드를 설정한다.
5 반대편과 동일하게 빗질은 45° 손가락각도 70°인 유니폼 레이어가 되게 시술한다.
6 옆선과 뒷선을 연결하는 뒷옆선을 시술한다.

5 G.P 위의 디자인 존을 일반시술각 90°로 시술한다.

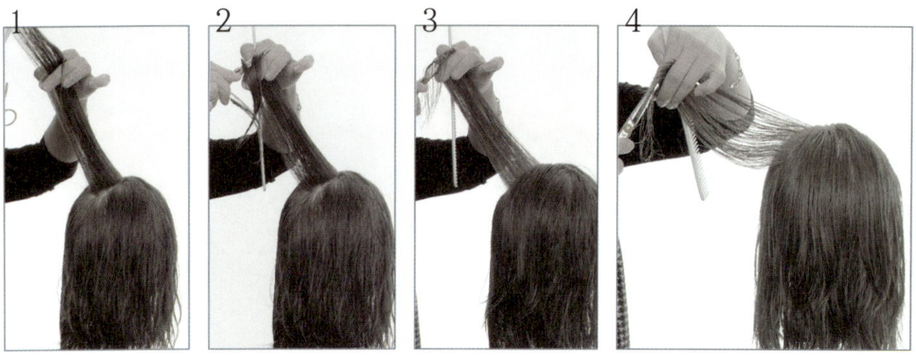

1.2.3 디자인 존 3번 영역도 유니폼 레이어로 온더베이스로 시술한다.
4 중심축에서 제외한 부분은 삼각형으로 판넬을 떠서 낫칭으로 시술한다.

6 앞머리와 연결부위를 시술한다.

1.2.3 빗질은 45°로 손가락각도 70°가 되게 시술한다.

7 앞머리 만들기와 앞머리와 뒷머리를 연결하여 튀어나온 모발을 제거한다.

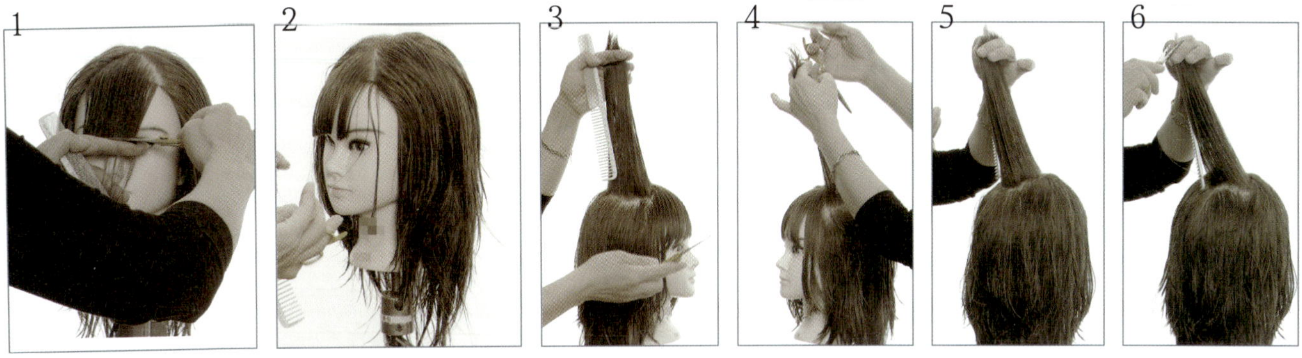

1 중심축에서 삼각형을 떠서 일직선으로 시술한다.
2 곡면이기 때문에 중심축에서 5cm를 뜨면 8cm의 일직선이 표현된다.
3 옆선의 길이가이드와 뒷에서온 가이드를 연결하여 튀어나온 부분을 제거한다.
4 반대편도 동일한 방법으로 시술한다.
5.6 앞머리 연결부위와 뒤로 떨어진 모발을 세로로 떠서 연결되지 않은 부분을 제거한다.

8 쳐내기의 방법으로 질감처리를 시술한다.

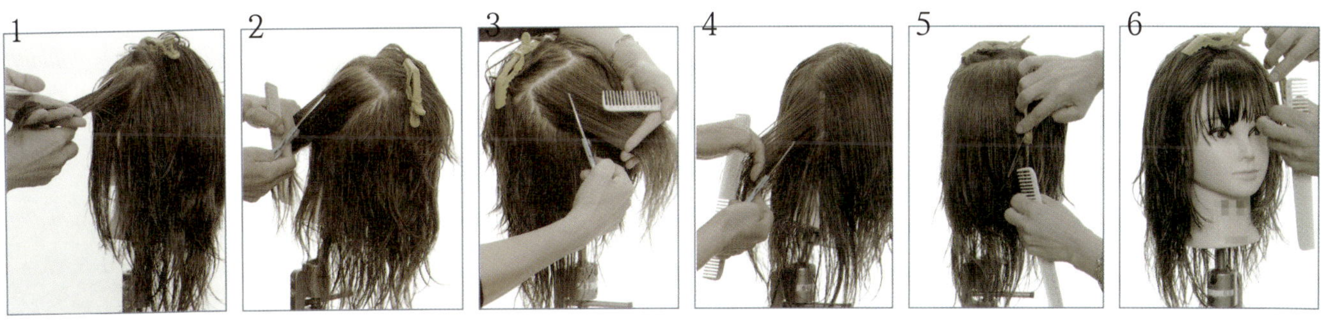

1 형태선 존의 튀어나온 부분의 모발을 제거하기 위하여 틴닝으로 시술한다.
2 뒷 옆선의 영역에 튀어나온 부분의 모발의 제거하기 위하여 모발을 앞쪽으로 사선으로 빗질하고 틴닝을 위가 짧게 하여 3번에 나누어서 시술한다.
3 앞쪽으로 모발을 사선으로 빗질하고 윗모발이 짧게 사선으로 하여 시술한다.
4 중심축에는 밑모발이 길고 윗모발이 짧게 틴닝을 넣어 시술한다.
5 모발이 많은 곳을 제거하기 위하여 모발을 도려내는 테크닉을 이용한다.
6 앞머리도 모발끝을 도려내기를 진행한다.

9 시술이 종료된 상태

1

2

3
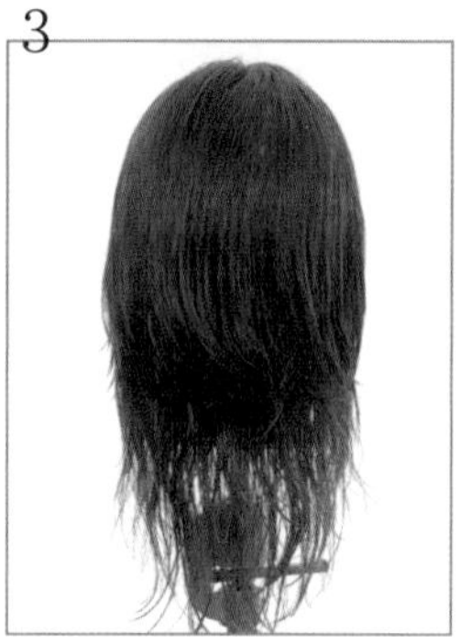
4

10 마무리를 한 상태

1
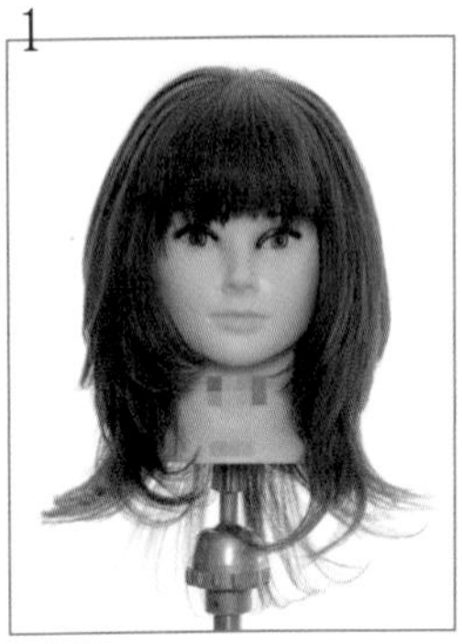
2

3
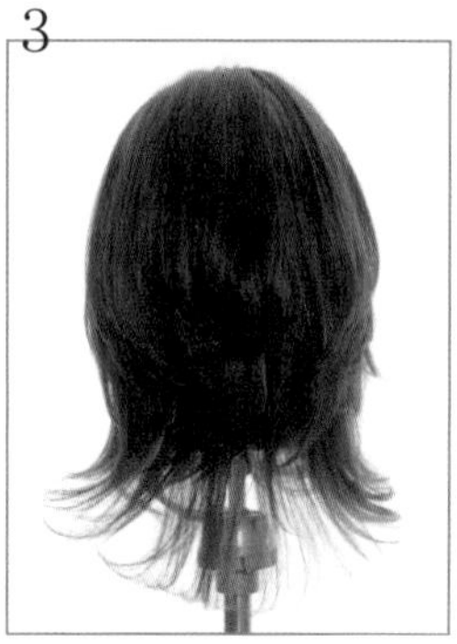
4

혼합형 6 빌드레이어드 그래쥬에이션

인크리스 & 그래쥬에이션

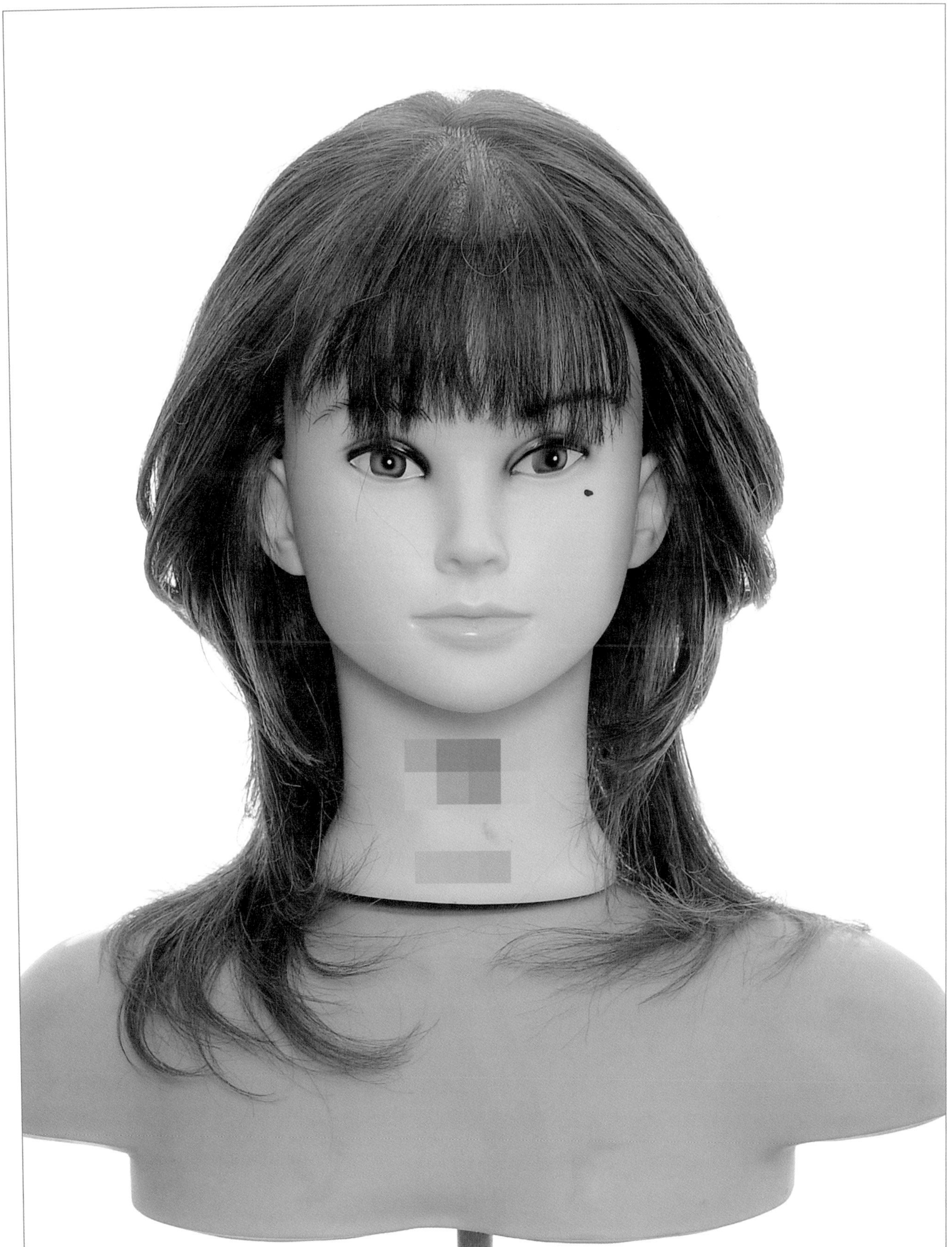

헤어스타일을 분석해서 커트의 순서를 먼저 생각한다.

1. 어디서부터 이 커트를 시작할지?
2. 처음 시작점의 길이가이드는?
3. 형태선은 만들기는 어떻게 할 것인지?
4. 형태선에 맞는 슬라이스는 어떤 슬라이스를 활용할 것인지?
5. 베이스는 어떻게 이용할 것인지?
6. 모발이 겹쳐지는 중심축의 시술각의 선택은?
7. 쳐내기의 방법을 이용한 질감처리는 어떻게 할 것인지?

1	형태선을 먼저 시술한 후에 면에 대한 각도를 활용한 G.P에서 길이가이드를 설정하여 층을 결정하면서 시술한다.
2	N.P에서길이 가이드를 두상 한배의 연장인 25cm를 설정한다.
3	U라인의 형태선 만들기를 진행한다.
4	곡선을 이용한 U라인의 슬라이스를 활용한다.
5	베이스는 두상을 그대로 연장하기 위하여 온더베이스를 이용하고 모발이 없는 영역은 없는 만큼 베이스를 이동하여 시술한다.
6	디자인 존의 영역을 자연시술각 90°, 손가락각도 70° 그래쥬에이션으로 시술한다.
7	디자인 존의 모발이 잘 표현되기 위해 두상이 튀어나온 부분은 모량을 제거하고 양감조절과 질감조절을 이용하여 시술한다.

Tip

이 헤어스타일을 시술하기 위하여 주의할 점

먼저 형태선 만들기를 좌우가 동일하게 시술하고 디자인 존을 자연시술각 90° 손가락각도 70° 그래쥬에이션으로 시술각을 결정한 후에 형태선과 디자인 존을 연결하여 시술한다.

1 G.P 위로 U라인 브록킹을 나누고 형태선 만들기를 시술한다.

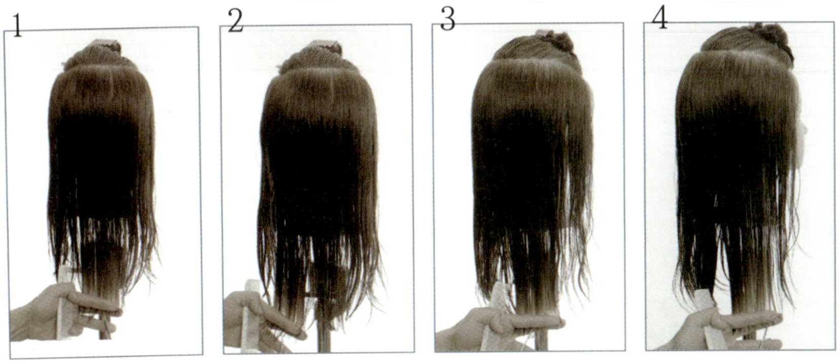

1 뒷선에U라인을 만들기 위하여 중심축에서 25cm의 길이가이드를 설정한다.
2 빗질을 사선으로 시술한 후에 낫칭으로 U라인 형태선 만들기를 진행한다.
3 반대편도 동일한 방법으로 시술한다.

2 디자인 존의 영역을 그래쥬에이션으로 시술한다.

1 G.P에서 두상을 벗어난 길이 20cm의 길이가이드를 설정한다.
2.3 G.P에서 자연시술각 90° 손가락각도 70°로 온더베이스로 시술한다.
4 모발이 없는 것 만큼 베이스를 이동하여 중심축의 길이가이드와 형태선의 가이드를 사선으로 낫칭테크닉을 이용하여 시술한다.
5.6 반대편도 동일한 방법으로 시술한다.

3 디자인 존의 길이가이드와 형태선 존의 길이가이드를 연결한다.

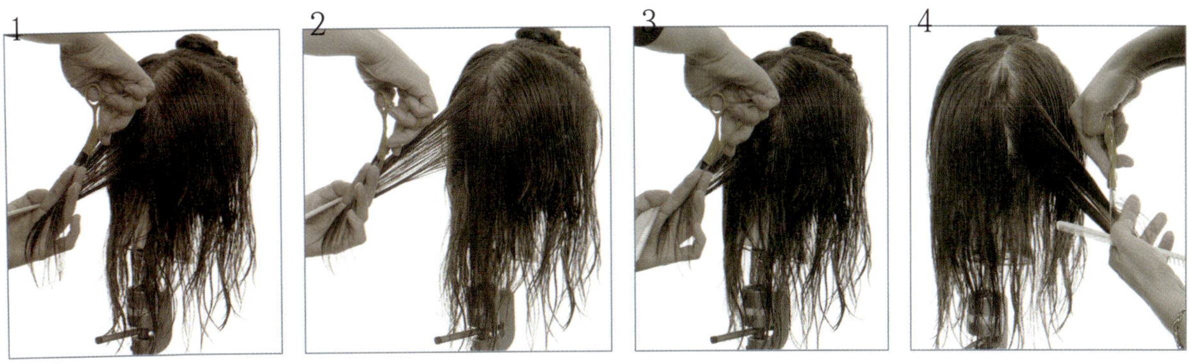

1 디자인 존의 모발과 형태선 존의 모발을 연결한다.
2.3 빗질은 두상이 함몰되어 있는 대로 잡아 길이가이드와 길이가이드를 연결한다.
4 반대편도 동일한 방법으로 시술한다.

4 F.S.P에서 20cm를 설정하여 앞내림 사선으로 옆선을 시술한 후 뒷옆선과 연결한다.

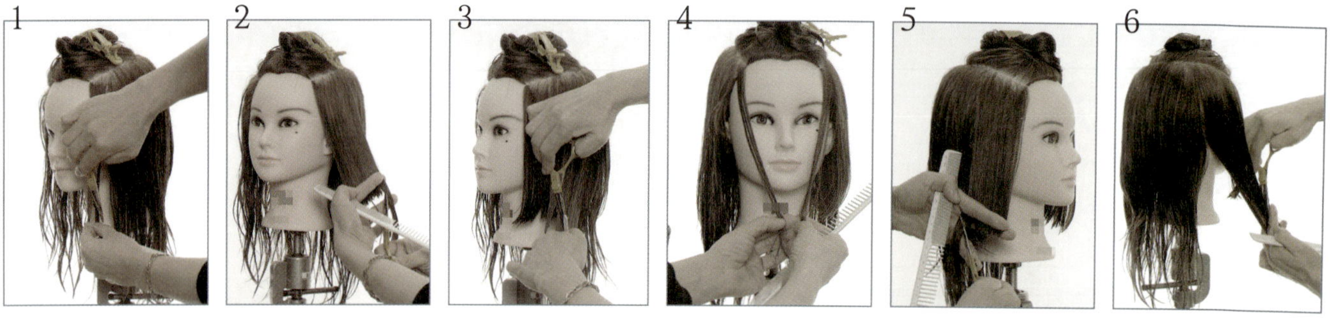

1 옆선의 길이가이드도 20cm의 길이가이드를 설정한다.
2 옆선을 앞내림 사선으로 손가락을 슬라이스와 평행하게 잡고 낫칭으로 시술한다.
3 옆선과 뒷옆선을 연결하여 시술한다.
4 반대편에 길이가이드를 설정한다.
5 앞내림 사선을 낫칭으로 시술한다.
6 옆선과 뒷선을 연결하는 뒷옆선을 시술한다.

5 G.P 위 영역을 G.P에서 일반시술각 90°, 손가락각도 70°로 시술한다.

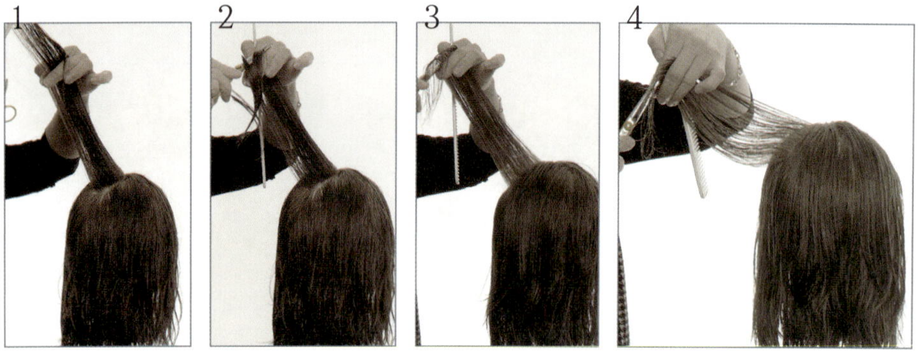

1.2.3 디자인 존 3번 영역도 G.P에서 일반시술각 90°, 손가락각도 70°로 시술한다.
4 중심축에서 제외한 부분은 삼각형으로 판넬을 떠서 낫칭으로 시술한다.

6 앞머리와 연결부위를 그래쥬에이션으로 시술한다.

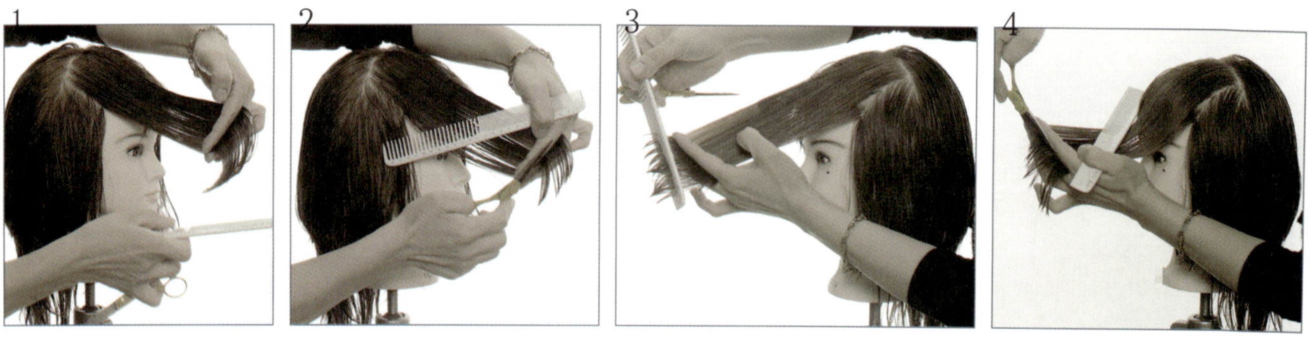

1.2.3.4 빗질 45°, 손가락각도 45°로 그래쥬에이션으로 시술한다.

7 앞머리를 시술한 후 앞머리와 뒷머리를 연결한다.

1 중심축에서 삼각형을 떠서 일직선으로 시술한다.(5cm를 뜨면 8cm의 일직선이 표현된다.)
2.3 옆선의 길이가이드와 뒷에서온 가이드를 연결하여 튀어나온 부분을 제거한다.
4.5 앞머리 연결부위와 뒤로 떨어진 모발을 세로로 떠서 연결되지 않은 부분을 제거한다.

8 쳐내기 방법을 이용하여 뒷손질이 편하고 예쁜 헤어스타일 만들기를 시술한다.

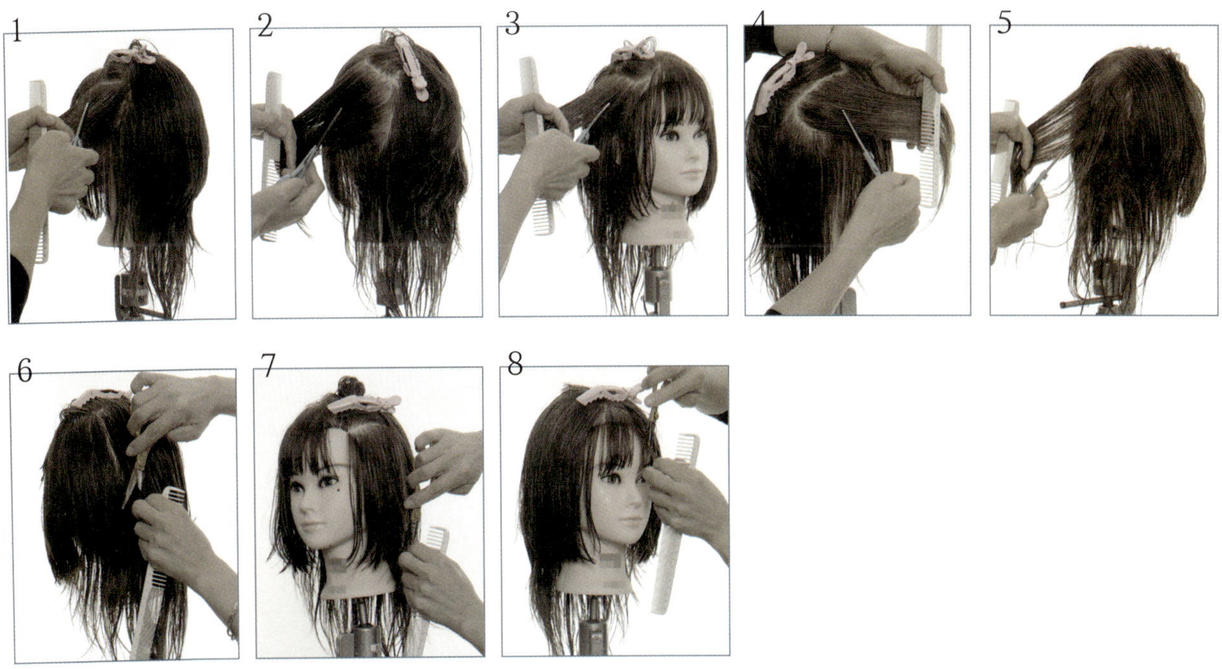

1 형태선 존의 튀어나온 부분의 모발을 제거하기 위하여 틴닝으로 시술한다.
2 뒷 옆선의 영역에 튀어나온 부분의 모발의 제거하기 위하여 모발을 앞쪽으로 사선으로 빗질하고 틴닝을 위가 짧게 하여 3번에 나누어서 시술한다.
3 반대쪽도 동일한 방법으로 형태선 존의 모발을 제가하기 위하여 시술한다.
4 반대쪽 뒷 옆선의 튀어 나온 영역도 위가 짧게 틴닝 가위를 넣어 동일한 방법으로 시술한다.
5 형태선 존의 모발이 많은 곳을 제거하기 위하여 이너레이어로 시술한다.
6.7 뒷 형태선에 해당하는 부분도 모발을 도려내기를 시술하여 가벼움을 표현한다.
8 앞머리도 모발을 도려내기를 시술한다.

9 시술이 종료된 상태

1
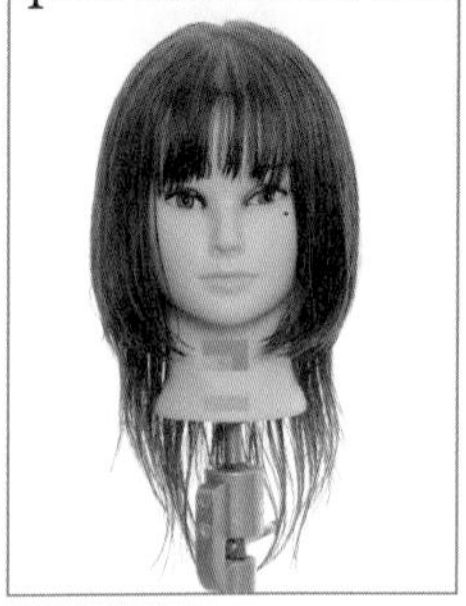

2

3
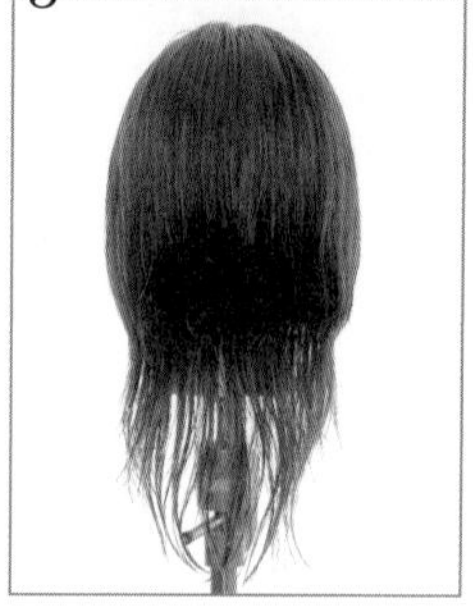

4
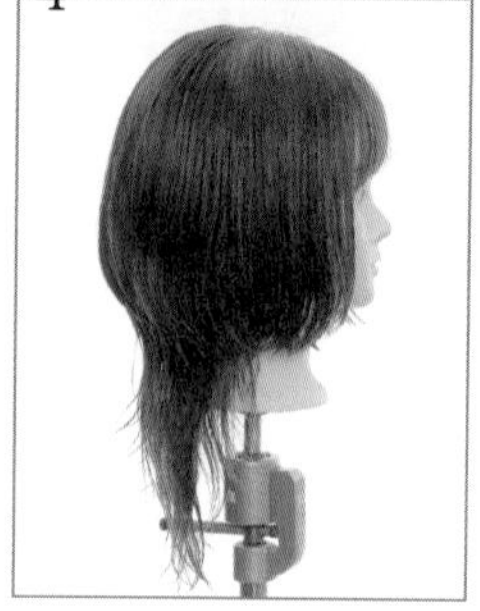

10 마무리를 한 상태

1
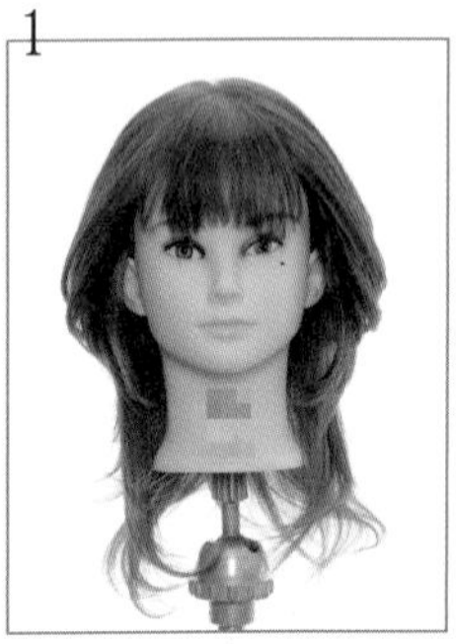

2

3
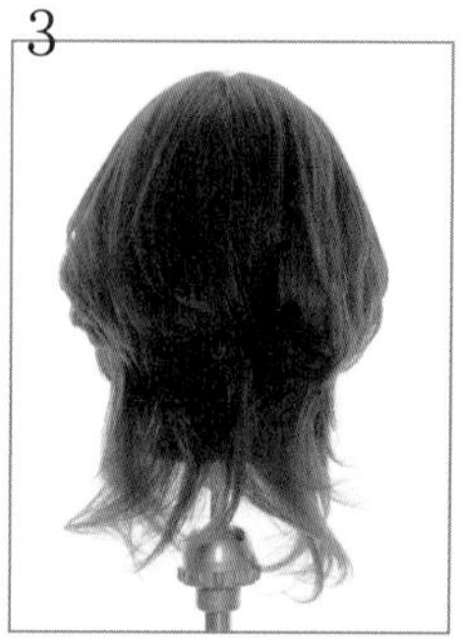

4

삼각형 패턴

시술각의 혼합
슬라이스와
베이스활용

삼각형 패턴 : 시술각의 혼합을 슬라이스와 베이스를 활용하기

1. 슬라이스 차이로 헤어스타일이 달라진다.

슬라이스를 나누는 것은 두상이 곡면체이기 때문에 원하는 디자인을 쉽게 연출하기 위해 꼭 알아야 한다.

(1) 가로 슬라이스의 특징

① 강약이 없는 무겁고 가로로 퍼진 포름이 되기 쉽다.
② 웨이트의 위치가 낮게 나타나기 쉽다.
③ 헴라인에 좌우되지 않고 단차가 좋은 평행한 절단면을 이룬다.
④ 율동은 나타나지 않고 두께가 있는 무거운 모속감이 나타난다.

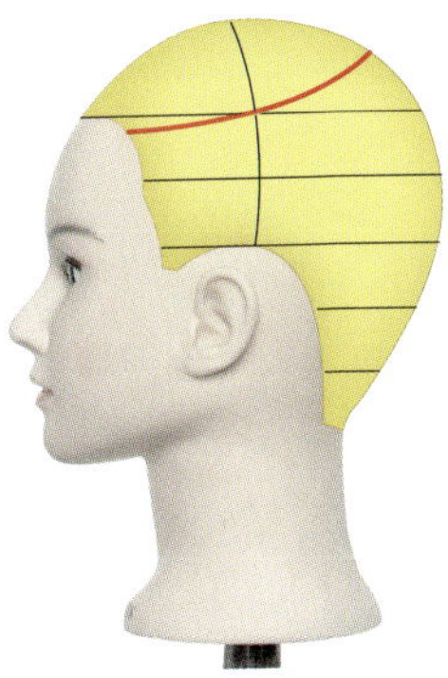
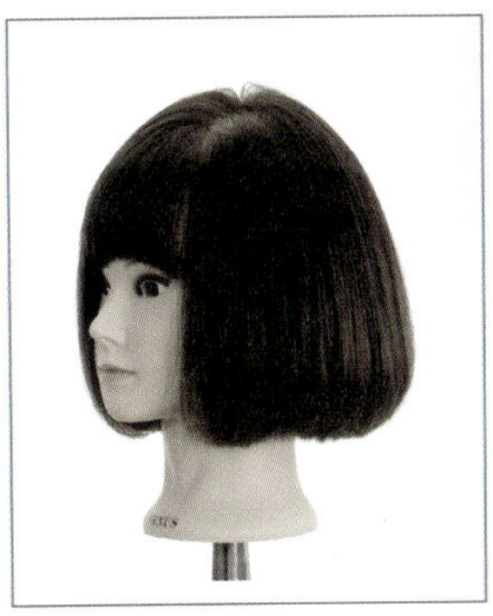

(2) 세로 슬라이스의 특징

① 웨이트의 높이 세로로 긴 포름을 만들기 쉽다.
② 머리의 형태가 나타나기 쉬운 만큼 강약이 있는 스타일이 되기 쉽고, 시술각을 조절할 때는 세로슬라이스를 많이 활용한다.
③ 헴라인의 형태를 따라 아웃라인이 나타나기 쉽다.
④ 움직이면 아웃라인은 희미해지고 큰 율동이 생긴다.

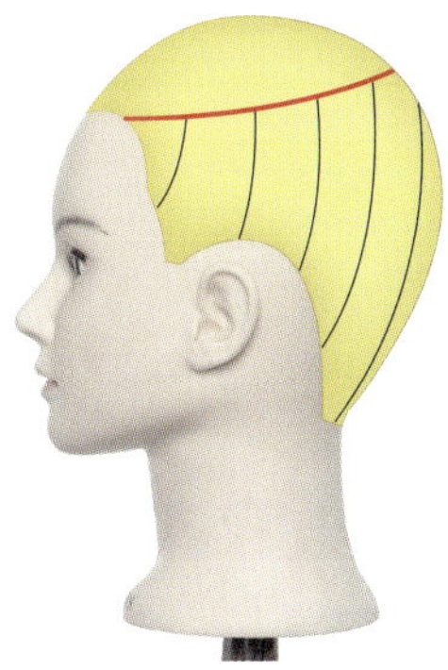

(3) 전대각 사선 슬라이스의 특징

① 앞머리가 길고 뒷머리가 짧은 형태를 이룬다.
② 둥글고 곡선적인 포름으로 만들기 쉽고, 방향성을 제시한다.
③ 슬라이스를 취하는 방법으로 웨이트의 위치를 조절할 수 있다.
④ 헴라인에 좌우되지 않고 사선의 아웃라인을 나타 낼 수 있다.

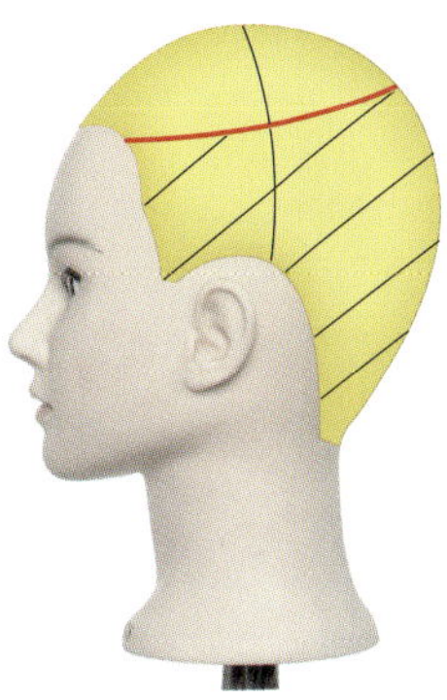
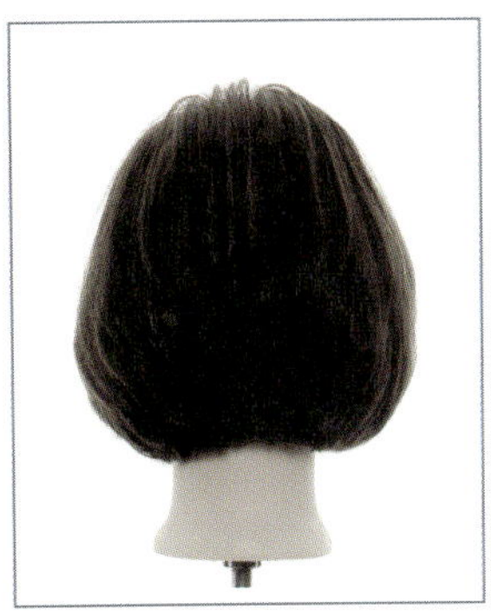

(4) 후대각 사선 슬라이스의 특징

① 앞머리가 짧고 뒷머리가 긴 형태를 이룬다.
② 둥글고 곡선적인 포름으로 만들기 쉽다.
③ 슬라이스를 취하는 방법으로 웨이트의 위치를 조절할 수 있다.
④ 시술각에 따라 움직이면 아웃라인도 적당하게 나타내면서 율동도 적당하게 나타난다.

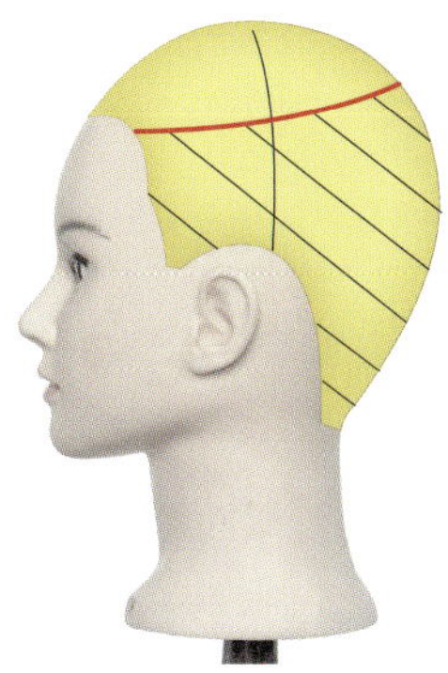

2. 베이스

당김새의 느낌 : 커트에 있어서 가장 기본이며 가이드 라인과 동일한 개념이다.

(1) 온 더 베이스(On the base)

커트할 양만큼 섹션을 잡았을 때 베이스의 중심에서 수직(90°)이 되도록 커트한다. 같은 길이로 커트할 때 주로 사용되며 레이어 커트에 많이 사용된다.

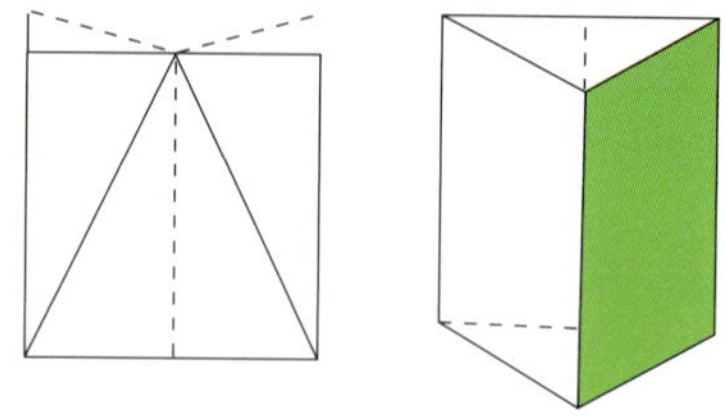

(2) 오프 더 베이스(Off the base)

베이스를 완전히 벗어나 섹션을 잡는 경우이다. 길이를 짧게 또는 길게 자유로이 구사 할 수 있으며 레이어 커트나 그라데이션 커트에 많이 응용된다. 다양한 변화를 시도할 때 사용된다.

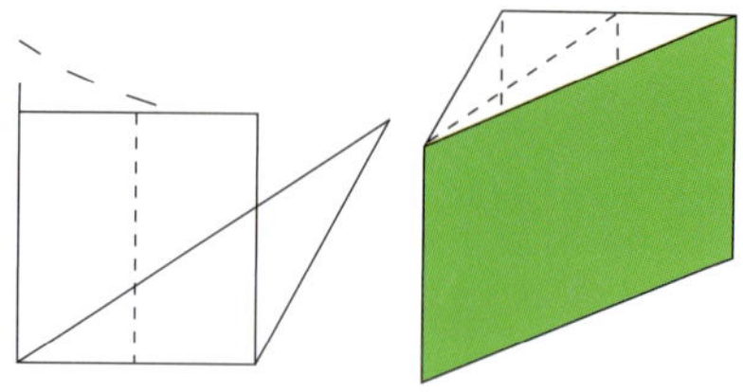

(3) 프리 베이스(Free base)

베이스 폭의 2/3 지점에서 섹션을 잡는 경우이다. 자연스럽게 길거나 짧아지는 형태로 온 더 베이스와 사이드 베이스의 중간에 위치하며 급격한 변하를 원하지 않을 때 사용한다.

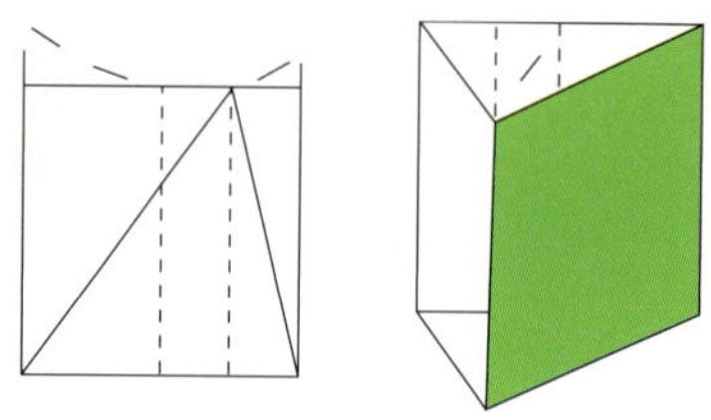

(4) 사이드 베이스(Side base)

커트할 양만큼 섹션을 잡았을 때 베이스의 한쪽 면에서 수직(90°) 되도록 하는 것으로, 베이스의 중심이 아닌 오른쪽 또는 왼쪽이 된다. 즉, 베이스의 한쪽 면으로 치우쳐서 커트한다.

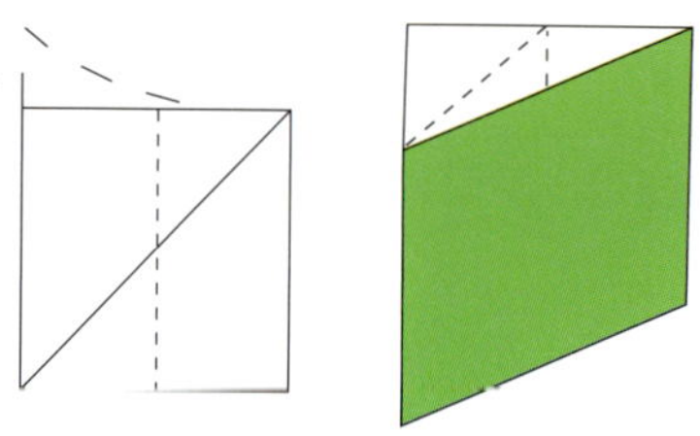

(5) 트위스트 베이스(Twist base)

급격한 변화가 요구되어 패널을 잡는 손이 일정하지 않는 것으로 섹션을 잡을 때 비틀리게 잡기 때문에 트위스트 베이스라 한다.

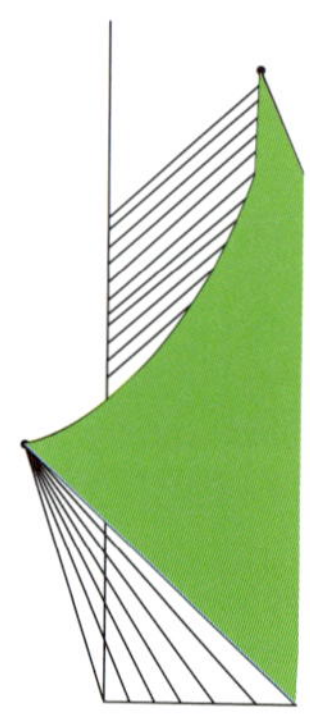

3. 오버 다이렉션 ∞ 논 다이렉션

모발을 원하는 방향으로 당겨서 커트하는 테크닉을 오버 다이렉션이라고 한다. 당겨지는 만큼 모발의 길이가 길어진다. 길이가이드 설정보다 당긴 만큼 길이가 길어진다. 가이드를 향해서 멀면 멀수록 길이가 길어진다.

길이가이드

모발이 당겨진 만큼 길게 떨어진다.

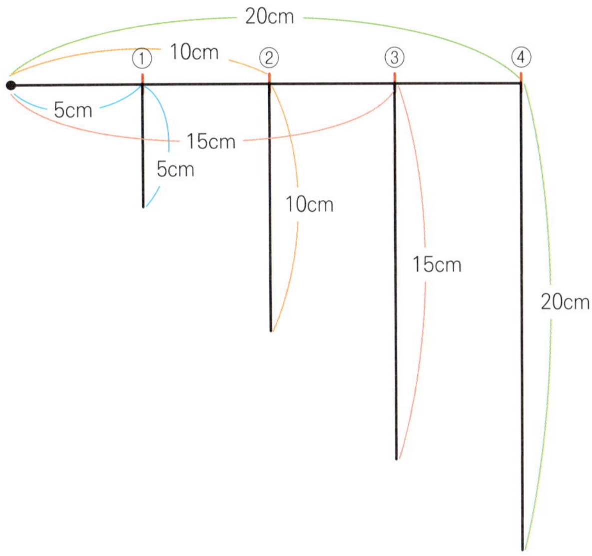

1) 인크리스 레이어

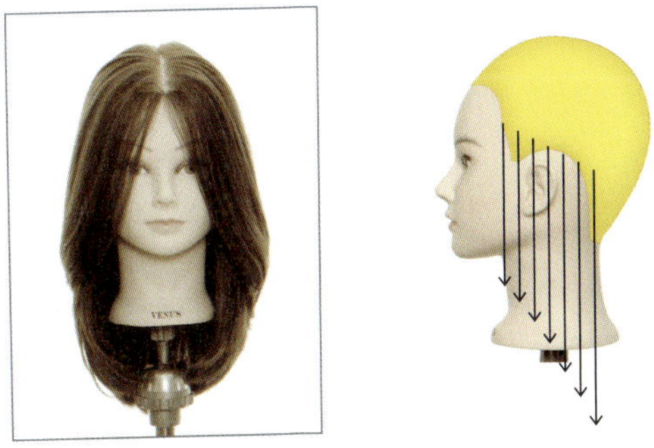

2) 그래쥬에이션

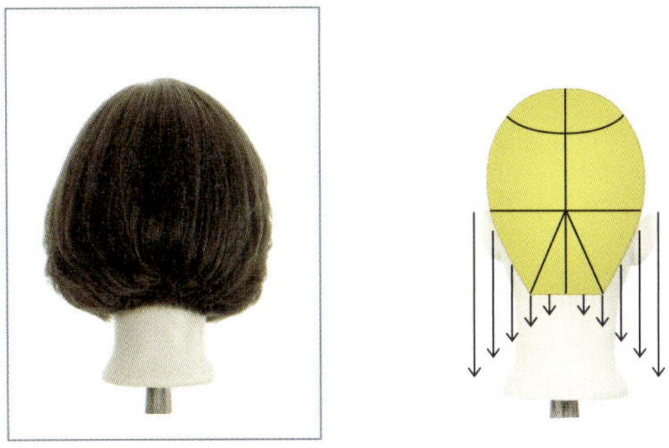

3) 앞머리

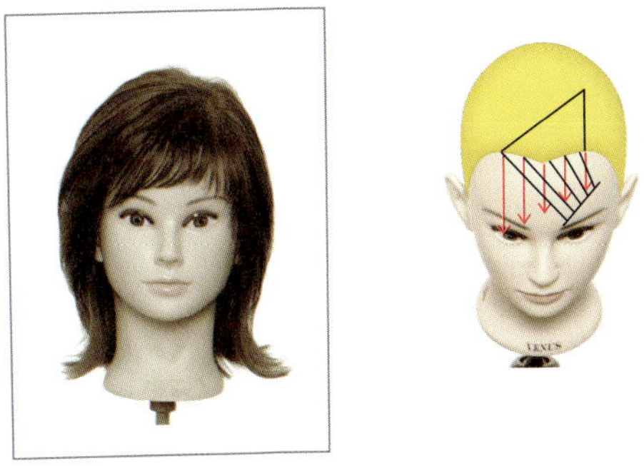

삼각형 패턴 : 시술각의 혼합을 슬라이스와 베이스를 활용하기

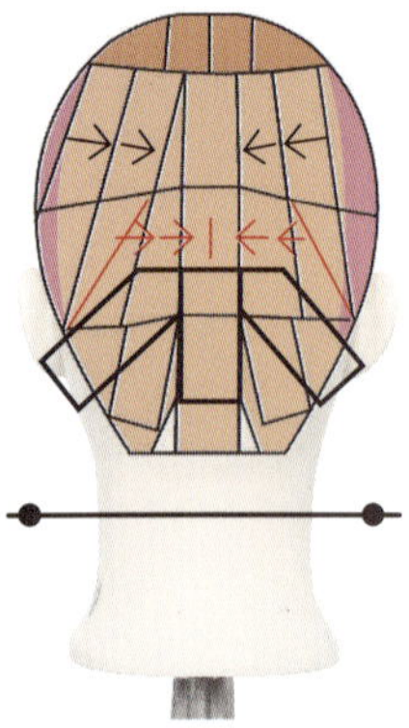

삼각형 패턴 1

Bob Graduation 1 ⌒라인

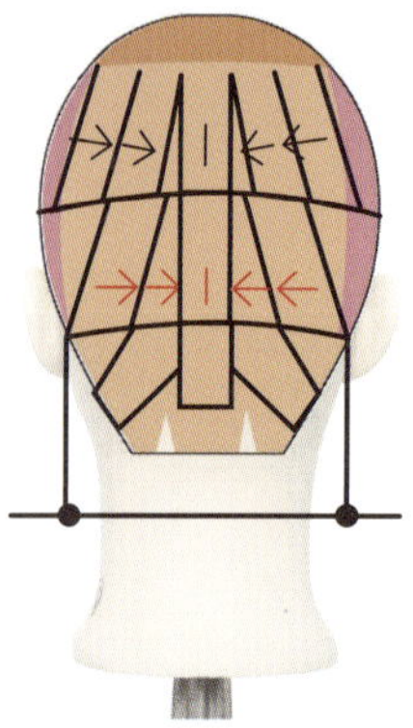

삼각형 패턴 2

Bob Graduation 2 ⌒라인

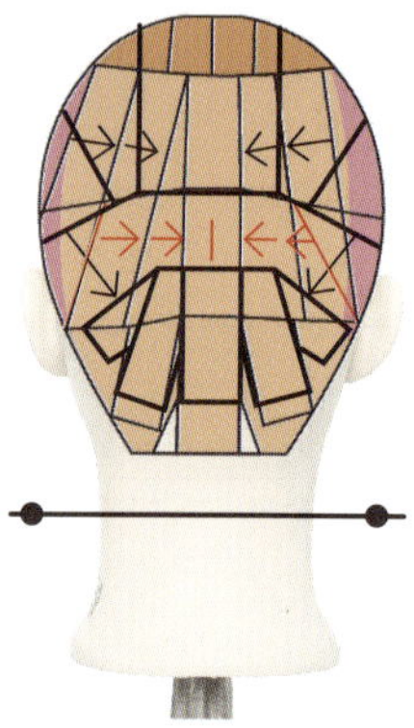

삼각형 패턴 3-1

Bob Graduation 3 ⌒라인

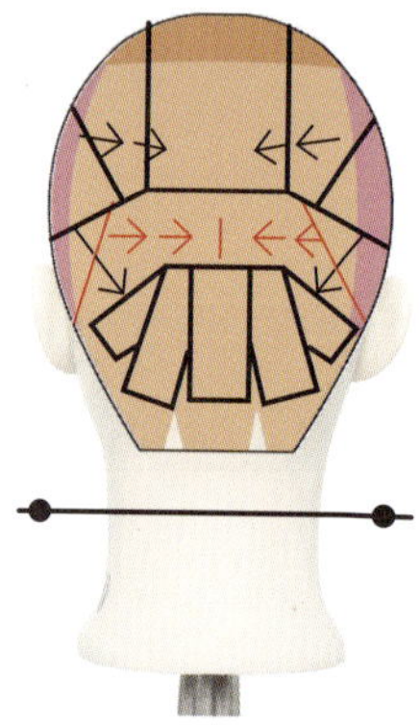

삼각형 패턴 3-2

Bob Graduation 4 ⌒라인

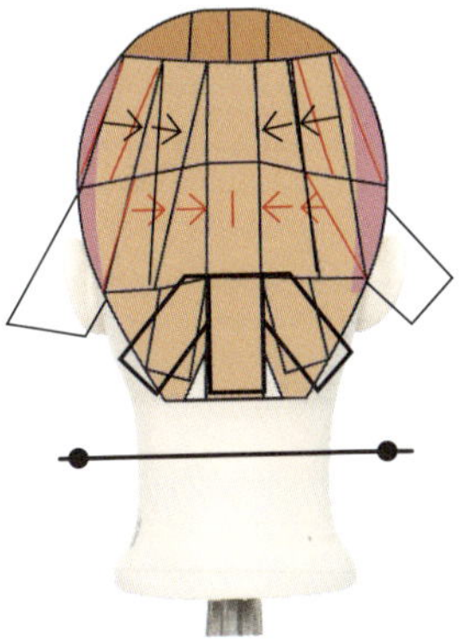

삼각형 패턴 4

Graduation A라인+U라인

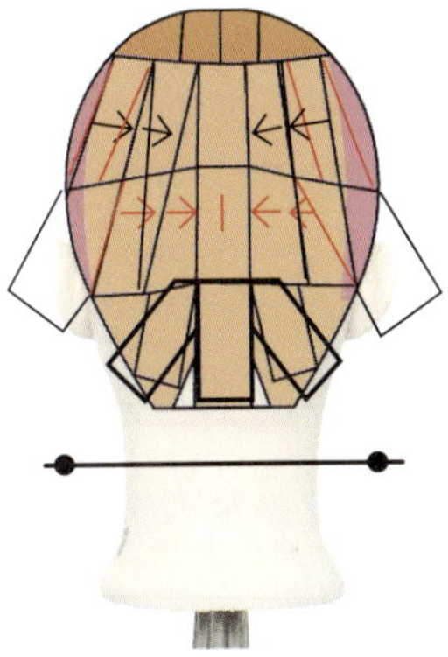

삼각형 패턴 5

Graduation A라인+U라인

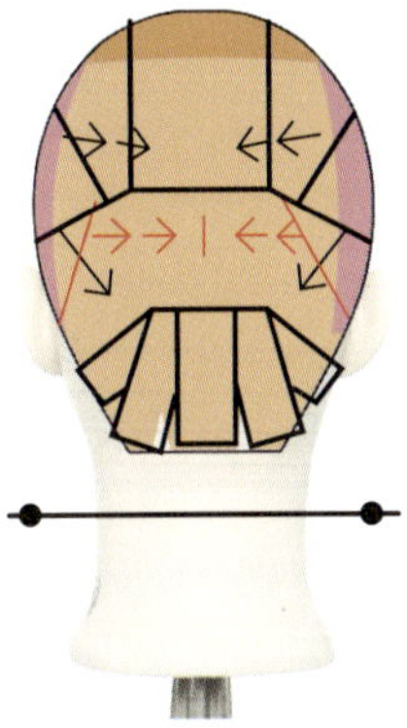

삼각형 패턴 6

Graduation A라인+U라인

삼각형 패턴 1

Bob Graduation ◠라인 1

슬라이스, 베이스 활용

헤어스타일을 분석해서 커트의 순서를 먼저 생각한다.

1. 어디서부터 이 커트를 시작할지?
2. 처음 시작점의 길이가이드는?
3. 형태선은 어떤 형태선을 만들지?
4. 형태선에 맞는 슬라이스는 어떤 슬라이스로 활용할지?
5. 베이스는?
6. 모발이 겹쳐지는 중심축의 시술각의 선택은?
7. 뒷손질이 편한 질감처리는?

1 디자인 존과 형태선 존을 나누어서 전체적인 헤어스타일을 분석하고, 쉽고 빠르게 시술할 수 있는 방법을 찾아 결정한다. 형태선 만들기와 그 선을 연결해서 볼륨감을 만들기 위해서 뒤에서 앞으로 시술한다.

2 두상에 볼륨을 만들 수 있는 길이로 N.P. 3cm에서 시작한다.

3 아웃라인은 ∩라인 형태선을 만든다.

4 형태선 만들기는 가로와 사선으로, 중심축의 시술각 선택은 세로와 전대각사선 등, 이 스타일을 시술하기 위해서는 복합슬라이스를 활용한다.

5 시술각을 혼합하기 위하여 사이드베이스와 옆선을 시술할 때는 원하는 만큼 당기는 오버다이렉션으로 활용한다.

6 시술각의 활용은 G.P 아래는 모발이 두상대로 떨어지는 판넬의 맨밑은 자연시술각 90°, 손가락각도는 70°로 시술하고 G.P 위에도 볼륨을 만들기 위해 자연시술각 90°로 시술한다.

7 쳐내기의 방법은 두상을 나누어서 뒷손질이 편하게 진행한다.

Tip

이 스타일을 시술하기 위하여 주의할 점

입체감과 볼륨감을 어디에 둘지를 결정하여 길이가이드를 설정하는 것과 길이가 짧은 모발은 모발이 마르면 모류방향대로 흘러 버리기 때문에 시술 전 모류방향을 파악하는 것이 먼저 살펴보아야 할 숙제이다.

시술순서

1. 형태선 존의 모류보정과 모량조절을 시술한다.

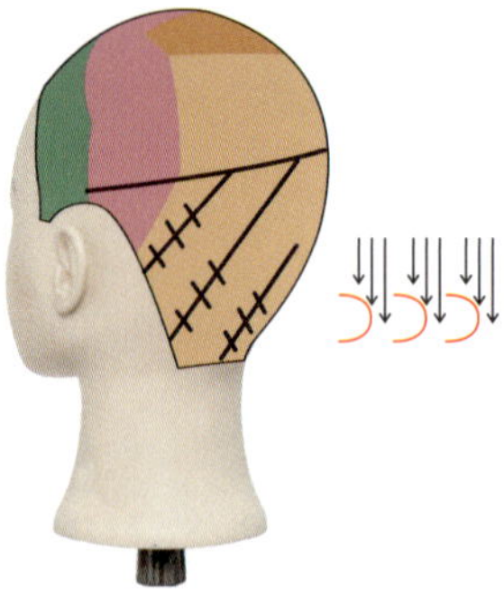

형태선 존의 모발은 모류도 강하고 모질이 두꺼워서 모량이 많기 때문에 빗질은 45°로 하고 틴닝가위도 앞모발이 짧고 뒷모발이 길어지게 하여 시술한다.
모발의 빗질 45° 틴닝가위도 슬라이스와 동일하게 넣어서 시술한다.

2. ⌒라인 형태선 만들기를 진행한다.

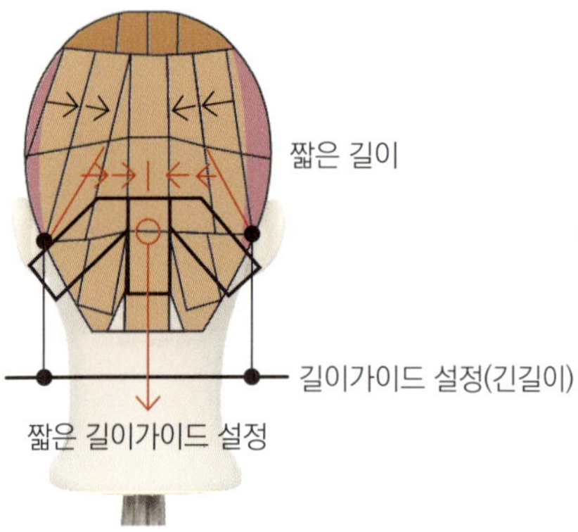

시술각혼합(베이스와 슬라이스 이용)

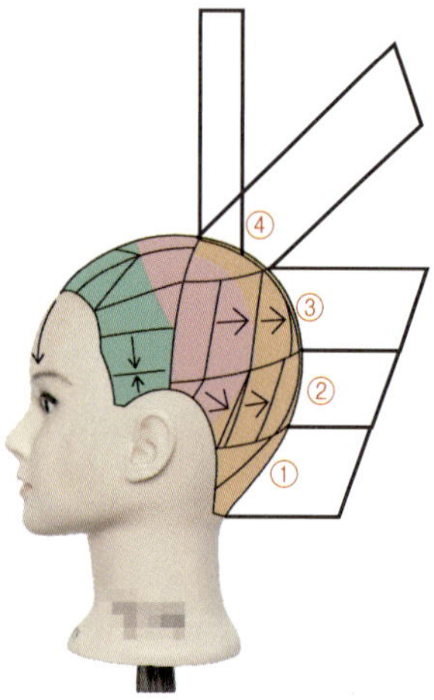

① 길이가이드를 먼저 N.P. 3cm 일직선을 시술한 후에 중심축에 짧은 가이드를 설정하고 긴길이 가이드와 A라인으로 연결한다.
② 중심축에서 제일 밑의 모발을 자연시술각 90°, 손가락각도 70°로 베이스를 C.L.쪽으로 베이스를 당겨서 시술한다.
③ 중심축에서 자연시술각 90°, 손가락각도 70°로 중심축의 길이를 짧게 설정한 후에 앞내림 사선으로 슬라이스를 떠서 베이스를 C.L.쪽으로 당겨서 시술한다.
④ G.P에서 가이드를 설정하면 면에 대해 90°로 당겨서 시술한 후에 다시 똑바로 들어서 삼각코너를 제거한다.
시술한 후에 ① 형태선을 모발이 마른 상태에서 커브가위로 다시 한번 정리한다.

3. 옆선 만들기를 시술한다.

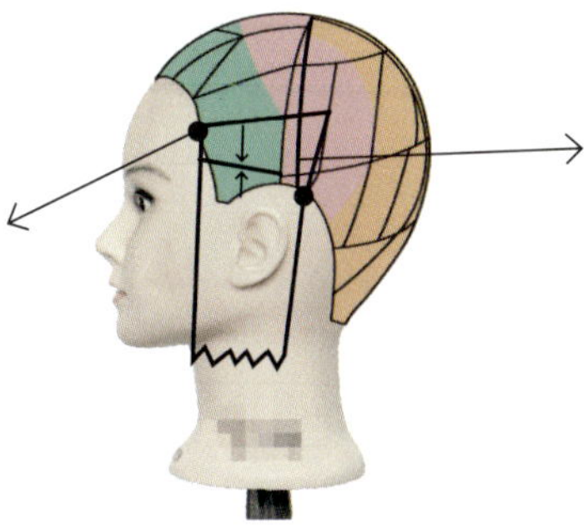

가로슬라이스의 1/3영역에서 시술하면 자연시술각 70°와 동일하게 시술된다.

앞머리와 뒷머리를 먼저 나눈 후에 5cm 폭의 옆선의 영역을 가로슬라이스로 나눈다. 모발이 떨어지는 곳에서 길이가이드를 먼저 설정한 후에 뒷 옆선의 길이가이드와 연결한다.
나머지 부분은 세로슬라이스로 자연시술각 70°로 시술한다.

4. 앞머리표정 만들기를 진행한다.

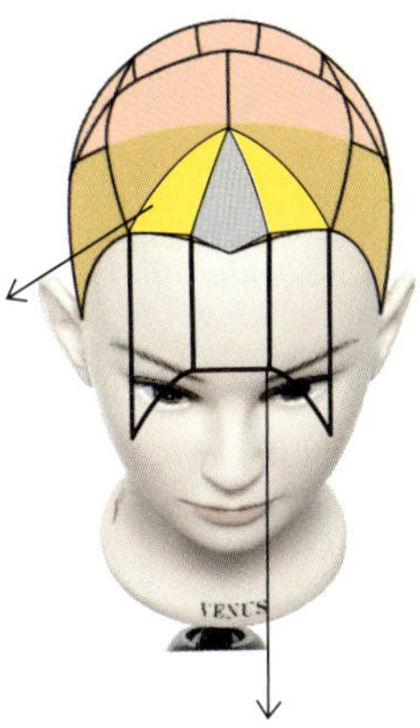

이미지라인

앞머리의 영역 5cm를 나눈 후에
중심축에서 삼각형을 떠서
일직선으로 시술한다.
그 후 이미지라인의 모발을 연결한다.

5. 쳐내기의 방법으로 뒷손질이 편하고 예쁜 스타일을 만든다.

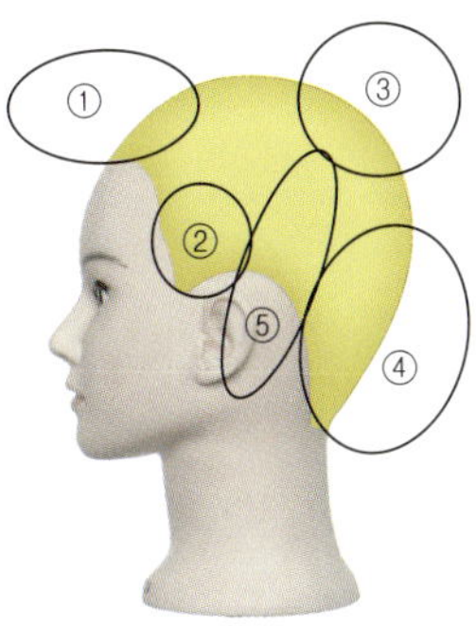

① 앞머리 영역에 공기감을 넣기 위해 시술한다.
② 옆선에 모량을 제거하고 흐름을 만든다.
③ 중심축에 볼륨과 입체감을 만들고
④ 이곳은 모량과 모류를 보정한 후에 형태선을 다시 한번 확인하고
⑤ 모발에 방향을 제시한다.

1 ⌒라인의 형태선 만들기를 위한 모류보정과 긴길이 결정의 일직선 만들기를 진행한다.

1

2
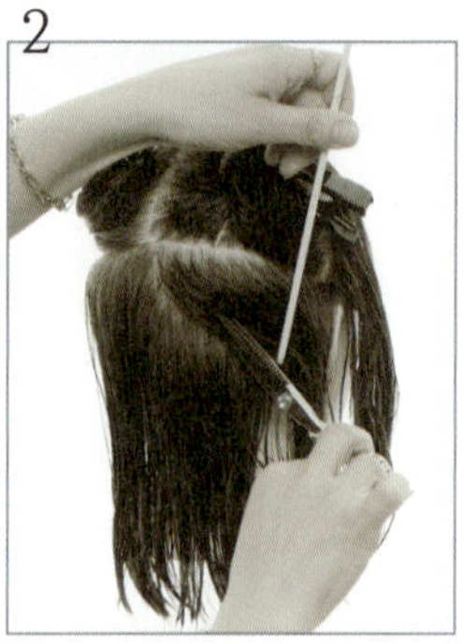
3

4

1 모류보정을 하기 위하여 빗질은 사선으로 진행하고 틴닝으로 앞모발이 짧고 뒷모발이 길어지게 시술한다.
2 반대쪽도 동일한 방법으로 앞모발이 짧고 뒷 모발이 길어지게 틴닝으로 시술한다.
3.4 모류를 보정한 후에 긴길이를 결정하기 위한 일직선을 시술한다.

2 A라인 형태선과 층 만들기를 진행한다.

1

2

3

4

5

6

7

8

1 튀어나온 모발을 남기고 중심축에서 길이가 짧은 길이가이드를 설정한다.
2 중심축의 짧은길이와 긴길이를 앞내림 사선으로 연결하여 시술한다.
3 반대쪽도 동일한 방법으로 시술한다.
4 남겨둔 모발을 내려 세로 슬라이스로 판넬을 떠서 중심축의 길이가이드를 설정한다.
5 가슴은 중심에 있고 전대각 슬라이스를 떠서 낫칭으로 시술한다.
6.7.8 반대편도 전대각 슬라이스를 뜨고 자세를 낮추어서 동일하게 시술한다.

3 디자인 존 4번 영역의 층을 결정한다(시술각의 혼합은 베이스를 C,L 쪽으로 이동한다).

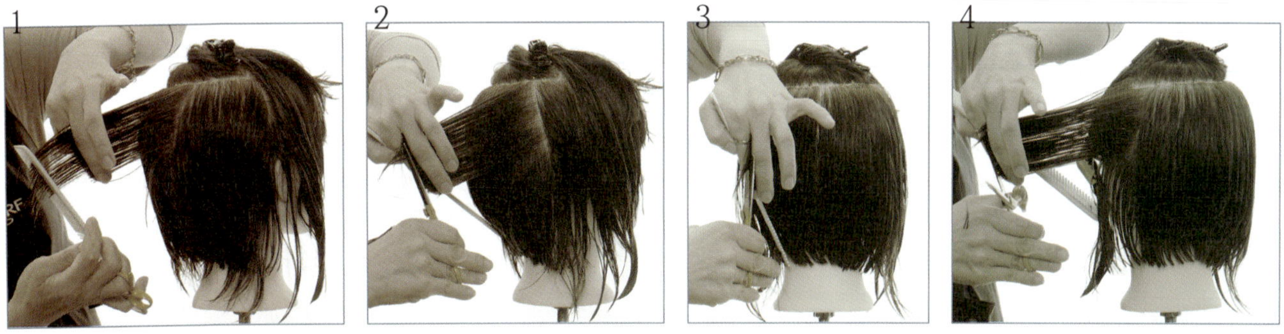

1 세로 슬라이스를 드고 제일 밑의 판넬의 90° 손가락각도70°가 되게 중심축에서 길이가이드를 설정한다.
2 베이스를 중심축으로 당겨서 시술한다.
3 반대쪽도 베이스를 중심으로 당겨서 시술한다.
4 E.P쪽으로 베이스를 당겨서 중심축에서 온 가이드를 연결한다. 반대쪽도 동일한 방법으로 시술한다.

4 디자인 존 3번 영역의 층을 결정한다.

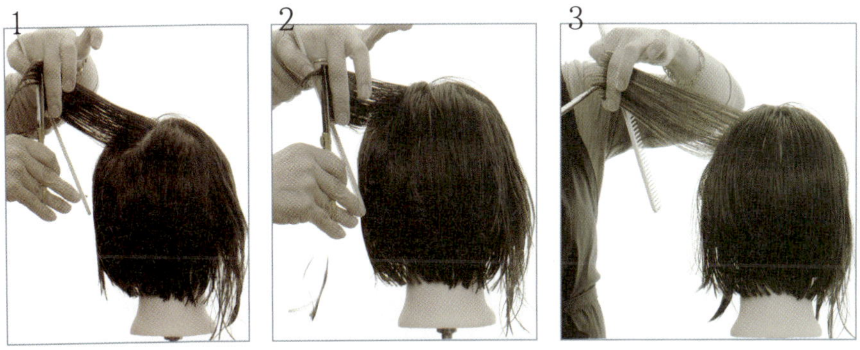

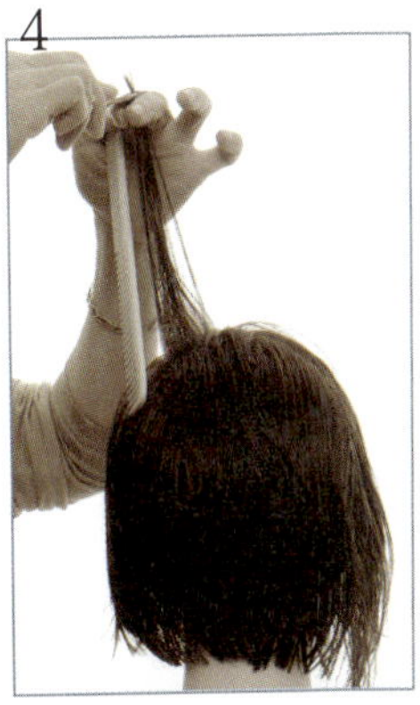

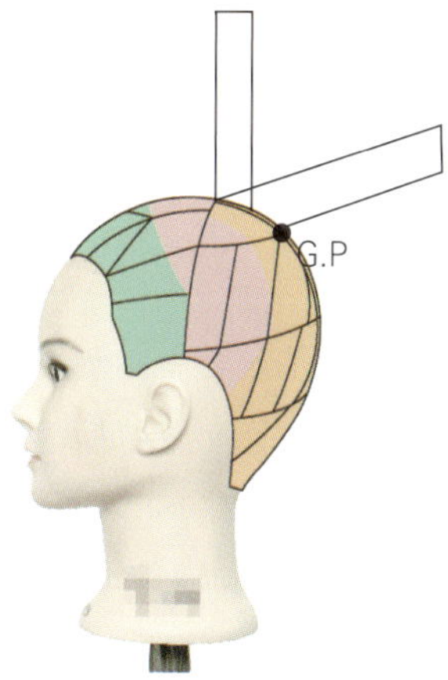

1.2 G.P에서 세로 슬라이스를 떠서 자연시술각 90°로 시술한다.
3 중심축에 3판넬을 제와한 부분은 삼각형을 떠서 튀어나온 모발을 제거한다.
4 무거운 모발을 제거하기 위하여 다시 똑바로 90°로 들어서 가이드에 맞추어서 시술한다.

5 A라인 형태선을 다시 한번 만든다.

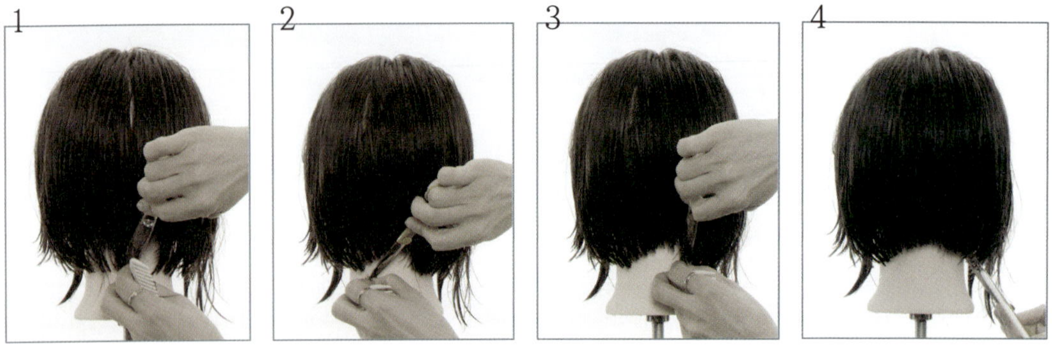

1 먼저 틴닝으로 그래쥬에이션으로 하여 모발의 길이를 혼합한다.
2 커브가위로 중심축의 가이드를 만든다.
3 A라인의 형태선을 만든다.
4 반대편도 동일한 방법으로 시술한다.

6 옆선의 형태선을 시술한다.

1 앞·뒤를 나눈후에 5cm 영역에서 모발의 길이가이드를 설정한다.
2 뒷옆선의 가이드와 옆선의 길이가이드를 연결한다.
3 옆으로 떨어지는 모발을 세로로 판넬을 떠서 70˚로 베이스를 E.P쪽으로 당겨서 길이가이드에 맞추어서 시술한다.
4 반대쪽도 길이가이드를 설정한다.
5 뒷옆선의 가이드와 앞머리의 길이가이드를 연결한다.
6 세로슬라이스를 떠서 손가락각도 70˚가 되게 베이스를 E.P쪽으로 당겨서 시술한다.

7 앞머리표정 만들기를 진행한다.

1 중심에서 삼각형의 영역을 나누어서 일직선을 시술한다.
2 모발을 들어서 낫칭으로 시술한다.
3 이미지 라인의 모발을 먼저 길이가이드를 설정한 후에 연결한다.
4 반대쪽도 동일한 방법으로 진행한다.
5 앞머리의 연결부위는 옆선에서 나온 길이가이드에 맞추어서 앞쪽으로 밀어서 시술한다.
6 반대쪽도 동일한 방법으로 시술한다.
7.8 앞머리와 뒷머리를 연결한다.

8 드라이 한 것처럼 표현하기 위하여 쳐내기 방법을 이용하여 질감처리를 진행한다.

1

2

3

4

5

6

7
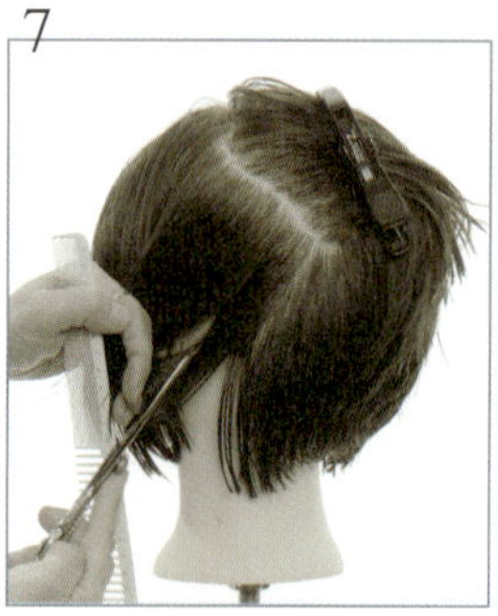
8
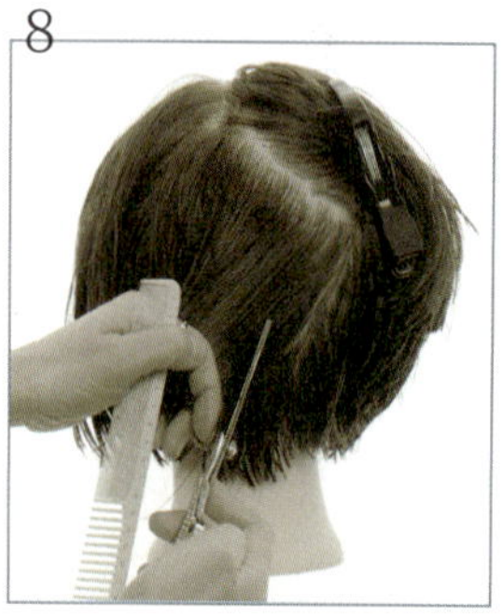
9

10

1 앞머리에 공기감을 주기 위하여 모발을 도려낸다.
2.3.4.5 옆선의 흐름을 먼저 잡아주고 모발에 공기감을 주기 위하여 커브가위로 빽컷을 시술한다.
6 반대편도 먼저 모발의 흐름을 잡아주고 커브가위로 빽컷을 시술한다.(8-1)
7.8 귀바퀴방향으로 모발의 흐름을 주기 위하여 사선으로 빗질하고 3개의 영역으로 나누어서 틴닝가위로 위가 짧게 하여 흐름을 만든다.
9 반대쪽도 동일하게 시술한다.
10 모량과 모류를 잡기 위하여 모량을 제거한다.

시술종료

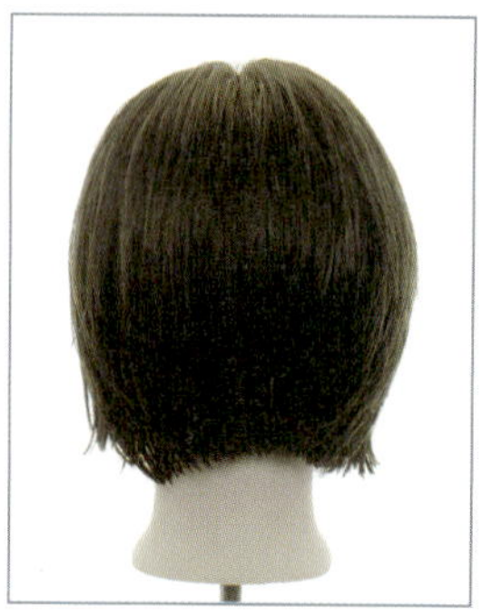

삼각형 패턴 2

Bob Graduation A라인 2

슬라이스, 베이스 활용

헤어스타일을 분석해서 커트의 순서를 먼저 생각한다.

1. 어디서부터 이 커트를 시작할지?
2. 처음 시작점의 길이가이드는?
3. 형태선은 어떤 형태선을 만들지?
4. 형태선에 맞는 슬라이스는 어떤 슬라이스로 활용할지?
5. 베이스는?
6. 모발이 겹쳐지는 중심축의 시술각의 선택은?
7. 뒷손질이 편한 질감처리는?

1 디자인 존과 형태선 존을 나누어서 전체적인 헤어스타일을 분석하고, 쉽고 빠르게 시술할 수 있는 방법을 찾아 결정한다. 형태선 만들기와 볼륨감을 만들기 위해 뒤에서 앞으로 시술한다.

2 두상에 볼륨을 만들 수 있는 길이로 N.P. 3cm에서 시작한다.

3 아웃라인은 ∩라인 형태선을 만든다.

4 형태선 만들기는 가로와 사선으로, 중심축의 시술각 선택은 세로와 전대각사선 등 이 스타일을 시술하기 위해서는 복합슬라이스를 활용한다.

5 베이스는 시술각을 혼합하기 위하여 온더베이스와 사이드베이스를 이용하고 옆선은 원하는 만큼 당기는 오버다이렉션을 활용한다.

6 시술각의 활용은 G.P 아래는 모발이 두상대로 떨어지는 판넬의 맨밑은 자연시술각 90°, 손가락각도 70°로 시술하고 G.P 위에도 볼륨을 만들기 위해 일반시술각 90°로 시술한다.

7 쳐내기의 방법을 이용하여 뒷손질이 편하게 시술한다.

Tip

이 스타일을 시술하기 위하여 주의할 점

입체감과 볼륨감을 결정하여 길이가이드를 설정하는 것과 길이가 짧은 모발은 모발이 마르면 모류방향대로 흘러 버리기 때문에 앞머리와 형태선은 모류를 보정하고 형태선 만들기를 시술한다.

시술순서

1. ⌒라인 형태선 만들기를 진행한다.

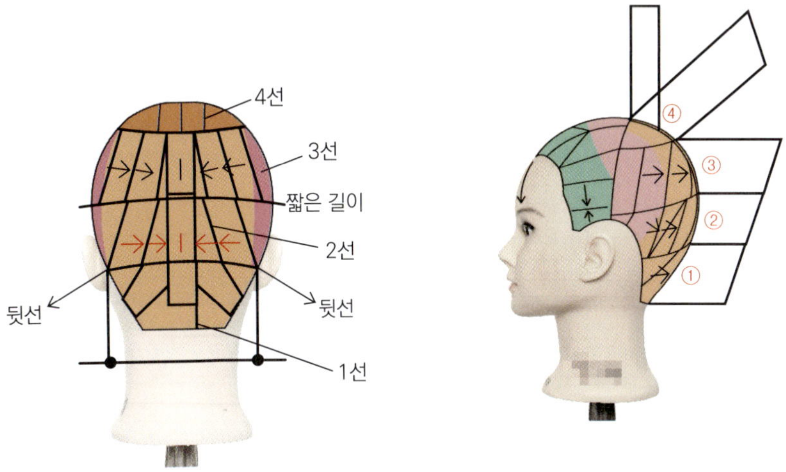

① 길이가이드를 먼저 N.P. 3cm 일직선을 시술한 후에 중심축에 짧은 가이드를 설정하고 긴길이 가이드와 A라인으로 연결한다.
② 중심축에서 제일 밑의 모발 자연시술각 90°, 손가락각도 70°로 베이스를 C.L.쪽으로 베이스를 당겨서 시술한다.
③ 중심축에서 자연시술각 90°, 손가락각도 70°로 중심축의 길이를 짧게 설정한 후에 앞내림 사선으로 슬라이스를 떠서 베이스를 C.L.쪽으로 당겨서 시술한다.
④ G.P에서 가이드를 설정하면 면에 대해 90°로 당겨서 시술한 후에 다시 똑바로 들어서 삼각코너를 제거한다.
시술한 후에 ① 형태선을 모발이 마른 상태에서 커브가위로 다시 한번 정리한다.

2. 옆선 만들기를 시술한다.

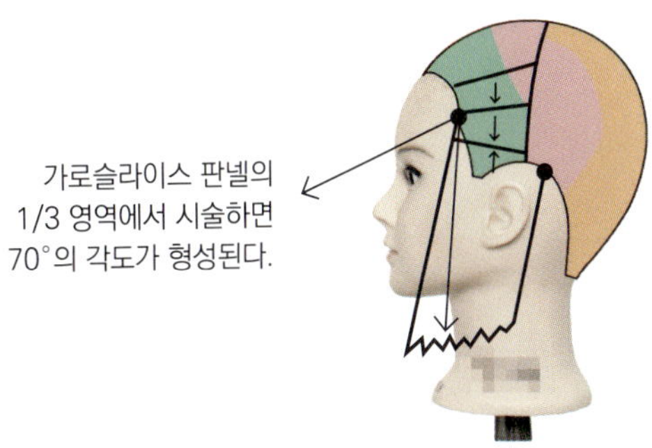

앞쪽으로 떨어지는 모발과
뒤쪽으로 떨어지는 모발을 나눈 후에
5cm 판넬을 가로슬라이스로 나눈다.
모발이 떨어지는 옆선에서 길이가이드를
먼저 설정한 후에 뒷 옆선과 연결을
가로 판넬의 1/3 영역에서 시술한다.

3. 앞머리표정 만들기를 진행한다.

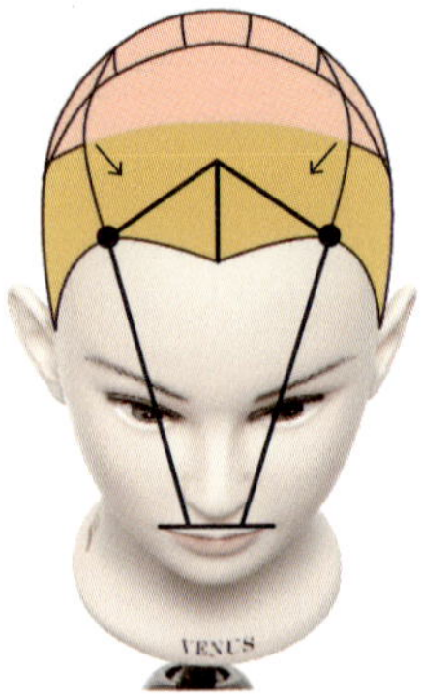

앞머리의 영역 5cm를 나눈 후에
중심축에서 삼각형을 떠서
일직선으로 시술한다.
그런 후 이미지라인의 모발을 연결한다.

4. 쳐내기의 방법으로 뒷손질이 편하고 예쁜 스타일을 만든다.

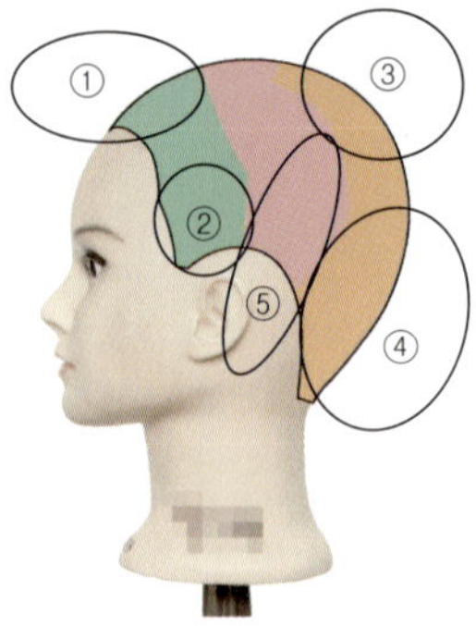

① 앞머리 영역에 공기감을 시술하여 모발의 흐름을 만든다.
② 옆선에 모량을 제거하고 흐름을 만든다.
③ 중심축에 볼륨과 입체감을 만들고
④ 이곳은 모량과 모류를 보정한 후에 형태선을 다시 한번 확인하고
⑤ 모발에 방향을 제시한다.

나의 작품 디자인 해보기

Bob Graduation A라인 2	도해도그리기 (뒤)	도해도그리기 (앞, 옆)
시술순서		

1 뒷선에서 일직선을 시술한 후에 형태선 만들기를 진행한다.

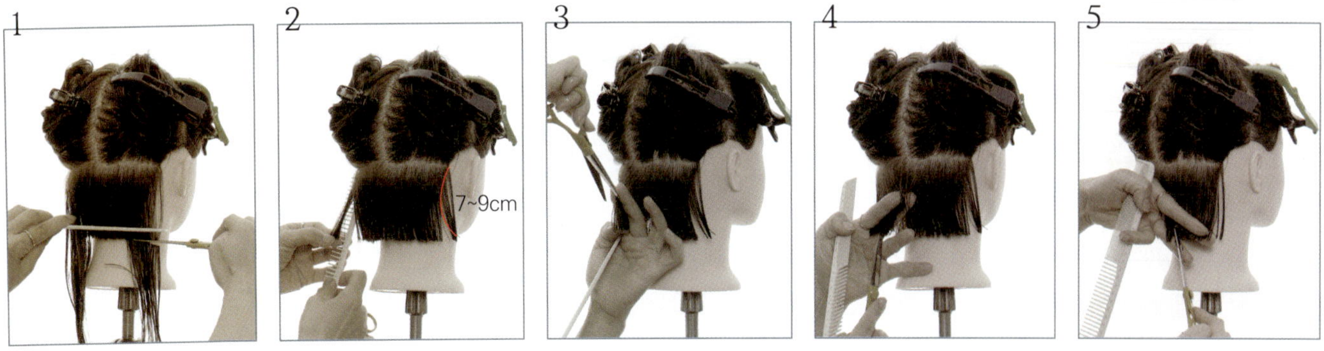

1 1선 뒷선이 결정되는 부분까지 일직선을 먼저 시술한다.
2 이곳의 길이가 7-9cm가 되게 하면 귀바퀴의 C컬이 자연스럽게 만들어진다.
3 중심축에서 짧은 가이드의 길이가이드를 설정한다.
4 먼저 길이를 설정한 긴 길이가이드와 짧은 길이를 연결하여 A라인의 형태선을 시술한다.
5 반대쪽도 동일한 방법으로 시술한다.

2 A라인 형태선을 시술하기 위한 시술각의 혼합은 슬라이스를 이용한다.

1 2선을 일직선으로 길이가이드를 설정한다.
2 중심축에 짧은 길이가이드를 설정한다.
3 전대각의 슬라이스로 시술한다.
4 전대각 슬라이스와 손가락이 평행하게 앞내림 사선으로 시술한다.
5 반대쪽도 동일한 방법으로 시술한다.
6 형태선 존까지 ⌒라인을 시술해 놓은 상태이다.

3 디자인 존 4번 영역은 볼륨감을 주기 위하여 자연시술각 90°, 손가락각도 70°로 시술한다.

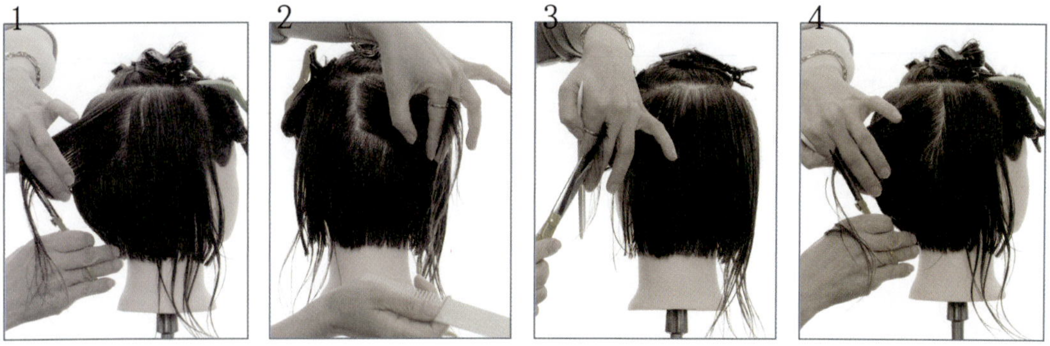

1 세로슬라이스로 자연시술각 90° 손가락각도70°로 시술한다.
2 베이스를 중심축으로 당겨서 시술한다.
3 중심축에서 나온 가이드와 형태선의 가이드를 연결한다.
4 베이스를 중심축으로 당겨서 시술한다.

4 디자인 존 4번 영역의 층을 결정한다.

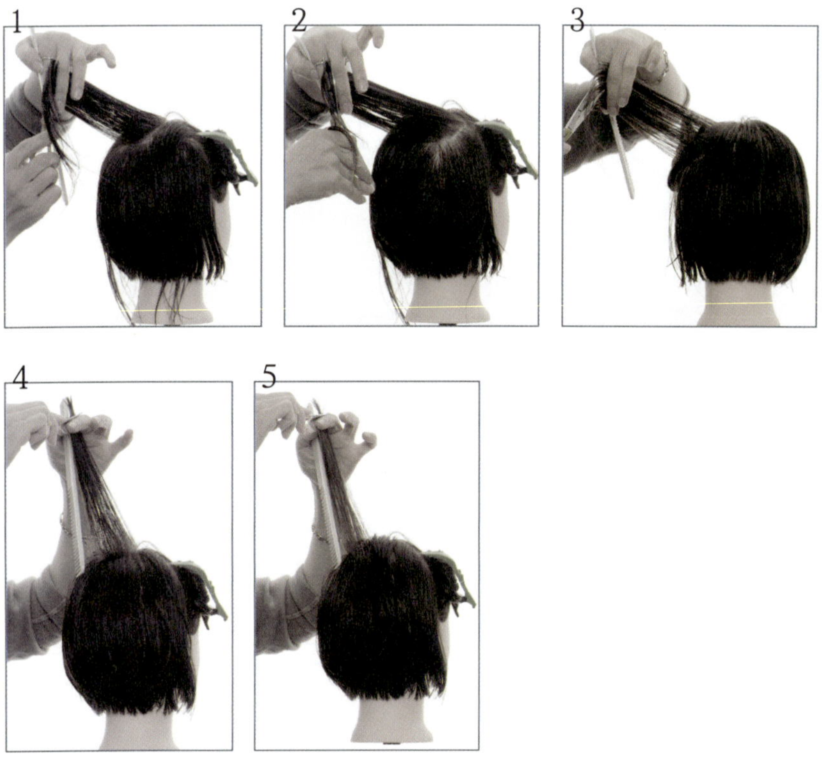

1.2 G.P에서 세로 슬라이스를 떠서 자연시술각 90°로 시술한다.
3 중심축에 3판넬을 제와한 부분은 삼각형을 떠서 튀어나온 모발을 제거한다.
4.5 무거운 모발을 제거하기 위하여 다시 똑바로 90°로 들어서 무거운 부분에 층을 만든다.

5 A라인 형태선을 다시 한번 만든다.

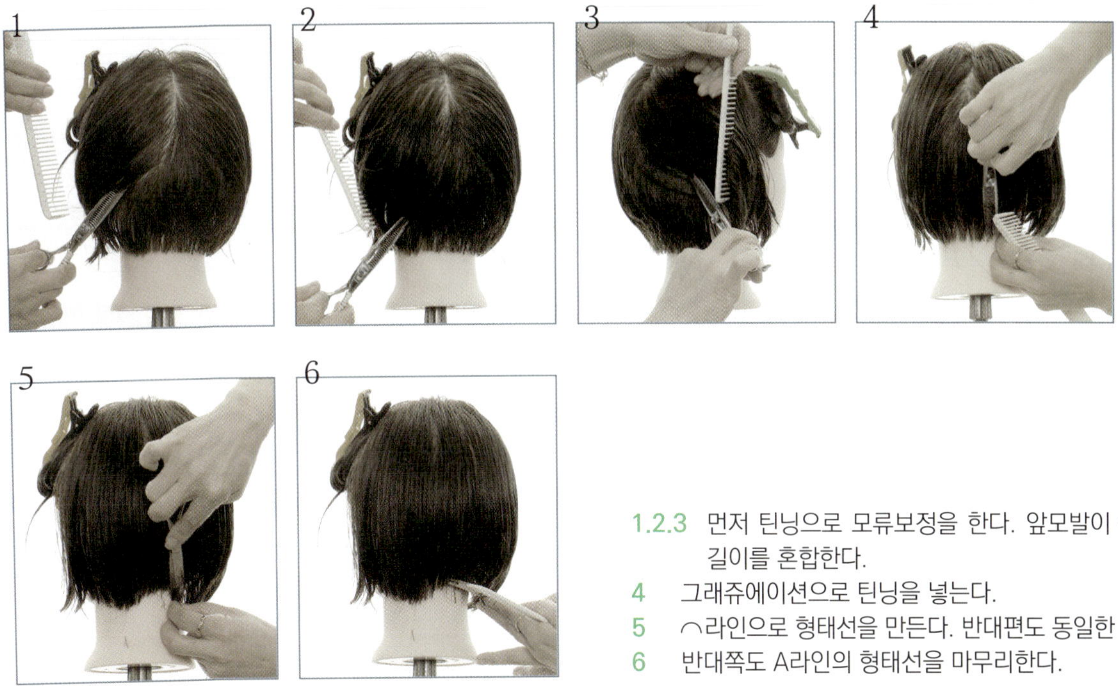

1.2.3 먼저 틴닝으로 모류보정을 한다. 앞모발이 짧고 뒷모발이 길게 길이를 혼합한다.
4 그래쥬에이션으로 틴닝을 넣는다.
5 ⌒라인으로 형태선을 만든다. 반대편도 동일한 방법으로 시술한다.
6 반대쪽도 A라인의 형태선을 마무리한다.

6 옆선의 형태선을 시술한다.

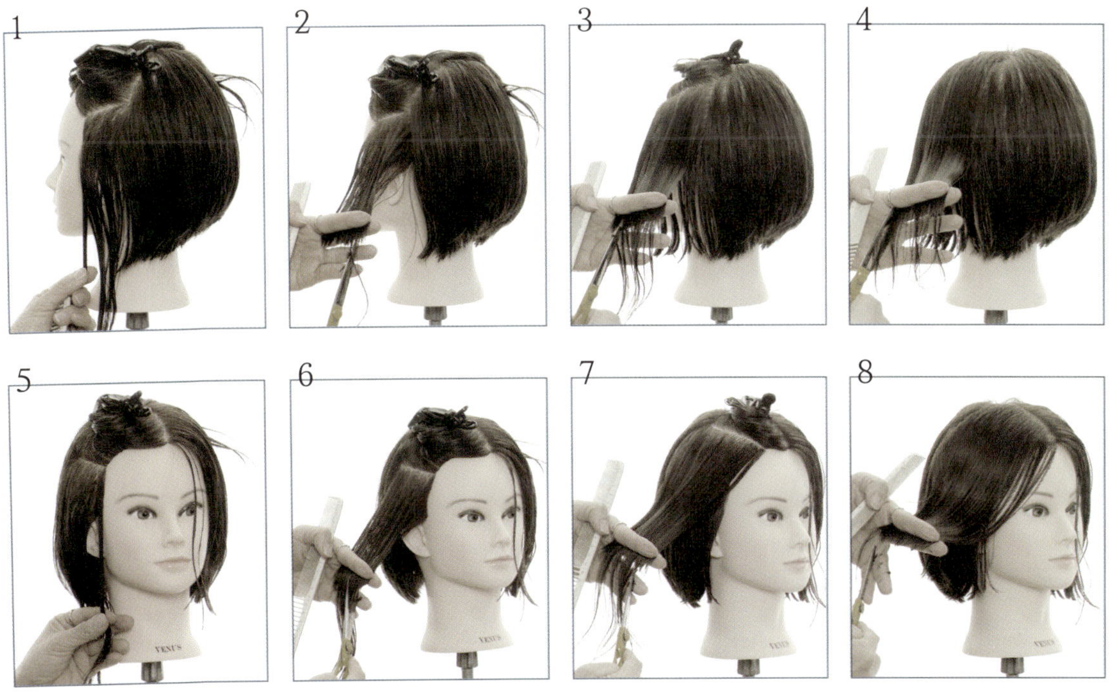

1 옆선의 형태선 영역에서 길이의 가이드를 설정한다.
2 뒷옆선의 가이드와 옆선의 길이가이드를 연결한다.
3 디자인 존의 모발까지 가로의 가이드에 맞추어서 시술한다.
4 형태선 존의 모발에 맞추어서 디자인 존도 연결해서 시술한다.
5 반대쪽의 길이가이드를 설정한다.
6 앞머리와 뒷선의 길이가이드를 연결한다.
7 윗 모발을 내려서 가이드에 맞추어서 시술한다.
8 형태선 존에 맞추어서 윗모발을 시술한다.

7 앞머리를 시술한다.

1

2
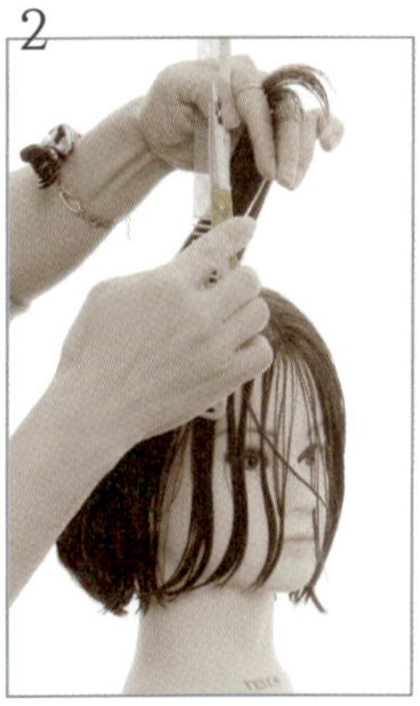

3

4

5
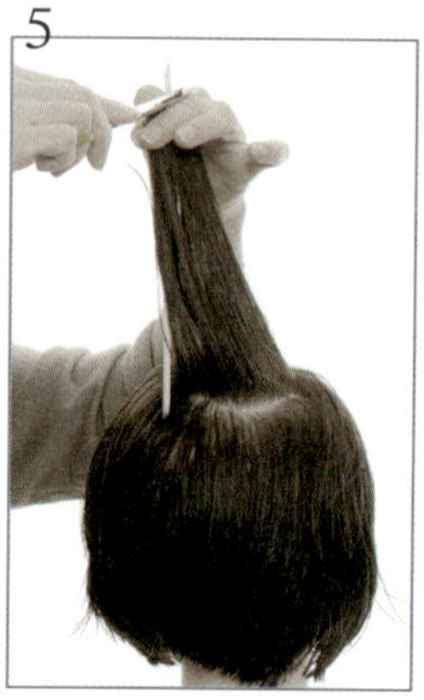

1 양쪽에 가이드를 중심축에 당겨서 일직선으로 시술한다.
2 앞머리 연결영역의 모발을 앞쪽으로 밀어서 시술한다.
3 반대쪽도 동일한 방법으로 시술한다.
4 앞머리와 뒷머리를 연결한다
5 세로로 판넬을 떠서 앞머리와 뒷머리를 연결한다.

시술종료
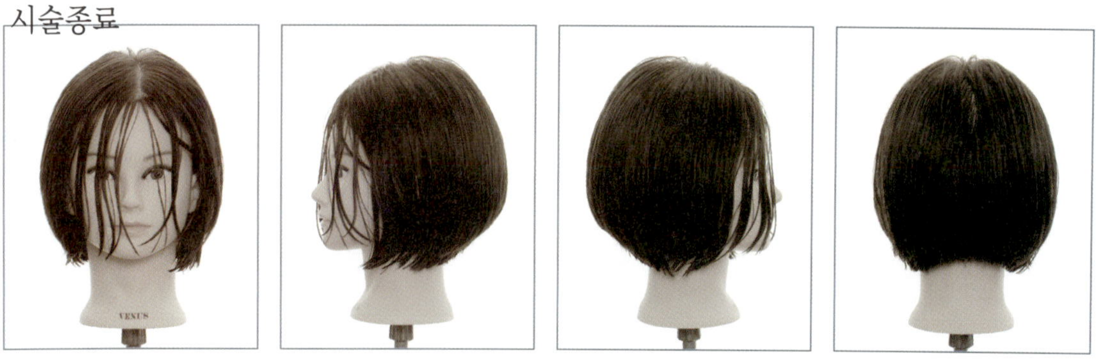

삼각형 패턴 3-1 Bob Graduation A라인 3

슬라이스, 베이스의 활용

헤어스타일을 분석해서 커트의 순서를 먼저 생각한다.

1. 어디서부터 이 커트를 시작할지?
2. 처음 시작점의 길이가이드는?
3. 형태선은 어떤 형태선을 만들지?
4. 형태선에 맞는 슬라이스는 어떤 슬라이스로 활용할지?
5. 베이스는?
6. 모발이 겹쳐지는 중심축의 시술각의 선택은?
7. 뒷손질이 편한 질감처리는?

1 디자인 존과 형태선 존을 나누어서 전체적인 헤어스타일을 분석하고, 쉽고 빠르게 시술할 수 있는 방법을 찾아 결정한다. 형태선 만들기와 그 선을 연결해서 볼륨감을 만들기 위해서 뒤에서 앞으로 시술한다.

2 두상에 볼륨을 만들 수 있는 길이로 N.P. 3cm에서 시작한다.

3 아웃라인은 ∩라인 형태선을 만든다.

4 형태선 만들기는 가로와 사선으로, 중심축의 시술각 선택은 세로와 전대각사선 등, 이 스타일을 시술하기 위해서는 복합슬라이스를 활용한다.

5 시술각을 혼합하기 위하여 사이드베이스와 옆선을 시술할 때는 원하는 만큼 당기는 오버다이렉션으로 활용한다.

6 시술각의 활용은 G.P 아래는 모발이 두상대로 떨어지는 판넬의 맨밑은 자연시술각 90°, 손가락각도 70°로 시술하고 G.P 위에도 볼륨을 만들기 위해 일반시술각 90°로 시술한다.

7 쳐내기의 방법은 두상을 나누어서 뒷손질이 편하게 진행한다.

Tip

이 스타일을 시술하기 위하여 주의할 점

입체감과 볼륨감을 어디에 둘지를 결정하여 길이가이드를 설정하는 것과 길이가 짧은 모발은 모발이 마르면 모류방향대로 흘러 버리기 때문에 시술 전 모류방향을 파악하여 모류를 보정하고 시술하면 좋다.

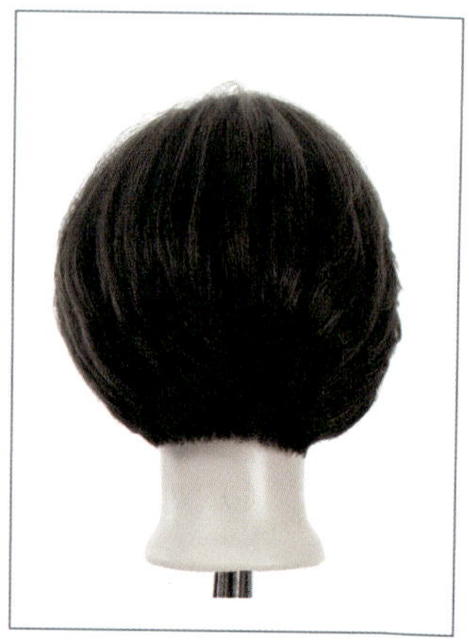

시술순서

1. 형태선 존의 모류보정과 모량조절을 시술한다.

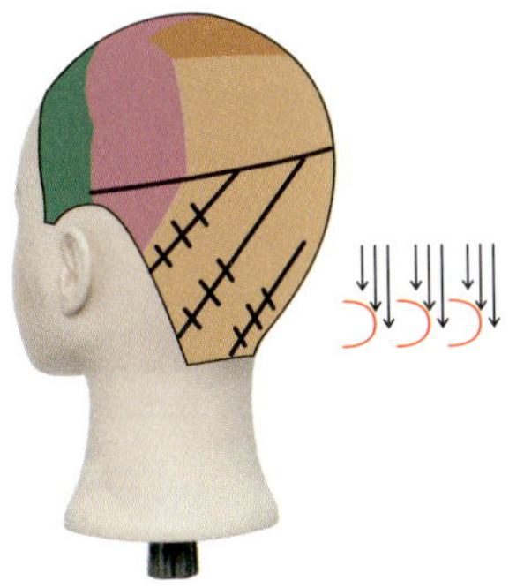

형태선 존의 모발은 모류도 강하고 모질이 두꺼워서 모량이 많기 때문에 빗질은 45°로 하고 틴닝가위로 앞모발이 짧고 뒷모발이 길어지게 하여 시술한다.
모발의 빗질은 45°, 틴닝가위로 동일한 슬라이스로 시술한다.

2. ⌒라인 형태선 만들기를 진행한다.

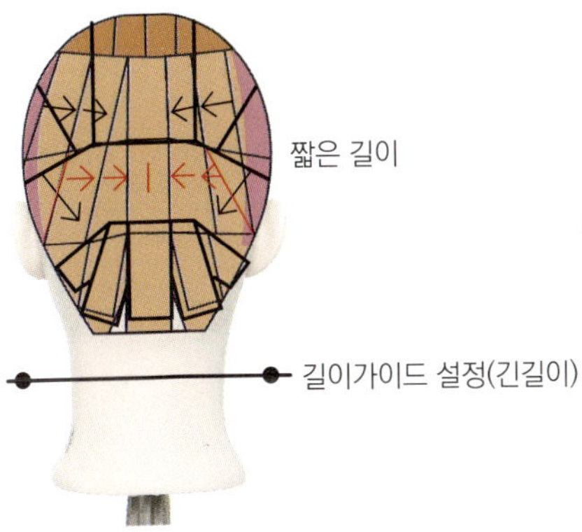

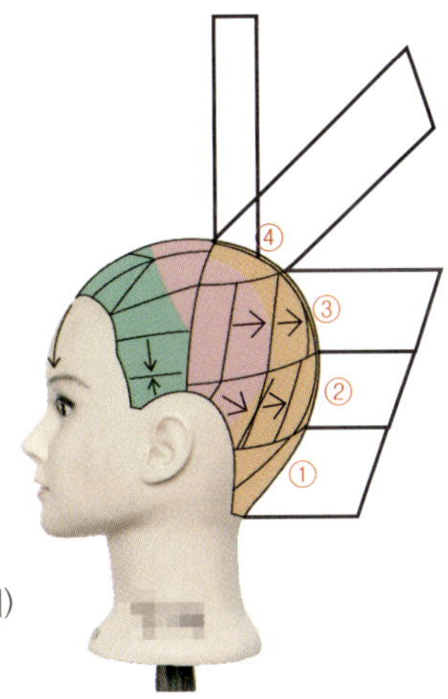

① 길이가이드를 먼저 N.P. 3cm 일직선을 시술한 후에 중심축에 짧은 가이드를 설정하고 긴길이 가이드와 A라인으로 연결한다.
② 중심축에서 제일 밑의 모발을 자연시술각 90°, 손가락각도 70°로 베이스를 C.L.쪽으로 베이스를 당겨서 시술한다.
③ 중심축에서 자연시술각 90°, 손가락각도 70°로 중심축의 길이를 짧게 설정한 후에 앞내림 사선으로 슬라이스를 떠서 베이스를 C.L.쪽으로 당겨서 시술한다.
④ G.P에서 가이드를 설정하면 면에 대해 90°로 당겨서 시술한 후에 다시 똑바로 들어서 삼각코너를 제거한다.
시술한 후에 ① 형태선을 모발이 마른 상태에서 커브가위로 다시 한번 정리한다.

3. 옆선 만들기를 시술한다.

가로슬라이스 판넬의
1/3 영역에서 시술하면
70°의 각도가 형성된다.

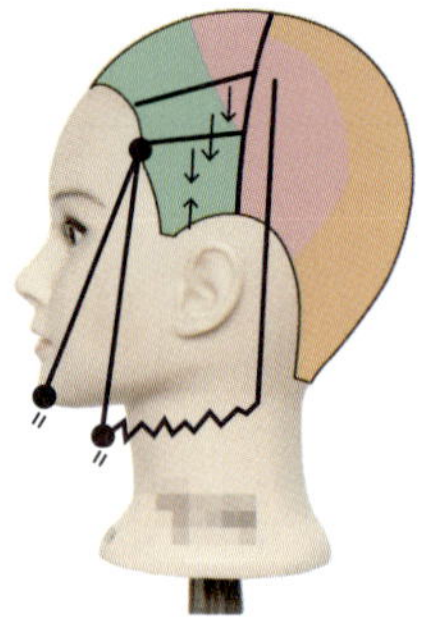

앞으로 떨어진 모발과 뒤로 떨어진 모발을 나눈 후 5cm 옆선의 영역을 나눈다.
가로슬라이스로 1/3 영역에 옆선과 뒷옆선의 영역을 연결한다.
옆선을 만들고 윗모발을 내려서 낫칭으로 옆선을 만든다.

4. 앞머리표정 만들기를 진행한다.

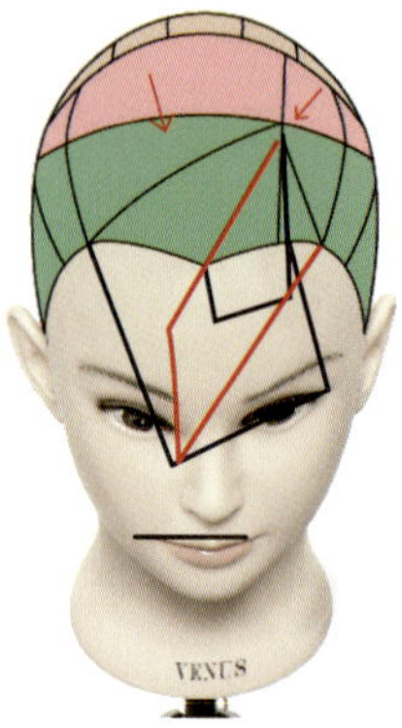

앞머리 영역을 먼저 결정한 후에 3:7의 가르마를 나누어서 사선슬라이스를 타서 슬라이스와 평행하게 시술하고 반대쪽은 폭이 좁기 때문에 손가락의 기울기를 더 틀어서 시술한다. 앞머리가 눈을 가리기 때문에 전체의 1/2을 다시 떠서 길이를 짧게 시술한다.

5. 쳐내기의 방법으로 뒷손질이 편하고 예쁜 스타일을 만든다.

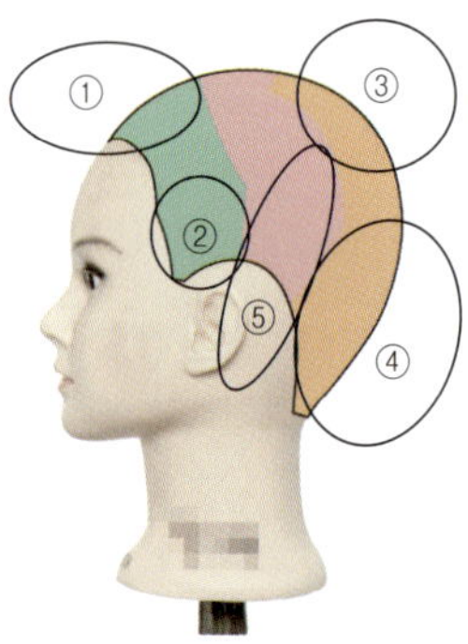

① 앞머리 영역에 공기감을 시술하여 모발의 흐름을 만든다.
② 옆선에 모량을 제거하고 흐름을 만든다.
③ 중심축에 볼륨과 입체감을 만들고
④ 이곳은 모량과 모류를 보정한 후에 형태선을 다시 한번 확인하고
⑤ 모발에 방향을 제시한다.

1 모류보정을 한 후에 A라인의 형태선을 시술한다.

1.2 디자인 존과 형태선 존을 나눈 후에 형태선 존을 모류보정과 모량조절을 하기 위하여 사선으로 빗질하고 틴닝가위로 앞머리가 짧고 뒷머리가 길어지게 틴닝으로 시술한다.
3 일직선의 형태선을 시술한다.
4 사이드는 베이스를 틀어서 일직선을 시술한다.

2 형태선의 층을 결정한다.

1 가로로 한 판넬을 시술하더라도 시술각을 결정하고 시술한다.
2 튀어나온 모발에 중심을 아래에서 판넬을 잡아 자연시술각 70°로 시술한다,
3 베이스를 C.L쪽으로 당겨서 시술한다.
4 전대각 슬라이스를 떠서 시술한다.
5 디자인 존에 있는 모발까지 A라인의 형태선을 시술한다(7,8,9cm).
6.7 반대쪽도 동일한 방법으로 시술한다.
8 튀어나온 모발의 길이가 짧아지면 입체감이 없어진다. 최소한의 길이가 10cm~12cm가 되어야 한다.

3 디자인 존 4번 영역에 볼륨을 만들기 위해 자연시술각 90°, 손가락각도 70°로 시술한다.

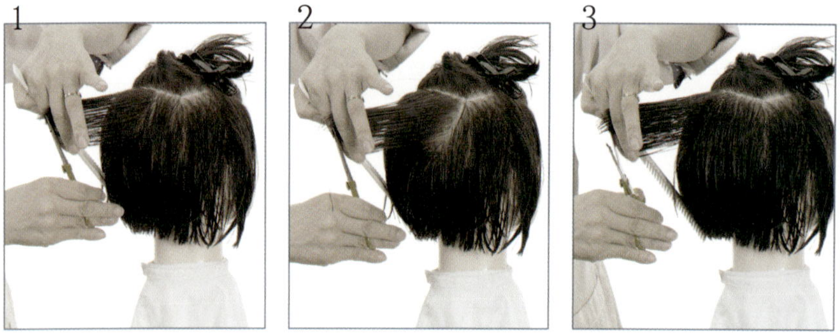

1 중심축에서 길이를 결정할 수 있는 시술각을 결정하여 시술한다.
2.3 자연시술각 90° 손가락각도가 70°가 되고 베이스를 C.L쪽으로 당겨서 시술한다. 그 후 E.P쪽으로 당겨서 무거움을 제거한다.

4 디자인 존 3번 영역의 시술각을 결정한다.

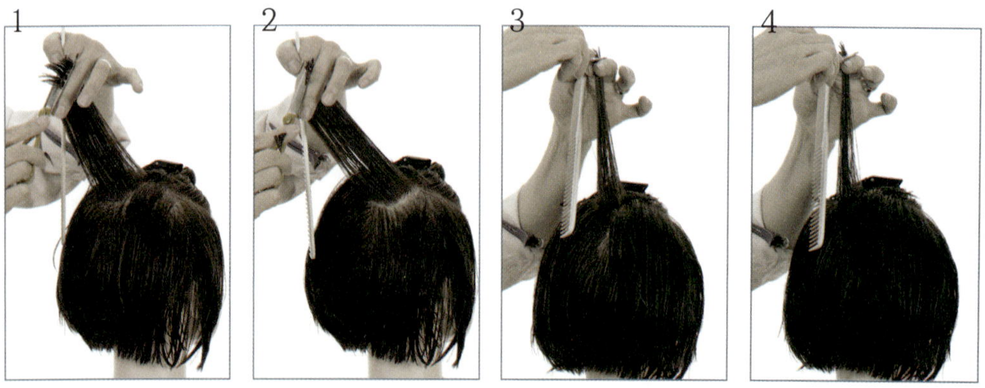

1 이곳은 두상을 거쳐선 모발이 떨어지는 영역이다. 두상의 각도 G.P에서 일반시술각 90°로 시술한다.
2 세로슬라이스로 판넬을 떠서 온더베이스로 시술한다.
3 똑바로 판넬을 들어서 튀어나온 코너의 모발을 제거한다.
4 모발이 두상 위에 자연스럽게 떨어지게 하기 위하여 코너를 제거한다.

5 옆선 만들기를 진행한다.

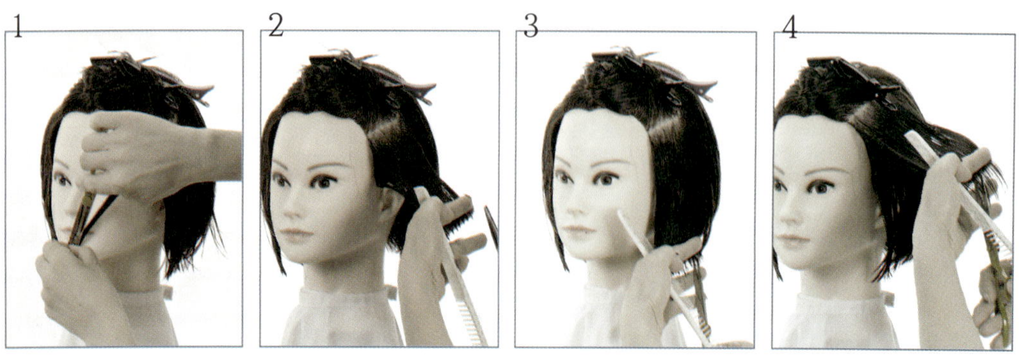

1 길이가이드를 결정한다.
2 한판넬의 2/3영역에 시술각을 들어서 앞머리와 뒷머리를 연결한다.
3 형태선을 다시 한번 확인한다.
4 다음모발도 낫칭으로 시술한다.

5

6

7

8

5 반대쪽에 길이가이드를 설정한다.
6 반대편도 2번과 동일한 방법으로 시술한다.
7 형태선을 다시 한번 확인한다.
8 다음 판넬도 진행한다.

5 앞머리 이미지를 시술한다.

1
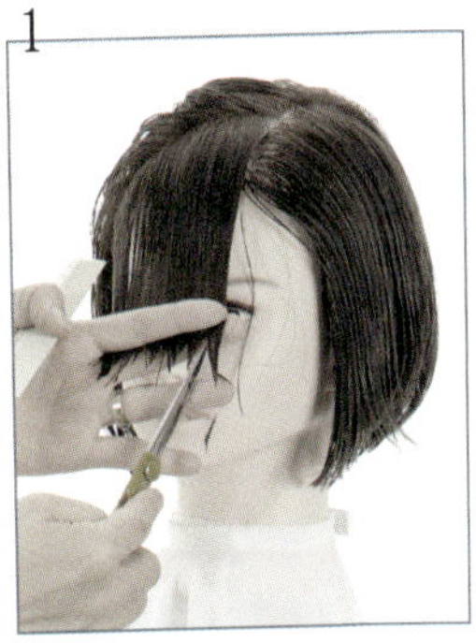
2

3
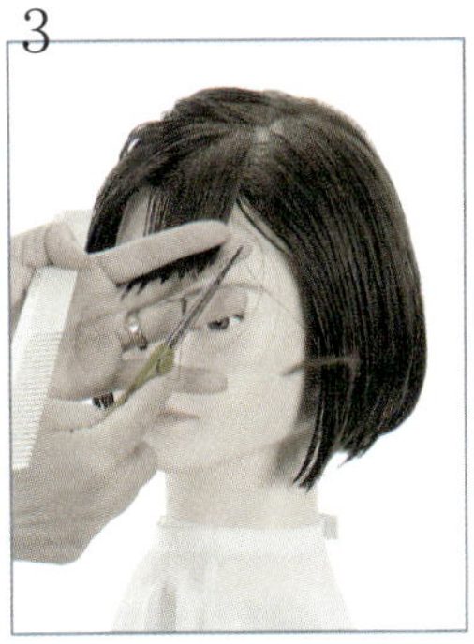
4
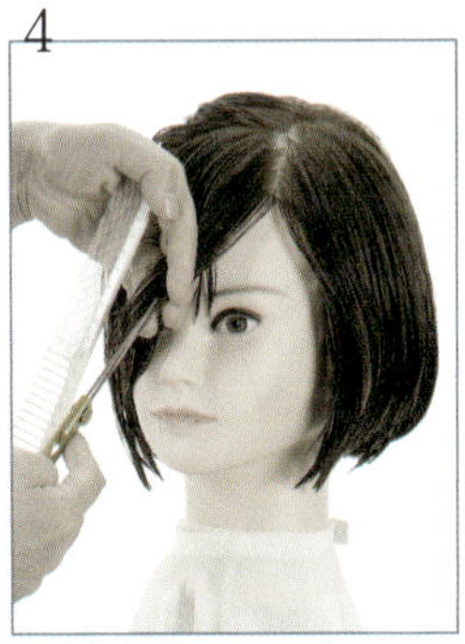
5

6

7
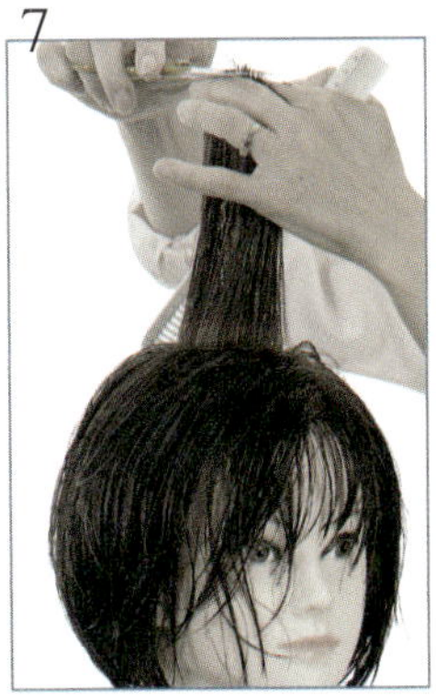
8
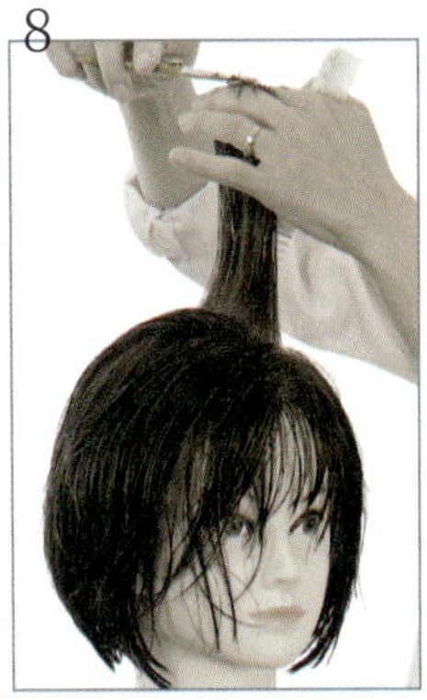

1 7:3의 가르마를 나눈 후에 슬라이스와 평행하게 시술한다.
2 반대쪽은 폭이 좁기 때문에 손가락의 기울기를 더 주고 시술했던 가이드와 연결한다.
3 시술했던 슬라이스의 반을 사선으로 나누고 본래의 길이보다 5cm짧게 시술한다.
4 반대편도 다시 한번 확인한다.
5 앞머리의 연결부위를 판넬을 잡고 앞쪽으로 밀어서 시술한다.
6 반대쪽도 옆선의 가이드와 반대편의 길이가이드를 연결하면서 시술한다.
7.8 앞머리와 뒷머리를 세로 슬라이스를 떠서 연결한다.

6 뒷 손질이 드라이 한 것처럼 표현되게 질감처리하기

1

2
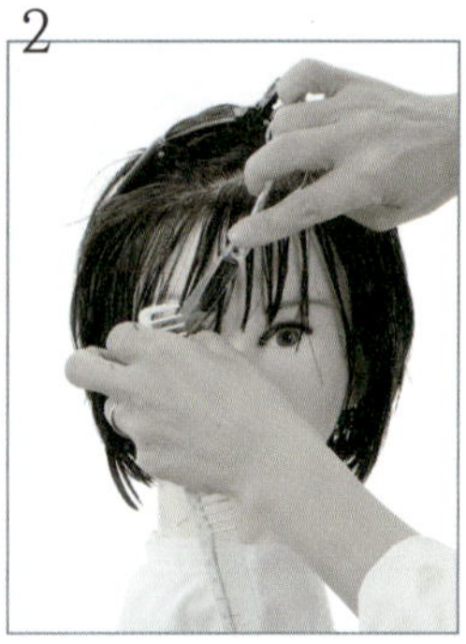
3

4

5

6

7
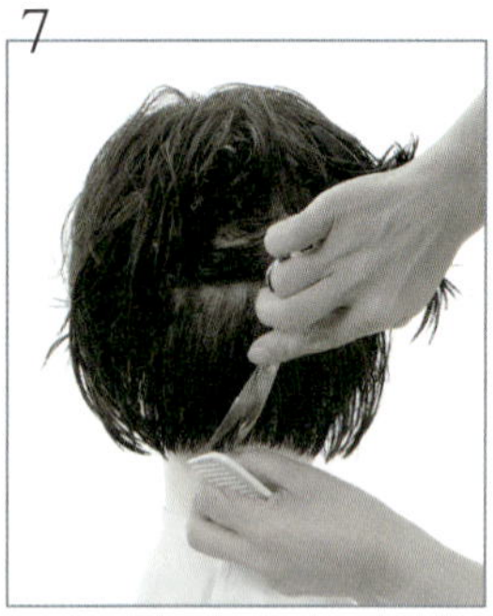
8

9
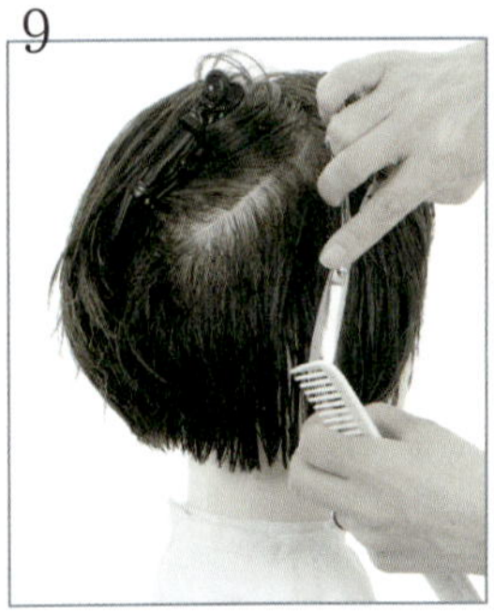
10

1 앞머리의 짧은길이를 영역을 나눈 후에 커브가위로 5cm의 길이를 잡고 모발을 도려내어 공기감을 만든다.
2 모발의 흐르는 방향을 잡고 흐르는 대로 모발을 도려낸다.
3 모류방향을 보정하고자 하면 모발이 흐르는 반대방향에서 진행하면된다.
4 옆선에 모발에 가벼움을 주기 위하여 커브가위로 모발을 도려낸다.
5 모발이 ㅎ르는 방향은 먼저 잡아주고 빽컷을 진행한다.
6 반대편도 동일한 방법으로 시술한다.
7 뒷부분의 모발이 겹쳐서 무거움이 많은 부분도 모발을 도려낸다.
8 사이드도 먼저 모발이 흐르는 방향으로 빗질을 먼저하고 빽컷을 진행한다.
9.10 귀바퀴로 이부분의모발이 흐르게 하기 위하여 모발의 방향을 정하고 모발을 도려낸다.

시술종료

삼각형 패턴 3-2 Bob Graduation ⌒라인 4

슬라이스, 베이스 활용

헤어스타일을 분석해서 커트의 순서를 먼저 생각한다.

1. 어디서부터 이 커트를 시작할지?
2. 처음 시작점의 길이가이드는?
3. 형태선은 어떤 형태선을 만들지?
4. 형태선에 맞는 슬라이스는 어떤 슬라이스로 활용할지?
5. 베이스는?
6. 모발이 겹쳐지는 중심축의 시술각의 선택은?
7. 뒷손질이 편한 질감처리는?

1 디자인 존과 형태선 존을 나누어서 전체적인 헤어스타일을 분석하고, 쉽고 빠르게 시술할 수 있는 방법을 찾아 결정한다. 형태선 만들기와 그 선을 연결해서 볼륨감을 만들기 위해서 뒤에서 앞으로 시술한다.

2 두상에 볼륨을 만들 수 있는 길이로 N.P. 3cm에서 시작한다.

3 아웃라인은 ∩라인 형태선을 만든다.

4 형태선 만들기는 가로와 사선으로, 중심축의 시술각 선택은 세로와 전대각사선 등, 이 스타일을 시술하기 위해서는 복합슬라이스를 활용한다.

5 시술각을 혼합하기 위하여 사이드베이스와 옆선을 시술할 때는 원하는 만큼 당기는 오버다이렉션으로 활용한다.

6 시술각의 활용은 G.P 아래는 모발이 두상대로 떨어지는 판넬의 맨밑은 자연시술각 90°, 손가락각도는 70°로 시술하고 G.P 위에도 볼륨을 만들기 위해 일반시술각 90°로 시술한다.

7 쳐내기의 방법은 두상을 나누어서 뒷손질이 편하게 진행한다.

Tip

이 스타일을 시술하기 위하여 주의할 점

입체감과 볼륨감을 어디에 둘지를 결정하여 길이가이드를 설정하는 것과 길이가 짧은 모발은 모발이 마르면 모류방향대로 흘러 버리기 때문에 시술전 모류방향을 파악하여 모류보정을 하고 시술하면 디자인 존에서 예쁘게 표현할 수 있다.

시술순서

1. 형태선 존의 모류보정과 모량조절을 시술한다.

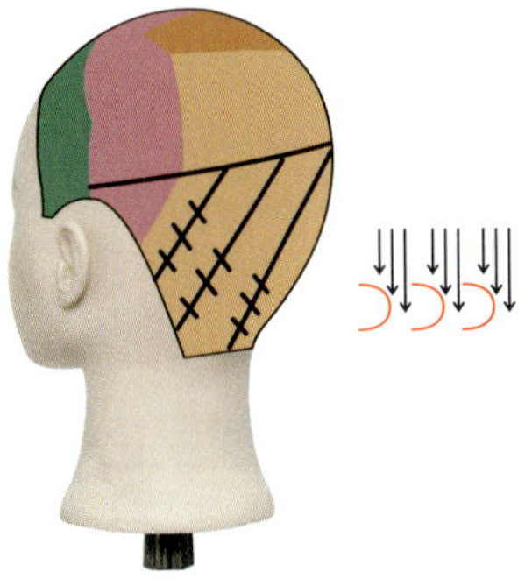

형태선 존의 모발은 모류도 강하고 모질이 두꺼워서 모량이 많기 때문에 빗질은 45°로 하고 틴닝가위로 앞모발이 짧고 뒷모발이 길어지게 하여 시술한다.
모발의 빗질은 45°, 틴닝가위로 동일한 슬라이스로 시술한다.

2. ⌒라인 형태선 만들기를 진행한다.

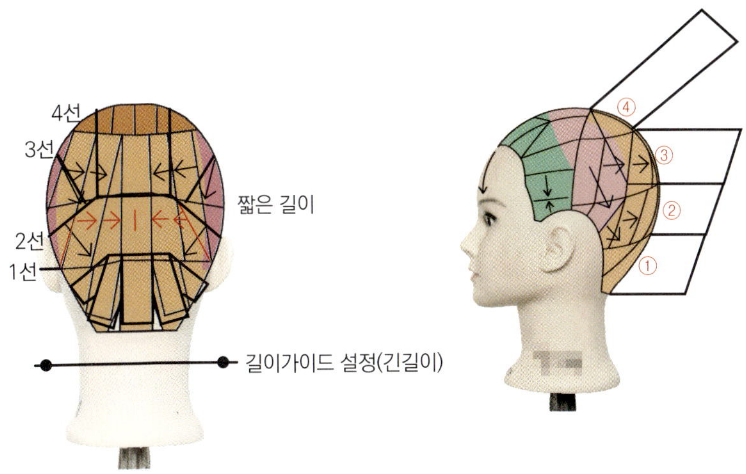

① 길이가이드를 먼저 N.P. 3cm 일직선을 시술한 후에 중심축에 짧은 가이드를 설정하고 긴길이 가이드와 A라인으로 연결한다.
② 중심축에서 제일 밑의 모발을 자연시술각 90°, 손가락각도 70°로 베이스를 C.L.쪽으로 베이스를 당겨서 시술한다.
③ 중심축에서 자연시술각 90°, 손가락각도 70°로 중심축의 길이를 짧게 설정한 후에 앞내림 사선으로 슬라이스를 떠서 베이스를 C.L.쪽으로 당겨서 시술한다.
④ G.P에서 가이드를 설정하면 면에 대해 90°로 당겨서 시술한 후에 다시 똑바로 들어서 삼각코너를 제거한다.
시술한 후에 ① 형태선을 모발이 마른 상태에서 커브가위로 다시 한번 정리한다.

3. 옆선 만들기를 시술한다.

가로슬라이스 판넬의
1/3 영역에서 시술하면
70°의 각도가 형성된다.

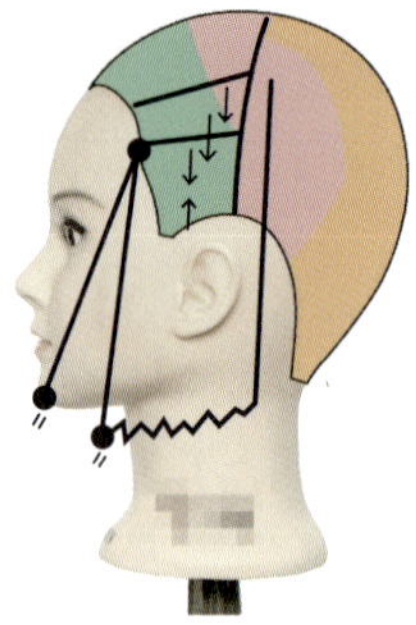

앞으로 떨어진 모발과 뒤로 떨어진 모발을 나눈 후 5cm 옆선의 영역을 나눈다.
길이가이드를 먼저 설정한 후 가로슬라이스로 1/3 영역에 옆선과 뒷 옆선의 영역을 연결한다.
옆선을 만들고 윗모발을 내려서 낫칭으로 옆선을 만든다.

4. 앞머리표정 만들기를 진행한다.

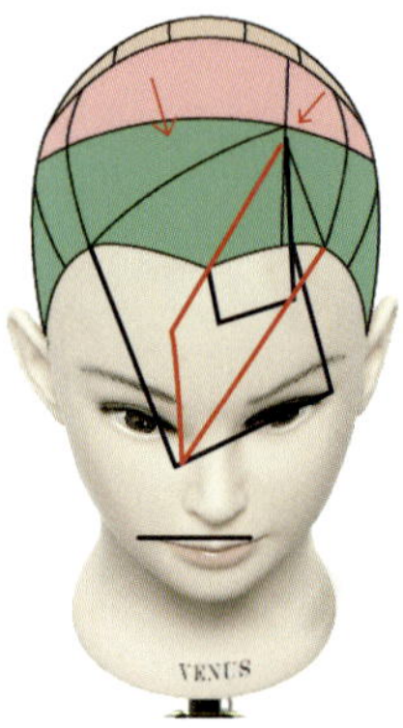

앞머리 영역을 먼저 결정한 후에 3:7의 가르마를 나누어서 사선슬라이스를 타서 슬라이스와 평행하게 시술하고 반대쪽은 폭이 좁기 때문에 손가락의 기울기를 더 틀어서 시술한다. 앞머리가 눈을 가리기 때문에 전체의 1/2을 다시 떠서 길이를 짧게 시술한다.

5. 쳐내기의 방법으로 뒷손질이 편하고 예쁜 스타일을 만든다.

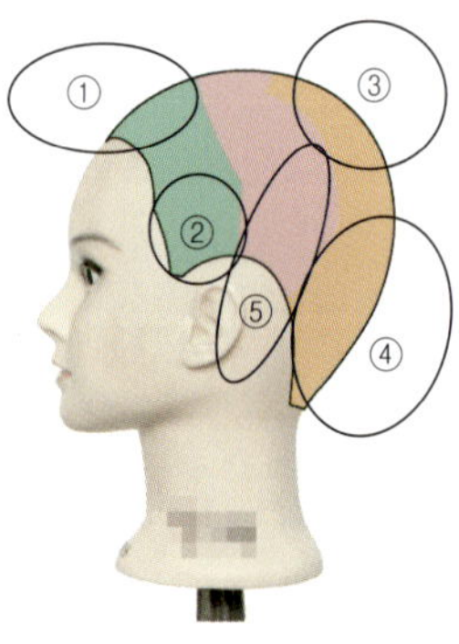

① 앞머리 영역에 공기감을 시술하여 모발의 흐름을 만든다.
② 옆선에 모량을 제거하고 흐름을 만든다.
③ 중심축에 볼륨과 입체감을 만들고
④ 이곳은 모량과 모류를 보정한 후에 형태선을 다시 한번 확인하고
⑤ 모발에 방향을 제시한다.

1 형태선 만들기를 위하여 모류보정과 일직선을 시술한다.

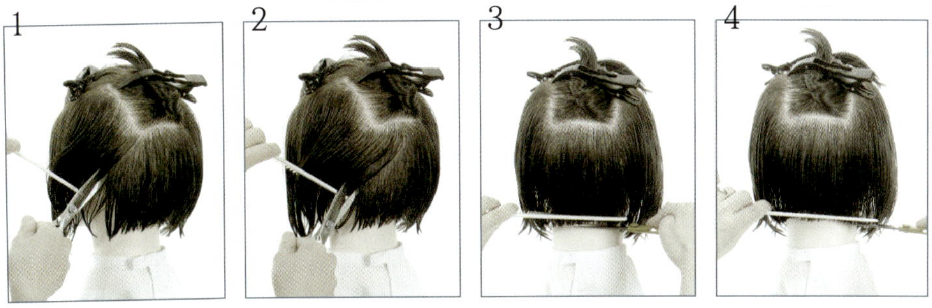

1 모류보정을 하기 위하여 빗질은 사선으로 빗질하고 틴닝으로 시술한다.
2 아래의 모발도 사선으로 빗질하고 틴닝으로 앞모발이 짧고 뒷모발이 길어지게 시술한다.
3 일직선의 길이를 시술한다.
4 중심축의 일직선을 먼저 시술한 후에 사이드를 시술한다.

2 A라인 형태선과 층만들기를 진행한다.

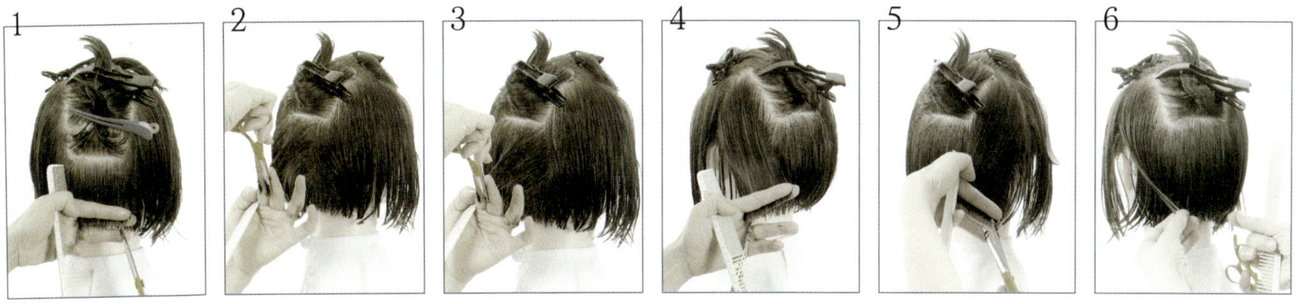

1 무거운 모발을 정리하기 위하여 살짝 틀어서 낫칭으로 시술하면서 ⌒라인을 만든다.
2 남겨둔 모발을 내려 세로 슬라이스로 판넬을 중심축에 짧은 길이가이드를 설정한다.
3 베이스를 중심축으로 당겨서 충심축보다 길어지게 시술한다.
4 뒷선의 길이와 중심축의 길이를 연결한 후 디자인 존에 남겨진 부분까지 형태선을 만든다.
5 반대쪽도 전대각 슬라이스로 시술한다.
6 이곳에 길이가 9,10cm가 되면 귀바퀴의 C컬이 만들어진다.

3 디자인 존 4번 영역의 층을 결정한다.

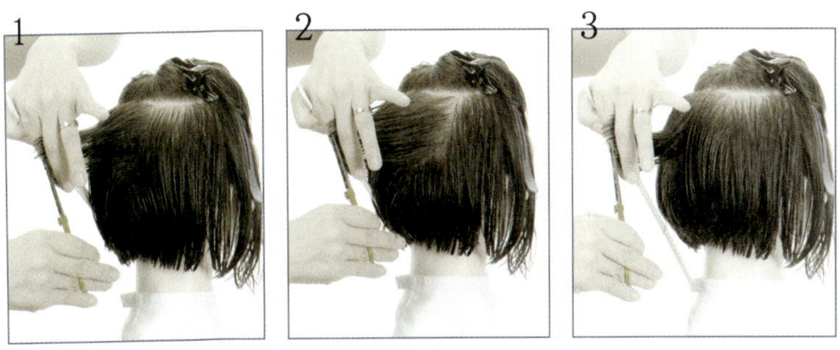

1 세로 슬라이스를 뜨고 제일 밑 판넬의 90°, 손가락각도 70°가 되게 중심축에서 길이가이드를 설정한다.
2 베이스를 중심축으로 당겨서 시술한다.
3 반대쪽도 베이스를 중심으로 당겨서 시술한다.

4 디자인 존 3번 영역의 층을 결정한다.

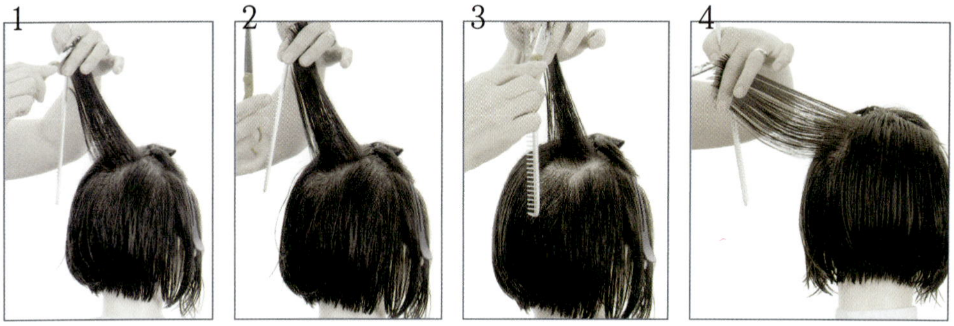

1 G.P에서 세로 슬라이스를 떠서 일반시술각 90°로 시술한다.
2 세로로 판넬을 떠서 온더베이스로 시술한다.
3.4 중심축에 3판넬을 제와한 부분은 삼각형을 떠서 튀어나온 모발을 제거한다.

5 옆선 만들기를 진행한다.

1 옆선의 영역을 결정한 후에 길이의 가이드를 설정한다.
2 뒷옆선의 가이드와 옆선의 길이가이드를 연결한 후에 70°로 시술하고 형태선을 다시 한번 다듬는다.
3 반대쪽도 길이가이드를 설정한다.
4.5 뒷옆선의 가이드와 앞머리의 길이가이드를 연결한다.

6 앞머리표정 만들기를 진행한다.

1 7:3의 가르마로 나누 후에 슬라이스와 평행하게 낫칭으로 시술한다.
2 앞머리의 연결부위의 영역은 앞쪽으로 밀어서 시술한다.
3 반대쪽의 앞머리는 길이가 적어 손가락의 기울기를 더 주어서 시술한다.
4 반대쪽의 연결부위의 영역도 앞쪽으로 밀어서 시술한다.
5 5cm를 삼각형으로 나눈 후에 모발을 한바퀴 돌려서 일직선을 시술한다.
6 빠진 모발은 다시 한번 확인하고 선을 만든다.
7 앞머리와 뒷머리를 연결한다.
8 세로 슬라이스를 떠서 연결한다.

7 드라이 한 것처럼 표현하기 위하여 질감처리를 진행한다.

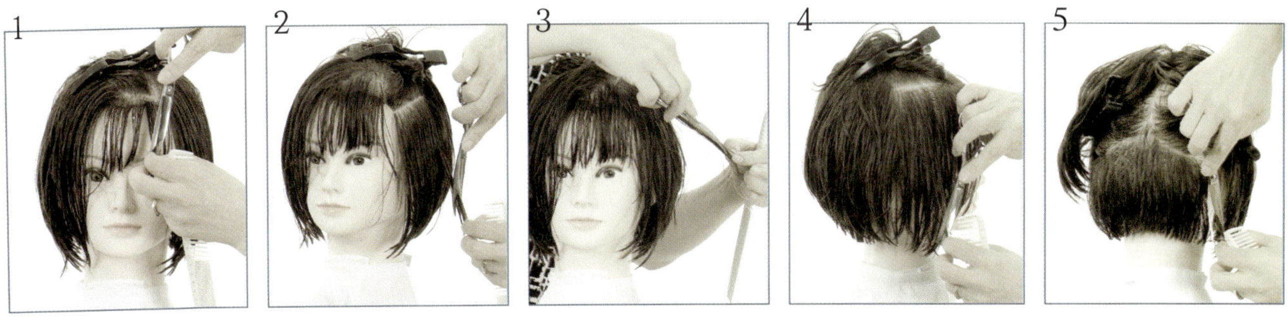

1 앞머리에 공기감을 주기 위하여 모발을 도려낸다.
2.3 옆선의 흐름을 먼저 잡아주고 모발에 공기감을 주기 위하여 커브가위로 빽컷을 시술한다.
4 반대편도 먼저 모발의 흐름을 잡아주고 커브가위로 빽컷을 시술한다.
5 모량과 모류를 잡기 위하여 두상의 곡면을 안고 시술하게 하여야 모발이 거칠지 않고 예쁘게 도려내진다.

시술종료

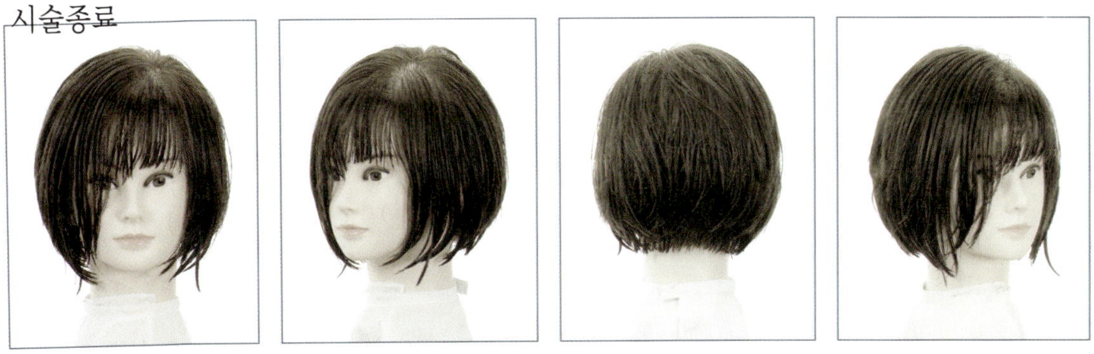

삼각형 패턴 4

Graduation A 라인 + U 라인

슬라이스, 베이스 활용

헤어스타일을 분석해서 커트의 순서를 먼저 생각한다.

1. 어디서부터 이 커트를 시작할지?
2. 처음 시작점의 길이가이드는?
3. 형태선은 어떤 형태선을 만들지?
4. 형태선에 맞는 슬라이스는 어떤 슬라이스로 활용할지?
5. 베이스는?
6. 모발이 겹쳐지는 중심축의 시술각의 선택은?
7. 뒷손질이 편한 질감처리는?

1 디자인 존과 형태선 존을 나누어서 전체적인 헤어스타일을 분석하고, 쉽고 빠르게 시술할 수 있는 방법을 찾아 결정한다. 형태선 만들기와 그 선을 연결해서 볼륨감을 만들기 위해서 뒤에서 앞으로 시술한다.

2 두상에 볼륨을 만들 수 있는 길이로 N.P. 3cm에서 시작한다.

3 아웃라인은 ⌒라인 형태선을 만든다.

4 형태선 만들기는 가로와 사선으로, 중심축의 시술각 선택은 세로와 전대각사선 등, 이 스타일을 시술하기 위해서는 복합슬라이스를 활용한다.

5 시술각을 혼합하기 위하여 사이드베이스와 옆선을 시술할 때는 원하는 만큼 당기는 오버다이렉션으로 활용한다.

6 시술각의 활용은 G.P 아래는 모발이 두상대로 떨어지는 판넬의 맨밑은 자연시술각 90°, 손가락각도는 70°로 시술하고 G.P 위에도 볼륨을 만들기 위해 일반시술각 90°로 시술한다.

7 쳐내기의 방법은 두상을 나누어서 뒷손질이 편하게 진행한다.

Tip

이 스타일을 시술하기 위하여 주의할 점

형태선 존의 모발은 모류도 강하고 모질이 두꺼워서 모량이 많기 때문에 빗질은 45°로 하고 틴닝가위도 앞모발이 짧고 뒷모발이 길어지게 하여 시술한다.
모발의 빗질 45° 틴닝가위도 슬라이스와 동일하게 넣어서 시술한다.
형태선 존은 모질이 굵고 모류가 강하기 때문에 모류보정을 먼저하고 시술한다.

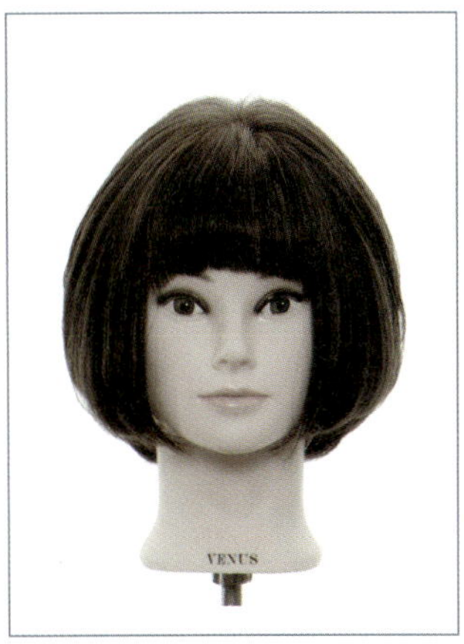

시술순서

1. ⌒라인 형태선 만들기를 진행한다.

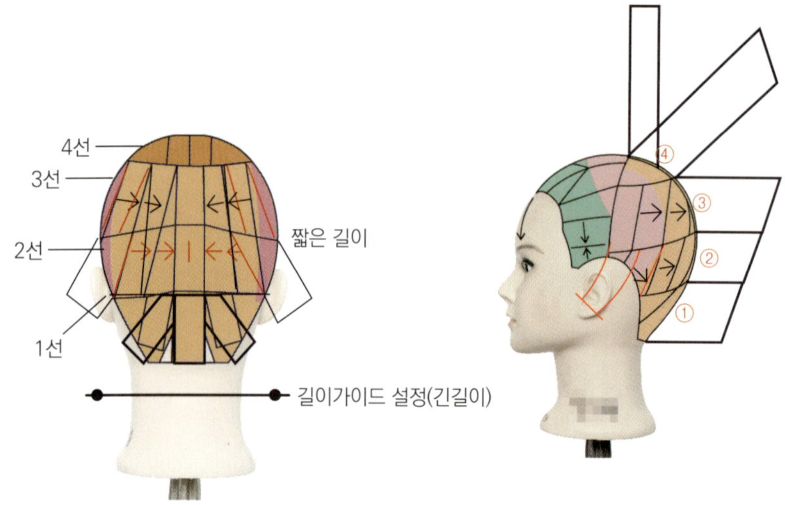

① 길이가이드를 먼저 N.P. 3cm 일직선을 시술한 후에 중심축에 짧은 가이드를 설정하고 긴길이 가이드와 A라인으로 연결한다.
② 중심축에서 제일 밑의 모발을 자연시술각 90°, 손가락각도 70°로 베이스를 C.L.쪽으로 베이스를 당겨서 시술한다.
③ 중심축에서 자연시술각 90°, 손가락각도 70°로 중심축의 길이를 짧게 설정한 후에 앞내림 사선으로 슬라이스를 떠서 베이스를 C.L.쪽으로 당겨서 시술한다.
④ G.P에서 가이드를 설정하면 면에 대해 90°로 당겨서 시술한 후에 다시 똑바로 들어서 삼각코너를 제거한다.
시술한 후에 ① 형태선을 모발이 마른 상태에서 커브가위로 다시 한번 정리한다.

2. 옆선 만들기를 시술한다.

가로슬라이스 판넬의 1/3 영역에서 시술하면 70°의 각도가 형성된다.

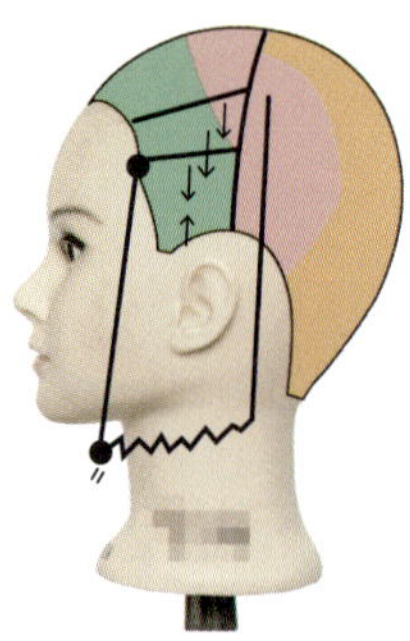

앞으로 떨어진 모발과 뒤로 떨어진 모발을 나눈 후 5cm 옆선의 영역을 나눈다.
가로슬라이스로 1/3 영역에 옆선과 뒷옆선의 영역을 연결한다.
옆선을 만들고 윗모발을 내려서 낫칭으로 옆선을 만든다.

3. 앞머리표정 만들기를 진행한다.

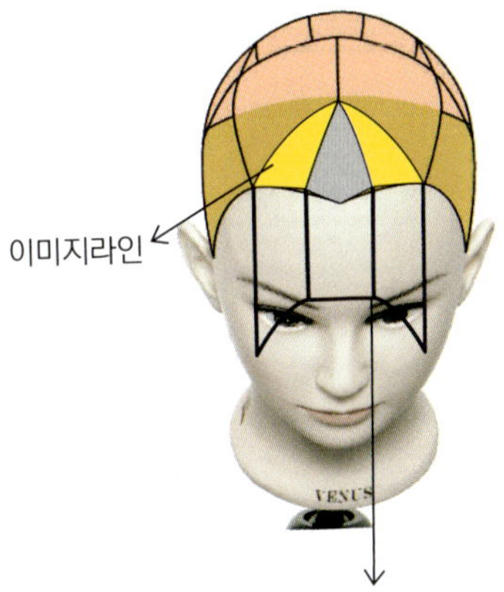

앞머리 영역을 먼저 결정한 후에 5:5의 가르마를 나누어서 삼각형으로 영역을 결정한 후 중심축 5cm에서 삼각형을 떠서 일직선으로 시술한 후 이미지라인의 모발을 연결한다.

4. 쳐내기의 방법으로 뒷손질이 편하고 예쁜 스타일을 만든다.

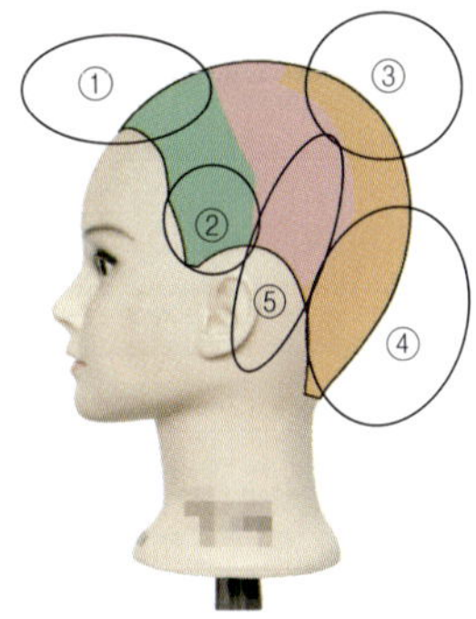

① 앞머리 영역에 공기감을 시술하여 모발의 흐름을 만든다.
② 옆선에 모량을 제거하고 흐름을 만든다.
③ 중심축에 볼륨과 입체감을 만들고
④ 이곳은 모량과 모류 보정한 후에 형태선을 다시 한번 확인하고
⑤ 모발에 방향을 제시한다.

나의 작품 디자인 해보기

<table>
<tr><td>Graduation A라인 + U라인</td><td>도해도그리기 (뒤)</td><td>도해도그리기 (앞, 옆)</td></tr>
<tr><td colspan="3">시술순서</td></tr>
</table>

1 A 라인의 형태선을 시술한다.

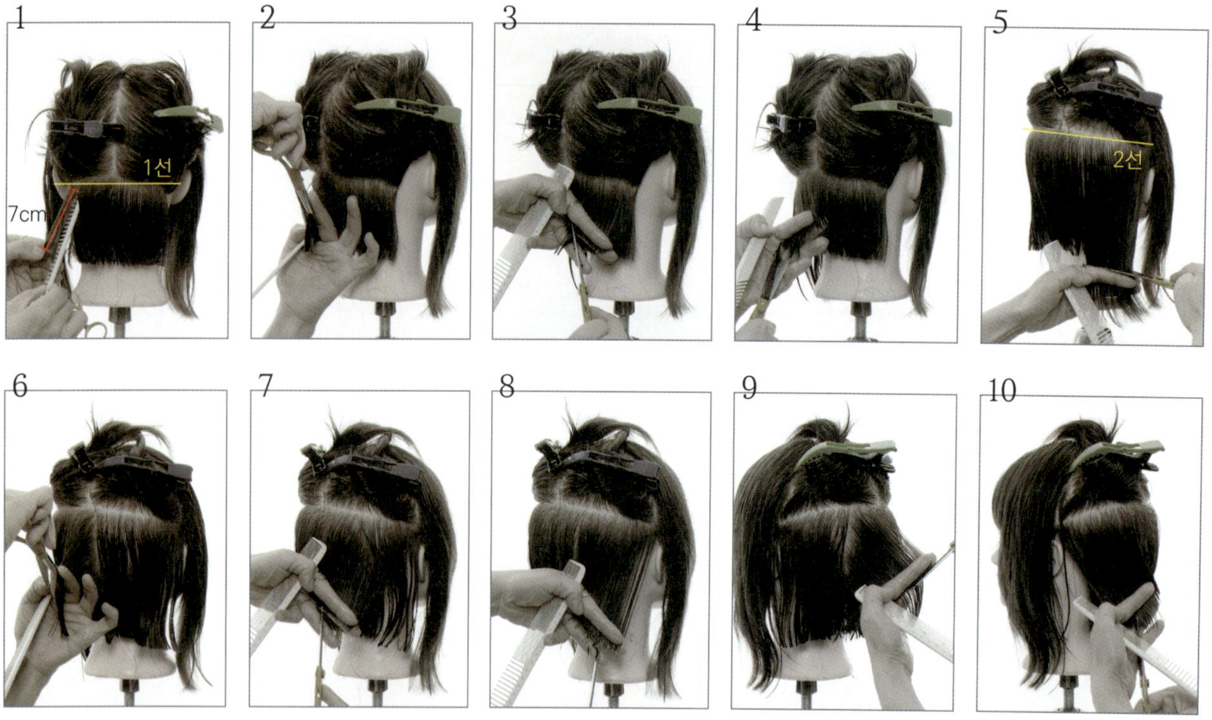

1 긴길이의 가이드를 일직선으로 설정한다. 이곳에 길이가 최소한 7cm가 되어야 모류방향대로 흐르지 않는다.
2 중심축에서 짧은 길이가이드를 설정한다.
3 전대각 슬라이스로 일직선의 가이드와 연결한다.
4 반대쪽도 전대각 슬라이스로 시술한다.
5 일직선으로 먼저 길이가이드를 시술한다.
6 중심축에서 짧은 길이가이드를 설정한다.
7 전대각 슬라이스로 시술한다.
8 형태선 존가지 앞내림 사선으로 시술한다.
9 반대쪽도 전대각 슬라이스로 시술한다.
10 형태선 존까지 앞내림 사선으로 시술한다.

2 형태선 존에 모류보정과 모량조절을 진행한다.

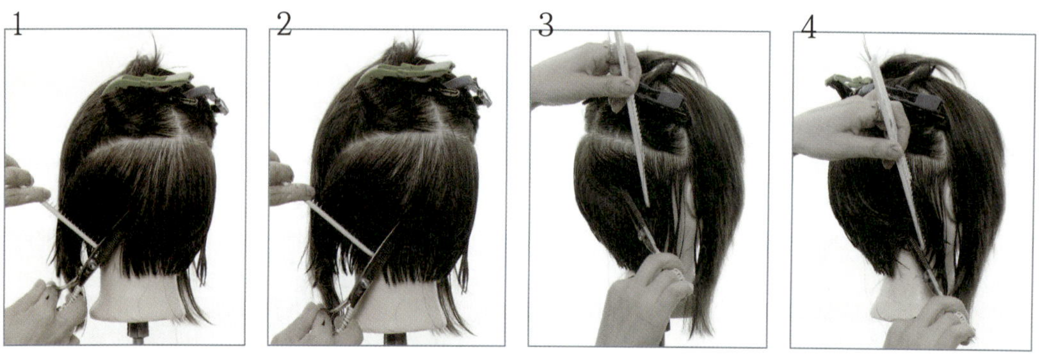

1 빗질을 사선으로 하고 틴닝가위로 앞모발이 짧고 뒷모발이 길어지게 시술한다.
2 시술했던 곳보다 2cm아래에서 다시 한번 시술한다.
3 반대쪽도 동일한 방법으로 시술한다.
4 모량이 많으면 시술했던 곳이라고 하더라도 한번 더 진행한다.

3 시술했던 A라인의 모발을 가볍게 도려낸다.

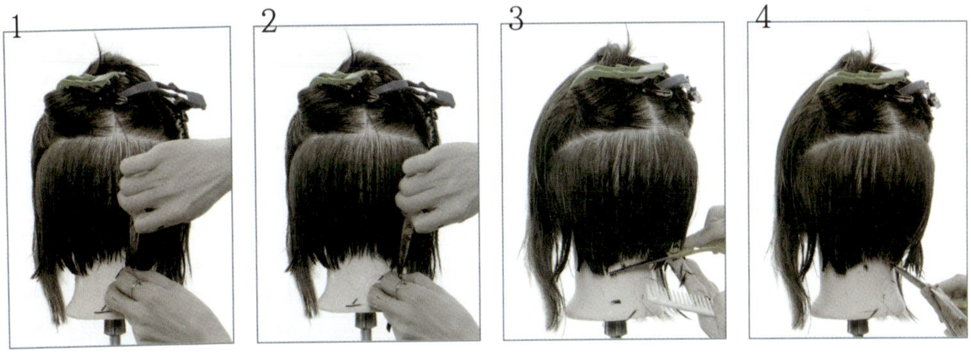

1 틴닝으로 먼저 그라데이션으로 시술한다.
2 커브가위로 모발을 도려내면서 시술한다.
3 형태선을 선명하게 모발을 다듬는다.
4 반대쪽도 다시 한번 다듬는다.

4 디자인 존 4번 영역에 층을 결정한다.

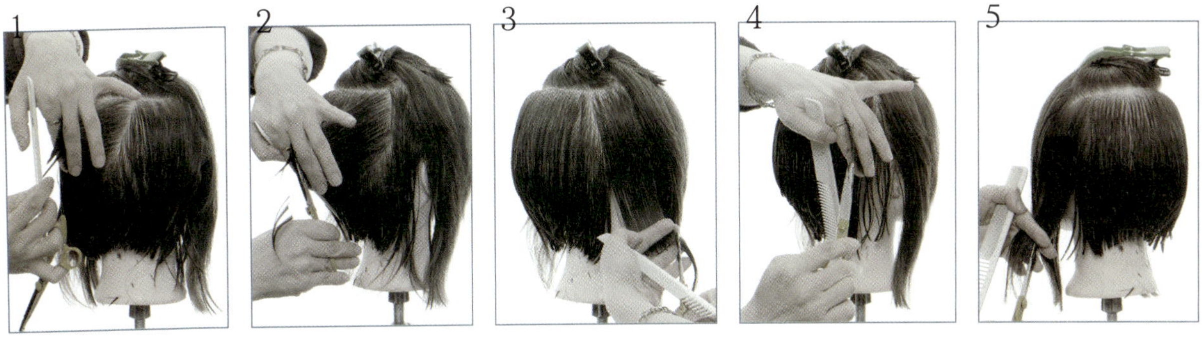

1 세로로 슬라이스를 떠서 자연시술각 90° 손가락각도 70°로 시술한다.
2 베이스를 중심으로 당겨서 중심의 가이드에 맞추어서 시술한다.
3 뒷 옆선에 해당하는 곳은 E.P쪽으로 옆선의 형태선을 만든다.
4 시술각에서 나온 길이가이드와 형태선의 길이가이드를 사선으로 연결하여 낫칭으로 시술한다.
5 뒷옆선에 해당하는 부분의 형태선을 반대편과 동일하게 시술한다.

5 디자인 존 3번 영역에 층을 결정한다.

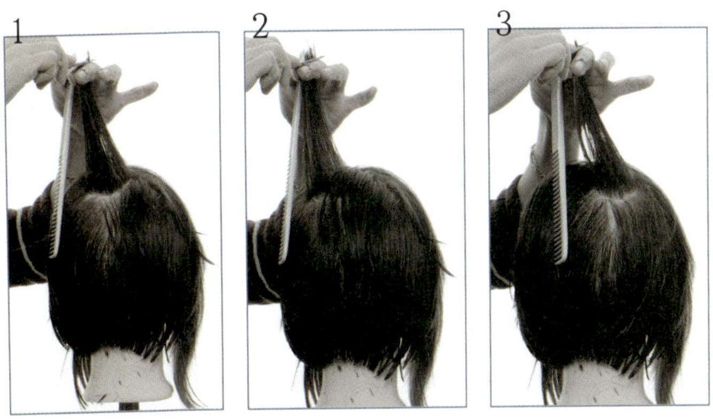

1 세로 슬라이스,온더베이스로 떠서 일반시술각 90°로 시술한다.
2 중심축에 3판넬은 세로슬라이스로 판넬을 떠서 시술한다.
3 중심판넬을 제외한 부분은 삼각형으로 떠서 튀어나온 모발을 제거한다.

6 옆선 만들기를 진행한다.

1 옆선의 영역을 결정한 후에 길이가이드를 설정한다.
2 앞선에서 결정한 길이와 뒷선의 길이를 연결한다.
3 가로 판넬을 뜰 때1/3 영역에서 시술을 진행하고 낫칭으로 시술한다.
4 반대편의 길이가이드를 설정한다.
5 뒷선의 길이와 앞머리 길이가이드를 연결한다.
6 모발을 내려서 형태선을 다시 한번 확인한다.
7 다음 모발도 동일한 방법으로 시술한다.

7 앞머리 표정 만들기를 진행한다.

1 중심축에서 삼각형을 떠서 일직선을 시술한다.
2 무거운 모발을 낫칭으로 시술한다.
3 앞머리 연결영역은 옆선의 길이가이드에 맞추어서 일반시술각 90°로 시술한다(8-3).
4 반대편도 3번과 동일한 방법으로 시술한다.
5 앞머리와 뒷머리를 연결한다.
6 중심축의 3판넬을 세로로 판넬을 떠서 앞머리와 뒷머리를 연결한다.

8 드라이 한 것처럼 표현되는 쳐내기를 진행한다.

1 앞머리에 공기감을 주기 위하여 모발을 도려낸다.
2 옆선의 무거운 모발도 가벼움을 주기 위하여 커브가위로 빽컷을 진행하면서 도려낸다.
3 디자인 존에 해당하는 부분은 모발이 거칠지 않게 도려내기 위하여 안쪽으로 도려낸다.
4 반대쪽도 모량을 제거하기 위하여 커브가위로 빽컷을 진행한다.
5 많은 모발을 틴닝가위로 사선으로 제거해도 된다.
6 볼륨을 주기 위하여 이너그라데이션 틴닝을 넣는다.
7 뒷선에 무거움을 없애기 위하여 이너레이어 틴닝을 진행한다.
8.9 귀바퀴방향으로 모발의 흐름을 주기 위하여 윗모발이 짧고 아랫모발이 길어지게 틴닝을 사선으로 넣는다.
10 반대쪽도 윗모발이 짧아지게 8번과 동일한 방법으로 시술한다.

시술종료

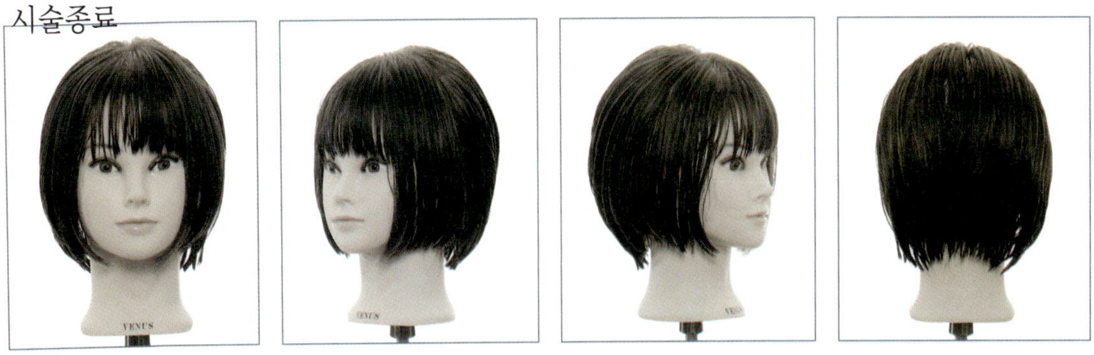

삼각형 패턴 5

Graduation A 라인 + U 라인

슬라이스, 베이스 활용

헤어스타일을 분석해서 커트의 순서를 먼저 생각한다.

1. 어디서부터 이 커트를 시작할지?
2. 처음 시작점의 길이가이드는?
3. 형태선은 어떤 형태선을 만들지?
4. 형태선에 맞는 슬라이스는 어떤 슬라이스로 활용할지?
5. 베이스는?
6. 모발이 겹쳐지는 중심축의 시술각의 선택은?
7. 뒷손질이 편한 질감처리는?

1 디자인 존과 형태선 존을 나누어서 전체적인 헤어스타일을 분석하고, 쉽고 빠르게 시술할 수 있는 방법을 찾아 결정한다. 형태선 만들기와 그 선을 연결해서 볼륨감을 만들기 위해서 뒤에서 앞으로 시술한다.

2 두상에 볼륨을 만들 수 있는 길이로 N.P. 3cm에서 시작한다.

3 아웃라인은 ∩라인 형태선을 만든다.

4 형태선 만들기는 가로와 사선으로, 중심축의 시술각 선택은 세로와 전대각사선 등, 이 스타일을 시술하기 위해서는 복합슬라이스를 활용한다.

5 시술각을 혼합하기 위하여 사이드베이스와 옆선을 시술할 때는 원하는 만큼 당기는 오버다이렉션으로 활용한다.

6 시술각의 활용은 G.P 아래는 모발이 두상대로 떨어지는 판넬의 맨밑은 자연시술각 90°, 손가락각도는 70°로 시술하고 G.P 위에도 볼륨을 만들기 위해 일반시술각 90°로 시술한다.

7 쳐내기의 방법은 두상을 나누어서 뒷손질이 편하게 진행한다.

Tip

이 스타일을 시술하기 위하여 주의할 점

형태선 존의 모발은 모류도 강하고 모질이 두꺼워서 모량이 많기 때문에 빗질은 45°로 하고 틴닝가위도 앞모발이 짧고 뒷모발이 길어지게 하여 시술한다.
모발의 빗질 45° 틴닝가위도 슬라이스와 동일하게 넣어서 시술한다.
형태선 존은 모질이 굵고 모류가 강하기 때문에 모류보정을 먼저하고 시술한다.

시술순서

1. ⌒라인 형태선 만들기를 진행한다.

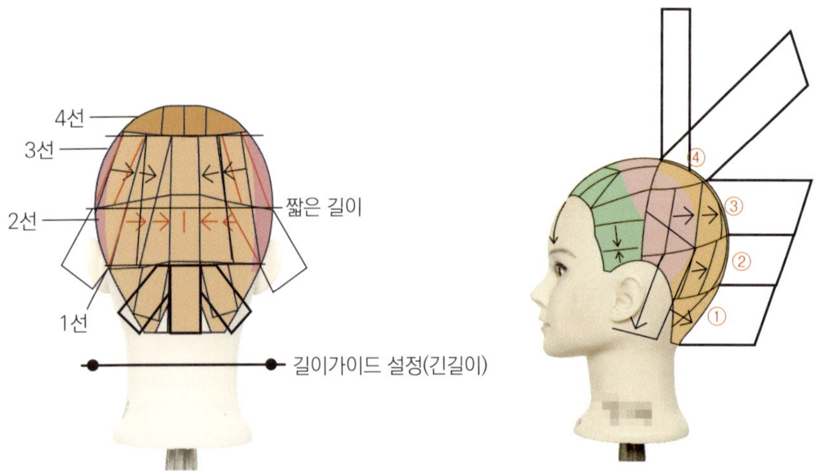

① 길이가이드를 먼저 N.P. 3cm 일직선을 시술한 후에 중심축에 짧은 가이드를 설정하고 긴 길이 가이드와 A라인으로 연결한다.
② 중심축에서 제일 밑의 모발을 자연시술각 90°, 손가락각도 70°로 베이스를 C.L.쪽으로 베이스를 당겨서 시술한다.
③ 중심축에서 자연시술각 90°, 손가락각도 70°로 중심축의 짧은 길이를 설정한 후에 앞내림 사선으로 슬라이스를 떠서 베이스를 C.L.쪽으로 당겨서 시술한다.
④ G.P에서 가이드를 설정하면 면에 대해 90°로 당겨서 시술한 후에 다시 똑바로 들어서 삼각코너를 제거한다.
시술한 후에 ① 형태선을 모발이 마른 상태에서 커브가위로 다시 한번 정리를 한다.

2. 옆선 만들기를 시술한다.

가로슬라이스 판넬의 1/3 영역에서 시술하면 70°의 각도가 형성된다.

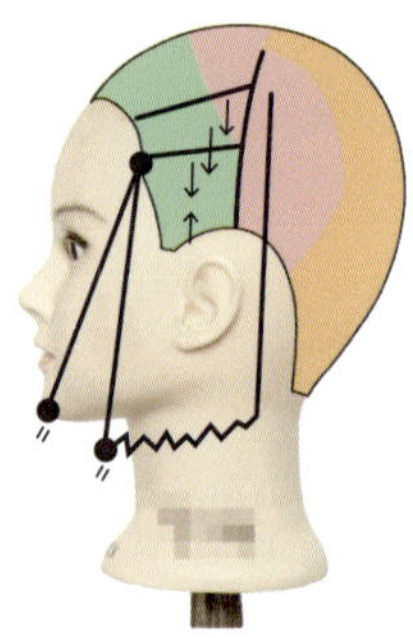

앞으로 떨어진 모발과 뒤로 떨어진 모발을 나눈 후 5cm 옆선의 영역을 나눈다.
가로슬라이스로 1/3 영역에 옆선과 뒷 옆선의 영역을 연결한다.
옆선을 만들고 윗모발을 내려서 낫칭으로 옆선을 만든다.

3. 앞머리표정 만들기를 진행한다.

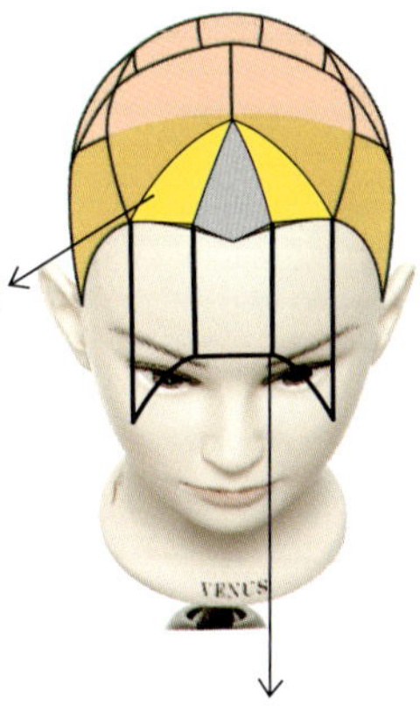

앞머리 영역을 먼저 결정한 후에 3:7의 가르마를 나누어서 삼각형으로 영역을 결정한 후 중심축 5cm에서 삼각형을 떠서 일직선으로 시술한 후 이미지라인의 모발을 연결한다.

4. 쳐내기의 방법으로 뒷손질이 편하고 예쁜 스타일을 만든다.

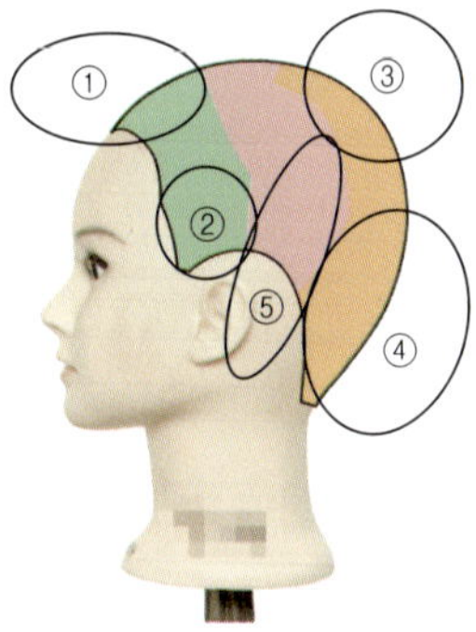

① 앞머리 영역에 공기감을 시술하여 모발의 흐름을 만든다.
② 옆선에 모량을 제거하고 흐름을 만든다.
③ 중심축에 볼륨과 입체감을 만들고
④ 이곳은 모량과 모류 보정한 후에 형태선을 다시 한번 확인하고
⑤ 모발에 방향을 제시한다.

나의 작품 디자인 해보기

<table>
<tr><td>Graduation A라인 + U라인</td><td>도해도그리기 (뒤)</td><td>도해도그리기 (앞, 옆)</td></tr>
<tr><td colspan="3">시술순서</td></tr>
</table>

1 모류보정과 모량조절을 하여 일직선의 긴길이가이드를 설정한다.

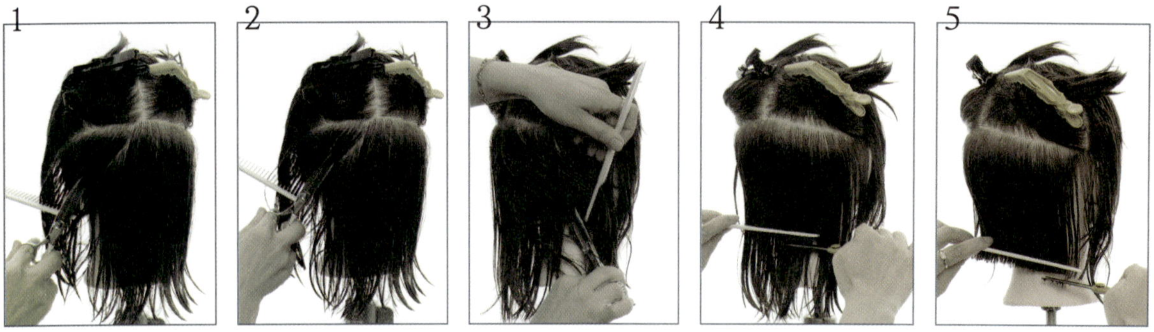

1.2 모류보정과 모량조절을 하기 위하여 빗질을 사선으로 하고 틴닝으로 앞모발이 짧고 뒷모발이 길어지게 시술한다.
3 조금 더 아래로 내려가면서 동일한 방법으로 시술한다.
4 콤컨드럴 기법으로 일직선으로 중심축에서 시술한다.
5 중심축에 일직선을 먼저 시술한 후에 사이드도 베이스를 틀어서 일직선으로 시술한다.

2 A라인 형태선과 층을 결정한다.

1 튀어나온 곳을 따로 나눈 후에 중심축에 짧은 길이가이드를 설정한다.
2 중심축의 짧은 길이와 긴길이를 앞내림 사선으로 연결한다.
3 따로 둔 모발을 시술한다. 아래서 부터 판넬을 잡고 짧은 길이가이드를 설정한다.
4 전대각 슬라이스로 시술한다.
5 반대쪽도 동일한 방법으로 시술한다.

3 디자인 존의 4번 영역의 층을 결정한다.

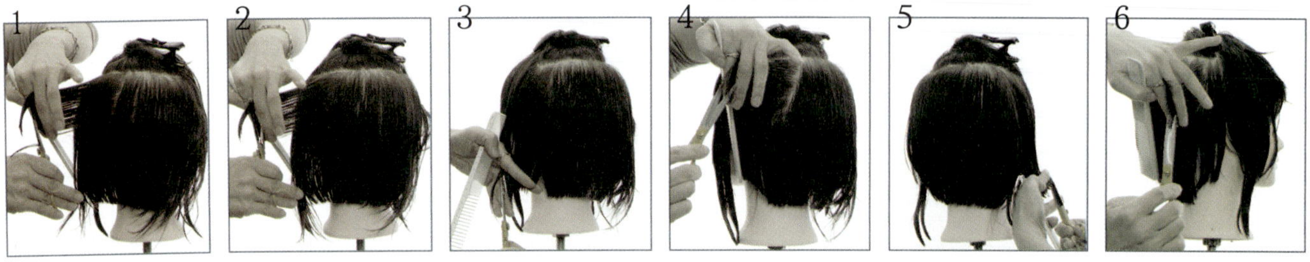

1 중심축에서 세로슬라이스로 자연시술각 90° 손가락각도 70°가 되게 시술한다.
2 베이스를 중심층으로 당겨서 시술한다.
3 뒷선이 결정되는 곳에 가이드를 설정하고 여기서는 U라인의 형태선을 시술한다.
4 자연시술각 90° 손가락각도 70°가 되게 시술한다.
5 반대쪽도 뒷선은 U라인의 형태선을 시술한다.
6 형태선과 중심축에서 온 가이드를 낫칭으로 연결한다.

4 디자인 존 3번 영역의 층을 결정한다.

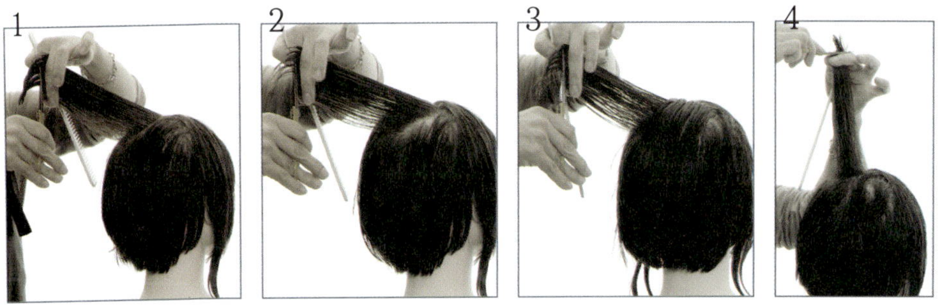

1 G,P에서 자연시술각 90°로 시술한다.
2 세로 슬라이스로 판넬을 뜨고 자연시술각 90°로 시술한다.
3 중심축에 3판넬은 세로로 슬라이스를 뜨고 남은 영역은 삼각형의 판넬을 떠서 튀어나온 모발을 낫칭으로 시술한다.
4 똑바로 90°로 들어서 모난 모발을 제거한다.

5 다시 한번 A라인 형태선을 마무리한다.

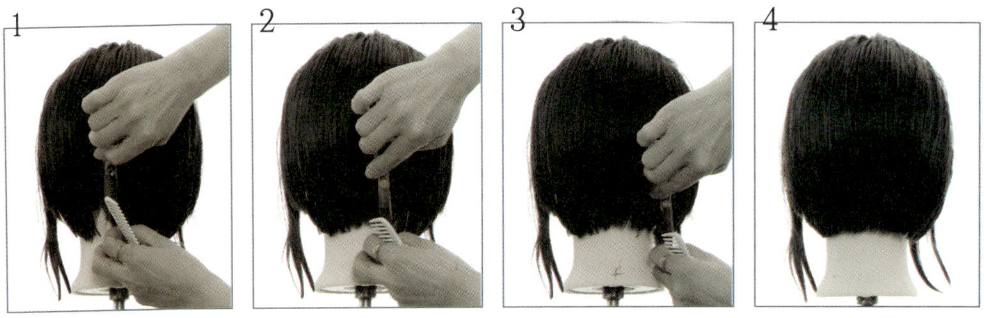

1 모발을 중심으로 당겨서 틴닝으로 먼저 시술한다.
2 중심에서 있는 가이드를 커브가위로 시술한다.
3 형태선에 맞추어서 모발이 자연스럽게 떨어지게 커브가위로 모발을 도려내면서 시술한다.
4 뒷선이 마무리가 된 상태이다.

6 옆선 만들기를 시술한다.

1 옆선의 길이가이드를 설정한다.
2 옆선의 길이와 뒷선의 길이를 연결하면서 시술한다.
3 디자인 존 아래의 모발은 사선으로 떠서 자연시술각 70°로 시술한다.
4 베이스를 E.P로 당겨서 시술한다.
5 반대편의 옆선의 길이의 가이드를 설정한다.
6 옆선과 뒷선의 길이를 연결한 후에 디자인 존 아래의 모발을 내려서 70°로 시술한다.
7 베이스를 뒤로 당겨서 시술한다.

7 앞머리를 시술한다.

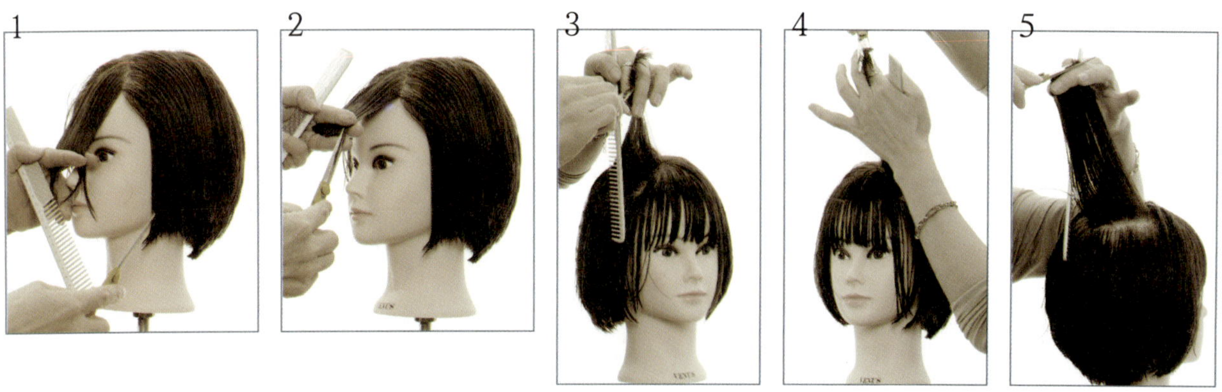

1 삼각형의 영역을 나눈후 일직선으로 시술한다.
2 무거운 모발을 낫칭으로 시술한다.
3 앞머리 연결 영역을 베이스를 앞쪽으로 살짝 밀어서 시술한다.
4 반대쪽도 3번과 동일하게 시술한다.
5 앞머리와 뒷머리를 세로슬라이스로 떠서 시술한다.

8 뒷 손질이 편하고 헤어스타일이 예쁘게 표현되게 질감처리를 시술한다.

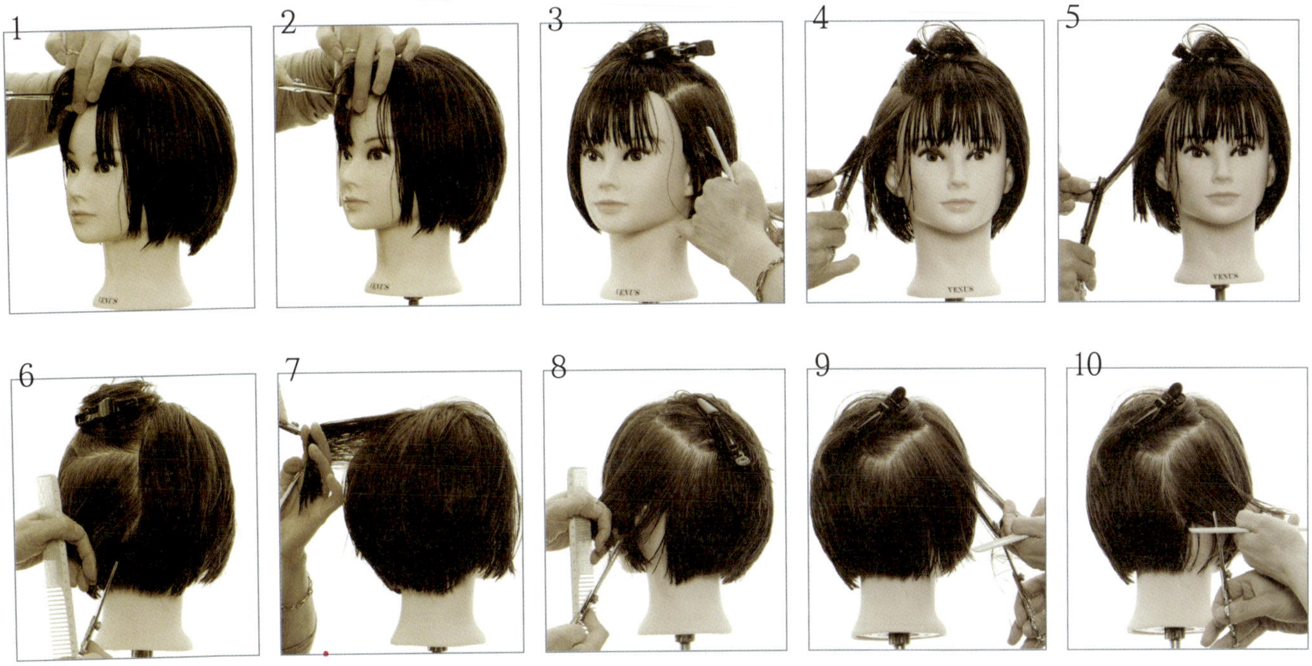

1 앞머리를 틴닝으로 이너레이어틴닝을 시술한다.
2 속 모발이 더 많이 짧아지게 시술한다.
3 옆선의 모발의 양을 없애기 위하여 틴닝을 사선으로 하여 시술한다.
4.5 모발의 양을 보면서 시술한다.
6 네이프의 모량의 양을 줄이기 위하여 이너레이어 틴닝으로 시술한다.
7 볼륨을 주기 위하여 이너그라데이션틴닝으로 시술한다.
8 모발을 귀바퀴방향으로 보내기 위하여 앞모발이 짧고 뒷모발이 길어지게 틴닝으로 시술한다.
9.10 반대쪽도 동일한 방법으로 시술한다.

시술종료

삼각형 패턴 6

Graduation A 라인+U 라인

슬라이스, 베이스 활용

헤어스타일을 분석해서 커트의 순서를 먼저 생각한다.

1. 어디서부터 이 커트를 시작할지?
2. 처음 시작점의 길이가이드는?
3. 형태선은 어떤 형태선을 만들지?
4. 형태선에 맞는 슬라이스는 어떤 슬라이스로 활용할지?
5. 베이스는?
6. 모발이 겹쳐지는 중심축의 시술각의 선택은?
7. 뒷손질이 편한 질감처리는?

1 디자인 존과 형태선 존을 나누어서 전체적인 헤어스타일을 분석하고, 쉽고 빠르게 시술할 수 있는 방법을 찾아 결정한다. 형태선 만들기와 그 선을 연결해서 볼륨감을 만들기 위해서 뒤에서 앞으로 시술한다.

2 두상에 볼륨을 만들 수 있는 길이로 N.P. 2cm에서 시작한다.

3 아웃라인은 ⌒라인 형태선을 만든다.

4 형태선 만들기는 가로와 사선으로, 중심축의 시술각 선택은 세로와 전대각사선 등, 이 스타일을 시술하기 위해서는 복합슬라이스를 활용한다.

5 시술각을 혼합하기 위하여 사이드베이스와 옆선을 시술할 때는 원하는 만큼 당기는 오버다이렉션으로 활용한다.

6 시술각의 활용은 G.P 아래는 모발이 두상대로 떨어지는 판넬의 맨밑은 자연시술각 90°, 손가락각도는 70°로 시술하고 G.P 위에도 볼륨을 만들기 위해 일반시술각 90°로 시술한다.

7 쳐내기의 방법은 두상을 나누어서 뒷손질이 편하게 진행한다.

Tip

이 스타일을 시술하기 위하여 주의할 점

볼륨감을 만들기 위한 N.P의 길이가이드 설정과 시술각을 어떻게 활용할지를 먼저 생각하고 모류보정을 진행하고 시술한다.

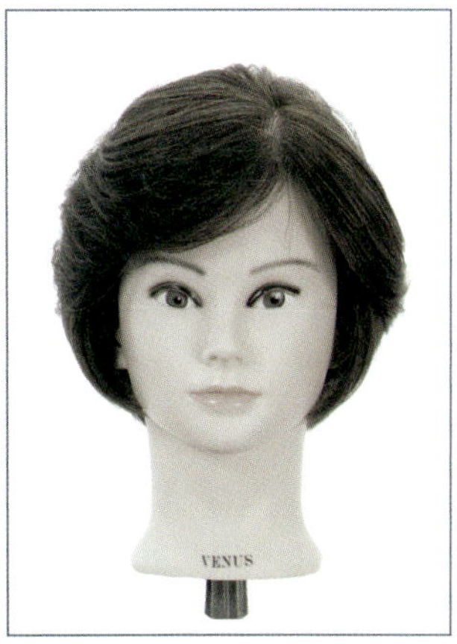

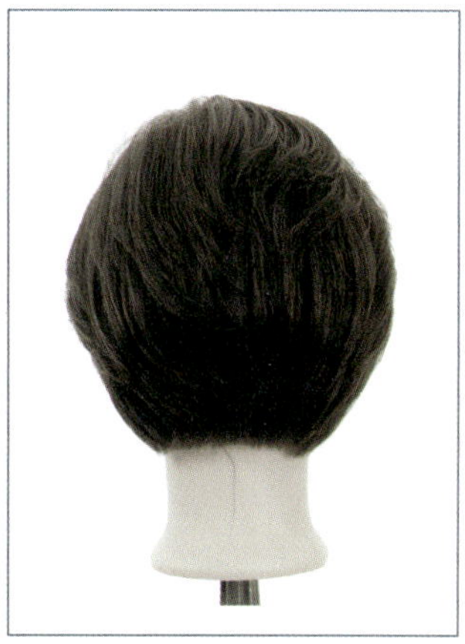

시술순서

1. 형태선 존의 모류보정과 모량조절을 시술한다.

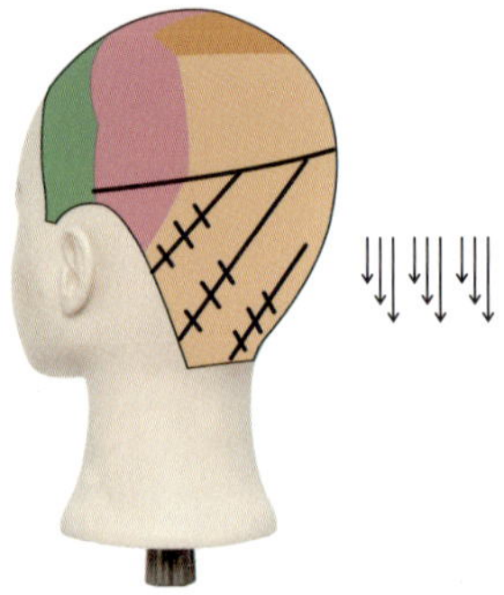

형태선 존의 모발은 모류도 강하고 모질이 두꺼워서 모량이 많기 때문에 빗질은 45°로 하고 틴닝가위로 앞모발이 짧고 뒷모발이 길어지게 하여 시술한다.
모발의 빗질은 45°, 틴닝가위도 동일한 슬라이스로 시술한다.

2. ⌒라인 형태선 만들기를 진행한다.

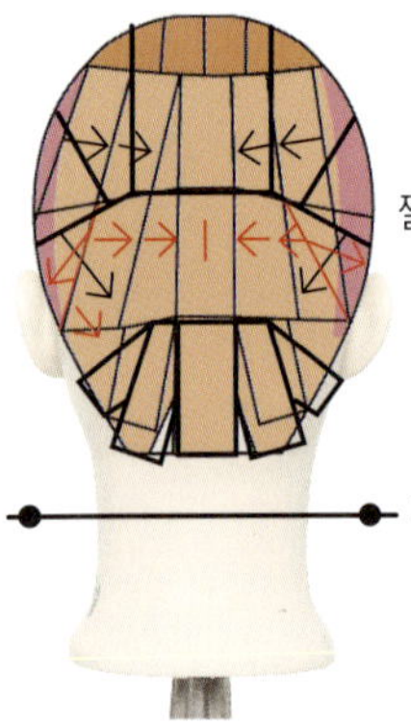

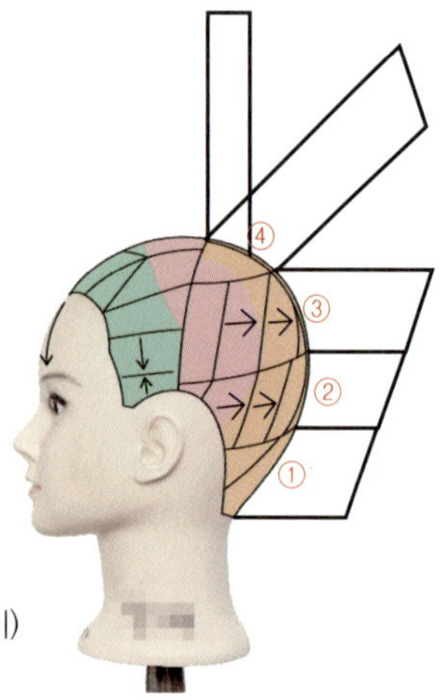

① 길이가이드를 먼저 N.P 2cm 일직선을 시술한 후에 중심축에 짧은 가이드를 설정하고 긴 길이 가이드와 A라인으로 연결한다.
② 중심축에서 제일 밑의 모발자연시술각 90°, 손가락각도 70°로 베이스를 C.L.쪽으로 베이스를 당겨서 시술한다.
③ 중심축에서 자연시술각 90°, 손가락각도 70°로 중심축의 길이를 짧게 설정한 후에 앞내림 사선으로 슬라이스를 떠서 베이스를 C.L쪽으로 당겨서 시술한다.
④ G.P에서 가이드를 설정하면 면에 대해 90°로 당겨서 시술한 후에 다시 똑바로 들어서 삼각코너를 제거한다.
시술한 후에 ① 형태선을 모발이 마른 상태에서 커브가위로 다시 한번 정리한다.

3. 옆선 만들기를 시술한다.

가로슬라이스 판넬의
1/3 영역에서 시술하면
70°의 각도가 형성된다.

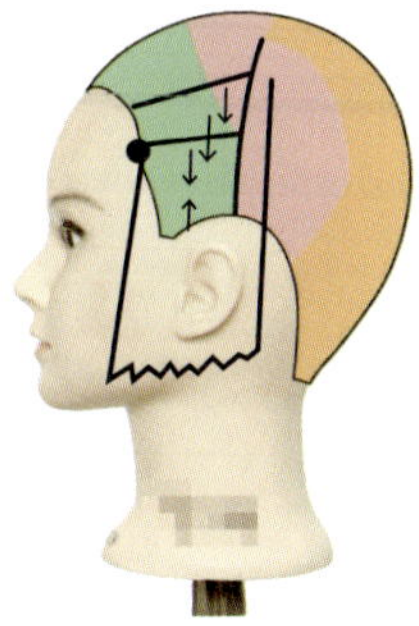

앞으로 떨어진 모발과 뒤로 떨어진 모발을 나눈 후 5cm 옆선의 영역을 나눈다.
가로슬라이스로 1/3 영역에 옆선과 뒷옆선의 영역을 연결한다.
옆선을 만들고 윗모발을 내려서 낫칭으로 옆선을 만든다.

4. 앞머리표정 만들기를 진행한다.

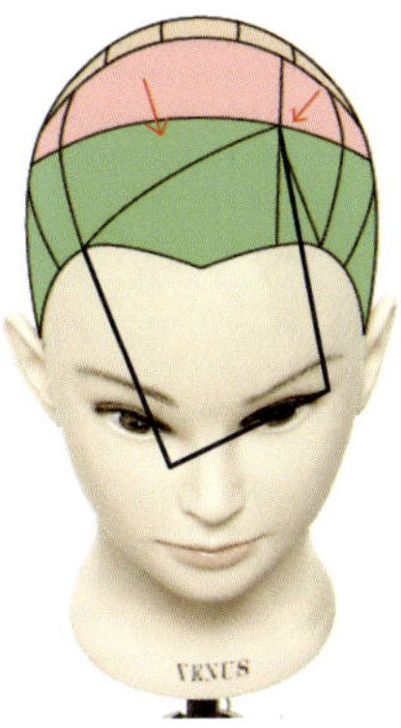

앞머리 영역을 먼저 결정한 후에 3:7의 가르마를 나누어서 사선슬라이스를 타서 슬라이스와 평행하게 시술하고 반대쪽은 폭이 좁기 때문에 손가락의 기울기를 더 틀어서 시술한다.

5. 쳐내기의 방법으로 뒷손질이 편하고 예쁜 스타일을 만든다.

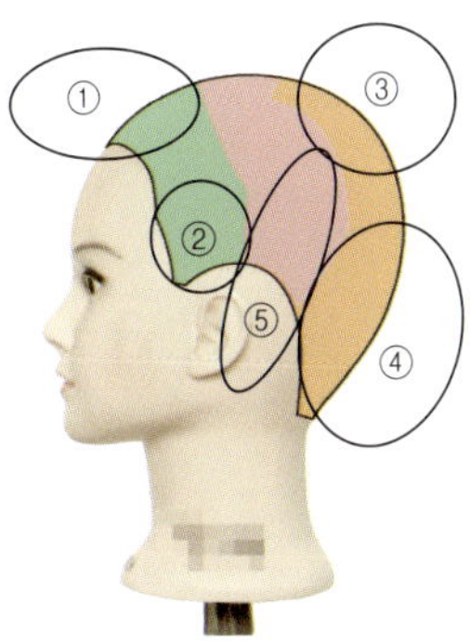

① 앞머리 영역에 공기감을 시술하여 모발의 흐름을 만든다.
② 옆선에 모량을 제거하고 흐름을 만든다.
③ 중심축에 볼륨과 입체감을 만들고
④ 이곳은 모량과 모류를 보정한 후에 형태선을 다시 한번 확인하고
⑤ 모발에 방향을 제시한다.

1 A라인의 형태선과 층을 결정한다.

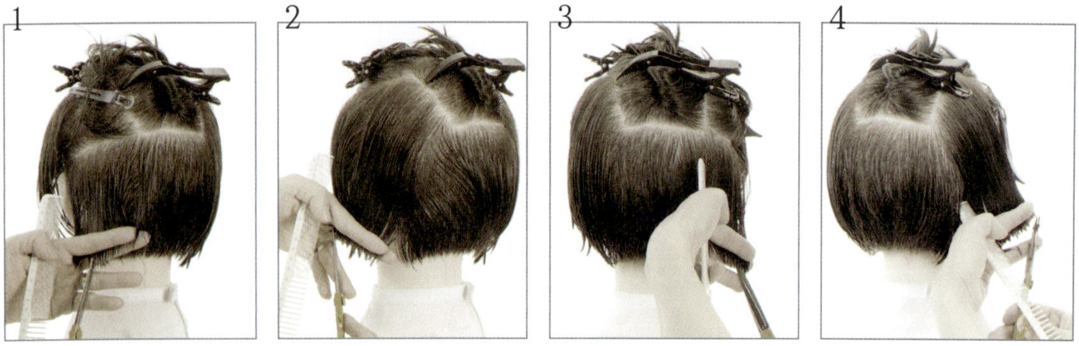

1 일직선의 길이가이드를 설정한 후 중심축에서 짧은 가이드를 설정하고 전대각 슬라이스를 떠서 A라인의 형태선을 시술한다.
2 뒷선의 가이드로 뒷옆선은 U라인의 형태선을 시술한다.
3 반대쪽도1번과 동일한 방법으로 시술한다.
4 2번과 동일한 방법으로 시술한다.

2 디자인 4번 영역의 층을 결정한다.

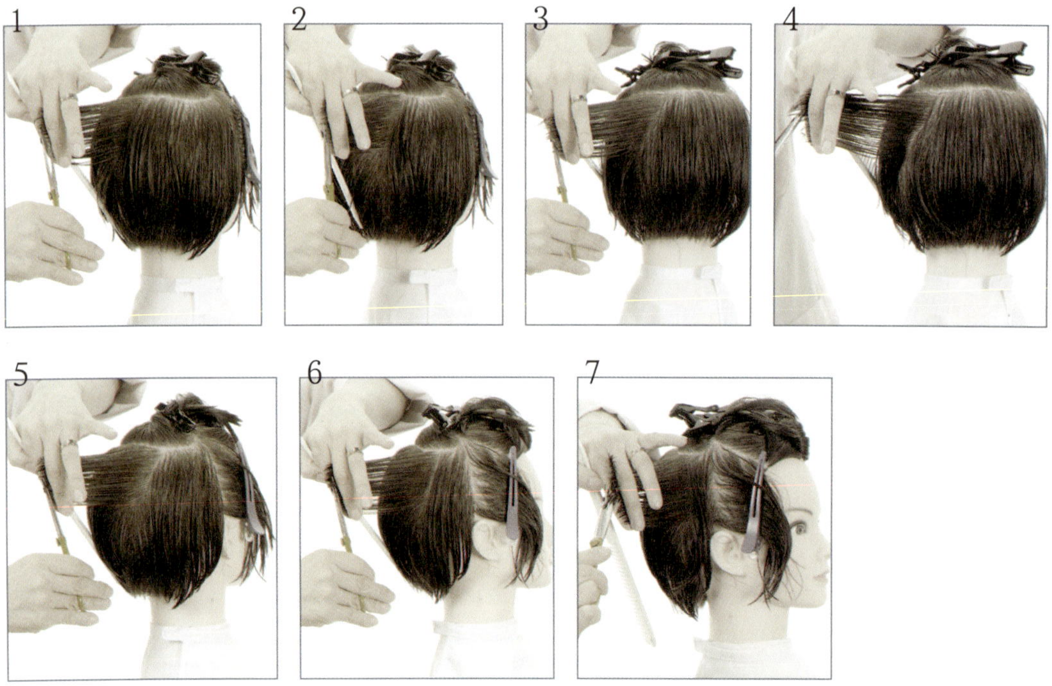

1 세로 슬라이스를 판넬을 떠서 자연시술각 90° 손가락각도 70°로 시술한다.
2 두상이 함몰된 부분에서는 사선으로 슬라이스를 떠서 동일한 시술각도로 시술한다.
3.4 형태선과 시술각에서 나온 길이가이드와 사선으로 연결한다.
5.6 반대쪽도 동일한 방법으로 시술한다.
7 반대쪽도 형태선과 중심축의 길이가이드를 낫칭으로 시술한다.

3 디자인존 3번 영역의 시술각을 결정한다

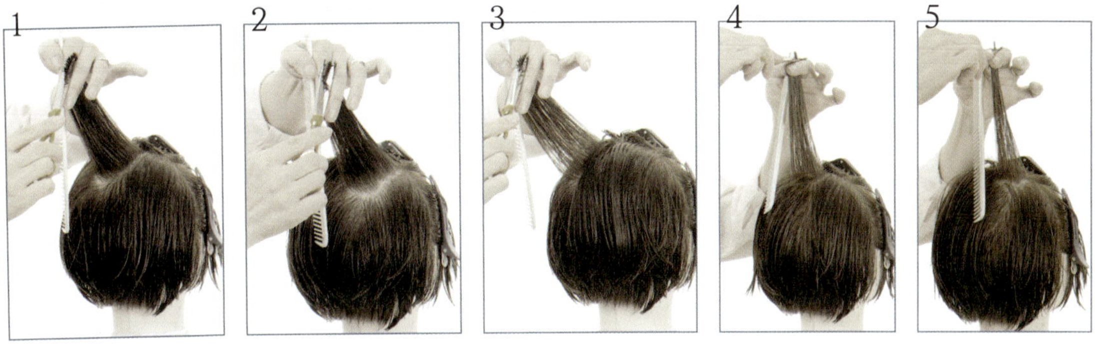

1 세로 슬라이스로판넬을 떠서 일반시술각 90˚로 시술한다.
2 세로 슬라이스로 판넬을 떠서 일반시술각 90˚로 시술한다.
3 중심축을 제외한 부분은 삼각형의 판넬을 떠서 튀어나온 모발을 제거한다.
4.5 똑바로 자연시술각 90˚로 모발을 들어서 튀어나온 모발을 제거한다.

4 옆선 만들기를 진행한다.

1 옆선의 길이가이드를 설정한다.
2 옆선과 뒷선을 연결한다.
3 옆선을 다시 한번 확인한다.
4 반대편 옆선의 길이 가이드를 설정한다.
5 옆선과 뒷머리를 연결한다.
6 선을 다시 한번 확인한다.
7 이곳까지 가로 슬라이스로 시술한다.

5 앞머리 만들기를 진행한다.

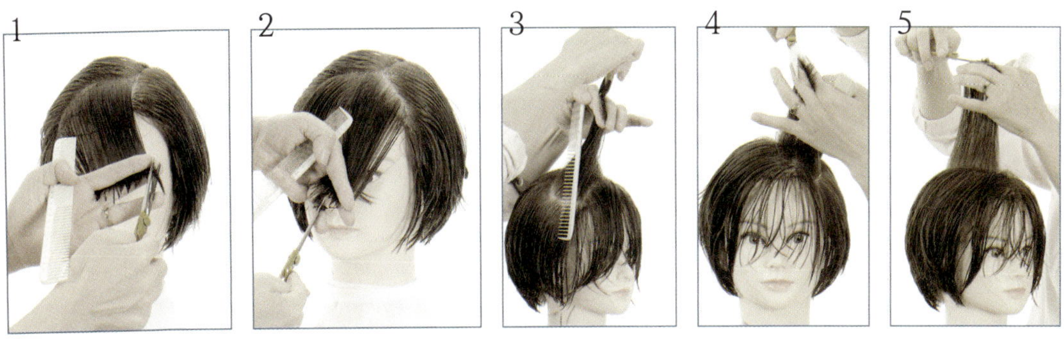

1 7:3의 가르마를 탄 후에 사선으로 슬라이스를 나누어서 슬라이스와 평행하게 시술한다.
2 반대쪽은 폭이 좁아 손가락의 기울기를 더 주고 시술한다.
3 앞머리 연결부위의 모발은 앞쪽으로 베이스를 밀어서 시술한다.
4 반대쪽도 동일한 방법으로 시술한다.
5 앞머리와 뒷머리를 연결한다.

6 뒷 손질이 드라이 한 것처럼 표현되는 쳐내기를 진행한다.

1

2

3
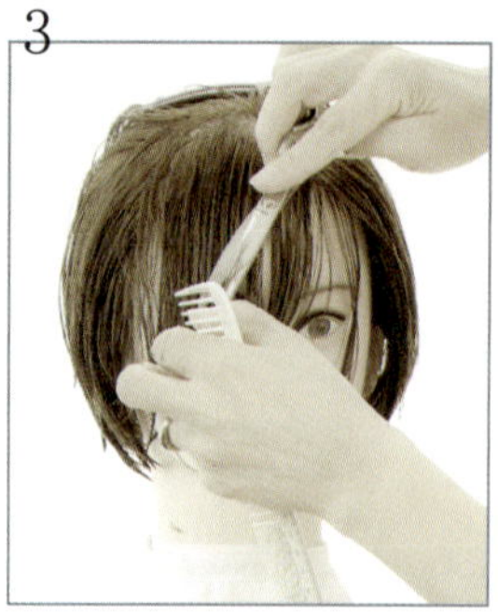
4
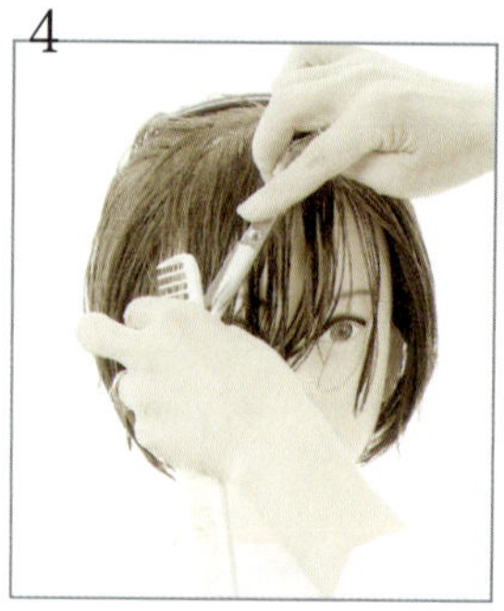
5

6

7
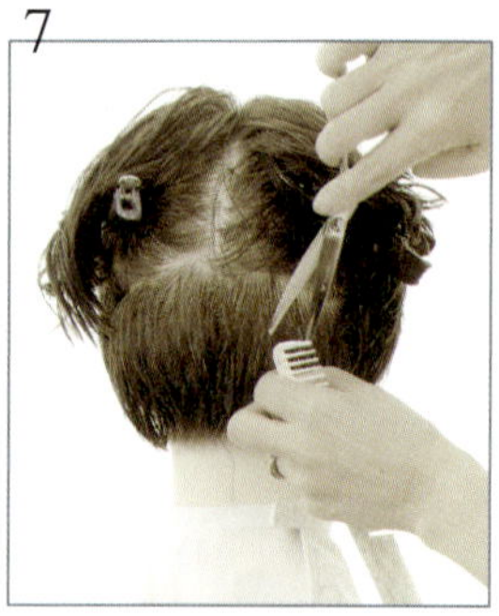
8

9

10
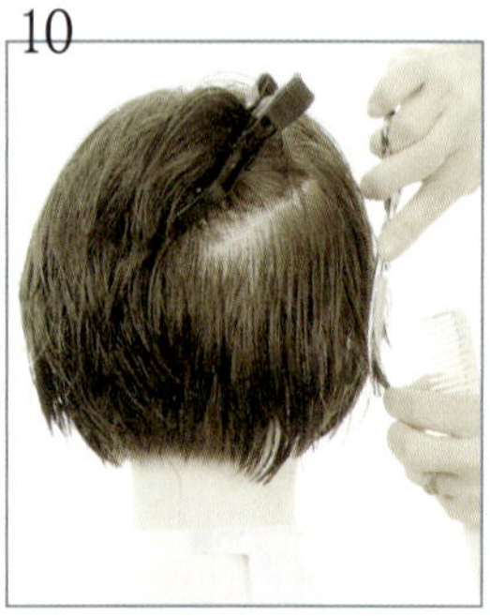

1 7:3의 가르마를 탄 후에 사선으로 슬라이스를 나누어서 슬라이스와 평행하게 시술한다.
2 반대쪽은 폭이 좁아 손가락의 기울기를 더 주고 시술한다.
3 앞머리 연결부위의 모발은 앞쪽으로 베이스를 밀어서 시술한다.
4 반대쪽도 동일한 방법으로 시술한다.
5 앞머리와 뒷머리를 연결한다.
6 세로 슬라이스로 앞머리와 뒷머리를 연결한다.

시술종료

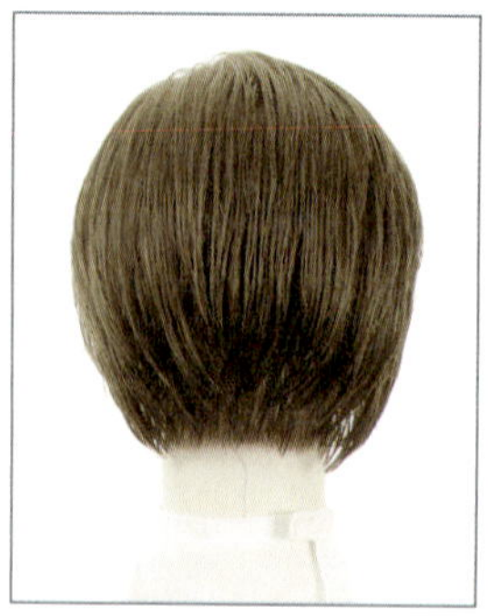

역삼각형 패턴

골격보정하기
쳐내기

역삼각형 패턴 : 골격보정하기와 쳐내기 방법알기

양감조절(이너틴닝영역), 질감조절(라인틴닝영역)

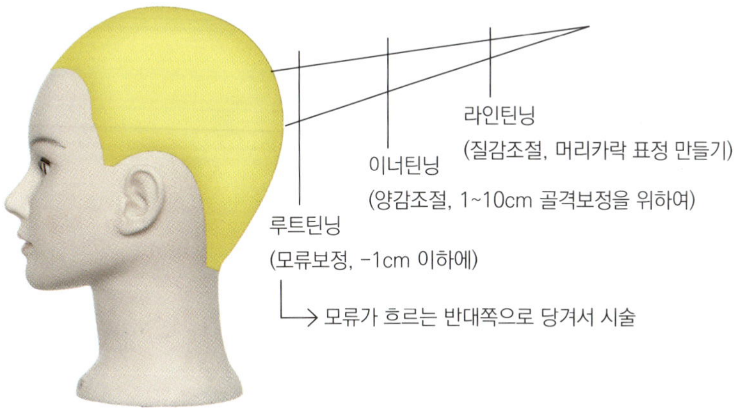

시술도구
- 이너틴닝: 틴닝가위로 시술하면 사용하기 편리하다.
- 라인틴닝: 틴닝가위로 시술하면 모발이 거칠어지므로 빽커트로 모발을 도려내는 가위나 레쟈로 시술한다.

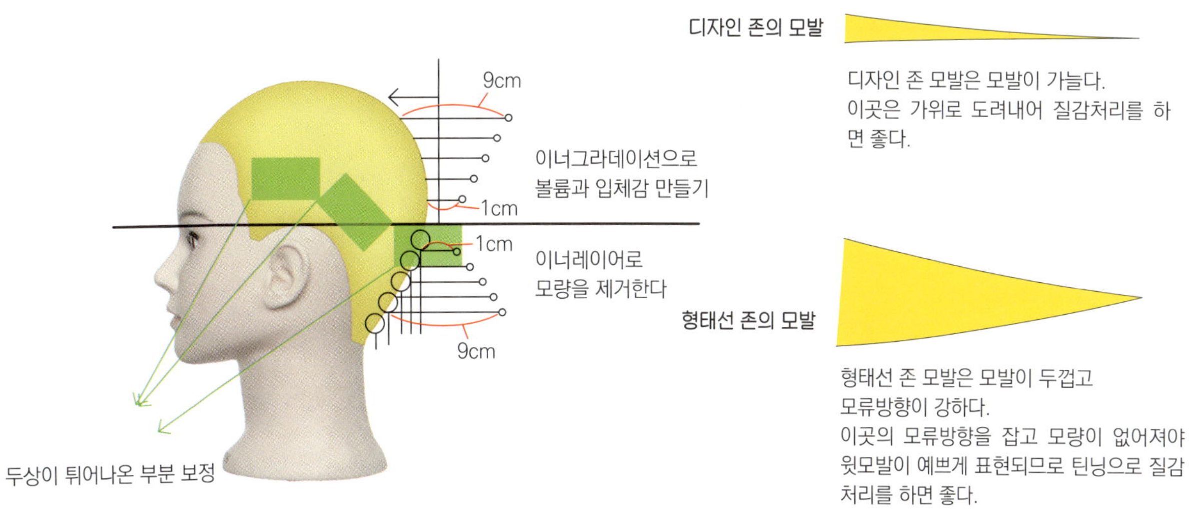

골격보정

디자인 존을 형태선으로 표현하기 위한 방법

좌·우를 동일하게 시술한 후 형태선 존 영역에서 모발을 없애고 비교한 스타일

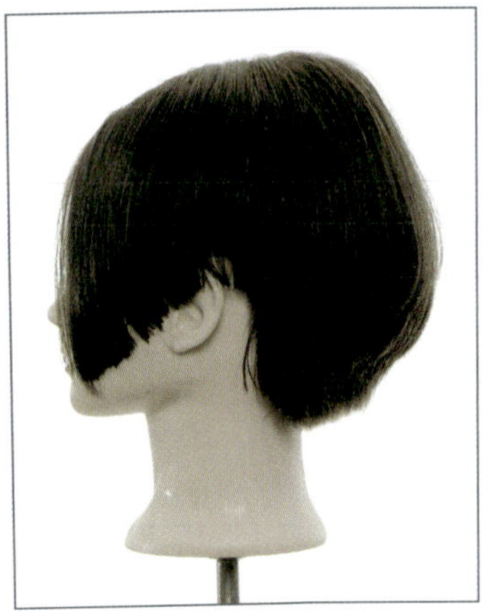

디자인의 한계를 벗어나고 싶을 때
골격보정을 활용한다.

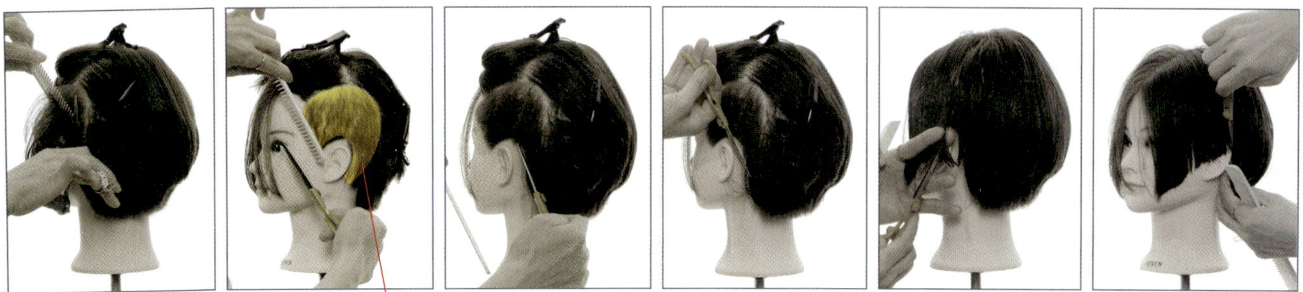

옆선과 뒷 옆선의 형태선의 모발을 도려내면 디자인 존의 모발이 내려와서 형태선이 표현된다.

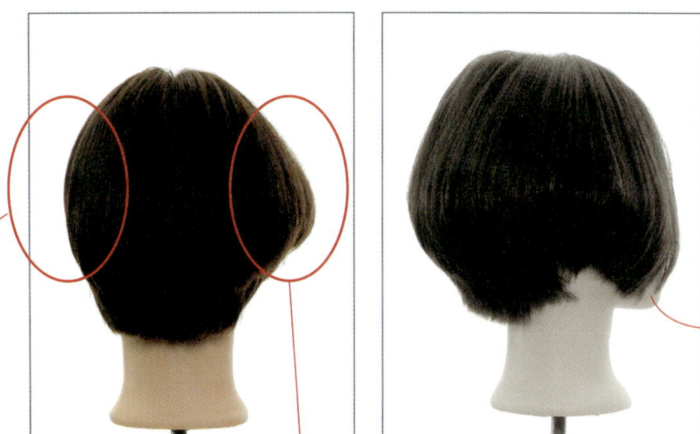

형태선의 모발을
제거한 경우

형태선의 모발을
형태선을 시술한 경우

골격을 보정하기 위해서
투블럭을 활용한다.

역삼각형 패턴

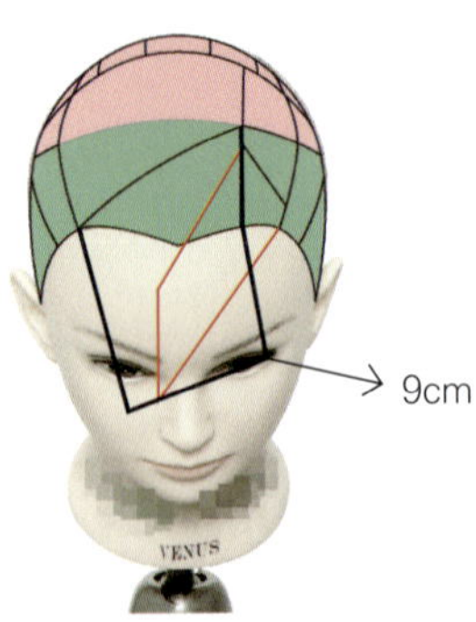

역삼각형 패턴 1

Graduation U라인 1

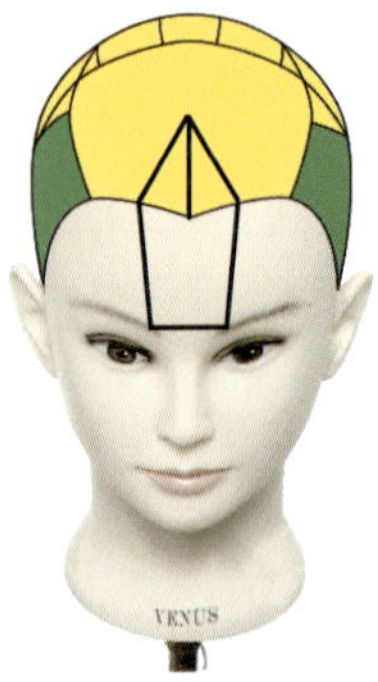

역삼각형 패턴 2

Graduation U라인 2

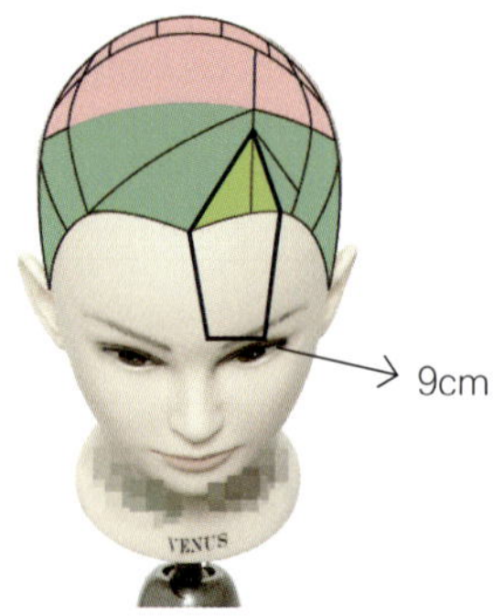

역삼각형 패턴 3

Graduation U라인 3

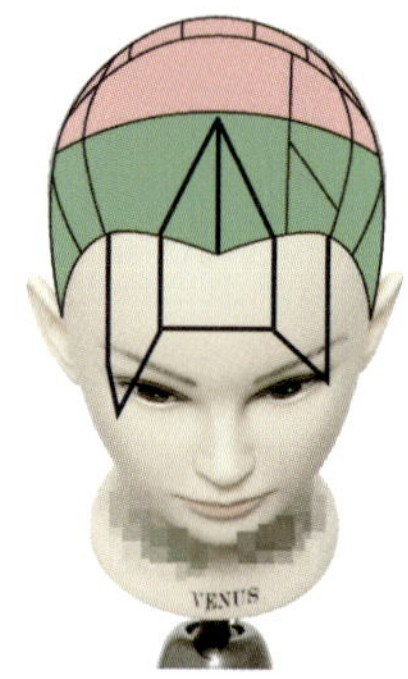

역삼각형 패턴 4

Dandy style

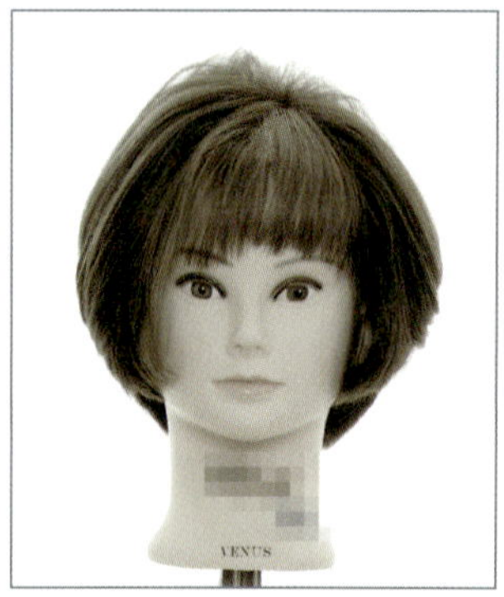

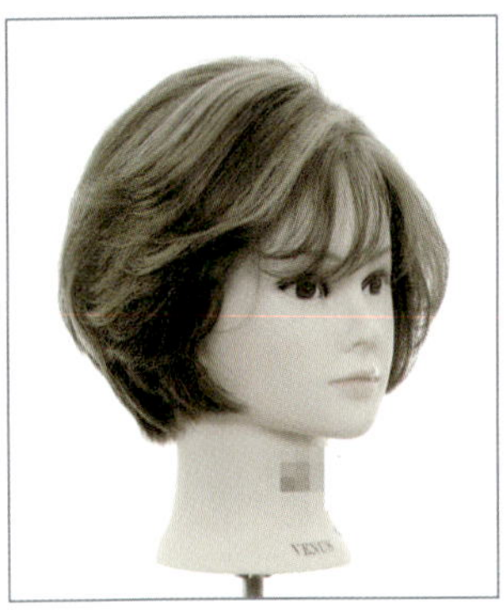

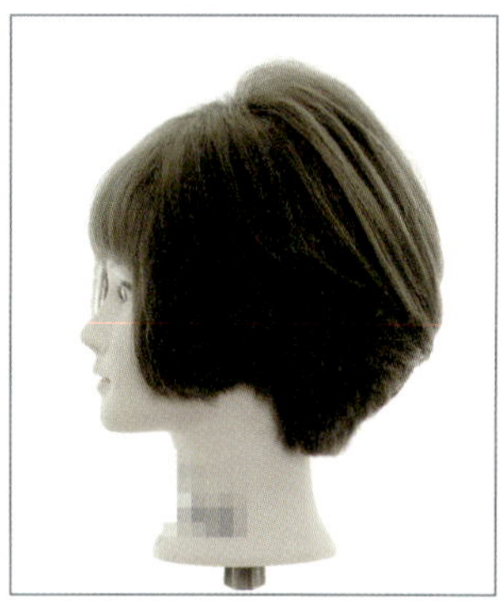
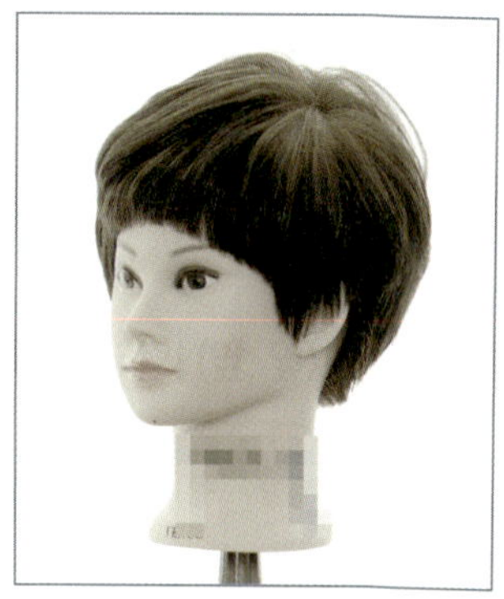
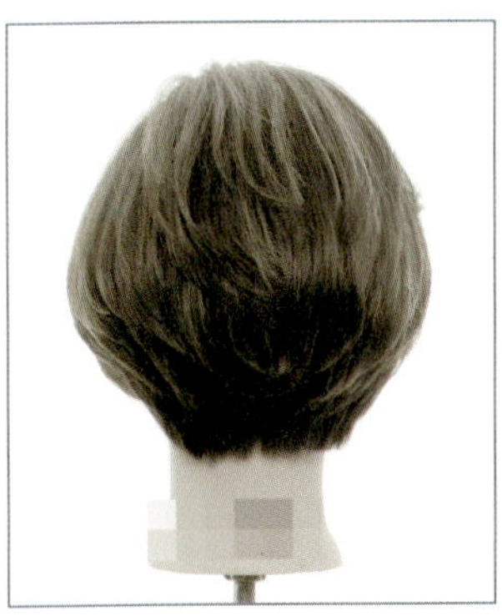
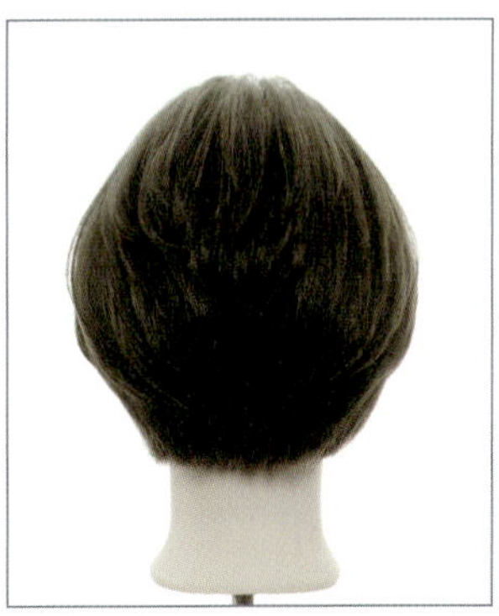
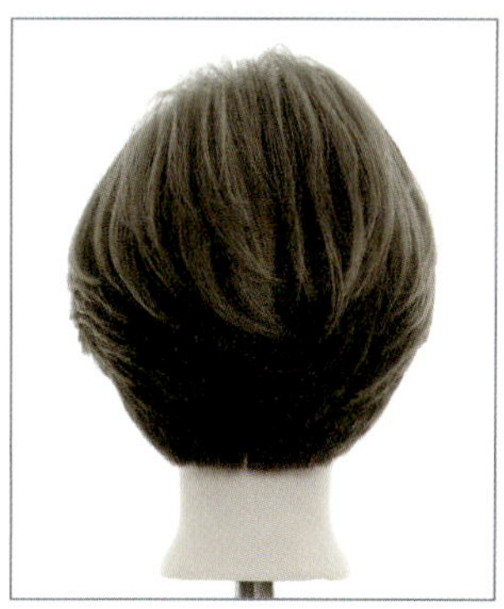

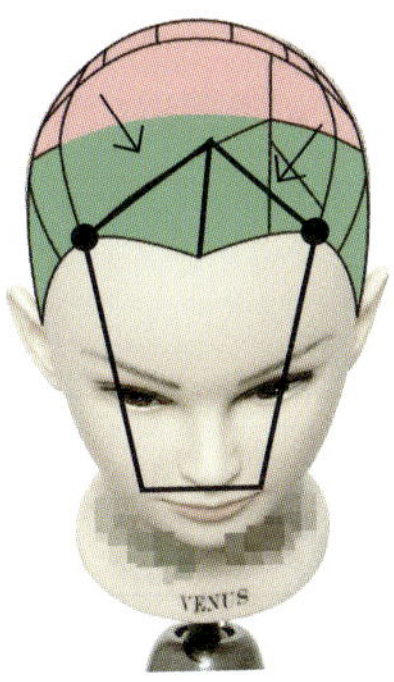

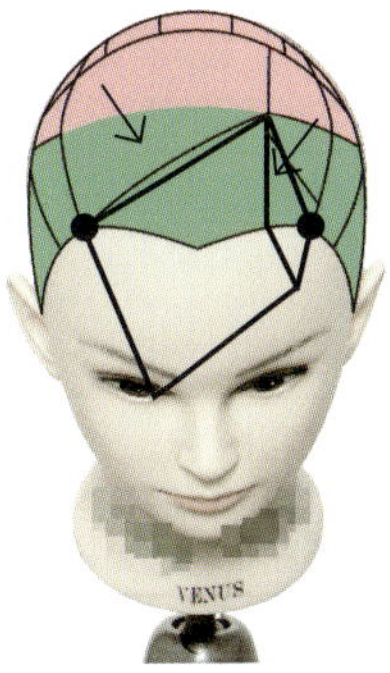

역삼각형 패턴 5

Uniform Layer change

역삼각형 패턴 6

Unbalance style

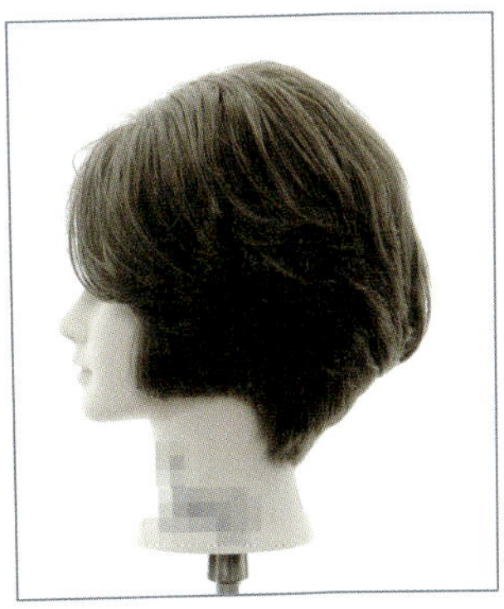

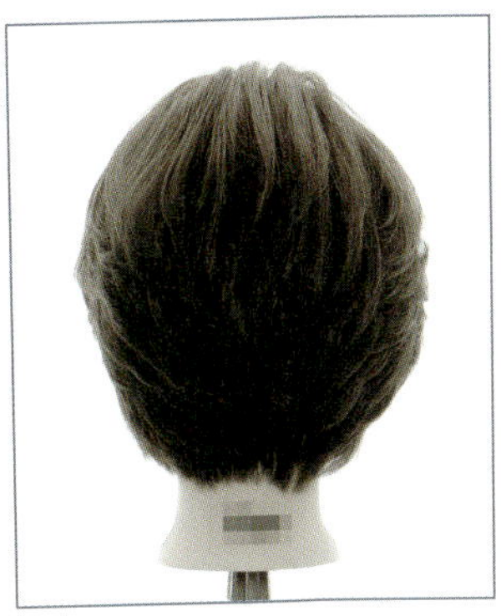

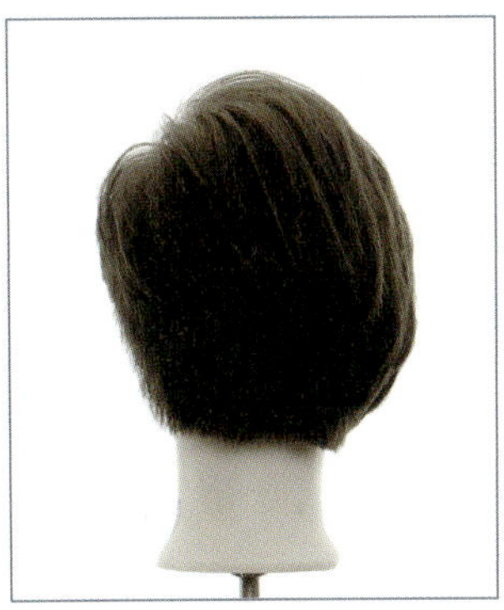

역삼각형 패턴 1

Graduation U라인 1

골격보정, 쳐내기방법

헤어스타일을 분석해서 커트의 순서를 먼저 생각한다.

1. 어디서부터 이 커트를 시작할지?
2. 처음 시작점의 길이가이드는?
3. 형태선은 어떤 형태선을 만들지?
4. 형태선에 맞는 슬라이스는 어떤 슬라이스로 활용할지?
5. 베이스는?
6. 모발이 겹쳐지는 중심축의 시술각의 선택은?
7. 뒷손질이 편한 질감처리는?

1 디자인 존과 형태선 존을 나누어서 전체적인 헤어스타일을 분석하고, 마무리를 빠르고 쉽게 시술할 수 있는 곳에서 시작한다. 길이가 짧은 형태선을 시술하므로 뒤에서부터 앞으로 시술한다.

2 두상에 볼륨과 입체감을 만들기 위하여 길이를 N.P. 3cm에서 시작한다.

3 아웃라인은 전체적으로 짧은 U라인을 만든다.

4 형태선 만들기는 가로와 사선으로, 중심축의 시술각 선택은 세로와 사선으로 곡선을 만들기 위한 전체적인 복합 슬라이스를 활용한다.

5 베이스는 두상을 그대로 연장하는 온더베이스를 활용하고, 모발이 없는 곳이나 형태선 만들기에는 오버다이렉션을 사용한다.

6 시술각의 활용은 G.P 아래는 모발이 두상대로 떨어지는 판넬의 맨밑은 자연시술각 90˚, 손가락각도 70˚로 시술하고 G.P 위는 두상을 걸쳐서 떨어지므로 일반시술각 90˚로 시술한다.

7 쳐내기의 방법은 양감조절, 질감조절 활용을 하여 시술한다.

이 스타일을 시술하기 위하여 주의할 점

형태선 존에서 모류보정을 하여 윗모발이 잘 표현되어여야 한다.

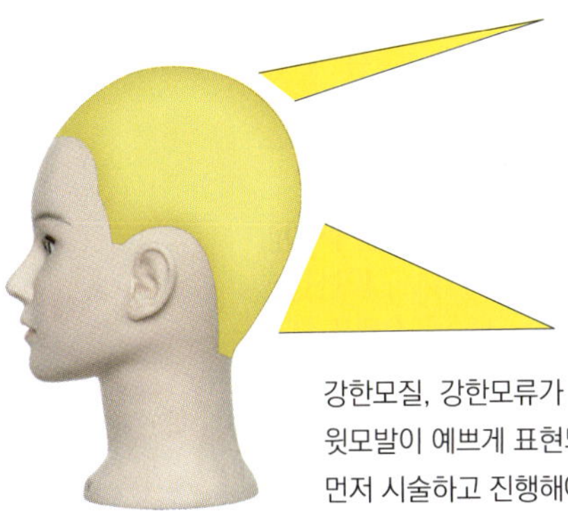

강한모질, 강한모류가 많아지면
윗모발이 예쁘게 표현되지 않기 때문에
먼저 시술하고 진행해야 한다.

시술순서

1. 형태선 존의 모류보정과 모량조절을 시술한다.

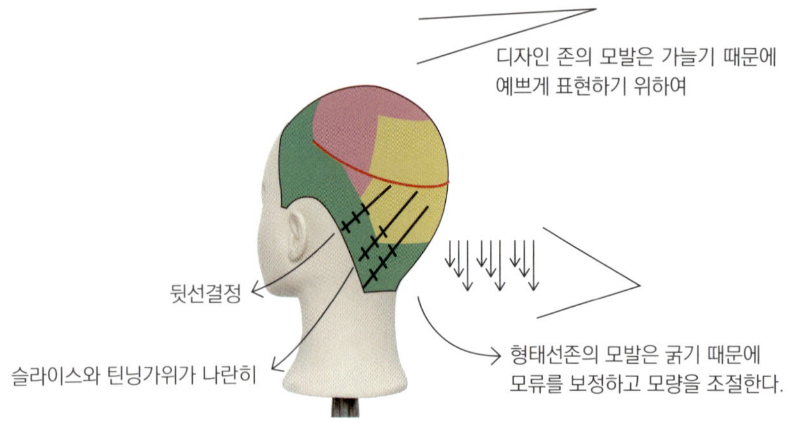

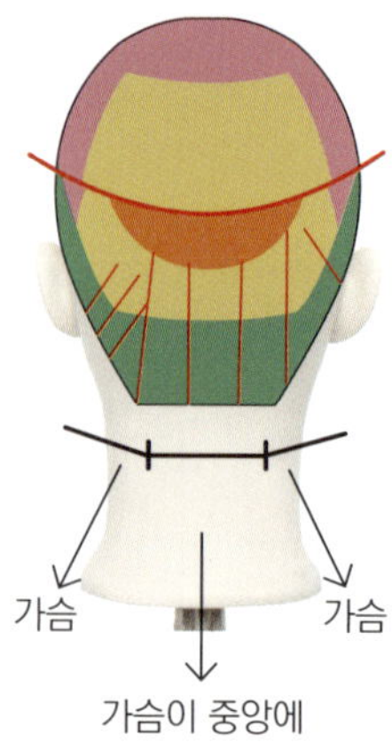

2. 중심축의 시술각을 결정하여 시술한다.

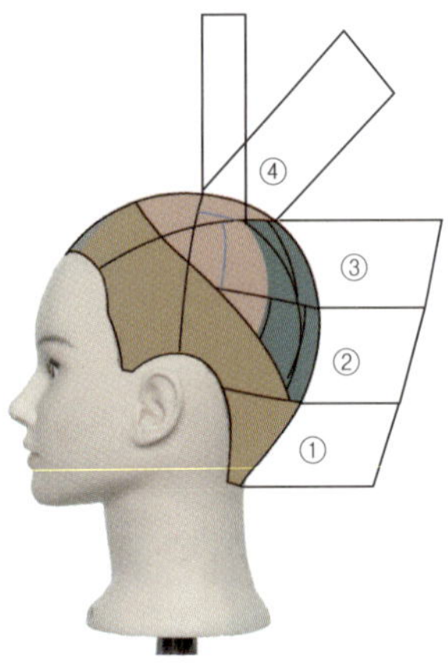

① U라인의 형태선을 먼저 시술한 후에 온더베이스, 자연시술각 70°로 시술한다.

② 길이가이드 : N.B.M.P에서 가져온다.
슬라이스 : ①② 중심축, 세로슬라이스 ③번은 뒷선형태선까지 사선으로 시술한다.
베이스 : 온더베이스로 시술한다.
시술각 : 제일 밑의 모발에 자연시술각 90° 손가락각도는 70°로 시술한다.

③ 길이가이드 : B.G.M.P에서 가져온다.
슬라이스 :①② 세로 ③ 사선 ④⑤ 중심축 길이가이드와 형태선 길이가이드를 사선으로 연결한다.
베이스 : 온더베이스로 시술한다.
시술각 : 자연시술각 90° 손가락각도는 70°로 시술한다.

④ 길이가이드 : G.P에서 가져온다.
슬라이스 : ①②③ 세로 ④⑤ 삼각형으로 그려서 튀어나온 모발을 체크한다.
베이스 : 온더베이스로 시술한다.
시술각 : G.P에서 일반시술각 90°로 다시 들어서 튀어나온 모발을 체크한다.
베이스는 두상을 그대로 연장하는 온더베이스, 모발이 없는 곳은 없는 만큼 당겨서 시술한다.

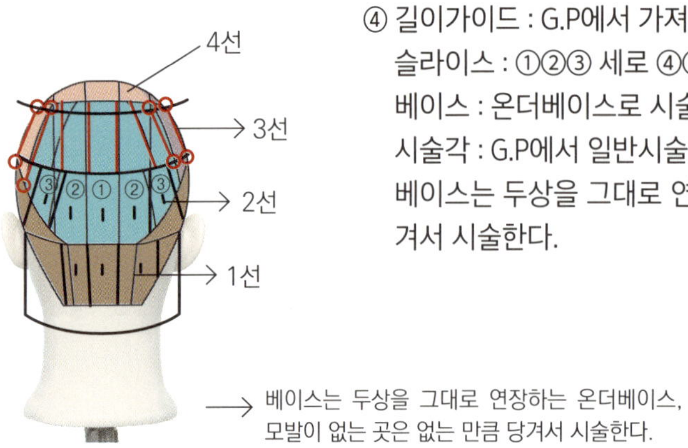

3. 옆선 만들기를 진행한다.

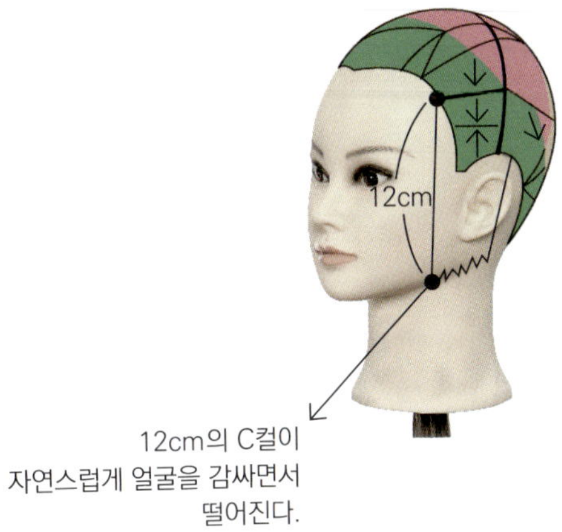

앞으로 떨어진 모발과 뒤로 떨어진 모발을 두상에 따라 나눈 후에 5cm 옆선의 영역을 나누며, 길이가이드를 12cm 선택한다. 옆선의 길이와 뒷 옆선의 길이가이드를 연결하고 옆선의 윗모발을 세로슬라이스 자연시술각 70°로 시술한다.

4. 앞머리표정 만들기를 시술한다.

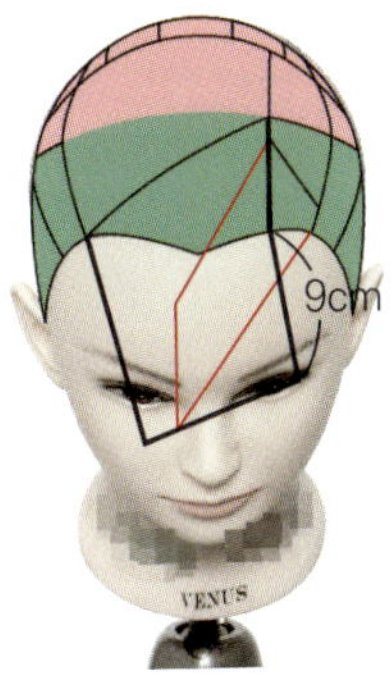

앞머리의 영역을 나눈 후에 7:3 가르마를 한다. 사선의 슬라이스를 나눈 후에 슬라이스와 평행하게 시술하고 반대쪽은 손가락을 더 기울여서 시술하며 앞머리의 연결부위는 앞쪽으로 살짝 밀어서 시술한다.

5. 질감처리를 진행한다.

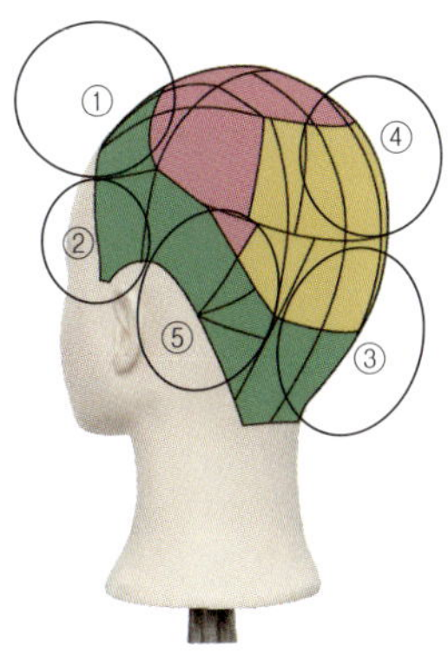

① 공기감을 주기 위해 모발 끝 5cm에서 커브가위로 도려낸다.
② 모량을 제거하기 위해 틴닝가위를 사선으로 시술한다.
③ 모량을 제거하기 위해 이너레이어 틴닝을 넣는다.
④ 볼륨을 주기 위해 이너그라데이션 틴닝을 넣는다.
⑤ 방향성을 제시하기 위한 틴닝을 넣는다.

1 형태선 만들기를 시술한다.

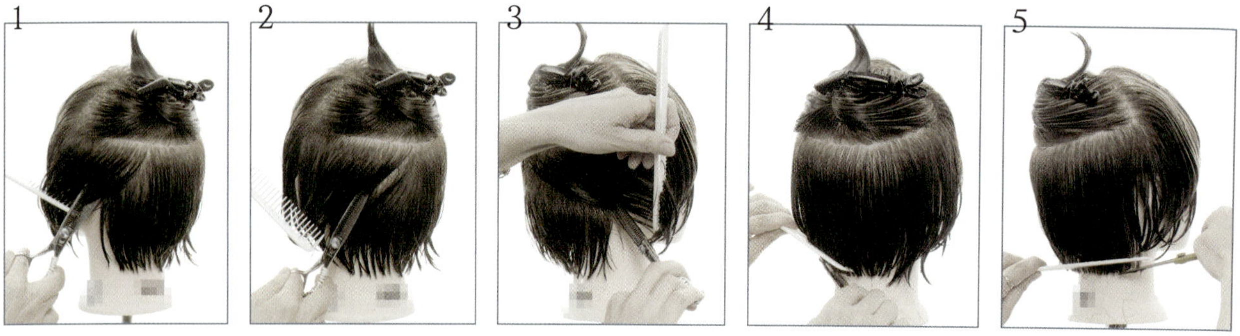

1 형태선 존과 디자인 존을 나눈 후에 형태선 존의 모류를 보정한다.
2 모발을 사선으로 빗질하고 앞모발이 짧고 뒷모발이 길어지게 틴닝으로 시술한다.
3 반대쪽도 동일한 방법으로 시술한다.
4,5 길이를 먼저 설정한 후에 U라인의 형태선을 뒷선영역까지 만든다.

2 형태선 존 영역에 층을 만든다.

1 모발이 제일 튀어나온 부분을 먼저 나눈 후에 중심의 판넬을 아래서 위로 잡고 두상이 함몰된대로 시술한다.
2 온더베이스로 세로로 슬라이스를 떠서 자연시술각 70°로 시술한다.
3 뒷선이 결정된 곳까지 중심에서는 세로슬라이스로 두상이 함몰된 곳으로 사선슬라이스, 온더베이스로 시술한다.
4 뒷선의 옆선영역에서 손가락각도 70°로 뒷옆선을 시술한다.
5 반대쪽도 동일한 방법으로 시술하고 뒷옆선을 시술한다.
6 남긴 모발을 내려서 중심축의 판넬부터 손가락각도 45°로 시술한다.
7 형태선에서의 길이가이드와 중심축의 길이가이드를 낫칭으로 연결한다.
8 반대쪽도 동일한 방법으로 시술한다.

3 디자인 존의 층을 모발의 제일 밑 판넬의 자연시술각 90°, 손가락각도 70°로 시술한다.

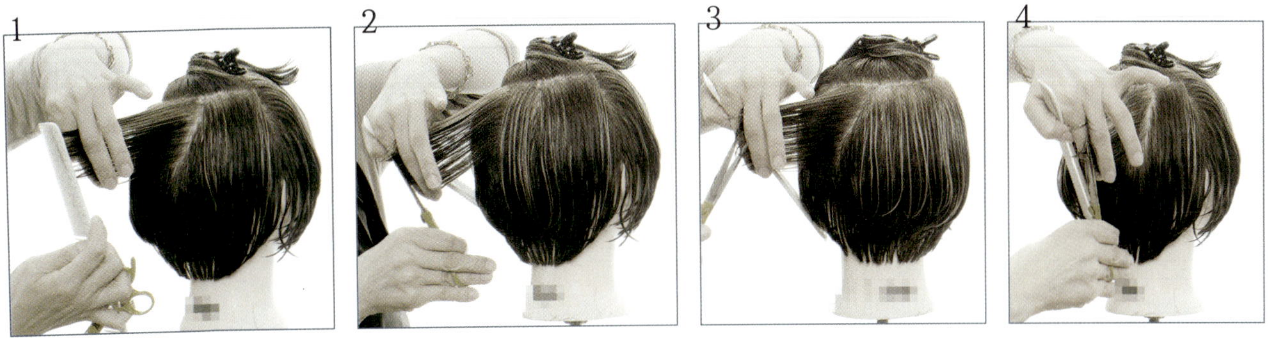

1 중심에서 세로슬라이스로 판넬을 떠서 온더베이스로 자연시술각 90° 손가락각도 70°로 시술한다.
2 중심축의 2판넬을 세로로 판넬을 떠서 자연시술각 90° 손가락각도 70°로 시술한다.
3 중심축에서 길이가이드와 형태선의 길이가이드를 사선으로 떠서 낫칭으로 시술한다.
4 반대쪽도 동일한 방법으로 시술한다.

4 디자인 존 3번 영역을 G.P의 온더베이스로 일반시술각 90°로 시술한다.

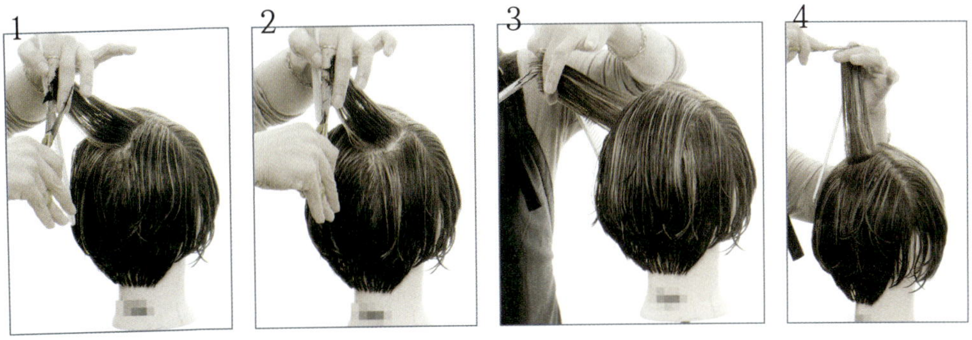

1 중심축에서 세로로 판넬을 떠서 G.P일반시술각 90°로 시술한다.
2 중심축의 3판넬은 세로로 떠서 온더베이스로 시술한다.
3 나머지 부분은 삼각형으로 판넬을 떠서 튀어나온 모발을 낫칭으로 시술한다.
4 다시 한번 모발을 들어서 코너진 부분을 낫칭으로 시술한다.

5 앞내림 사선의 옆선 만들기를 진행한다.

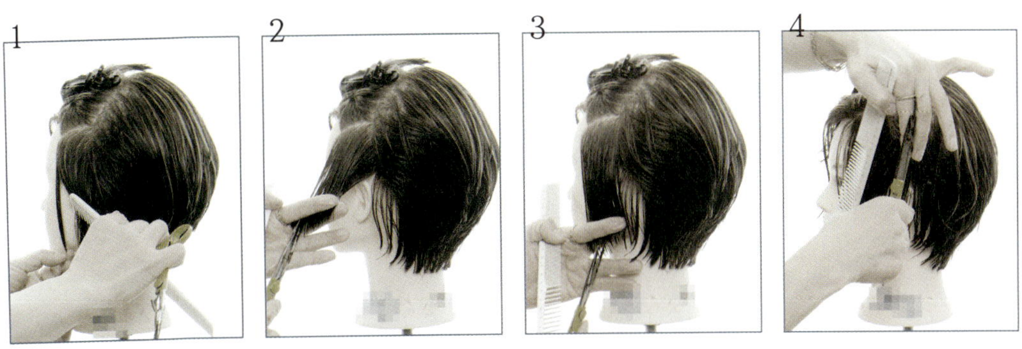

1 앞머리와 뒷머리를 나눈 후에 5cm의 영역을 가로로 나눈 후 모발이 떨어지는 곳에서 삼각형을 떠서 길이가이드를 설정한다.
2 가로 판넬의 3/1영역을 자연시술각 70°로 시술한다.
3 다시 한번 튀어나온 모발을 다듬는다.
4 자연시술각 70°로 시술한 후에 다음 판넬은 E,P쪽으로 당겨서 시술한다.

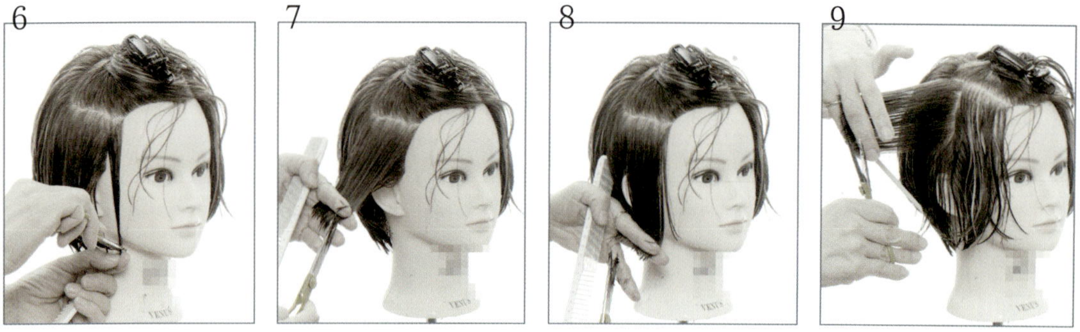

5　반대쪽도 길이 가이드를 먼저 설정한다.
6　가슴이 E.P쪽으로 모발을 당겨서 앞내림 사선으로 시술한다.
7　모발이 떨어진 상태에서 형태선은 다시 한번 다듬는다.
8　나머지 모발은 자연시술각 70°로 시술한다. 앞모발은 E.P쪽으로 모발을 당겨서 앞내림 사선으로 시술한다.

6 앞내림 사선의 옆선 만들기를 진행한다.

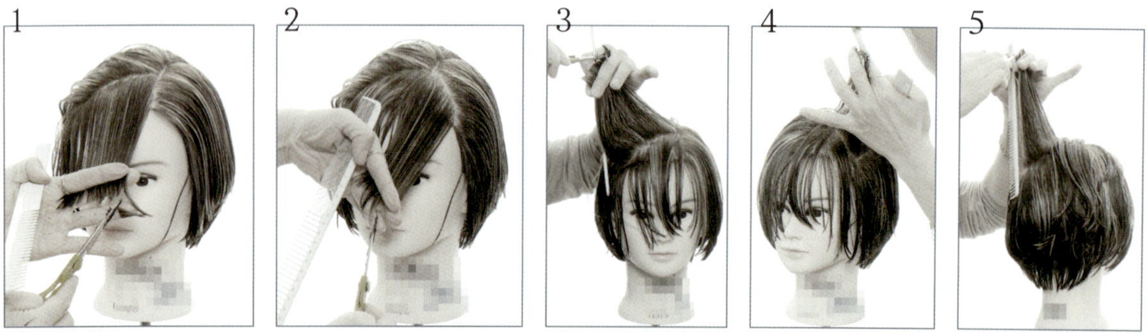

1　가르마를 7;3으로 나눈 후에 사선으로 파팅을 나누어서 슬라이스와 평행하게 낫칭으로 시술한다.
2　반대편을 폭이 좁아 손가락을 틀어서 시술한다.
3　앞머리의 연결영역은 일반시술각 90°(유니폼 레이어)로 시술한다.
4　반대쪽에서 온 길이가이드와 옆선의 길이가이드를 사선으로 연결한다.
5　앞머리 연결부위의 영역과 뒷머리를 연결한다.

7 쳐내기의 방법을 이용하여 뒷손질이 드라이 한 것처럼 표현한다.

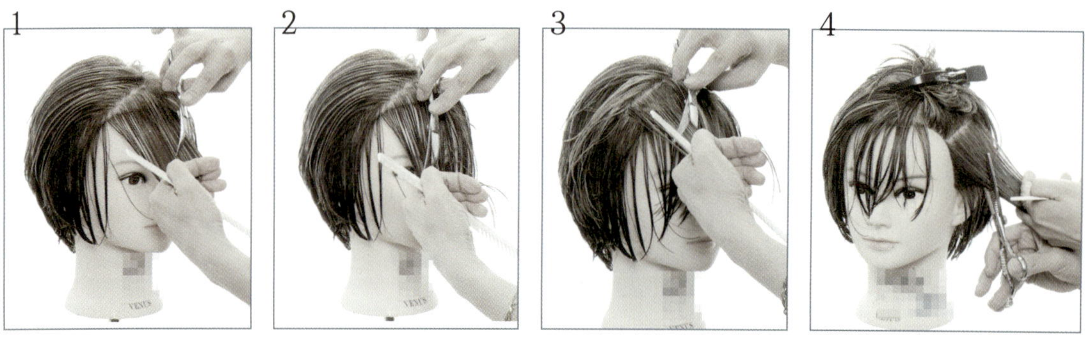

1　커브가위로 모발 끝 5cm에서 빽컷을 진행한다.
2.3　한판넬은 모발을 도려내고 한판넬은 모발을 남기면서 시술하여 공기감과 모발의 흐름을 만들어서 드라이 한 것처럼 표현한다.
4　모발량이 많은 부분은 틴닝가위를 사선으로 하여 모량을 제거한다.

5

6

7
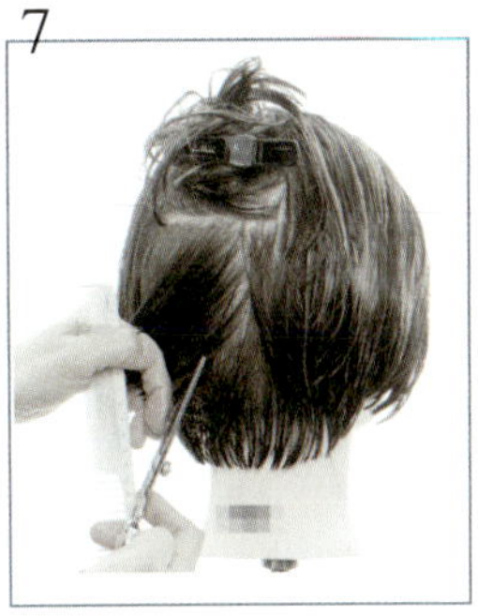
8
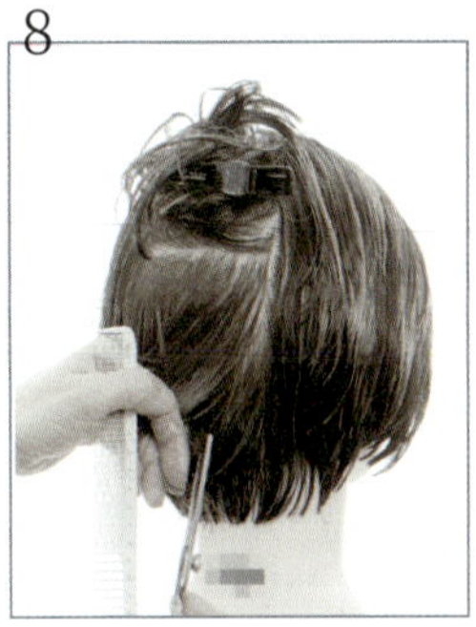
9
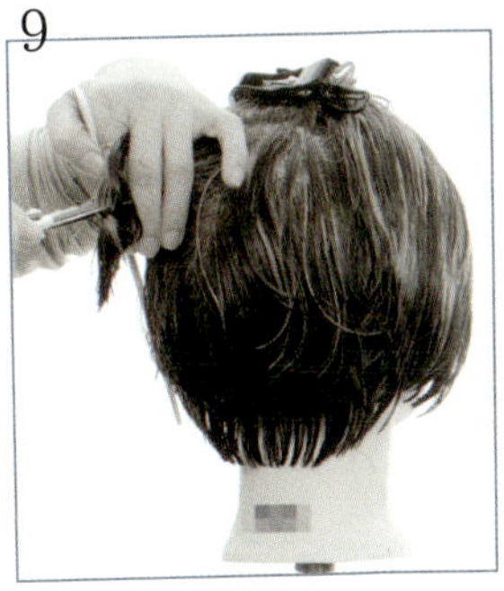
10
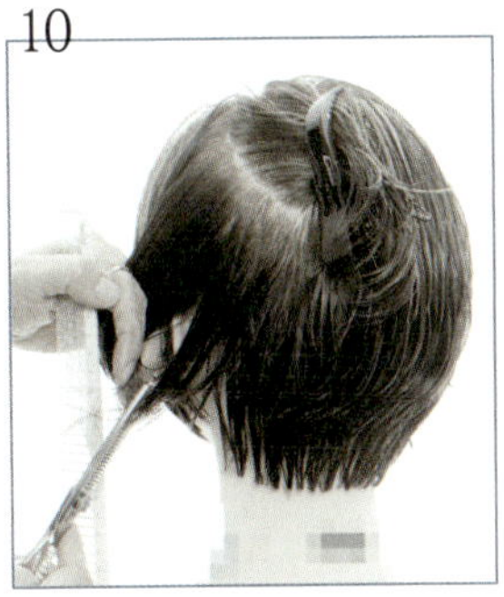
11
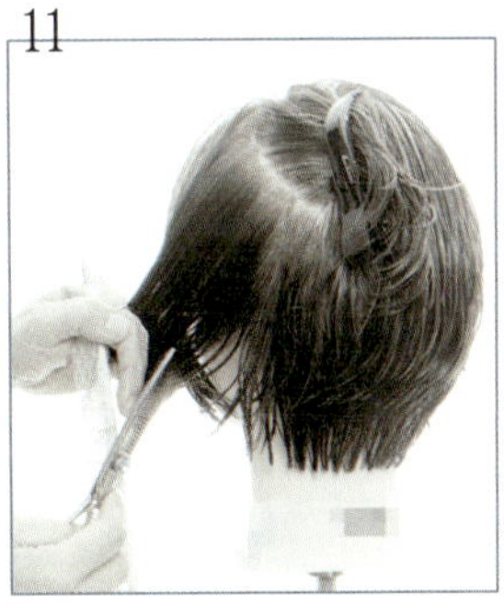
12

13
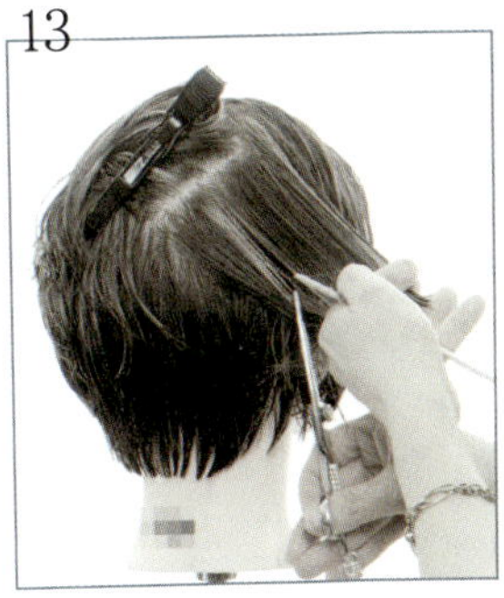
14
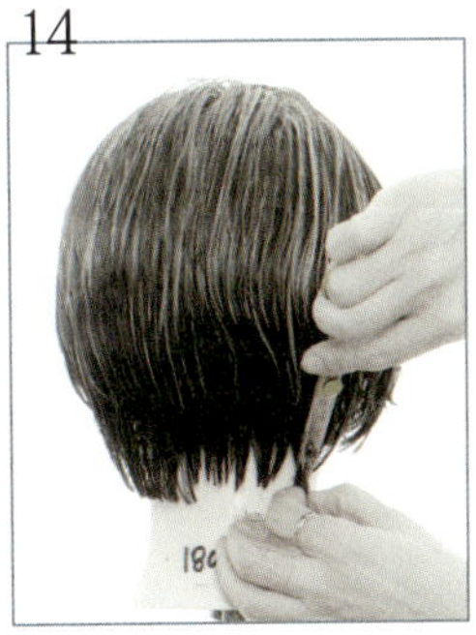

5 반대쪽도 동일한 방법으로 진행한다.
6 모량이 많은 부분은 틴닝을 사선으로 하여 진행한다.
7 형태선 존에 해당하는 부분은 이너레이어 틴닝을 진행한다.
8 밑모발이 길고 윗모발이 짧게 틴닝을 넣어 모량을 많이 제거한다.
9 모발 끝에 볼륨을 주기 위한 방법으로 모발을 3판넬을 나누어서 속모발에만 C커브를 그리면서 틴닝을 넣는다.
10 방향성을 주기 위하여 틴닝을 사선으로 넣는다.
11,12 윗모발이 짧고 아랫모발이 길게 사선으로 틴닝을 넣어 귀바퀴방향으로 모발이 흐르도록 한다.
13 반대쪽도 동일한 방법으로 윗모발이 짧게 사선으로 넣어 틴닝을 시술한다.
14 커브가위로 두꺼운 모질을 제거하면서 형태선을 다듬는다.

시술종료

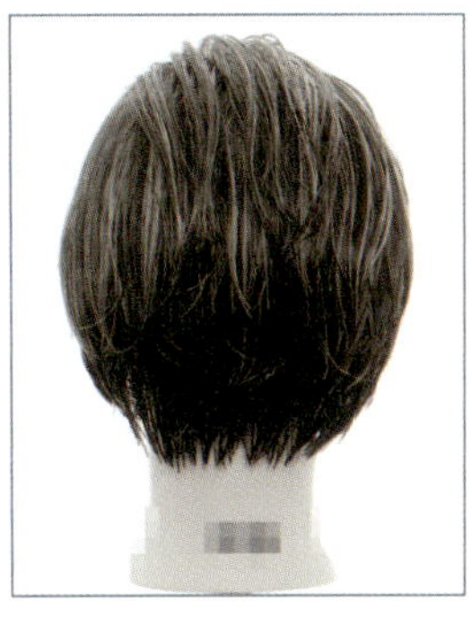

역삼각형 패턴 2

Graduation U라인 2

골격보정, 쳐내기방법

헤어스타일을 분석해서 커트의 순서를 먼저 생각한다.

1. 어디서부터 이 커트를 시작할지?
2. 처음 시작점의 길이가이드는?
3. 형태선은 어떤 형태선을 만들지?
4. 형태선에 맞는 슬라이스는 어떤 슬라이스로 활용할지?
5. 베이스는?
6. 모발이 겹쳐지는 중심축의 시술각의 선택은?
7. 뒷손질이 편한 질감처리는?

1 디자인 존과 형태선 존을 나누어서 전체적인 헤어스타일을 분석하고, 쉽고 빠르게 시술할 수 있는 곳에서 시작한다. 길이가 짧은 형태선을 시술하므로 뒤에서부터 앞으로 시술한다.

2 두상에 볼륨과 입체감을 만들기 위하여 길이를 N.P. 2cm에서 시작한다.

3 아웃라인은 전체적으로 짧은 U라인을 만든다.

4 형태선 만들기는 가로와 사선으로, 중심축의 시술각 선택은 세로와 사선으로 곡선을 만들기 위한 전체적인 복합 슬라이스를 활용한다.

5 베이스는 두상을 그대로 연장하는 온더베이스를 활용하고, 모발이 없는 곳이나 형태선 만들기에는 오버다이렉션을 사용한다.

6 시술각의 활용은 G.P 아래는 모발이 두상대로 떨어지는 판넬의 맨밑은 자연시술각 90°, 손가락각도는 70°로 시술하고 G.P 위는 두상을 걸쳐서 떨어지므로 일반시술각 90°로 시술한다.

7 쳐내기의 방법은 양감조절, 질감조절 활용을 하여 시술한다.

이 스타일을 시술하기 위하여 주의할 점

형태선 존에서 모류보정을 하여 윗모발이 잘 표현되어야 한다.

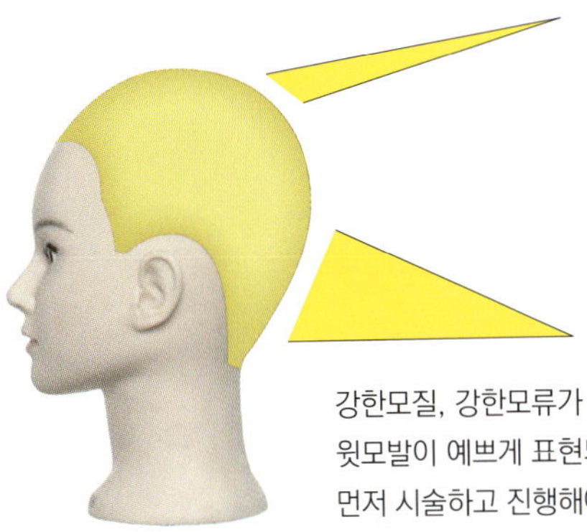

강한모질, 강한모류가 많아지면 윗모발이 예쁘게 표현되지 않기 때문에 먼저 시술하고 진행해야 한다.

시술순서

1. 형태선 존의 모류보정과 모량조절을 시술한다.

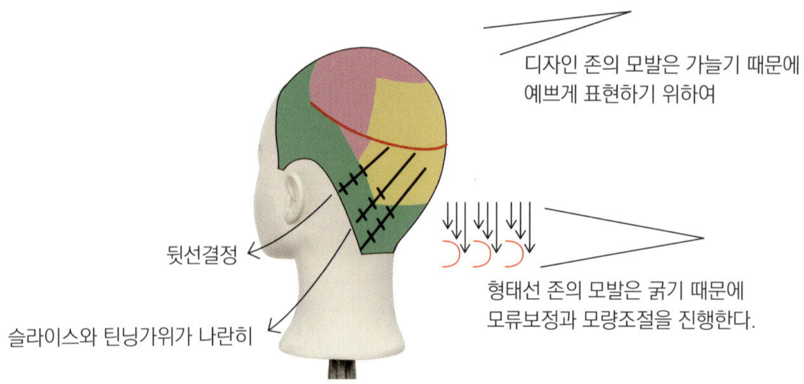

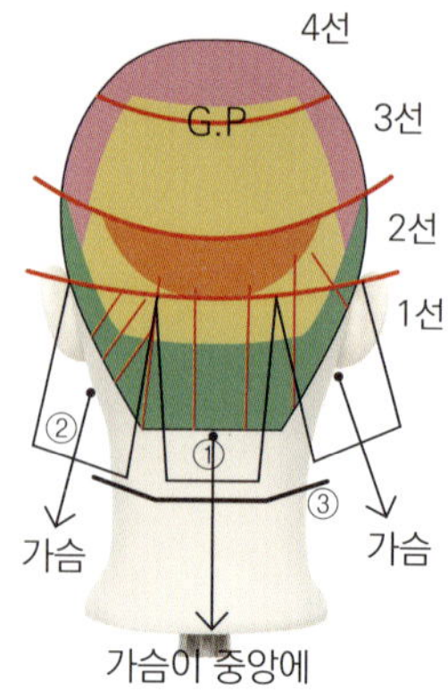

2. 중심축의 시술각을 결정하여 시술한다.

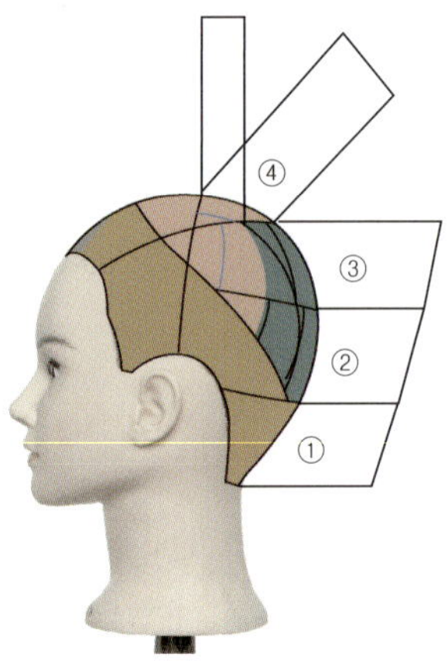

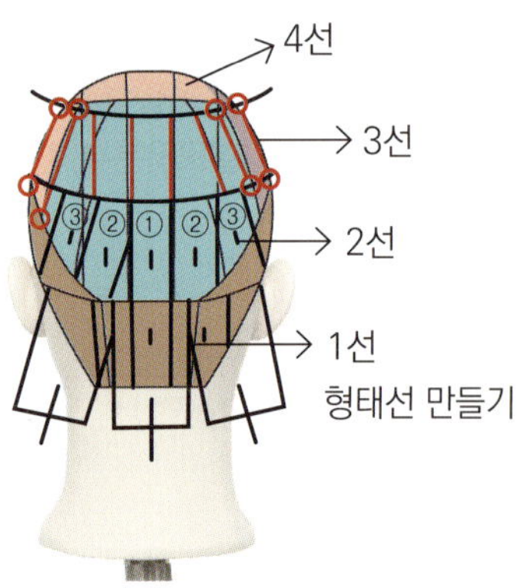

① U라인의 형태선을 먼저 시술한 후에 온더베이스, 자연시술각 70°로 시술한다.

② 길이가이드 : N.B.M.P에서 가져온다.
  슬라이스 : ①② 중심축, 세로슬라이스 ③번은 뒷선형태선까지 사선으로 시술한다.
  베이스 : 온더베이스로 시술한다.
  시술각 : 제일 밑의 모발에 자연시술각 90° 손가락각도는 70°로 시술한다.

③ 길이가이드 : B.G.M.P에서 가져온다.
  슬라이스 :①② 세로 ③ 사선 ④⑤ 중심축 길이가이드와 형태선 길이가이드를 사선으로 연결한다.
  베이스 : 온더베이스로 시술한다.
  시술각 : 자연시술각 90° 손가락각도는 70°로 시술한다.

④ 길이가이드 : G.P에서 가져온다.
  슬라이스 : ①②③ 세로 ④⑤ 삼각형으로 그려서 튀어나온 모발을 체크한다.
  베이스 : 온더베이스로 시술한다.
  시술각 : G.P에서 일반시술각 90°로 다시 들어서 튀어나온 모발을 체크한다.
  베이스는 두상을 그대로 연장하는 온더베이스, 모발이 없는 곳은 없는 만큼 당겨서 시술한다.

3. 옆선 만들기를 진행한다.

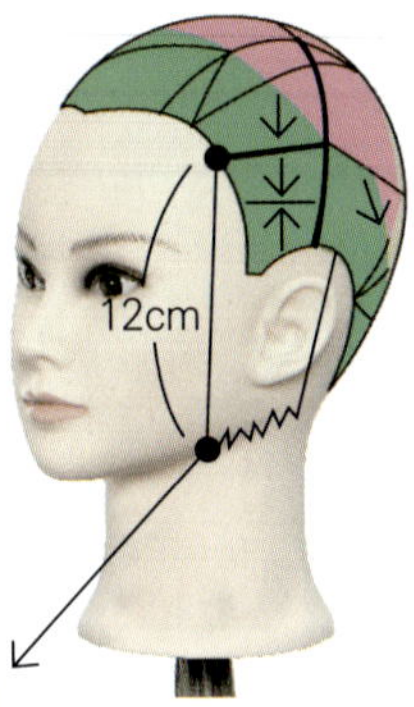

앞으로 떨어진 모발과 뒤로 떨어진 모발을 두상에 따라 나눈 후 5cm 옆선의 영역을 나누며, 길이가이드를 12cm 선택한다. 옆선의 길이와 뒷 옆선의 길이가이드를 연결하고 옆선의 윗모발을 세로슬라이스 자연시술각 70°로 시술한다.

4. 앞머리표정 만들기를 시술한다.

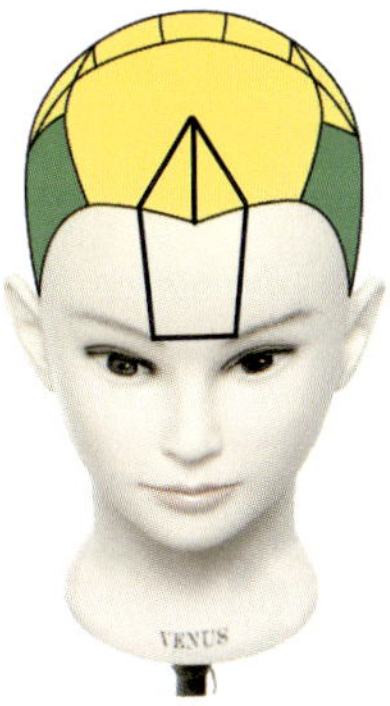

앞머리 영역을 나눈 후에 중심축에서 삼각형 파팅을 나누어서 일직선을 시술한다.

5. 질감처리를 진행한다.

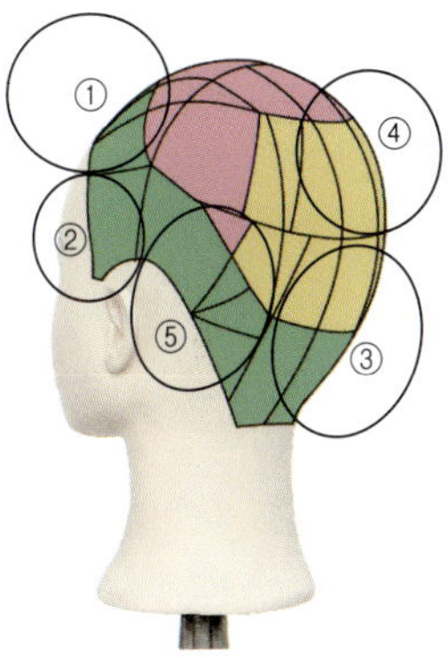

① 공기감을 주기 위해 모발 끝 5cm에서 커브가위로 도려낸다.
② 모량을 제거하기 위해 틴닝가위를 사선으로 시술한다.
③ 모량을 제거하기 위해 이너레이어 틴닝을 넣는다.
④ 볼륨을 주기 위해 이너그라데이션 틴닝을 넣는다.
⑤ 방향성을 제시하기 위한 틴닝을 넣는다.

1 형태선 존에서 U라인의 형태선을 만든다.

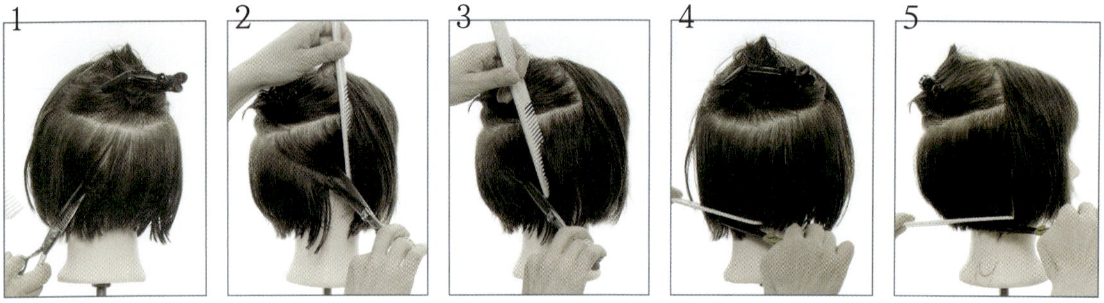

1 형태선 존에서 모류보정과 모량조절을 진행한다.
2 모발을 앞쪽으로 빗질하고 틴닝을 슬라이스와 동일하게 사선으로 넣어 앞모발이 짧고 뒷모발이 길어지게 시술한다.
3 모발이 두껍고 모발이 많은 곳에는 한번 더 시술해도 된다.
4,5 형태선 존에는 U라인의 형태선을 뒷선까지 진행한다.

2 형태선 존의 층을 결정한다.

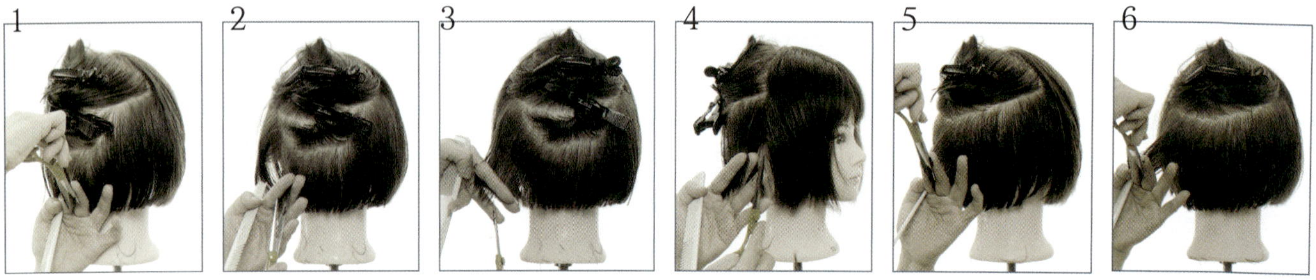

1 튀어나온 모발을 따로 떠 놓은 후 밑모발에 중심축에서 층을 결정한다.
2 세로슬라이스, 온더베이스로 시술하고 모발이 없는 사이드는 베이스를 중심축으로 당겨서 시술한다.
3 뒷선의 옆선에 해당하는 부분에 뒷옆선의 형태선을 시술한다.
4 반대쪽도 동일한 방법으로 U라인의 형태선을 시술한다.
5 남겨둔 모발을 내려서 아래서 위로 판넬을 잡고 자연시술각 70°로 시술한다.
6 함몰된 부분은 사선으로 슬라이스를 떠서 시술한다.

3 디자인 존의 층을 결정한다.

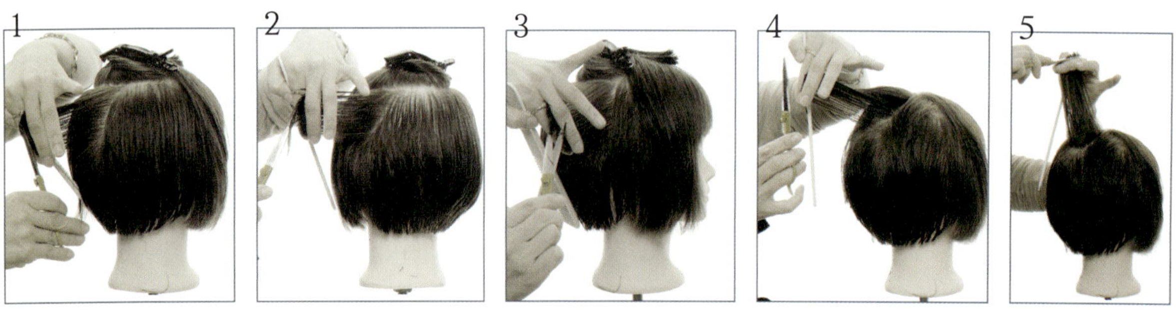

1 중심축에서 판넬을 떠서 자연시술각 90° 손가락각도 70°로 시술한다.
2 중심축의 1,2,세로슬라이스로 온더베이로 시술한다.
3 3번째는 사선슬라이스로 판넬을 떠서 시술한다.
4 이곳은 두상을 거쳐서 모발이 떨어지므로 G.P에서 두상각도 90°로 시술한다.
5 시술한 후에 모발을 똑바로 들어서 코너 부분을 다시 한번 시술한다.

4 커브가위로 형태선을 다시 한번 다듬는다.

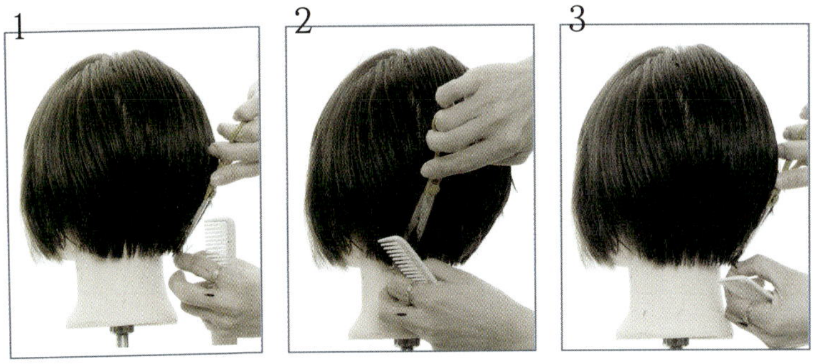

1.2.3 거브가위로 모질이 두꺼운 부분을 위에서 아래로 가볍게 형태선을 다듬는다.

5 옆선 만들기를 진행한다.

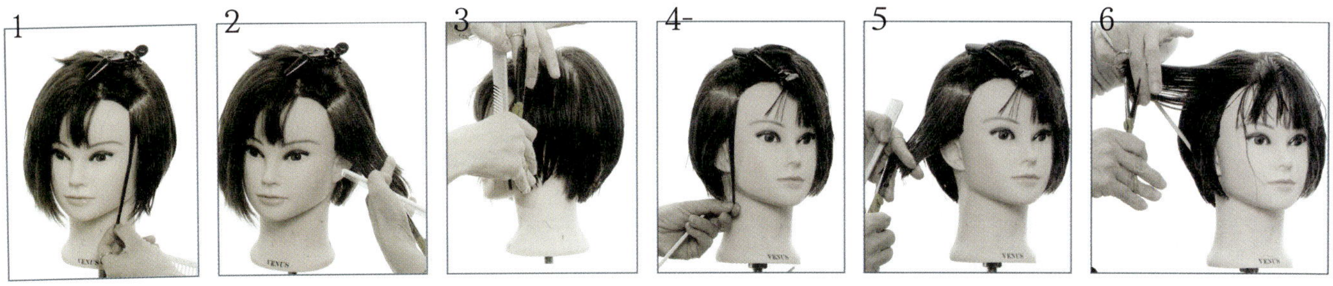

1 앞머리와 뒷머리를 먼저 나눈 후에 5cm의 옆선의 영역을 나누어서 길이가이드를 설정한다.
2 가슴이 E,P에 있는 상태에서 베이스를 살짝당겨서 앞내림의 옆선을 시술한 후 형태선을 다시 한번 다듬는다.
3 디자인 존의 모발과 형태선의 모발을 세로로 하여 튀어나온 모발을 낫칭으로 정리한다.
4 반대쪽의 옆선 만들기를 시술한다.
5 반대쪽과 동일하게 앞내림 사선의 옆선을 시술한 후 형태선을 다시 한번 다듬는다.
6 E.P쪽으로 베이스를 당겨서 시술한다.

6 앞머리표정 만들기를 시술한다.

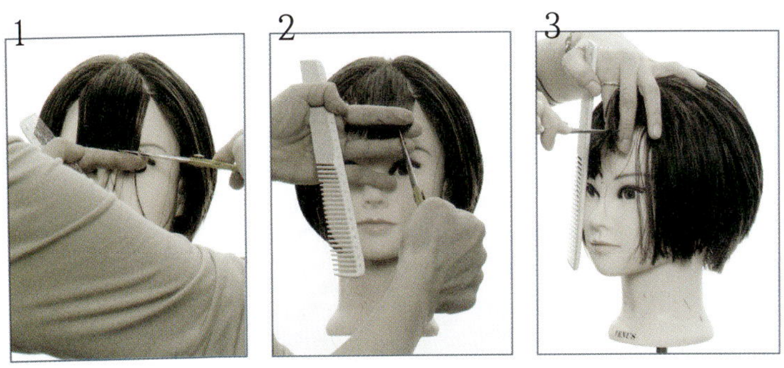

1 중심에서 삼각형을 떠서 일직선을 시술한다.
2 무거운 모발을 들어서 낫칭으로 시술한다.
3 속모발이 짧아지게 틴닝을 넣는다.

7 쳐내기방법을 이용하여 뒷 손질이 드라이 한 것처럼 표현한다.

1

2

3

4

5
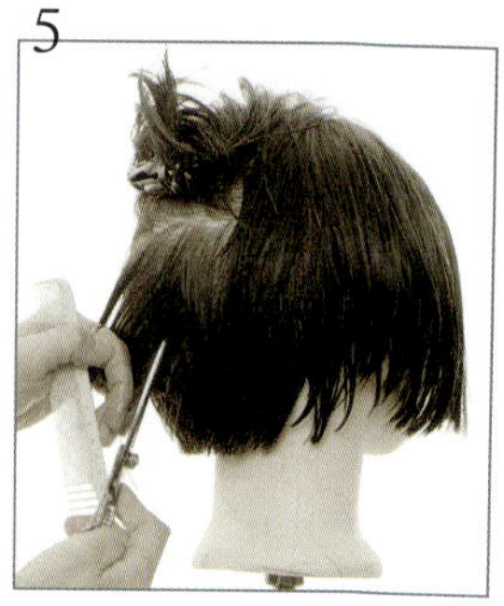
6
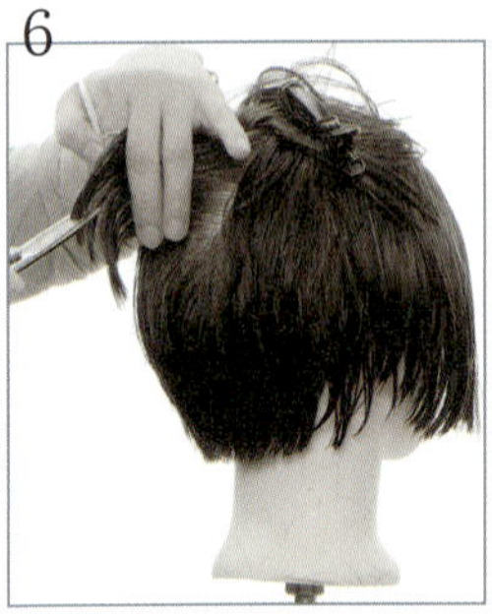
7

8

9

10

1 무거운 모발을 찾아서 모발이 흐르는 반대 방향으로 잡는다.
2 모발의 판넬을 잡고 틴닝을 사선으로 넣어 공기감을 만든다.
3 다음 판넬은 이전과 반대로 모발을 잡고 시술한다.
4 모발이 뭉쳐있는 부분은 커브가위로 빽컷을 하여 도려낸다.
5 형태선 존의 모발이 겹치는 부분의 모량을 제거하기 위하여 이너레이어 틴닝을 넣는다.
6 볼륨을 만들기 위하여 이너그라데이션 틴닝을 넣는다.
7.8 모발의 방향을 주기 위하여 틴닝으로 윗모발이 짧고 아랫모발이 길어지게 시술한다.
9.10 반대쪽도 동일한 방법으로 윗모발이 짧아지게 시술하여 귀바퀴방향으로 C컬을 만들어 준다.

시술종료

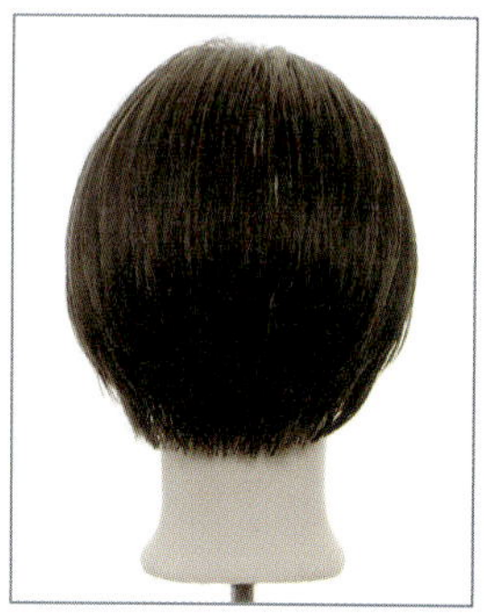

역삼각형 패턴 3 Graduation U라인 3

골격보정, 쳐내기방법

헤어스타일을 분석해서 커트의 순서를 먼저 생각한다.

1. 어디서부터 이 커트를 시작할지?
2. 처음 시작점의 길이가이드는?
3. 형태선은 어떤 형태선을 만들지?
4. 형태선에 맞는 슬라이스는 어떤 슬라이스로 활용할지?
5. 베이스는?
6. 모발이 겹쳐지는 중심축의 시술각의 선택은?
7. 뒷손질이 편한 질감처리는?

1 디자인 존과 형태선 존을 나누어서 전체적인 헤어스타일을 분석하고, 쉽고 빠르게 시술할 수 있는 곳에서 시작한다. 길이가 짧은 형태선을 시술하므로 뒤에서부터 앞으로 시술한다.

2 두상에 볼륨과 입체감을 만들기 위하여 길이를 N.P. 2cm에서 시작한다.

3 아웃라인은 전체적으로 짧은 U라인을 만든다.

4 형태선 만들기는 가로와 사선으로, 중심축의 시술각 선택은 세로와 사선으로 곡선을 만들기 위한 전체적인 복합 슬라이스를 활용한다.

5 베이스는 두상을 그대로 연장하는 온더베이스를 활용하고, 모발이 없는 곳이나 형태선 만들기에는 오버다이렉션을 사용한다.

6 시술각의 활용은 G.P 아래는 모발이 두상대로 떨어지는 판넬의 맨밑은 자연시술각 90°, 손가락각도 70°로 시술하고 G.P 위는 두상을 걸쳐서 떨어지므로 일반시술각 90°로 시술한다.

7 쳐내기의 방법은 양감조절, 질감조절 활용을 하여 시술한다.

이 스타일을 시술하기 위하여 주의할 점

형태선 존에서 모류보정을 하여 윗모발이 잘 표현되어야 한다.

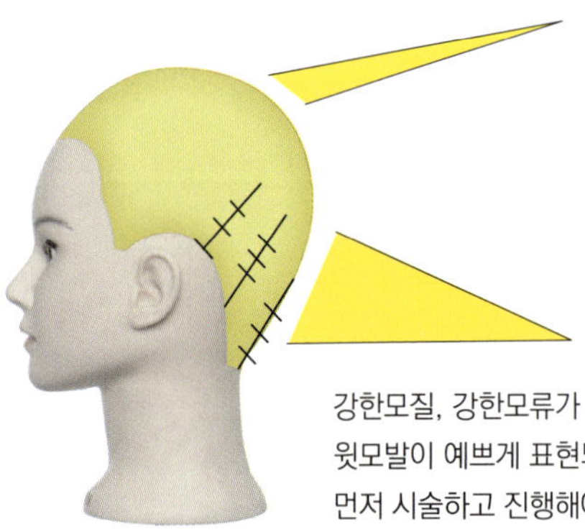

강한모질, 강한모류가 많아지면 윗모발이 예쁘게 표현되지 않기 때문에 먼저 시술하고 진행해야 한다.

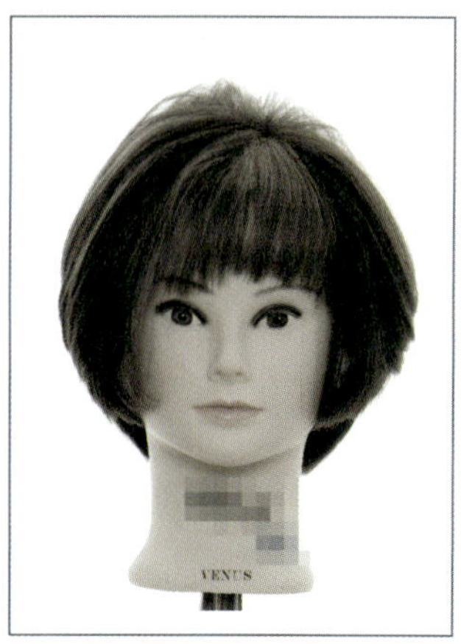

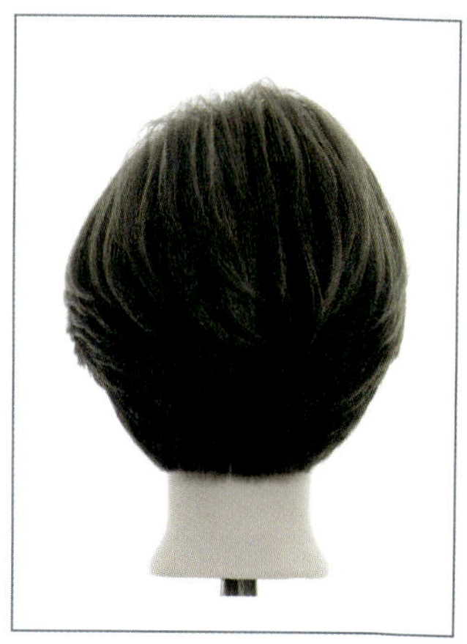

시술순서

1. 형태선 존의 모류보정과 모량조절을 시술한다.

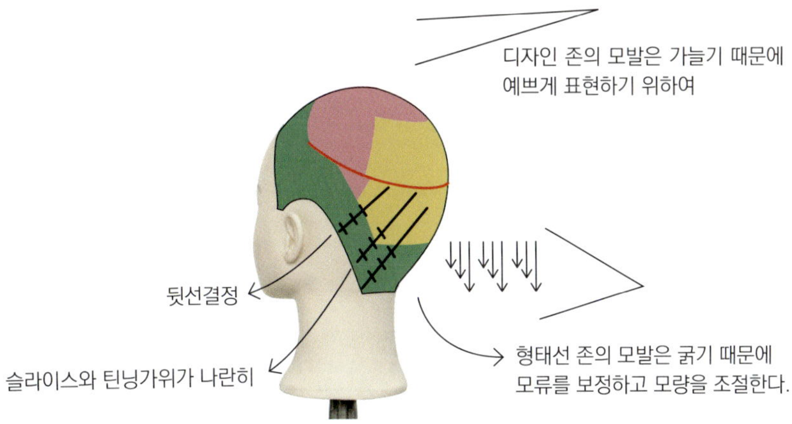

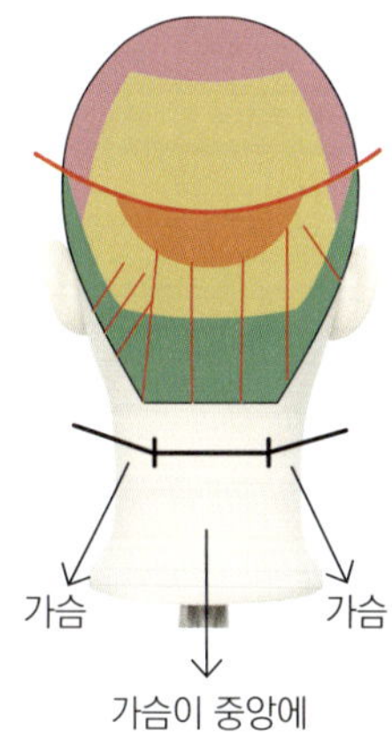

2. 중심축의 시술각을 결정하여 시술한다.

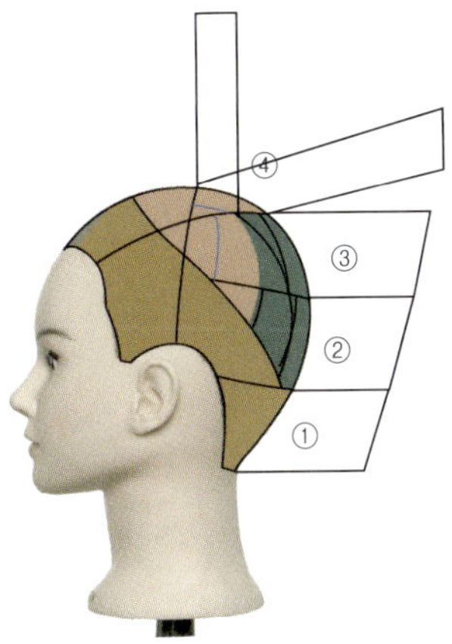

① U라인의 형태선을 먼저 시술한 후에 온더베이스, 자연시술각 70°로 시술한다.
② 길이가이드 : N.B.M.P에서 가져온다.
  슬라이스 : ①② 중심축, 세로슬라이스 ③번은 뒷선형태선까지 사선으로 시술한다.
  베이스 : 온더베이스로 시술한다.
  시술각 : 제일 밑의 모발에 자연시술각 90° 손가락각도는 70°로 시술한다.
③ 길이가이드 : B.G.M.P에서 가져온다.
  슬라이스 :①② 세로 ③ 사선 ④⑤ 중심축 길이가이드와 형태선 길이가이드를 사선으로 연결한다.
  베이스 : 온더베이스로 시술한다.
  시술각 : 자연시술각 90° 손가락각도는 70°로 시술한다.
④ 길이가이드 : G.P에서 가져온다.
  슬라이스 : ①②③ 세로 ④⑤ 삼각형으로 그려서 튀어나온 모발을 체크한다.
  베이스 : 온더베이스로 시술한다.
  시술각 : G.P에서 일반시술각 90°로 다시 들어서 튀어나온 모발을 체크한다.
  베이스는 두상을 그대로 연장하는 온더베이스, 모발이 없는 곳은 없는 만큼 당겨서 시술한다.

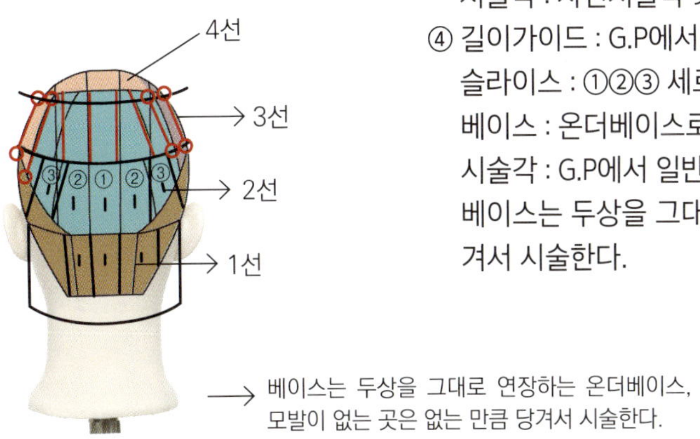

3. 옆선 만들기를 진행한다.

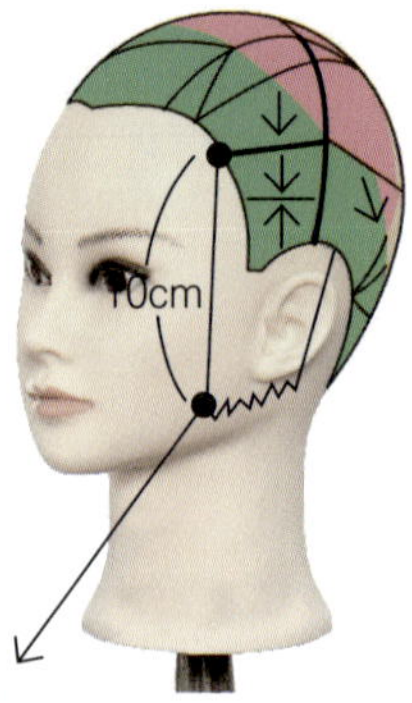

앞으로 떨어진 모발과 뒤로 떨어진 모발의 두상을 나눈 후에 5cm 옆선의 영역을 나눈 후, 길이가이드를 10cm 선택한다. 옆선의 길이와 뒷 옆선의 길이 가이드를 연결하고 옆선의 윗모발을 세로슬라이스 자연시술각 70°로 시술한다.

4. 앞머리표정 만들기를 시술한다.

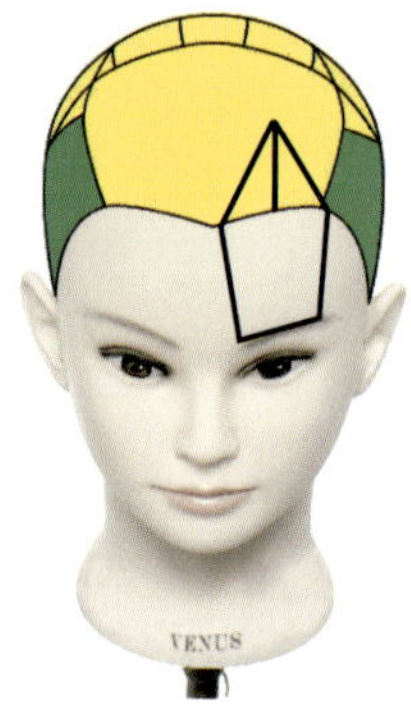

6:4 영역에서 삼각형을 떠서 빗질하여 눈썹과 아이라인 사이에서 일직선으로 시술한다.

나의 작품 디자인 해보기

Graduation U라인 3	도해도그리기 (뒤)	도해도그리기 (앞, 옆)
시술순서		

1 뒷선의 형태선 만들기를 진행한다.

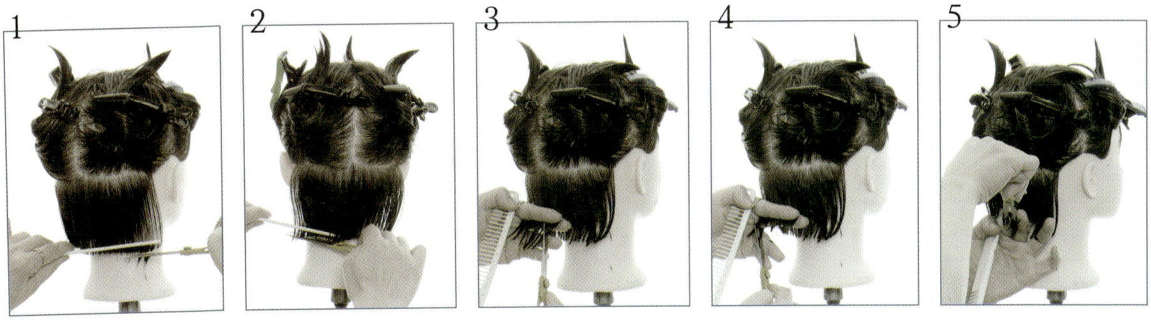

1 길이가이드를 먼저 설정한다.
2 U라인의 형태선을 만든다.
3 가로 슬라이스로 시술각을 중심축에서 결정한다.
4 옆선에 가이드와 중심축의 가이드를 연결하여 낫칭으로 시술한다.
5 가로슬라이스로 시술한 모발을 세로로 다시 한번 체크한다.

2 형태선 존의 층을 결정한다.

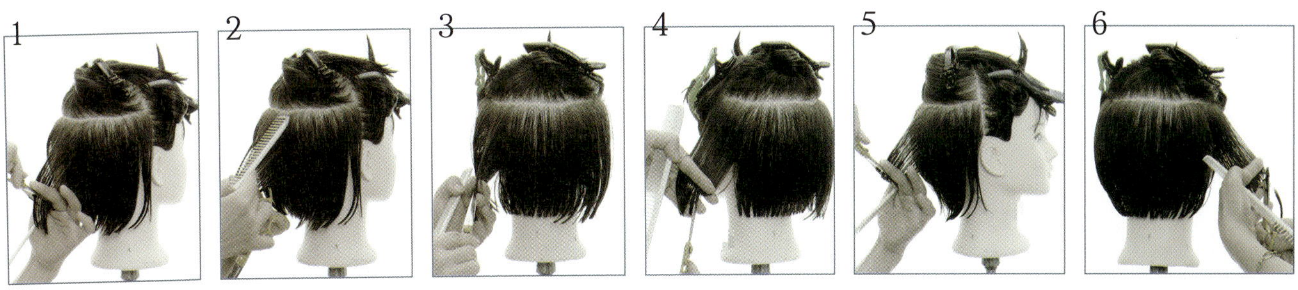

1 중심축에서 세로로 판넬을 떠서 자연시술각 70˚로 시술한다.
2 형태선 존의 중심축에서 최소한의 모발의 길이가 10cm를 넘어야 볼륨이 만들어진다.
3 뒷선이 결정된 곳까지 시술한다. 이곳을 사선으로 슬라이스를 떠서 시술한다.
4 뒷옆선의 형태선의 기울기를 만들어 준다.
5.6 반대편도 동일한 방법으로 시술한다.

3 디자인 존의 영역에 시술각을 결정한다.

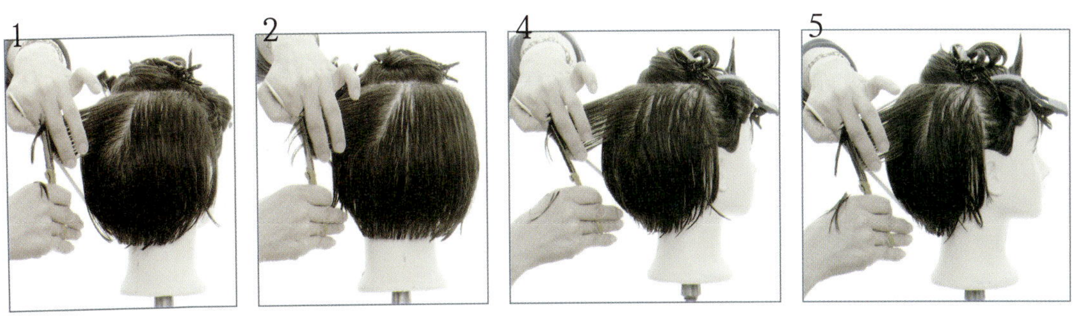

1 중심축에서 세로로 슬라이스를 뜨고 자연시술각 90˚ 손가락각도 70˚로 시술한다.
2 두상이 함몰된 영역을 사선으로 슬라이스를 떠서 낫칭으로 시술한다.
3 중심축의 길이가이드와 형태선의 길이가이드를 낫칭으로 연결한다.
4.5 반대쪽도 동일한 방법으로 시술한다.

4 디자인 존 3 영역의 시술각을 결정한다.

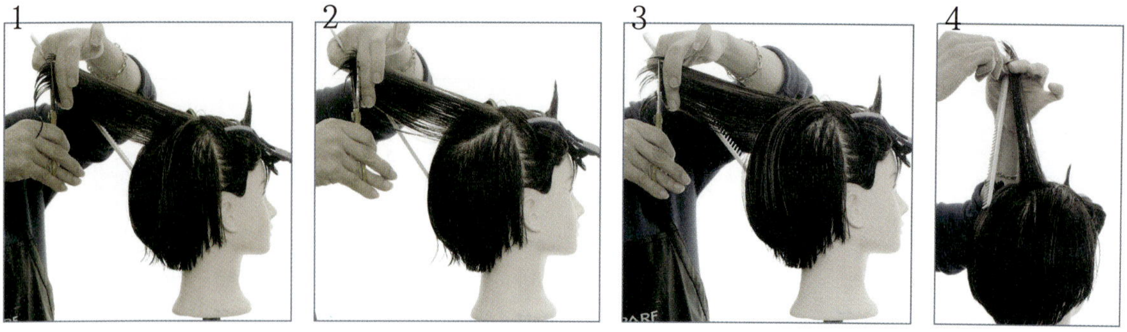

1 자연시술각 90˚, 손가락각도 70˚로 시술한다.
2 세로슬라이스로 판넬을 떠서 자연시술각 90˚ 손가락각도 70˚로 시술한다.
3 중심축에서 벗어난 모발은 삼각형 판넬을 떠서 튀어나온 모발을 낫칭으로 시술한다.
4 앞머리의 연결부위와 뒷머리를 세로 슬라이스로 똑바로 빗질하여 튀어나온 모발을 시술한다.

5 옆선 만들기를 진행한다.

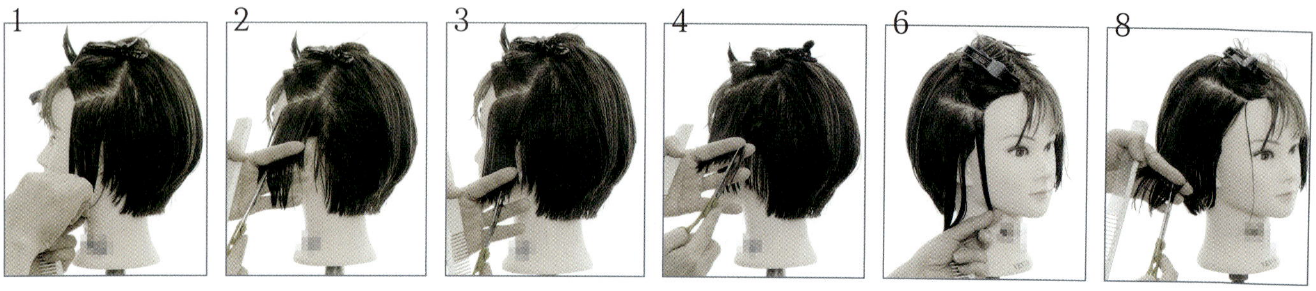

1 앞머리와 뒷머리의 영역을 나눈 후에 5cm의 옆선의 영역을 나누어서 길이가이드를 설정한다.
2 옆선의 길이가이드와 뒷옆선의 길이가이드를 연결한다.
3 빠져나온 모발을 다시 한번 형태선을 만들면서 다듬는다.
4 윗모발이 내려서 낫칭으로 시술한다.
5 반대편 옆선의 길이가이드를 설정한다.
6 뒷옆선의 길이가이드와 옆선의 길이가이드를 연결한다.

6 앞머리표정 만들기를 진행한다.

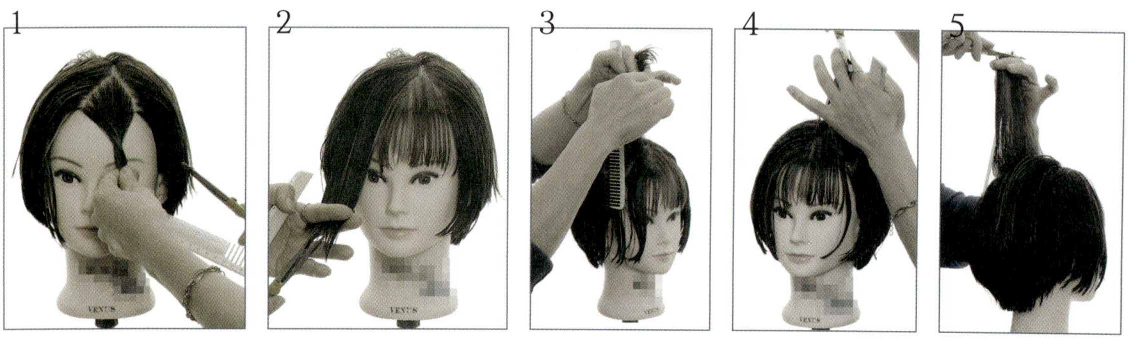

1 앞머리의 영역을 결정한다.
2 이미지라인의 영역을 시술한다.
3 앞머리의 연결부위의 모발을 형태선 가이드를 선택하여 앞쪽으로 밀어서 시술한다.
4 반대쪽도 동일한 방법으로 시술한다.
5 앞머리의 연결부위와 뒷머리의 영역을 다시 한번 연결한다.

7 쳐내기 방법을 진행하여 뒷 손질이 편한 헤어스타일을 만든다.

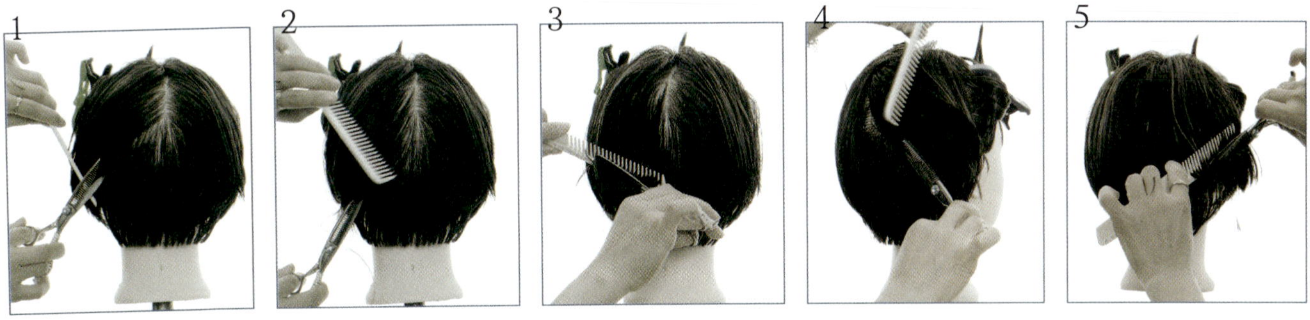

1 모류보정과 모량을 조절하기 위하여 모발을 사선으로 빗질하고 틴닝으로 시술한다.
2 다음 판넬도 사선으로 빗질하고 시술한다.
3 형태선이 시술된 곳에 모발이 뭉친 곳은 틴닝으로 시술한다.
4 반대쪽도 모류보정과 모량조절을 위하여 사선으로 빗질하고 시술한다.
5 모발이 뭉친부분을 틴닝으로 시술한다.

시술종료

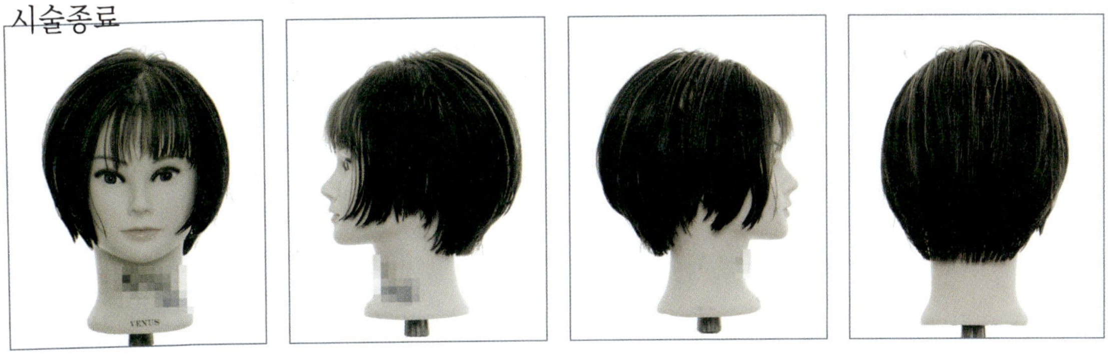

역삼각형 패턴 4 Dandy Style

골격보정, 쳐내기방법

헤어스타일을 분석해서 커트의 순서를 먼저 생각한다.

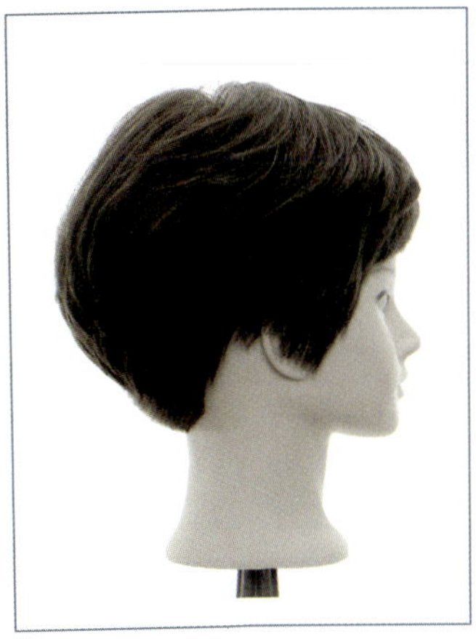

1. 어디서부터 이 커트를 시작할지?
2. 처음 시작점의 길이가이드는?
3. 형태선은 어떤 형태선을 만들지?
4. 형태선에 맞는 슬라이스는 어떤 슬라이스로 활용할지?
5. 베이스는?
6. 모발이 겹쳐지는 중심축의 시술각의 선택은?
7. 뒷손질이 편한 질감처리는?

1 디자인 존과 형태선 존을 나누어서 전체적인 헤어스타일을 분석하고, 쉽고 빠르게 시술할 수 있는 곳에서 시작한다. 길이가 짧은 형태선을 시술하므로 뒤에서부터 앞으로 시술한다.

2 두상에 볼륨과 입체감을 만들기 위하여 길이를 N.P. 1cm에서 시작한다.

3 아웃라인은 전체적으로 짧은 U라인을 만든다.

4 형태선 만들기는 가로와 사선으로, 중심축의 시술각 선택은 세로와 사선으로 곡선을 만들기 위한 전체적인 복합 슬라이스를 활용한다.

5 베이스는 두상을 그대로 연장하는 온더베이스를 활용하고, 모발이 없는 곳이나 형태선 만들기에는 오버다이렉션을 사용한다.

6 시술각의 활용은 G.P 아래는 모발이 두상대로 떨어지는 판넬의 맨밑은 자연시술각 90°, 손가락각도는 70°로 시술하고 G.P 위는 두상을 걸쳐서 떨어지므로 일반시술각 90°로 시술한다.

7 쳐내기의 방법은 양감조절, 질감조절 활용을 하여 시술한다.

이 스타일을 시술하기 위하여 주의할 점

형태선 존에서 모류보정을 하여 윗모발이 잘 표현되어야 한다.

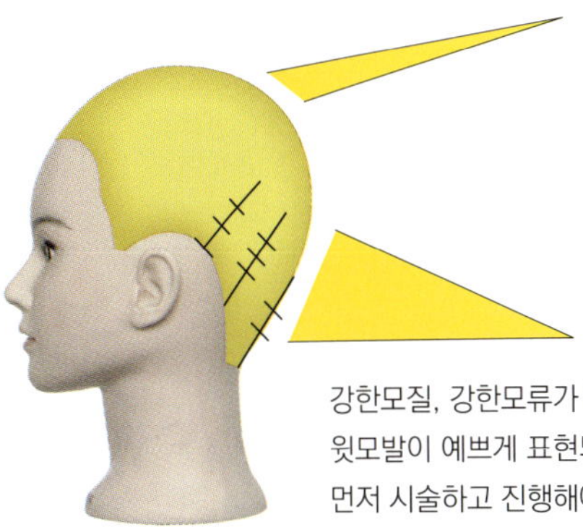

강한모질, 강한모류가 많아지면
윗모발이 예쁘게 표현되지 않기 때문에
먼저 시술하고 진행해야 한다.

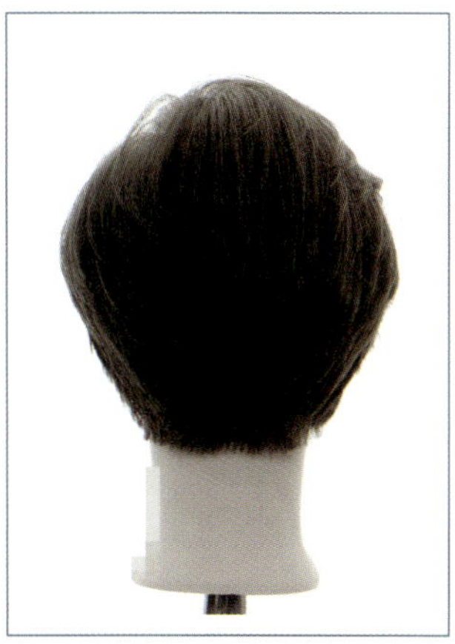

시술순서

1. 형태선 존의 모류보정과 모량조절을 시술한다.

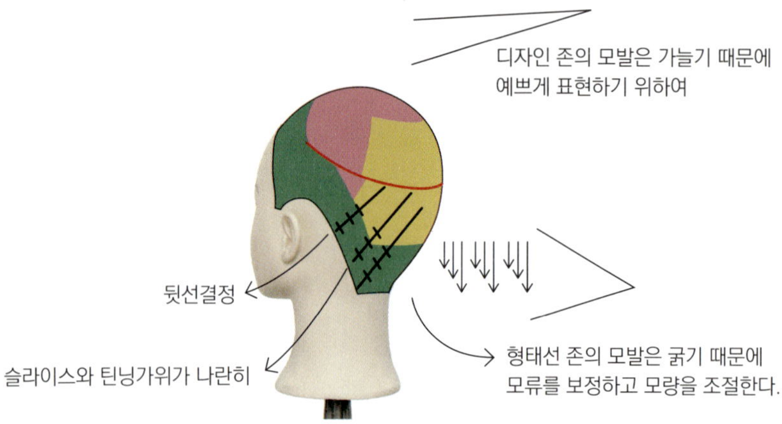

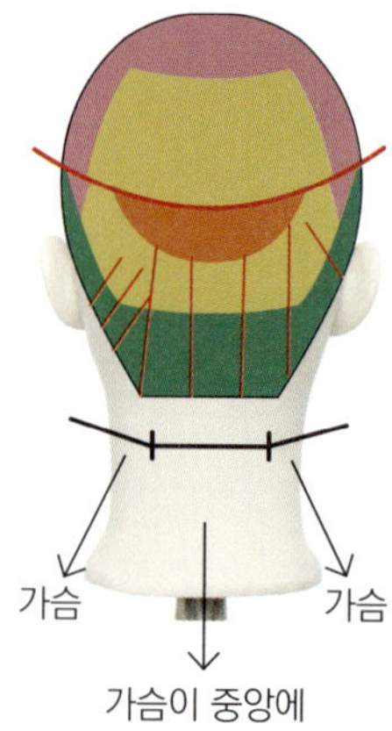

2. 중심축의 시술각을 결정하여 시술한다.

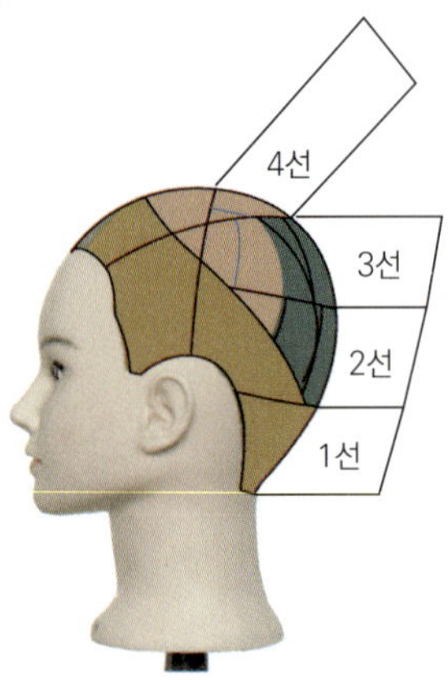

① U라인의 형태선을 먼저 시술한 후에 온더베이스, 자연시술각 70°로 시술한다.
② 길이가이드 : N.B.M.P에서 가져온다.
슬라이스 : ①② 중심축, 세로슬라이스 ③번은 뒷선형태선까지 사선으로 시술한다.
베이스 : 온더베이스로 시술한다.
시술각 : 제일 밑의 모발에 자연시술각 90° 손가락각도는 70°로 시술한다.
③ 길이가이드 : B.G.M.P에서 가져온다.
슬라이스 :①② 세로 ③ 사선 ④⑤ 중심축 길이가이드와 형태선 길이가이드를 사선으로 연결한다.
베이스 : 온더베이스로 시술한다.
시술각 : 자연시술각 90° 손가락각도는 70°로 시술한다.
④ 길이가이드 : G.P에서 가져온다.
슬라이스 : ①②③ 세로 ④⑤ 삼각형으로 그려서 튀어나온 모발을 체크한다.
베이스 : 온더베이스로 시술한다.
시술각 : G.P에서 일반시술각 90°로 다시 들어서 튀어나온 모발을 체크한다.
베이스는 두상을 그대로 연장하는 온더베이스, 모발이 없는 곳은 없는 만큼 당겨서 시술한다.

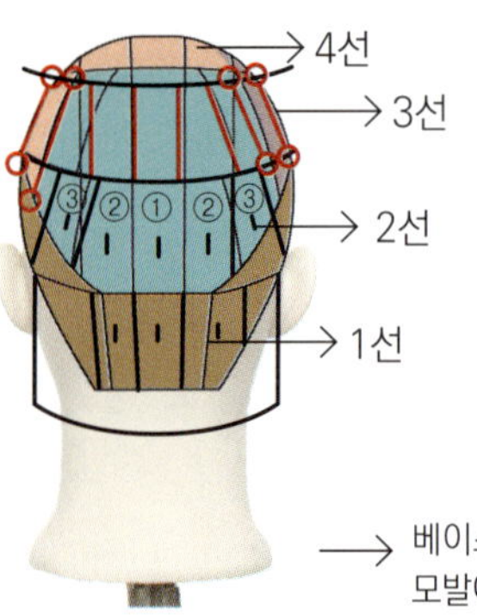

3. 옆선 만들기를 진행한다.

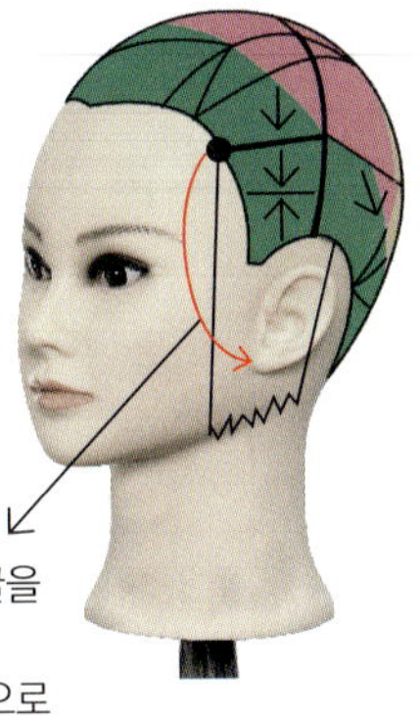

7cm의 C컬이 자연스럽게 얼굴을 감싸면서 떨어진다.
7cm 이하의 길이는 모류방향으로 흐른다.

앞으로 떨어진 모발과 뒤로 떨어진 모발의 두상을 나눈 후에 5cm 옆선의 영역을 나누며, 길이가이드를 7cm 선택한다. 옆선의 길이와 뒷 옆선의 길이가이드를 연결하고 옆선의 윗모발을 세로슬라이스 자연시술각 70°로 시술한다.

4. 앞머리표정 만들기를 시술한다.

앞머리의 영역을 나눈 후에 삼각형을 떠서 일직선을 시술하고 이미지 라인을 연결하면서 표정만들기를 하고 앞머리 연결 부위의 모발은 그래쥬에이션으로 시술한 후 앞머리 뒷머리를 다시 한번 체크한다.

나의 작품 디자인 해보기

Dandy style	도해도그리기 (뒤)	도해도그리기 (앞, 옆)
시술순서		

1 뒷선이 결정된 곳가지 형태선을 만들고 층을 결정한다.

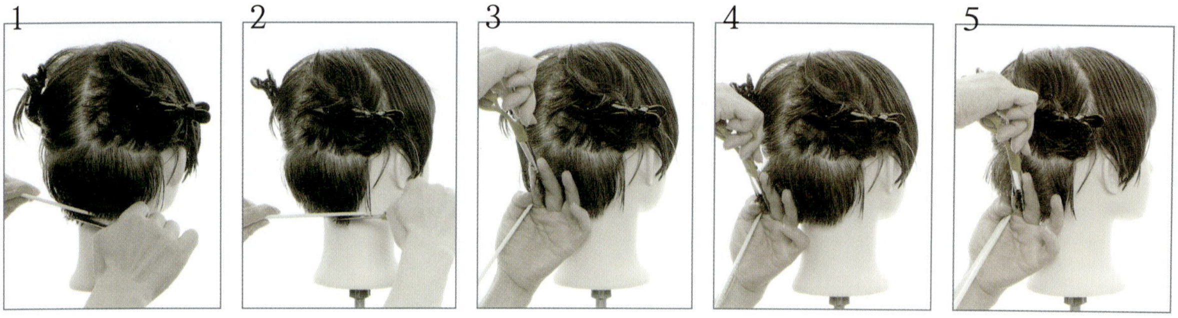

1 길이가이드를 설정한다.
2 뒷선이 결정되는 곳까지 U라인의 형태선을 먼저 시술한다.
3 중심축에서 시술각을 결정한다.
4 중심축을 세로슬라이스로 판넬을 떠서 온더베이스로 시술한다.
5 모발이 없는 곳은 베이스를 중심축으로 당겨서 시술한다.

2 형태선 존 영역까지 시술각을 결정하고 U라인의 형태선을 만든다.

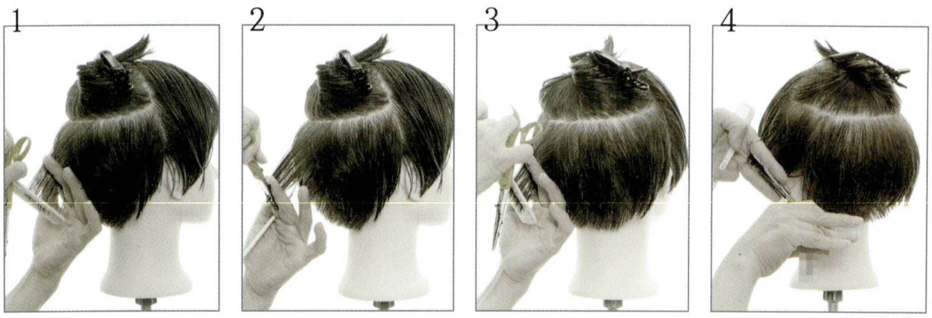

1 중심축에서 세로슬라이스로 판넬을 뜨고 본래의 길이가이드보다 5cm의 모발이 길어지게 디스커넥션하여 시술할 수 있게 판넬을 잡는다.
2 5cm 길게 모발의 판넬을 잡고 자연시술각 45°로 시술한다.
3 중심축의 다음 판넬도 본래의 모발보다 5cm 길어지게 판넬을 잡고 시술한다.
4 뒷옆선의 형태선을 시술한다.

3 디자인 존 영역의 시술각을 결정한다.

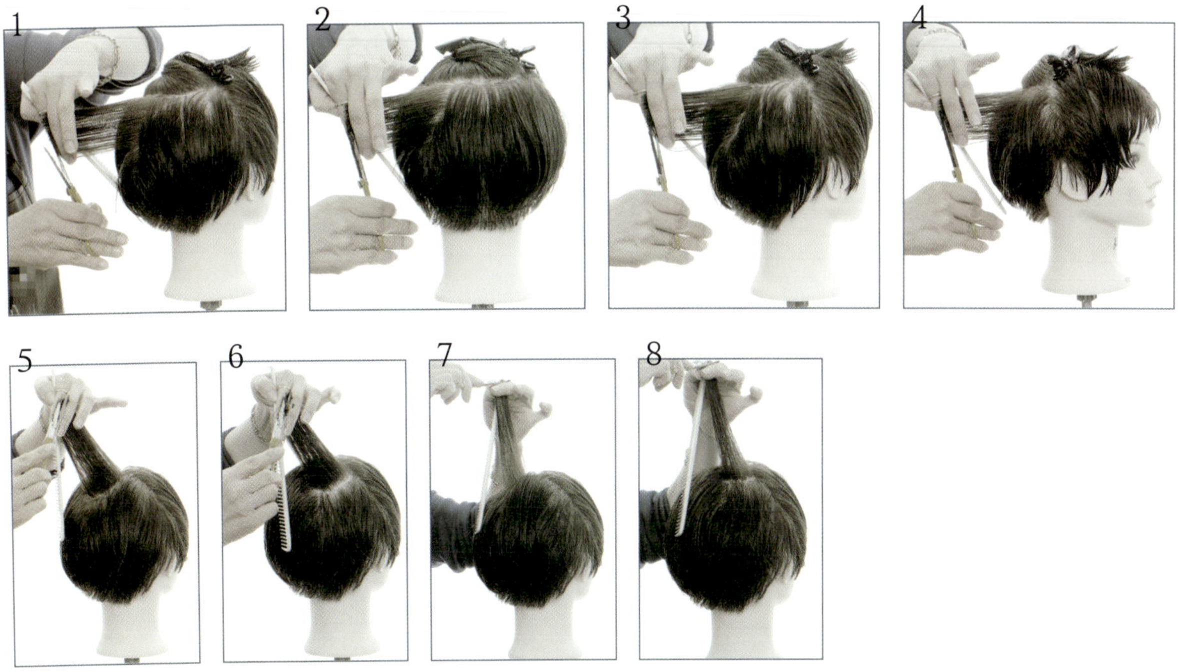

1 중심축에서 세로슬라이스로 자연시술각 90° 손가락각도70°로 시술한다.
2 두상이 함몰된 부분은 사선으로 슬라이스를 떠서 시술한다.
3.4 반대편도 1번과 동일하게 시술한다.
5.6 세로로 슬라이스를 떠서 일반시술각 90°로 시술한다.
7 삼각형으로 판넬을 떠서 튀어나온 모발을 제거한다.
8 똑바로 모발을 들어서 다시 한번 체크한다.

4 옆선 만들기를 진행한다.

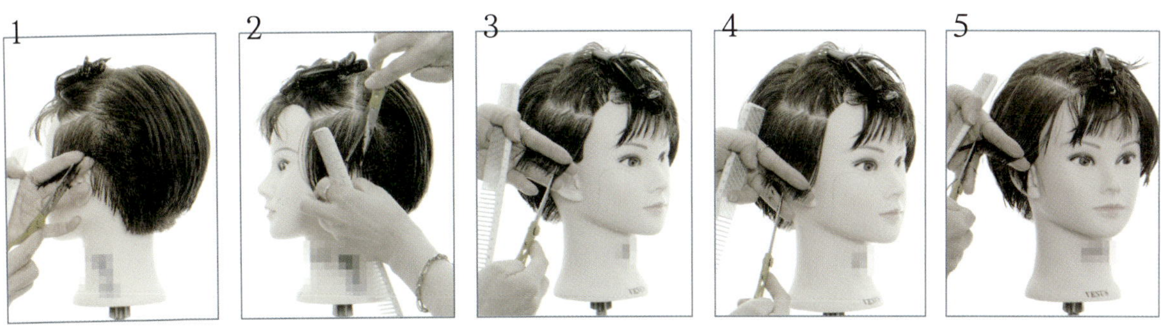

1 뒷옆선의 길이를 활용하여 앞내림 사선의 옆선 만들기를 진행한다.
2 모발이 무겁거나 뭉친 곳은 커브가위로 모발을 도려낸다.
3.4.5 반대쪽도 동일한 방법으로 시술한다.

5 앞머리표정 만들기를 진행한다.

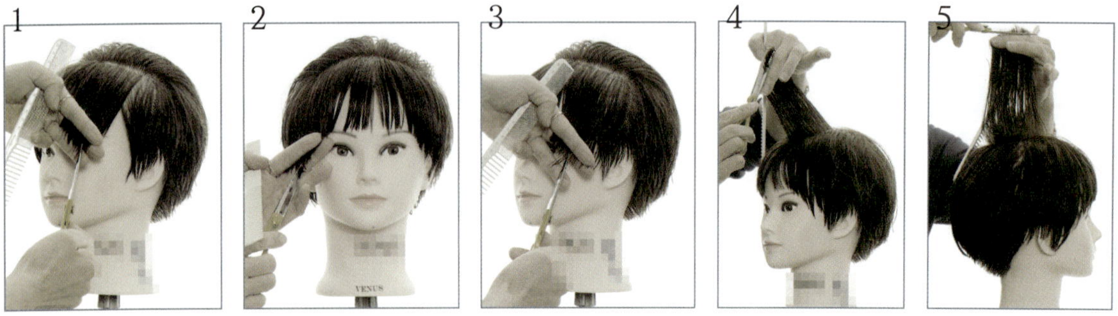

1 앞머리의 영역을 나눈 후에 앞머리의 길이를 일직선으로 시술하고 이미지라인을 손가락각도 70°로 시술한다.
2 반대쪽도 1번과 동일한 방법으로 시술한다.
3 앞머리와 옆선의 모발을 연결한다.
4 앞머리의 연결영역을 그래쥬에이션으로 시술한다.
5 앞머리의 연결부위의 영역과 뒷머리를 연결한다.

6 쳐내기의 방법을 이용하여 뒷 손질이 편한 헤어스타일 만들기를 진행한다.

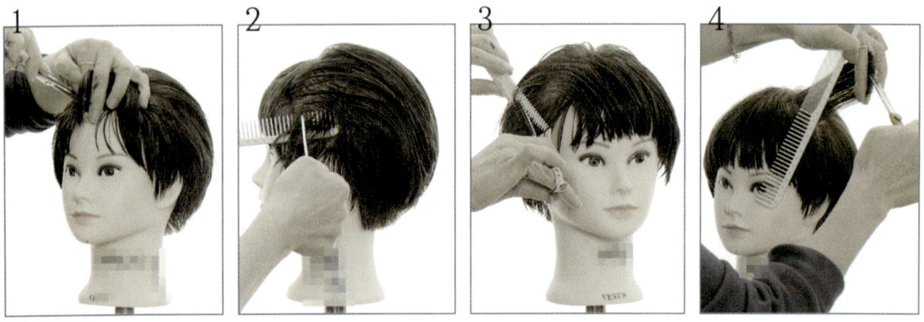

1 속모발이 짧아지게 틴닝으로 이너레이어 틴닝을 시술한다.
2 모발이 뭉치거나 뜨는 곳은 틴닝으로 시술한다.
3 반대쪽도 뭉치거나 뜨는 곳은 틴닝으로 시술한다.
4 모발끝 부분은 다시 한번 낫칭으로 다듬는다.

시술종료

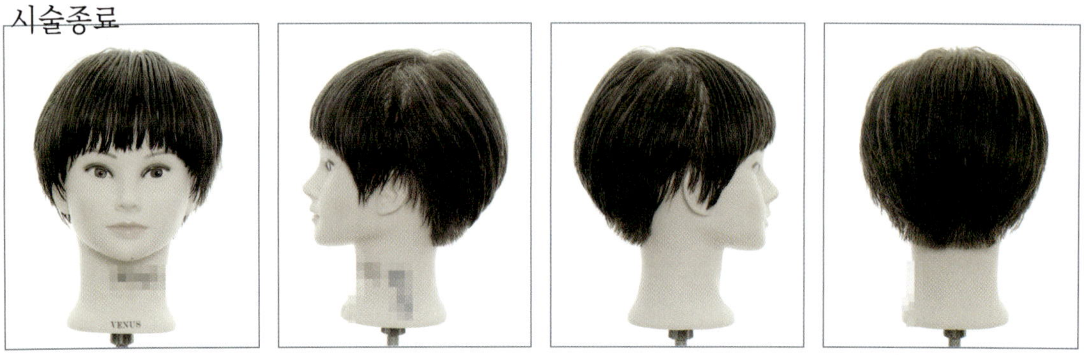

역삼각형 패턴 5 Uniform Layer Change

골격보정, 쳐내기방법

헤어스타일을 분석해서 커트의 순서를 먼저 생각한다.

1. 어디서부터 이 커트를 시작할지?
2. 처음 시작점의 길이가이드는?
3. 형태선은 어떤 형태선을 만들지?
4. 형태선에 맞는 슬라이스는 어떤 슬라이스로 활용할지?
5. 베이스는?
6. 모발이 겹쳐지는 중심축의 시술각의 선택은?
7. 뒷손질이 편한 질감처리는?

1 디자인 존과 형태선 존을 나누어서 전체적인 헤어스타일을 분석하고, 마무리를 빠르고 쉽게 시술할 수 있는 곳에서 시작한다. 길이가 짧은 형태선을 시술하므로 뒤에서부터 앞으로 시술한다.

2 두상에 볼륨과 입체감을 만들기 위하여 길이를 N.P. 3cm에서 시작한다.

3 아웃라인은 전체적으로 짧은 U라인을 만든다.

4 형태선 만들기는 가로와 사선으로, 중심축의 시술각 선택은 세로와 사선으로 곡선을 만들기 위한 전체적인 복합 슬라이스를 활용한다.

5 베이스는 두상을 그대로 연장하는 온더베이스를 활용하고, 모발이 없는 곳이나 형태선 만들기에는 오버다이렉션을 사용한다.

6 시술각의 활용은 G.P 아래는 모발이 두상대로 떨어지는 판넬의 맨밑은 자연시술각 90°, 손가락각도는 70°로 시술하고 G.P 위는 두상을 걸쳐서 떨어지므로 일반시술각 90°로 시술한다.

7 쳐내기의 방법은 양감조절, 질감조절 활용을 하여 시술한다.

이 스타일을 시술하기 위하여 주의할 점

형태선 존에서 모류보정을 하여 윗모발이 잘 표현되어야 한다.

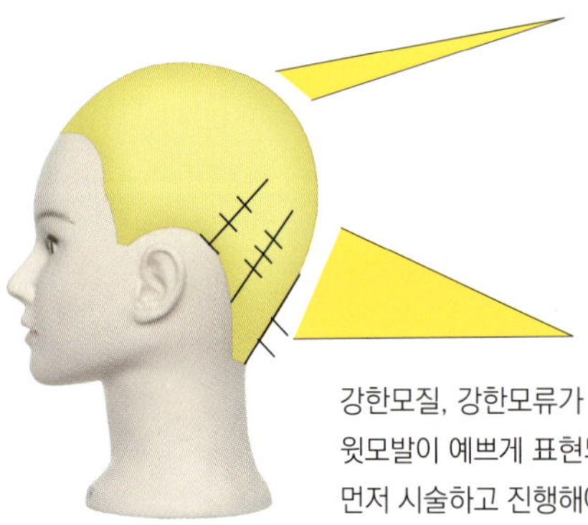

강한모질, 강한모류가 많아지면 윗모발이 예쁘게 표현되지 않기 때문에 먼저 시술하고 진행해야 한다.

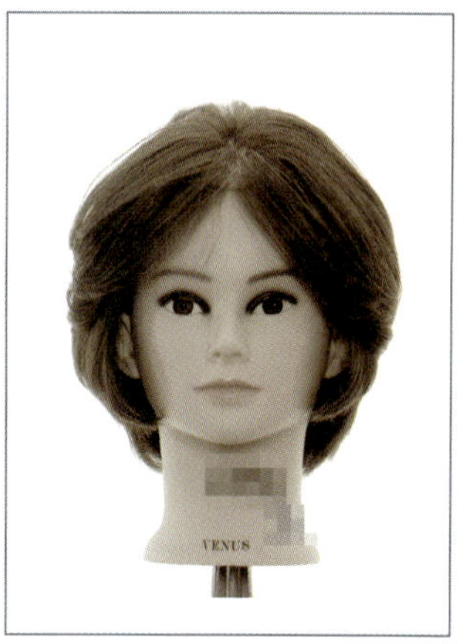

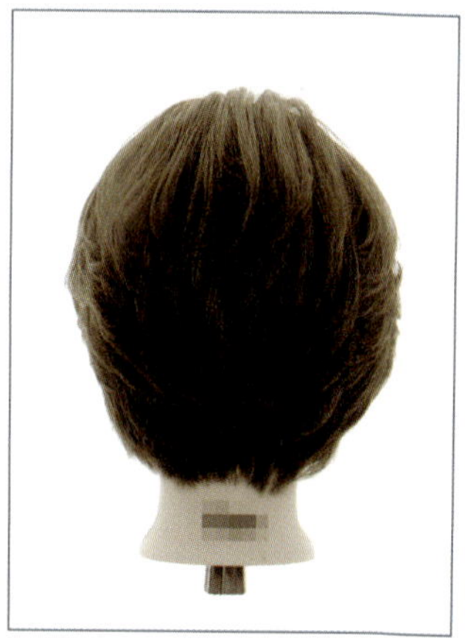

시술순서

1. 형태선 존의 모류보정과 모량조절을 시술한다.

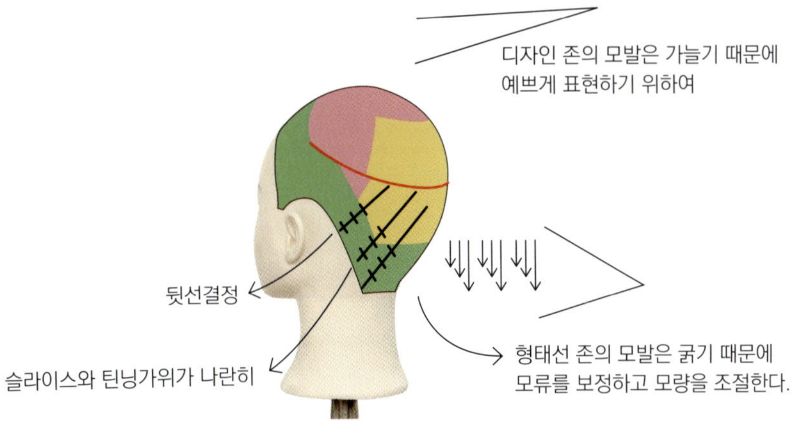

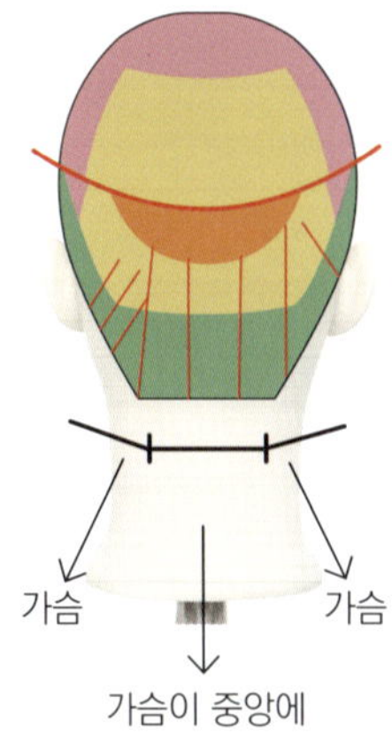

2. 중심축의 시술각을 결정하여 시술한다.

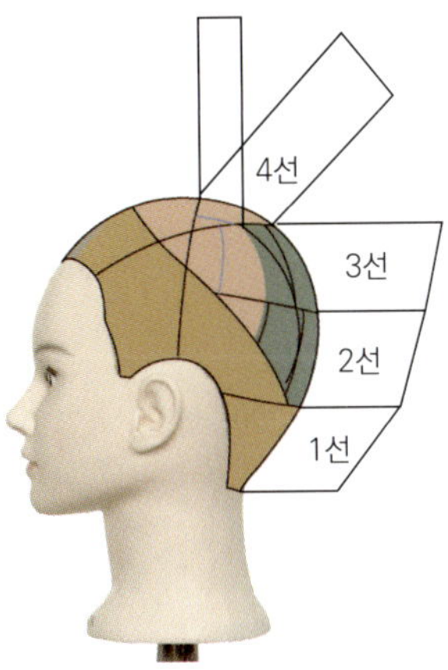

① U라인의 형태선을 먼저 시술한 후에 온더베이스, 자연시술각 70°로 시술한다.

② 길이가이드 : N.B.M.P에서 가져온다.
슬라이스 : ①② 중심축, 세로슬라이스 ③번은 뒷선형태선까지 사선으로 시술한다.
베이스 : 온더베이스로 시술한다.
시술각 : 제일 밑의 모발에 자연시술각 90° 손가락각도는 70°로 시술한다.

③ 길이가이드 : B.G.M.P에서 가져온다.
슬라이스 :①② 세로 ③ 사선 ④⑤ 중심축 길이가이드와 형태선 길이가이드를 사선으로 연결한다.
베이스 : 온더베이스로 시술한다.
시술각 : 자연시술각 90° 손가락각도는 70°로 시술한다.

④ 길이가이드 : G.P에서 가져온다.
슬라이스 : ①②③ 세로 ④⑤ 삼각형으로 그려서 튀어나온 모발을 체크한다.
베이스 : 온더베이스로 시술한다.
시술각 : G.P에서 일반시술각 90°로 다시 들어서 튀어나온 모발을 체크한다.
베이스는 두상을 그대로 연장하는 온더베이스, 모발이 없는 곳은 없는 만큼 당겨서 시술한다.

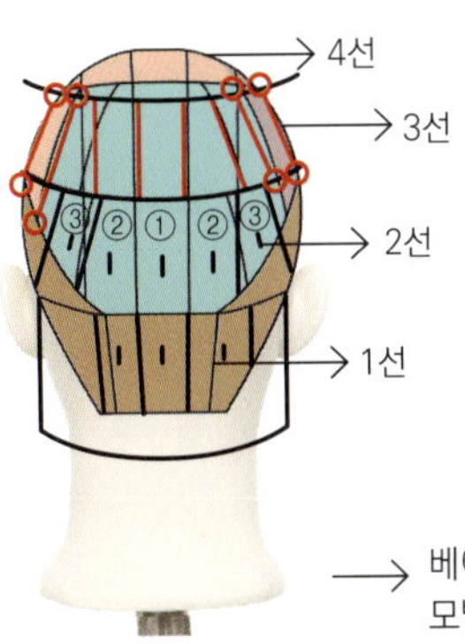

3. 옆선 만들기를 진행한다.

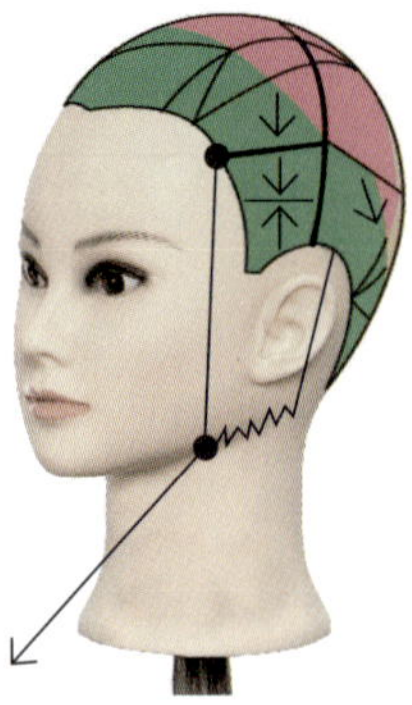

앞으로 떨어진 모발과 뒤로 떨어진 모발의 두상을 나눈 후 5cm 옆선의 영역을 나누며, 길이가이드를 12cm 선택한다. 옆선의 길이와 뒷 옆선의 길이가이드를 연결하고 옆선의 윗모발을 세로슬라이스 자연시술각 70°로 시술한다.

4. 앞머리표정 만들기를 시술한다.

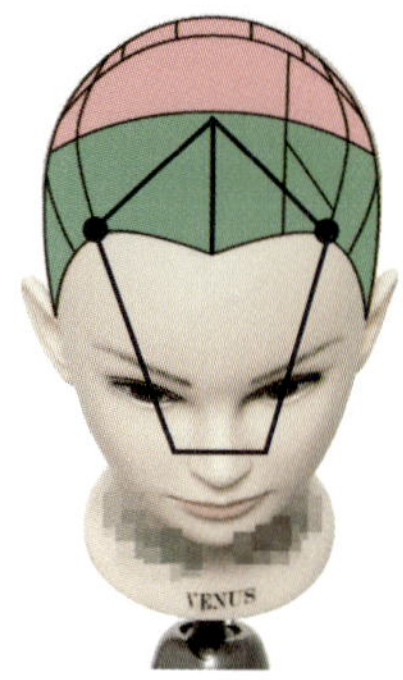

옆선에서 온 길이 가이드를 중심축으로 끌어내어 일직선으로 시술한다. 앞머리 연결부위의 모발을 앞쪽으로 살짝 밀어서 시술한다.

나의 작품 디자인 해보기

Uniform Layer Change	도해도그리기 (뒤)	도해도그리기 (앞, 옆)
시술순서		

1 뒷선이 결정되는 부분까지 형태선 만들기와 층을 결정한다.

1 형태선 만들기를 진행하기 위하여 중심축에서 길이가이드를 설정한다.
2 U라인의 형태선 만들기를 진행한다.
3 반대쪽도 U라인의 형태선 만들기를 진행한다.
4 중심축에서 시술각을 결정하여 온더베이스로 시술하고 모발이 없는 곳은 베이스를 당겨서 시술한다.
6 U라인 형태선 다듬기를 진행한다.

2 형태선 존 영역까지 시술각을 결정하고 U라인의 형태선을 만든다.

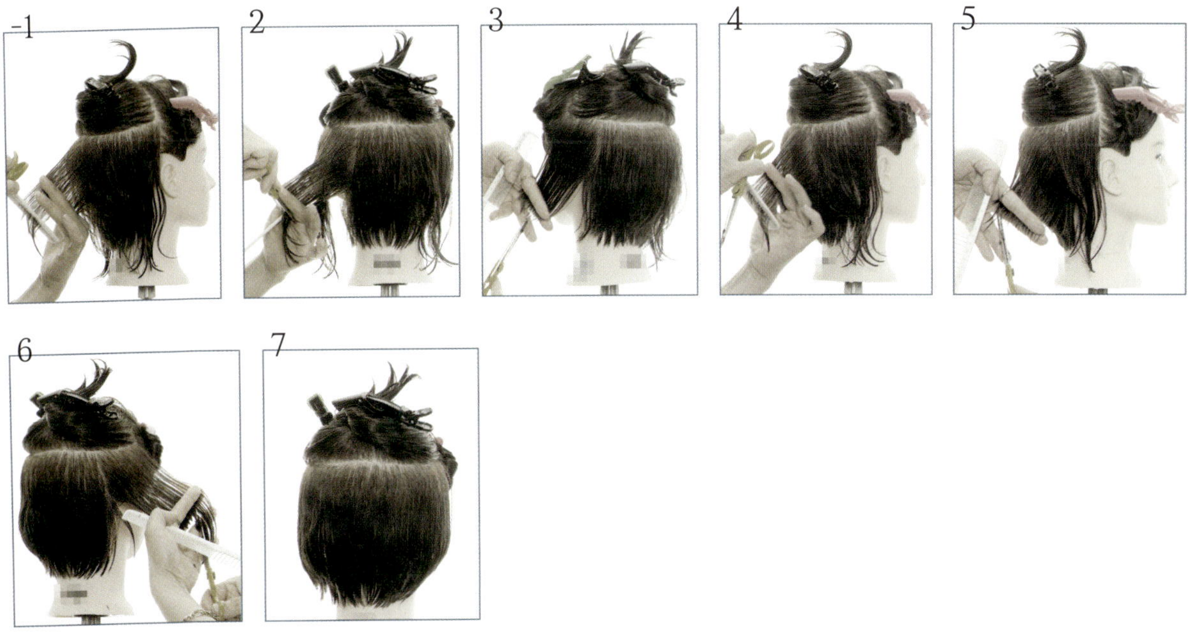

1 중심축에서 세로슬라이스로 판넬을 잡고 온더베이스로 시술한다.
2 중심축에서는 세로슬라이스로 판넬을 뜨고 사이드는 사선슬라이스로 판넬을 뜬다.
3 뒷옆선의 형태선을 시술한다.
4.5 반대쪽도 동일한 방법으로 시술한다.
6 반대쪽의 뒷옆선의 형태선을 시술한다.
7 형태선 만들기와 층을 시술해 놓은 상태이다.

3 디자인 존 영역의 시술각을 결정한다.

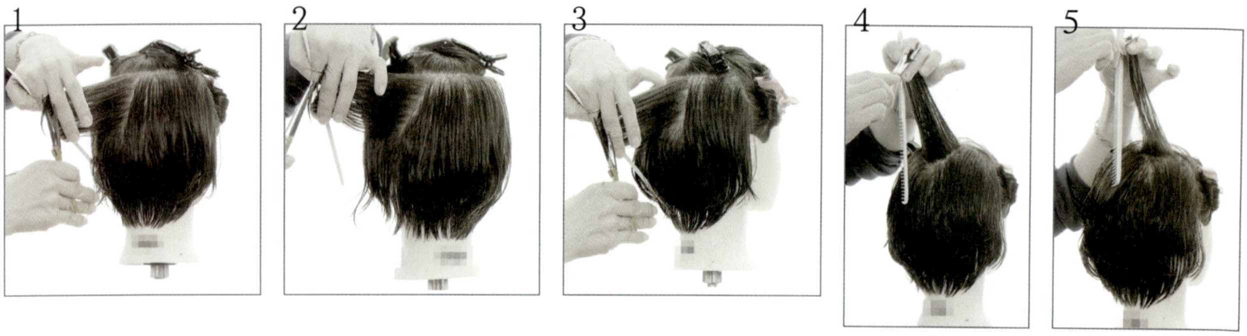

1 중심축에서 세로슬라이스로 자연시술각 90° 손가락각도 70°로 시술한다.
2 두상이 함몰된 부분은 사선으로 슬라이스를 떠서 시술한다.
3 반대편도 1번과 동일하게 시술한다.
4 세로 슬라이스, 온더베이스로 일반시술각 90°로 시술한다.
5 앞머리의 연결부위와 뒷머리를 세로슬라이스로 떠서 연결한다.

4 옆선 만들기를 진행한다.

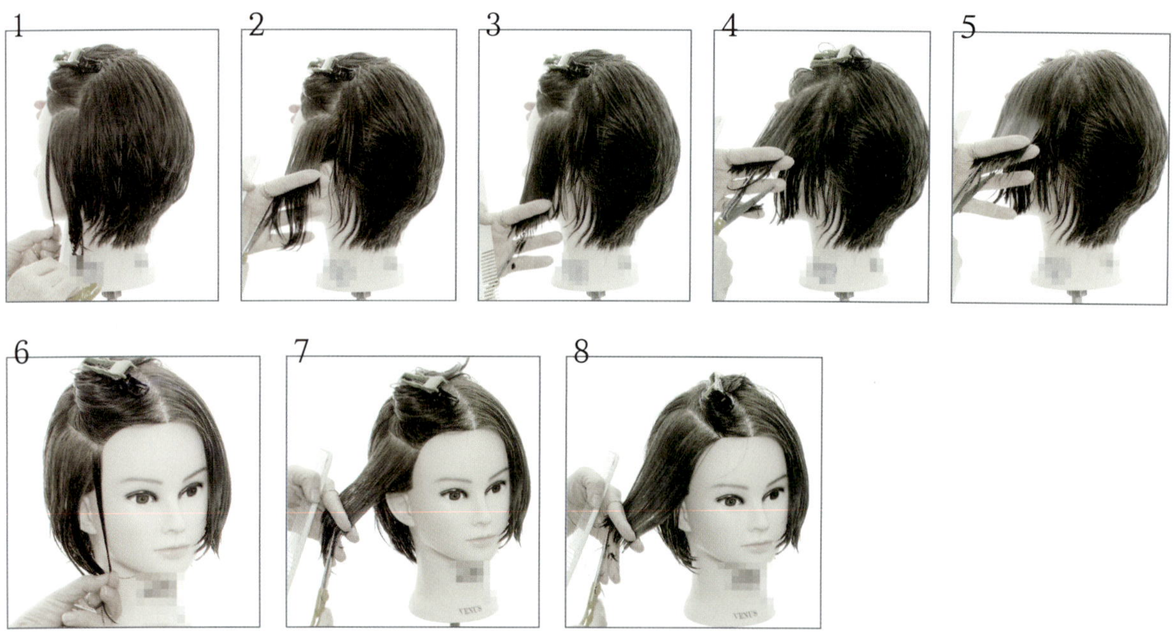

1 앞머리와 뒷머리의 영역을 나눈 후에 5cm의 옆선의 영역을 나눈 후 길이가이드를 설정한다.
2 뒷옆선과 길이가이드를 설정했던 모발과 연결한다.
3 형태선을 다시 한번 다듬는다.
4,5 윗모발을 내려서 형태선을 다시 한번 낫칭으로 시술한다.
6 반대쪽에 길이가이드를 설정한다.
7 옆머리의 길이와 뒷옆선의 길이를 연결한다.
8 모발을 내려서 다시 한번 낫칭으로 시술한다.

5 앞머리 표정 만들기를 진행한다.

1 앞머리의 영역을 나눈 후에 앞머리의 길이를 중심축으로 당겨서 코선에서 일직선으로 시술한다.
2 앞머리의 연결선의 모발을 앞쪽으로 밀어서 시술한다.
3 반대쪽도 동일한 방법으로 시술한다.
4.5 앞머리의 연결부위의 영역과 뒷머리를 연결한다.

6 형태선 쳐내기를 진행한다.

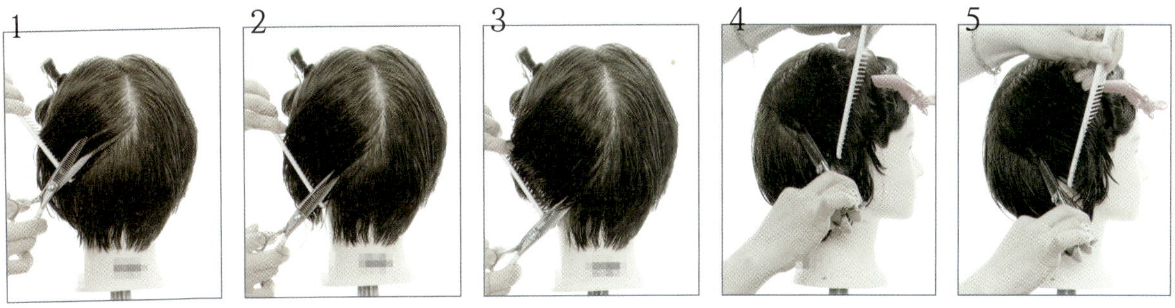

1 모발이 귀방향으로 흐르게 앞쪽으로 빗질하여 틴닝으로 시술한다.
2.3 다음 판넬을 2cm아래로 동일하게 빗질하여 틴닝으로 시술한다.
4.5 반대쪽도 동일하게 시술한다.

시술종료

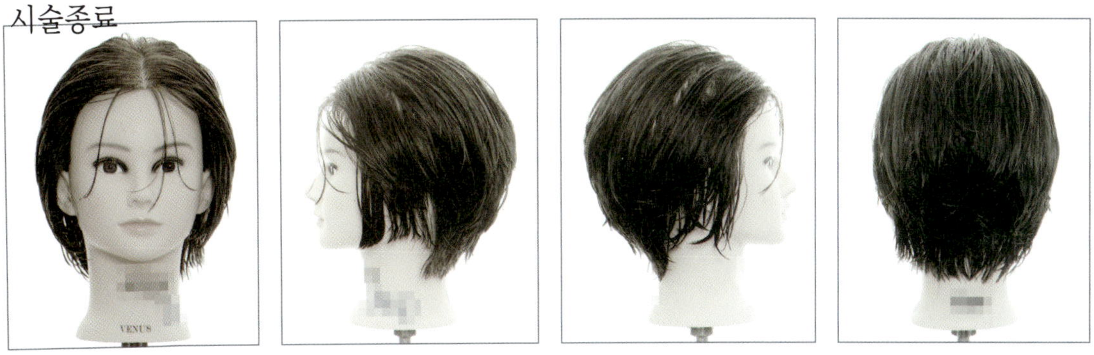

역삼각형 패턴 6 Unbalance Style

비대칭

헤어스타일을 분석해서 커트의 순서를 먼저 생각한다.

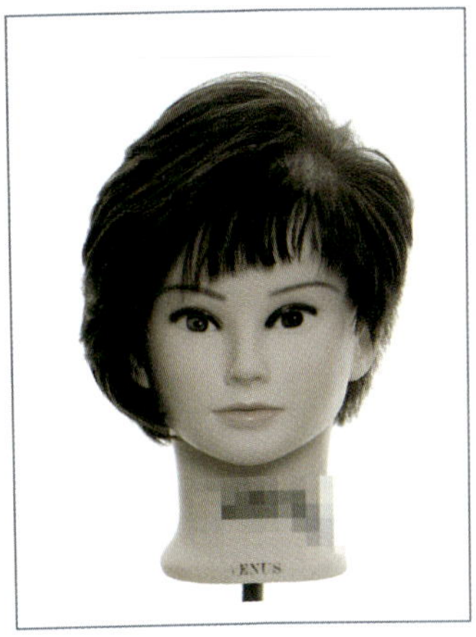

1. 어디서부터 이 커트를 시작할지?
2. 처음 시작점의 길이가이드는?
3. 형태선은 어떤 형태선을 만들지?
4. 형태선에 맞는 슬라이스는 어떤 슬라이스로 활용할지?
5. 베이스는?
6. 모발이 겹쳐지는 중심축의 시술각의 선택은?
7. 뒷손질이 편한 질감처리는?

1 디자인 존과 형태선 존을 나누어서 전체적인 헤어스타일을 분석하고, 마무리를 빠르고 쉽게 시술할 수 있는 곳에서 시작한다. 길이가 짧은 형태선을 시술하므로 뒤에서부터 앞으로 시술한다.

2 두상에 볼륨과 입체감을 만들기 위하여 길이를 N.P. 2cm에서 시작한다.

3 아웃라인은 전체적으로 비대칭을 만든다.

4 형태선 만들기는 가로와 사선으로, 중심축의 시술각 선택은 세로와 사선으로 곡선을 만들기 위한 전체적인 복합 슬라이스를 활용한다.

5 베이스는 한쪽은 베이스를 C.L쪽으로 당기고 한쪽은 E.P쪽으로 당겨서 좌우의 길이가 달라지게 시술한다.

6 시술각의 활용은 G.P 아래는 모발이 두상대로 떨어지는 판넬의 맨밑은 자연시술각 90°, 손가락각도 70°로 시술하고 G.P 위는 두상을 걸쳐서 떨어지므로 일반시술각 90°로 시술한다.

7 쳐내기의 방법은 양감조절, 질감조절 활용을 하여 시술한다.

이 스타일을 시술하기 위하여 주의할 점

형태선 존에서 모류보정을 하여 윗모발이 잘 표현되어야 한다.

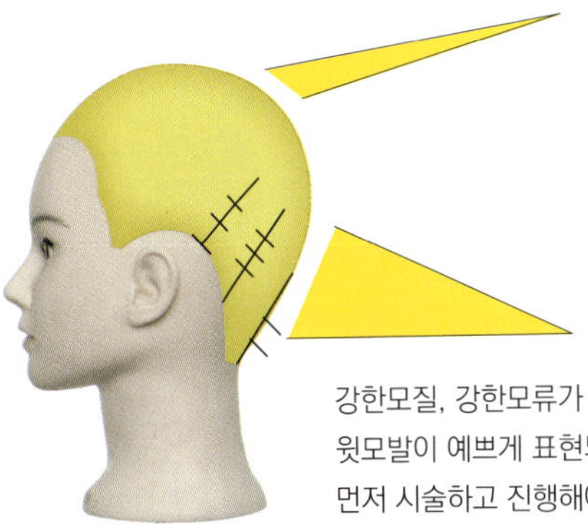

강한모질, 강한모류가 많아지면 윗모발이 예쁘게 표현되지 않기 때문에 먼저 시술하고 진행해야 한다.

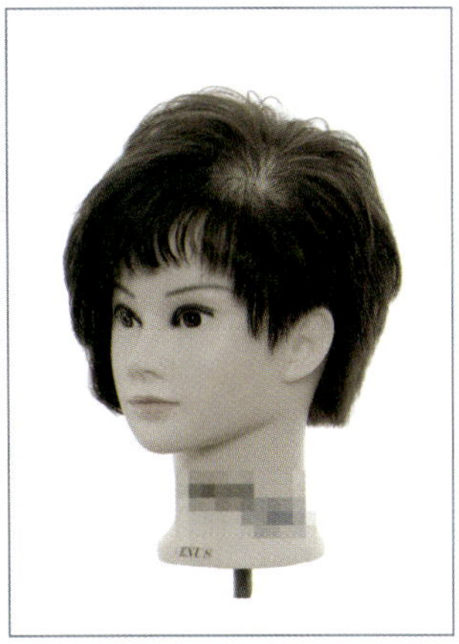

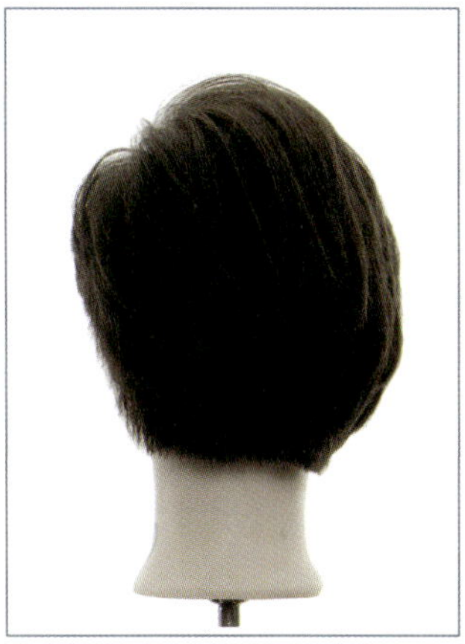

시술순서

1. 형태선 존의 모류보정과 모량조절을 시술한다.

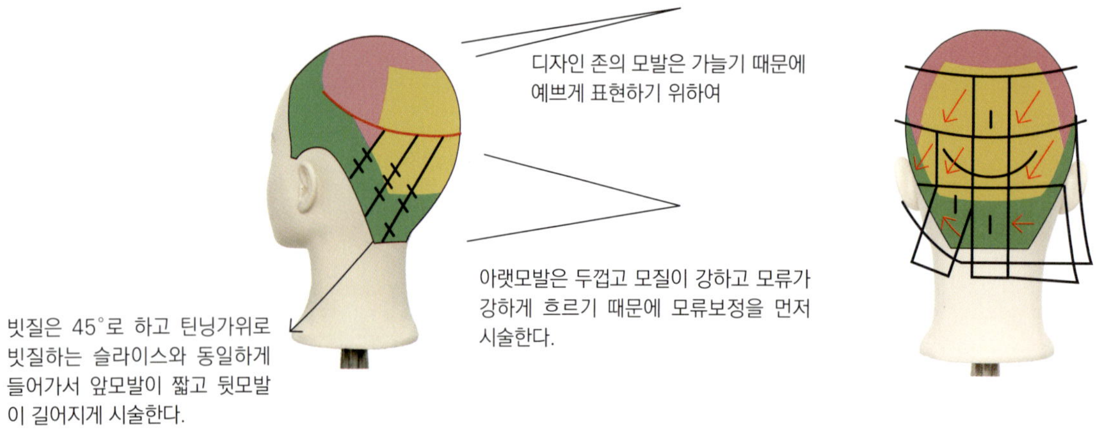

2. 중심축의 시술각을 결정하여 시술한다.

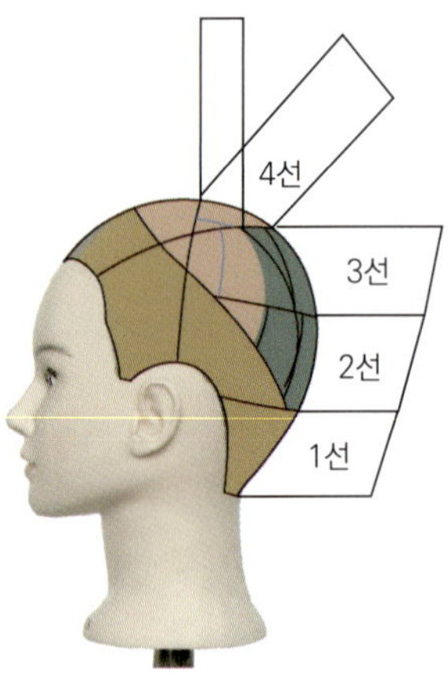

① U라인의 형태선을 먼저 시술한 후에 온더베이스, 자연시술각 70°로 시술한다.

② 길이가이드 : N.B.M.P에서 가져온다.

슬라이스 : ①② 중심축, 세로슬라이스 ③번은 뒷선형태선까지 사선으로 시술한다.

베이스 : 온더베이스로 시술한다.

시술각 : 제일 밑의 모발에 자연시술각 90° 손가락각도는 70°로 시술한다.

③ 길이가이드 : B.G.M.P에서 가져온다.

슬라이스 :①② 세로 ③ 사선 ④⑤ 중심축 길이가이드와 형태선 길이가이드를 사선으로 연결한다.

베이스 : 한쪽은 C.L쪽으로 당기고 다른 한쪽은 E.P쪽으로 당겨서 시술한다.

시술각 : 자연시술각 90° 손가락각도는 70°로 시술한다.

④ 길이가이드 : G.P에서 가져온다.

슬라이스 : ①②③ 세로 ④⑤ 삼각형으로 그려서 튀어나온 모발을 체크한다.

베이스 : 온더베이스로 시술한다.

시술각 : G.P에서 일반시술각 90°로 다시 들어서 튀어나온 모발을 체크한다.

베이스는 두상을 그대로 연장하는 온더베이스, 모발이 없는 곳은 없는 만큼 당겨서 시술한다.

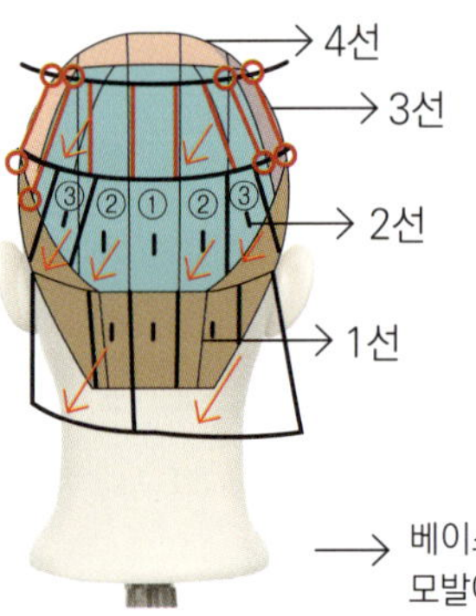

→ 베이스는 두상을 그대로 연장하는 온더베이스,
모발이 없는 곳은 없는 만큼 당겨서 시술한다.

3. 옆선 만들기를 진행한다.

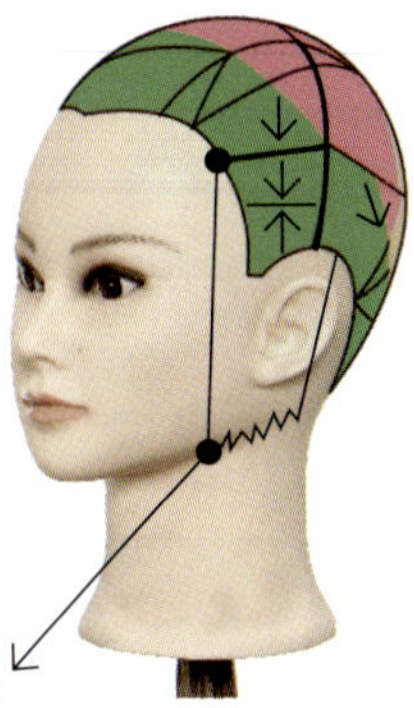

앞으로 떨어진 모발과 뒤로 떨어진 모발의 두상을 나눈 후 5cm 옆선의 영역을 나누며, 길이가이드를 12cm 선택한다. 옆선의 길이와 뒷 옆선의 길이가이드를 연결하고 다른 한쪽은 가이드를 짧게 하여 비대칭의 이미지를 만든다.

4. 앞머리표정 만들기를 시술한다.

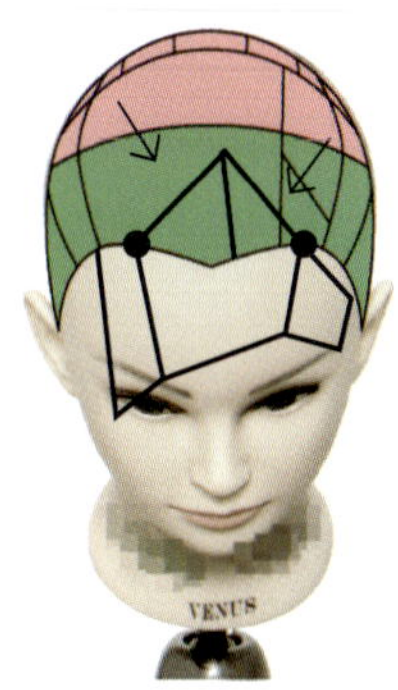

앞머리 영역은 6:4의 영역에서 삼각형을 떠서 일직선으로 시술한 후 연결한다.

나의 작품 디자인 해보기

Unbalance Style	도해도그리기 (뒤)	도해도그리기 (앞, 옆)
시술순서		

1 뒷선이 결정되는 부분까지 형태선 만들기를 진행한다.

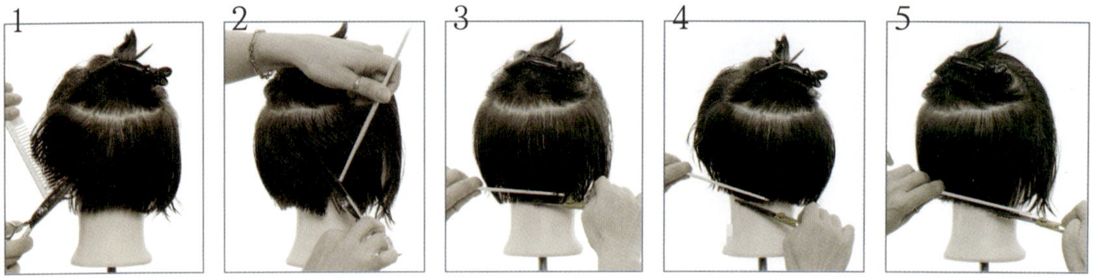

1 형태선 존 영역의 모량조절과 모류보정을 위하여 앞모발이 짧고 뒷모발이 길게 떨어지게 틴닝으로 시술한다.
2 반대쪽도 1번과 동일하게 시술한다.
3 형태선 만들기를 진행하기 위하여 중심축에서 길이가이드를 설정한다.
4 완쪽은 U라인의 형태선 만들기를 진행한다.
5 반대쪽은 A라인의 형태선 만들기를 진행한다.

2 형태선 존 영역까지 시술각을 결정하고 비대칭의 형태선을 만든다.

1 중심축에서 세로슬라이스로 판넬을 잡고 온더베이스 시술각을 결정한다.
2 중심축에서는 세로슬라이스로 판넬을 한쪽은 E.P쪽으로 프리베이스하여 시술한다.
3 뒷옆선의 영역을 앞올림 사선으로 시술한다.
4 형태선을 시술하고 난 후의 무거운 모발과 형태선을 다시 한번 다듬는다.
5 빠진 모발을 다시 한번 다듬는다.
6.7 반대쪽은 중심축으로 베이스를 당겨서 시술한다.
8 앞내림 사선의 형태선을 시술한다.
9 중심축의 시술각을 자연시술각 90°로 시술한다.
10 베이스를 .E.P쪽으로 당겨서 U라인을 만들면서 시술한다.
11 빠진 모발을 다시 한번 체크한다.
12 반대편의 시술을 위하여 자연시술각45로 시술한다.
13 앞내림 사선의 형태선을 시술한다.
14 앞내림의 형태선을 다시 한번 확인하고 시술한다.

3 디자인 존 영역의 시술각을 결정한다.

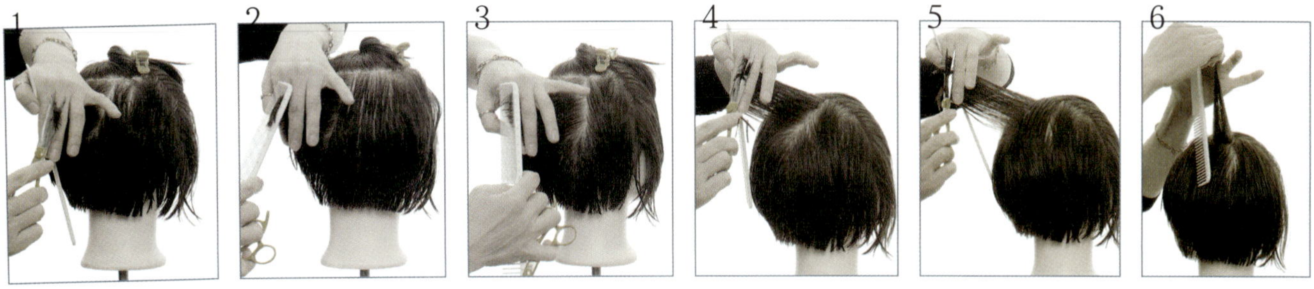

1 중심축에서 세로슬라이스로 자연시술각 90° 손가락각도 70°로 시술한다.
2 두상이 함몰된 부분은 사선으로 슬라이스를 떠서 시술한다.
3 반대편을 베이스를 중심축으로 당겨서 자연시술각 90° 손가락각도 70°로 시술한다.
4.5 세로 슬라이스, 온더베이스로 자연술각 90°로 시술한다.
6 모발을 똑바로 빗질하여 튀어나온 모발을 정리한다.

4 옆선 만들기를 진행한다.

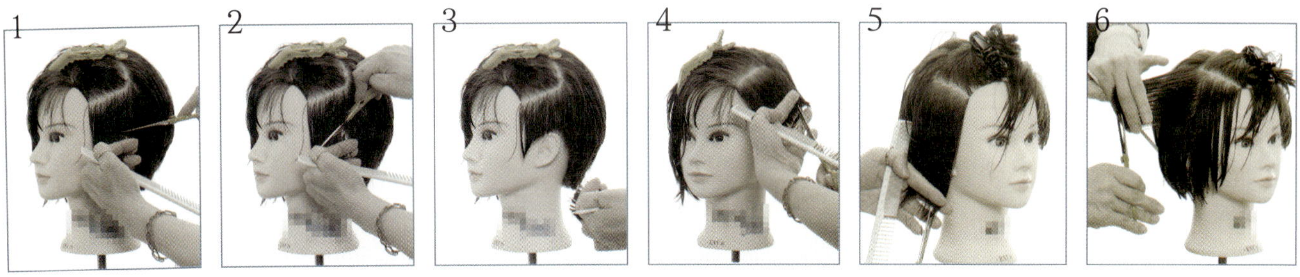

1 앞머리와 뒷머리의 영역을 나눈 후에 5cm의 옆선의 영역을 나누어서 E.P에서 0.5cm의 짧은 길이가이드를 설정한다.
2 가위를 앞내림 사선으로 하여 짧은 앞내림 사선을 만든다.
3 형태선을 짧은 형태선을 시술해놓은 상태이다.
4 윗모발을 내려서 형태선을 다시 한번 낫칭으로 시술한다.
5 반대쪽에 길이가이드를 설정하여 시술한다.
6 디자인 존의 모발을내려서 자연시술각 70°로 시술하고 앞모발은 뒤로 당겨서 시술한다..

5 앞머리표정 만들기를 진행한다.

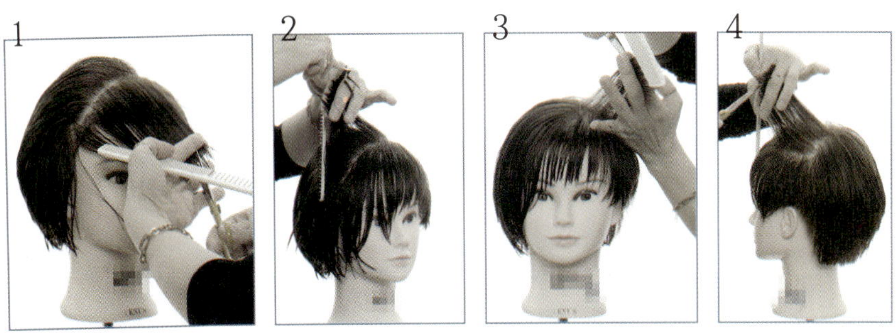

1 앞머리의 영역을 나눈 후에 가르마를 7:3으로 나누어서 슬라이스와 평행하게 시술한다.
2 앞머리의 연결선의 모발을 뒤쪽으로 살짝 밀어서 시술한다.
3 반대쪽도 모발을 반대편의 길이와 연결하면서 시술한다.
4 오른쪽 왼쪽에 길이를 사선으로 자연스럽게 연결하여 흐름을 만든다.

6 쳐내기의 방법을 이용하여 뒷 손질이 편한 헤어스타일 만들기를 진행한다.

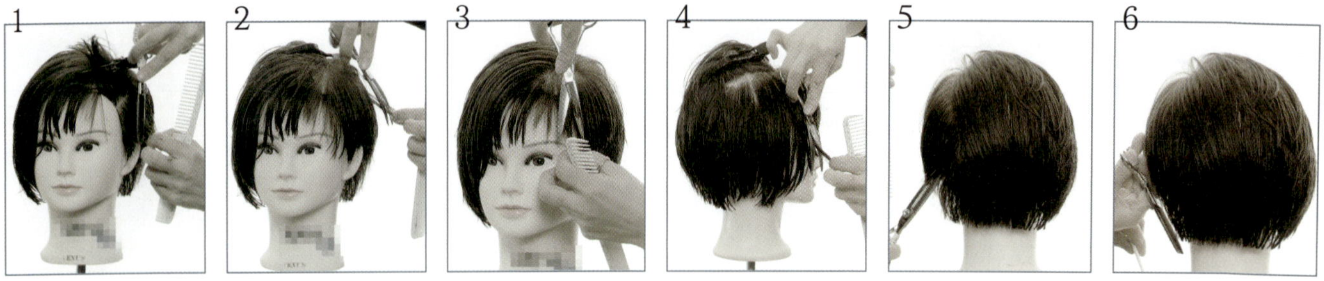

1.2 옆선의 무거운 모발을 커브가위로 모발을 도려낸다.
3 앞머리의 영역에서 모발의 공기감과 가벼움을 표현한다.
4 형태선의 영역을 모발을 도려낸다.
5 모발을 사선으로 빗질하여 틴닝으로 시술한다.
6 모발이 뭉친 부분이나 선이 만들어지지 않는 곳을 다시 한번 정리한다.

시술종료

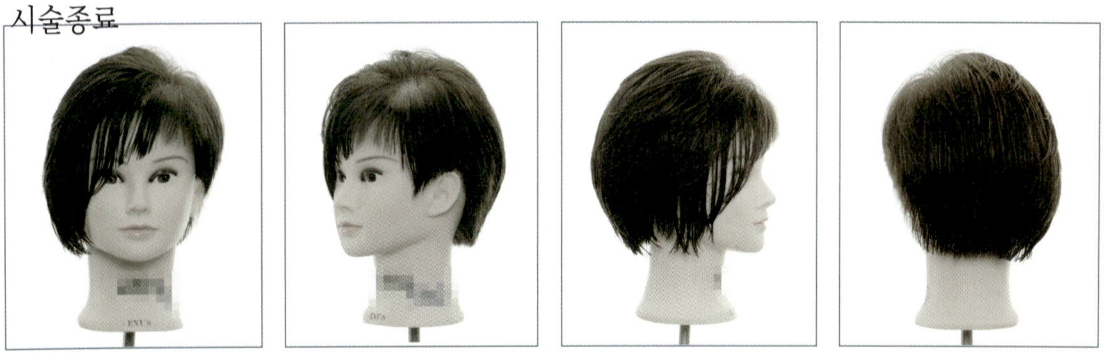

육각형 패턴

도구사용방법
투블럭 두상
나누기

육각형 패턴 : 도구 사용방법과 투블럭을 시술하기 위한 두상나누기

1. 가위의 사용방법

가위잡는 자세

1

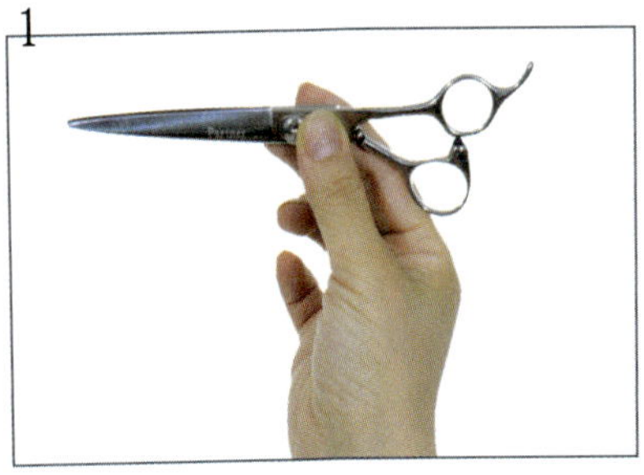

가위의 잠금나사 부분이 보이도록 잡는다.

2

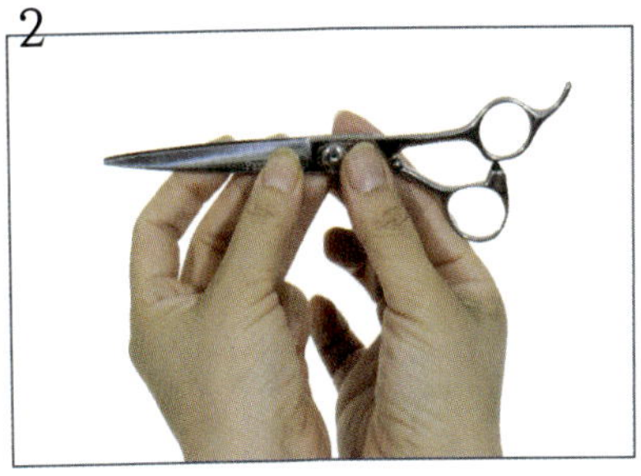

오른손에 가위를 잡기 위해 왼손으로 가위를 잡는다.

3

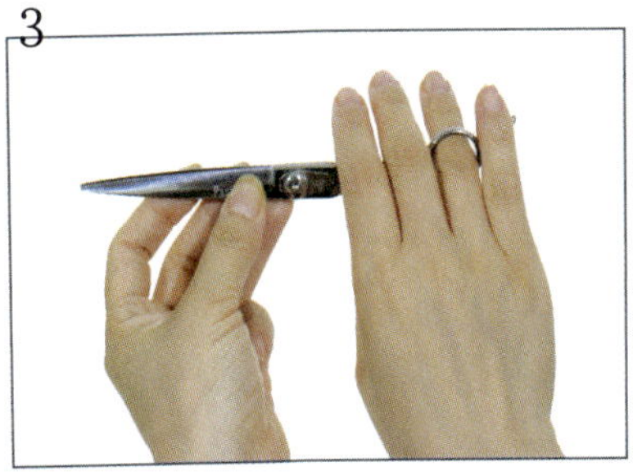

약지의 두번째 관절과 세번째 관절 사이에 사선으로 가위를 놓는다.

4

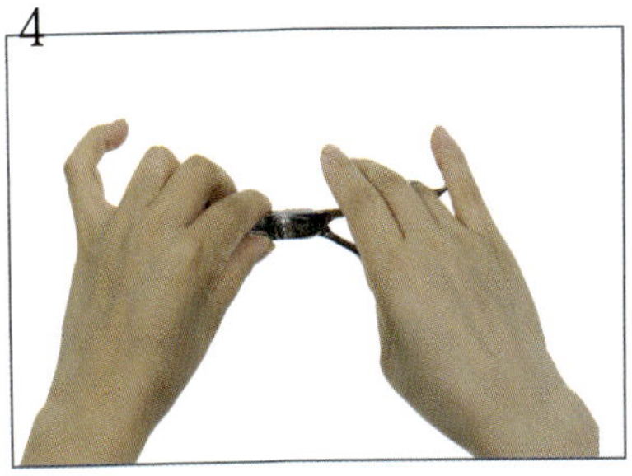

가위가 사선이기 때문에 손목은 밖을 향한 45° 기울기로 비튼다.

5

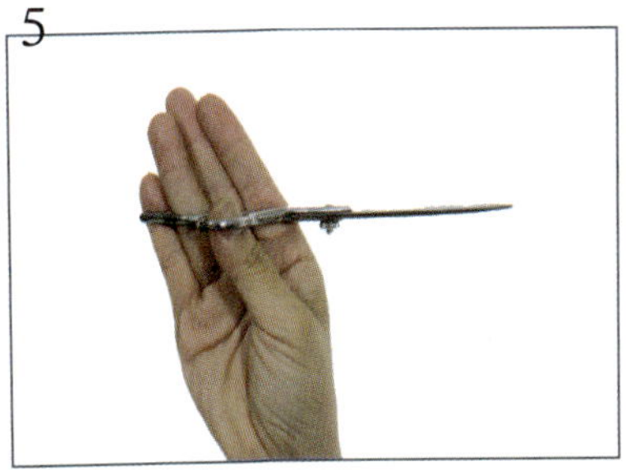

유동날의 링은 엄지 손가락에 얹는다.

6

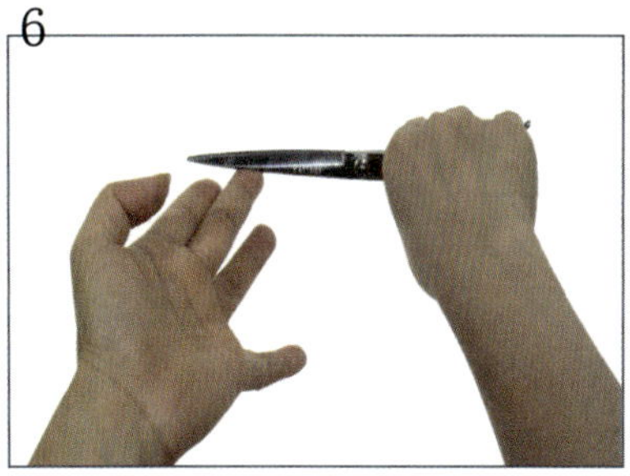

윗부분(손등)은 힘을 주고 엄지부분은 개폐의 역할만 한다.

7

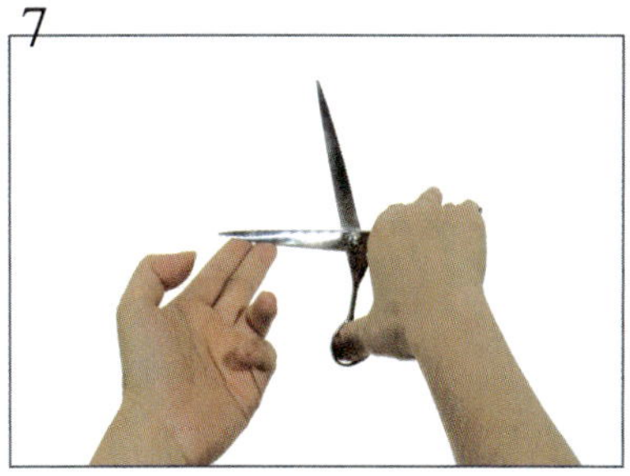

오른손에 가위를 잡기 위해 왼손으로 가위를 잡는다.

8

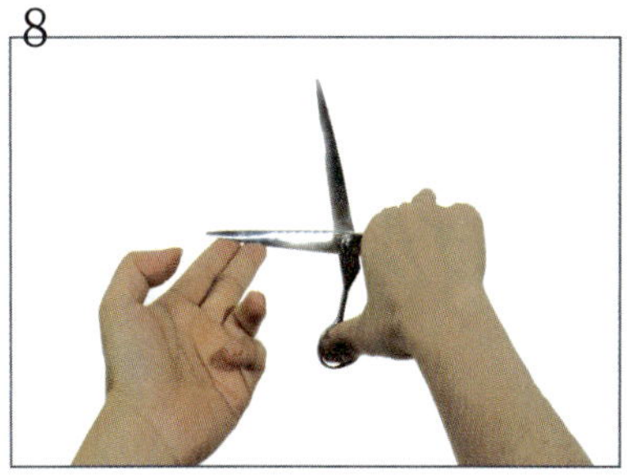

약지의 두번째 관절과 세번째 관절 사이에 사선으로 가위를 놓는다.

9

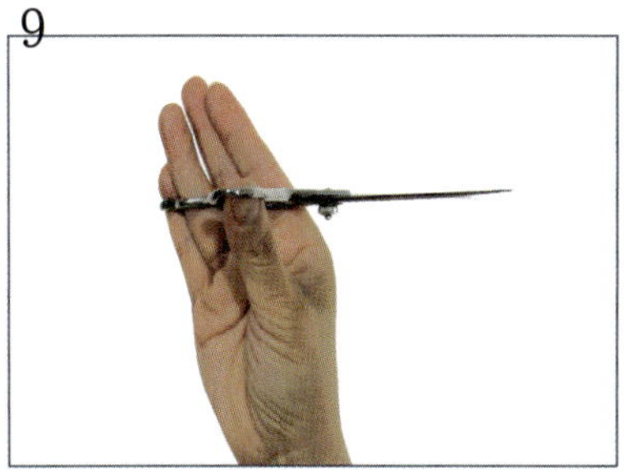

가위가 사선이기 때문에 손목은 밖을 향한 45° 기울기로 비튼다.

10

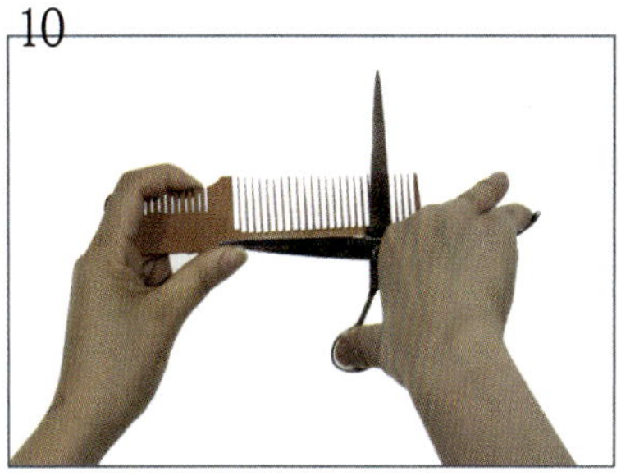

유동날의 링은 엄지 손가락에 얹는다.

2. 빗의 사용방법

1) 빗을 손가락의 시술각으로 활용하여 짧은 모발은 빗이 자가 된다.

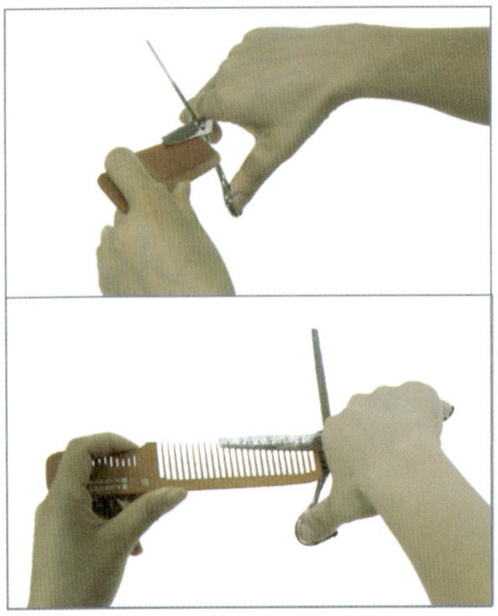

인크리스 레이어
(틴닝사용의 경우 모량이 많을 때)

윗머리가 짧고 아래가 긴 모발의 형태에 이용하며, 자연스런 층을 원할 때, 튀어나온 골격을 깎아낼 때 사용한다.

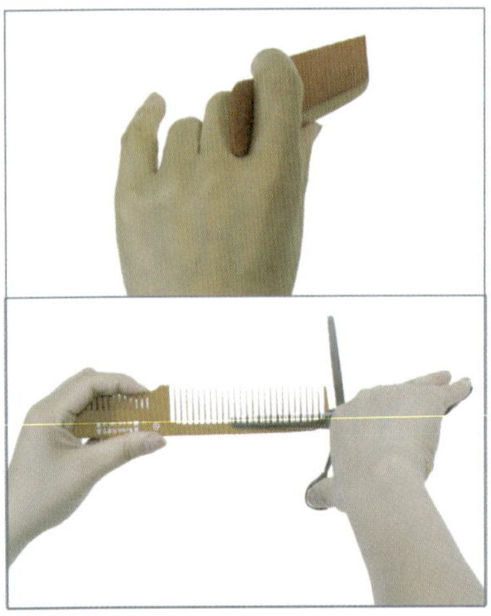

두상연장 스퀘어
(틴닝사용의 경우 무난한 모발)

두상을 자연스럽게 연장하며 제일 많이 활용한다. 선을 만들 때 이용하기도 한다.

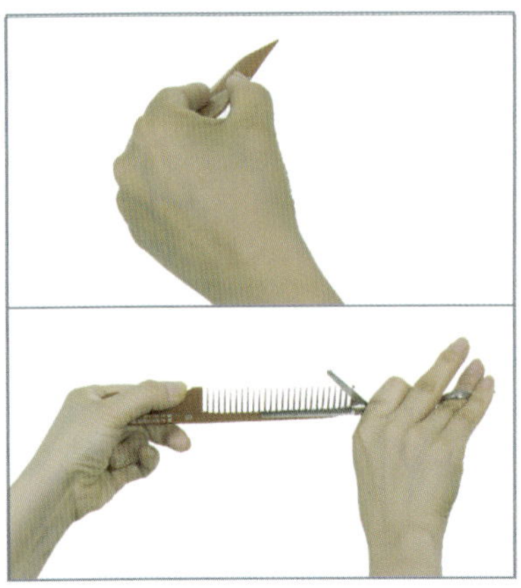

그래쥬에이션
(틴닝사용의 경우 모량이 적을 때)

윗머리가 길고 아랫머리가 짧게 컷을 한 형태이다. 볼륨을 주고자 할 때 함몰되어 있는 골격을 보정할 때 사용한다.

2) 빗질 테크닉

빗은 짧은 모발에서는 손가락의 역할까지 한다.
손가락으로 시술하는 것처럼 그래쥬에이션, 스퀘어, 레이어를 구분지어 시술하여야 한다.

모량이 적을 시

평균적으로

모량이 많을 시

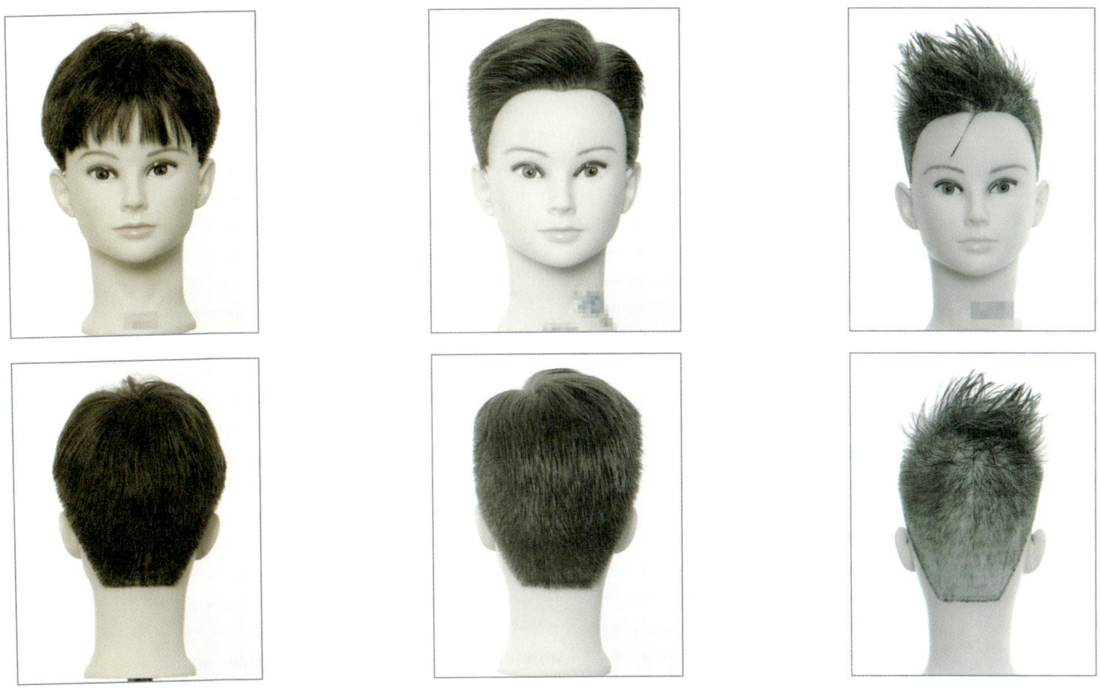

3. 클리퍼(CLIPPER)의 사용방법

클리퍼는 자르기 위한 보조적인 도구라는 것을 충분히 인지한다.
사용하려는 빗의 면적 안에서 시술이 되어야 한다.
클리퍼는 빗의 면에서 사선이 되어야 한다.

바른 방법

틀린 방법

틀린 방법

클리퍼로 도려내기

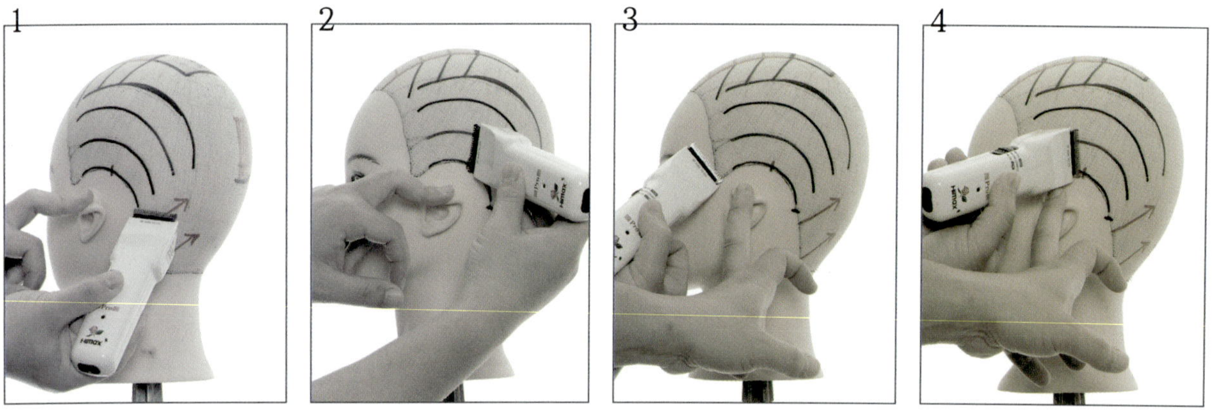

클리퍼로 쳐올리기

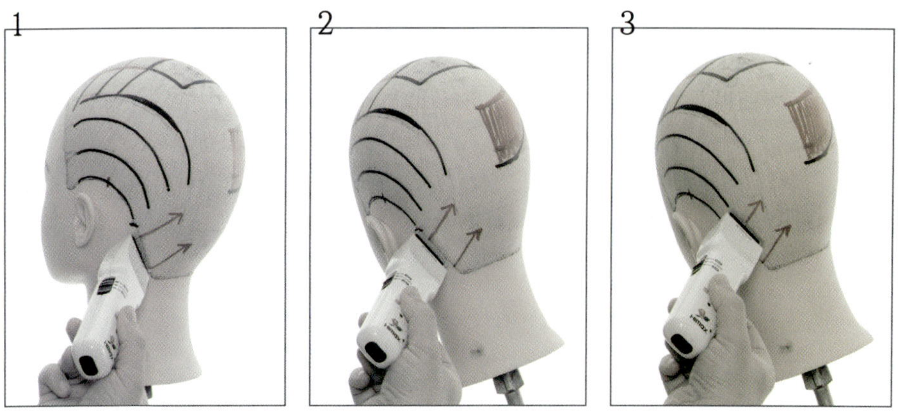

클리퍼 시술 시 발생하는 실수

클리퍼 실수

1

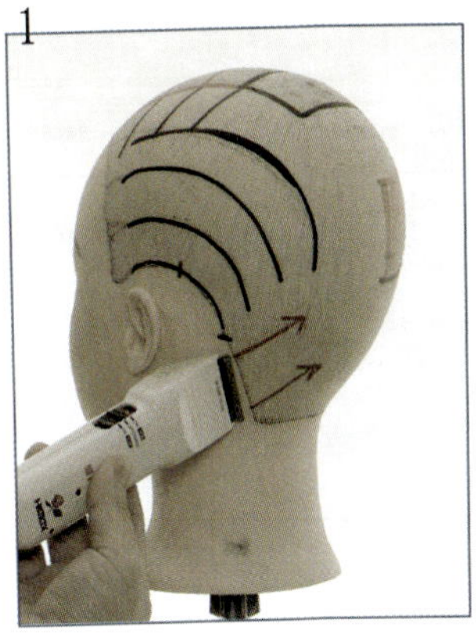

2

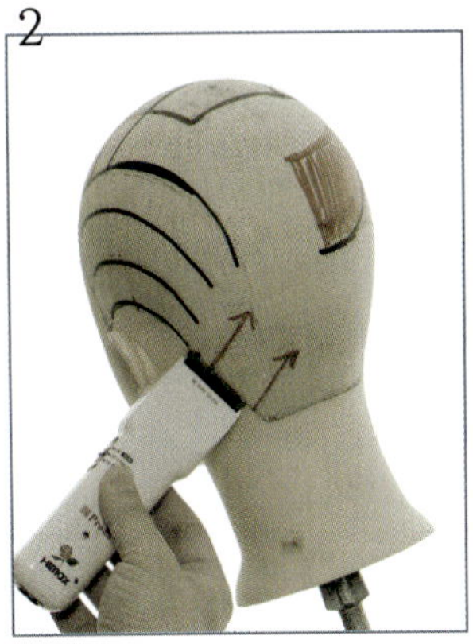

3

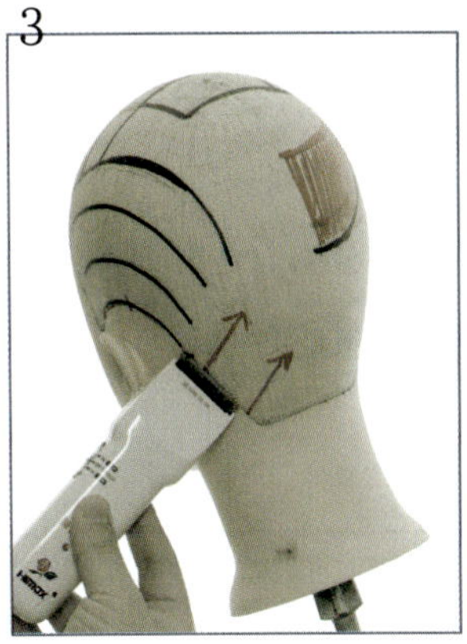

클리퍼가 먼저 레이어가 되고 그라데이션으로 시술이 되므로 그라데이션 연결이 잘 되지 않는다.

클리퍼 시술 시 발생하는 실수는 크게 3가지로 파악된다.

1. Line design

형태를 결정하고 시술할 때는 고객의 모발길이, 모류, 모질에 따라 형태선을 결정하여야 한다.

2. 쳐올리기 테크닉

짧게 잘라야 할 부분과 그라데이션이 표현되어야 할 부분을 정확하게 인지하여야 한다.

3. 그라데이션(gradation) 연결

그라데이션은 말 그대로 점점 길이가 확장이 되어야 한다.
시작점과 종점을 정확하게 파악하고 시술하여야 한다.

4. 투블럭을 시술하기 위한 두상나누기의 조건

디자인의 높이 결정
(T.P)

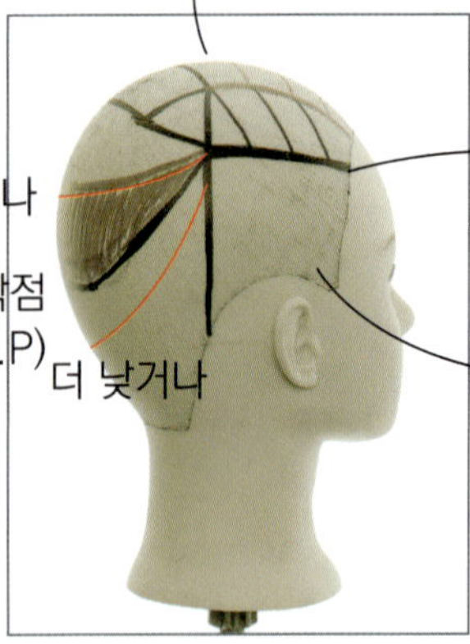

기본 시작점(F.S.P)

더 높히거나
기본 시작점
(B.P)
더 낮거나

측면의 길이에 따라 디자인의 형태가 달라진다.
(그래쥬에이션, 스퀘어 레이어, 인크리스 레이어)

디자인의 길이 결정
(디자인 존의 영역도 길이가이드 설정 후
유니폼 레이어, 그레쥬에이션, 인크리스
레이어에 따라 길이가이드가 달라진다.)

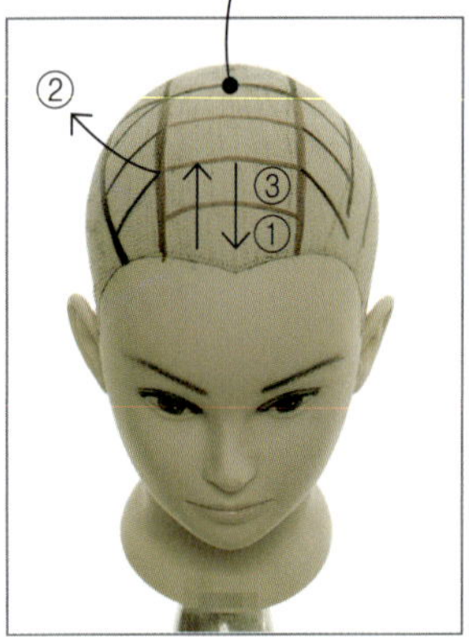

① 앞머리의 길이가 짧아진(그래쥬에이션)
② 앞머리가 길어진(인크리스 레이어)
③ 두상의 길이를 그대로 연장하는 유니폼 레이어

5. 스타일링의 변화

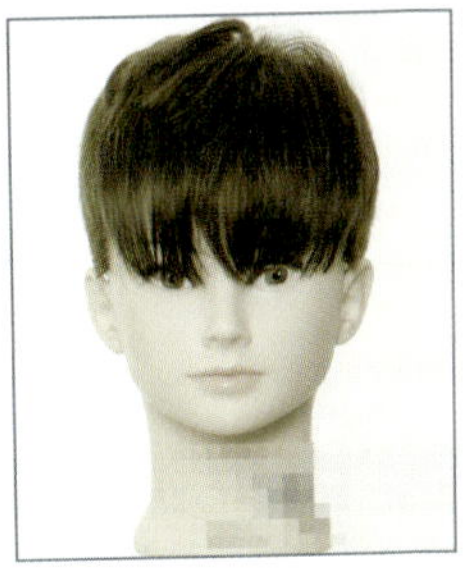

1

Point 1

유니폼 레이어형태를 이용한 기초 베이직 형태. 남성 스타일의 기본형이자 많은 변화를 일으키는 베이직 스타일

2

Point 2

길이와 형태를 먼저 파악하라
ex) N.P의 길이, 옆선의 형태, T.P의 높이, 앞머리 디자인

3

Point 3

손질의 유무에 따라 도구의 선정과 질감처리의 방법을 설정하라

4

Point 4

얼굴형에 맞는 가르마 비율을 조절하여 스타일링

육각형 패턴

육각형 패턴 1

Crop design

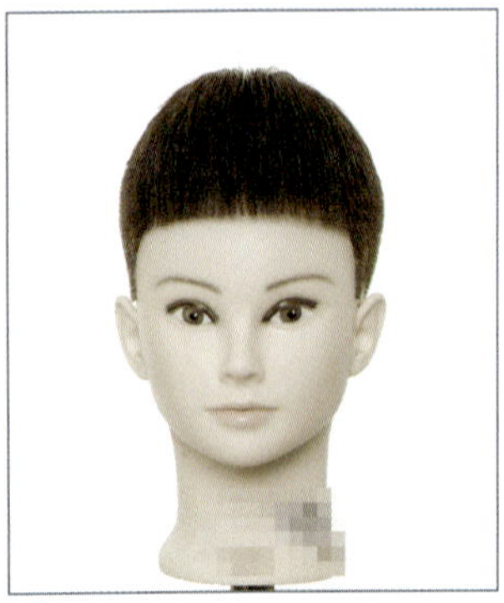

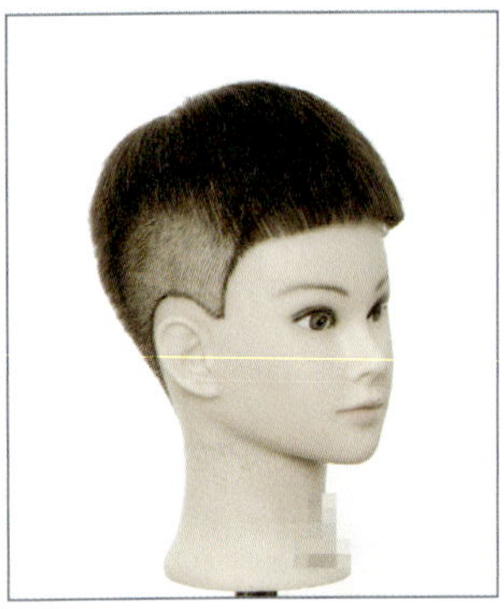

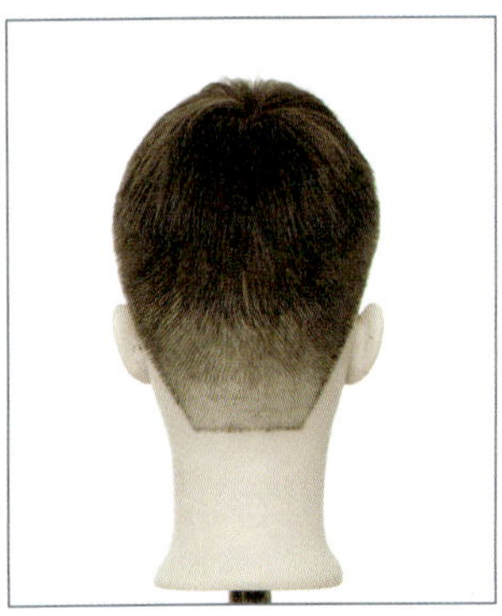

육각형 패턴 2

Disconnection wolf design

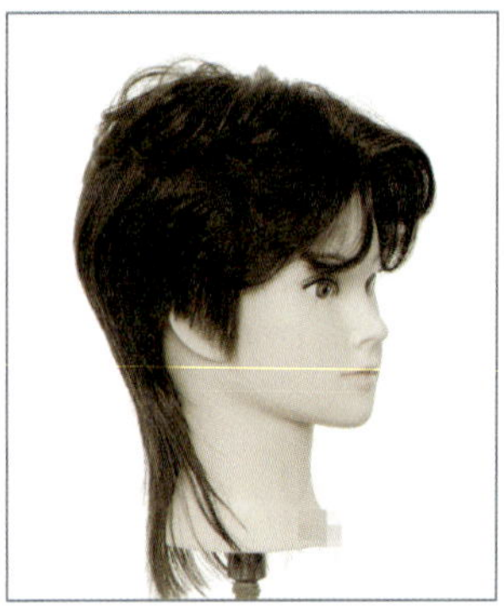

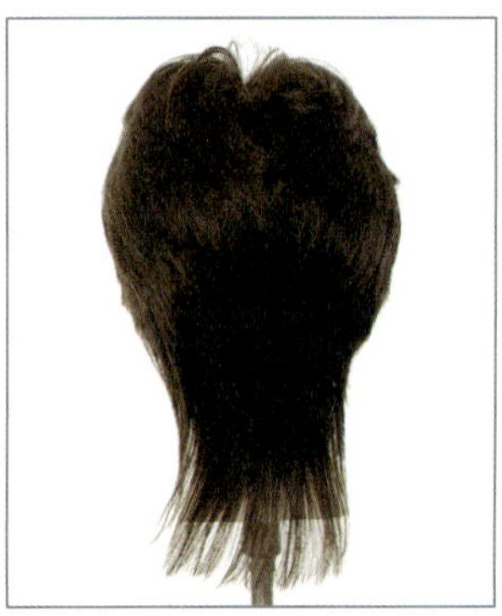

육각형 패턴 3

Design block cut

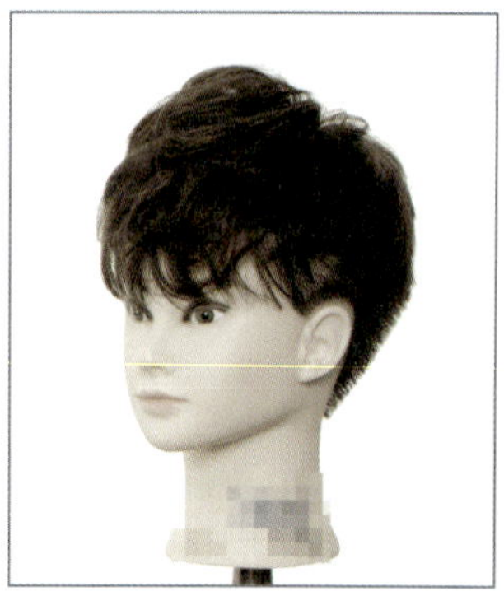

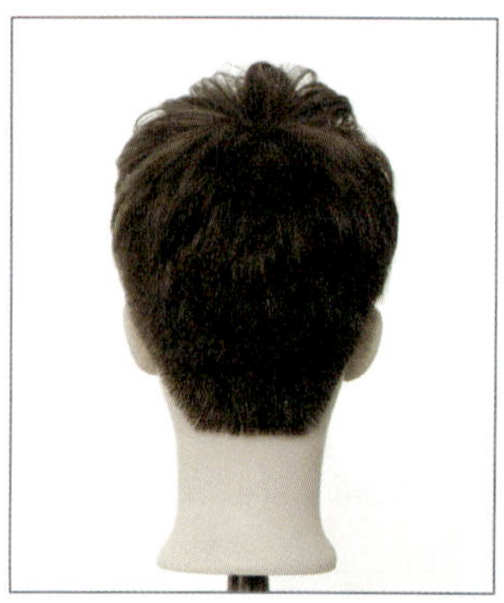

육각형 패턴 4-1

Mohican design

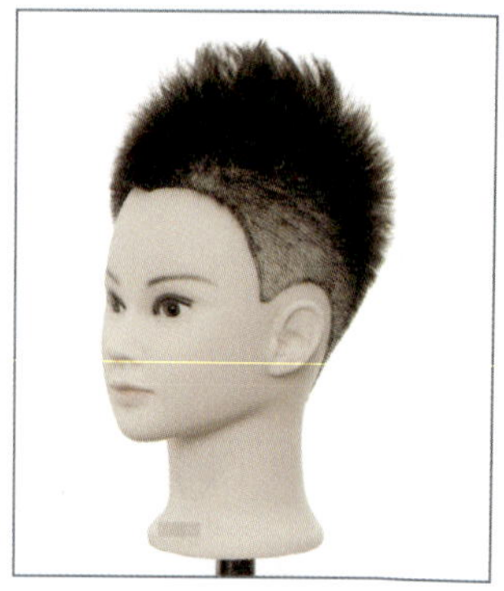

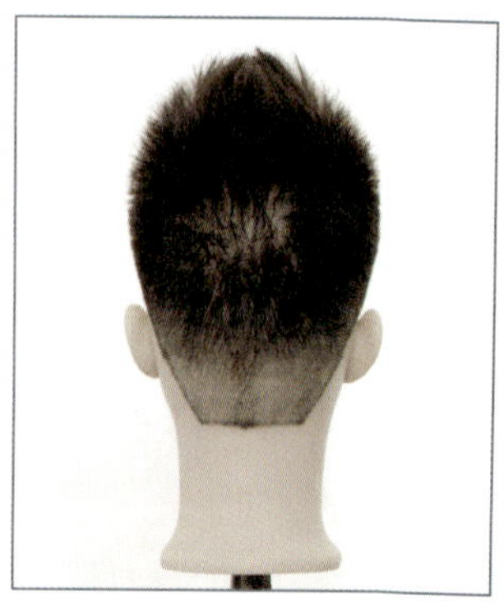

육각형 패턴 4-2

Mohican design

육각형 패턴 5

디자인 블록 상고

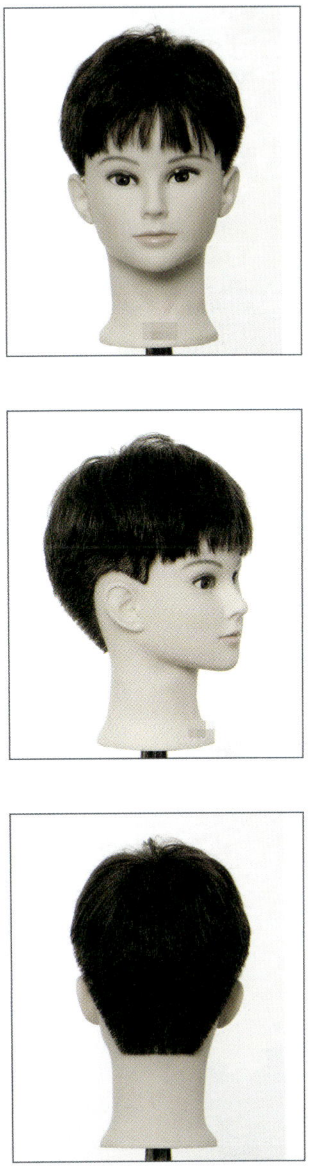

육각형 패턴 6

Ponade design

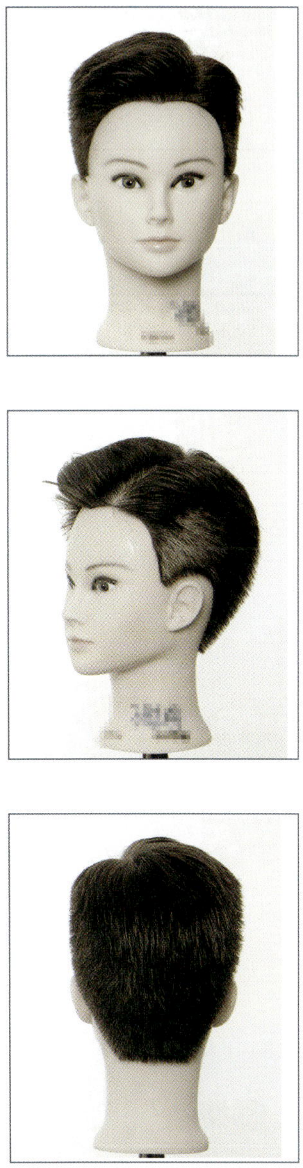

육각형 패턴 1 Crop Design

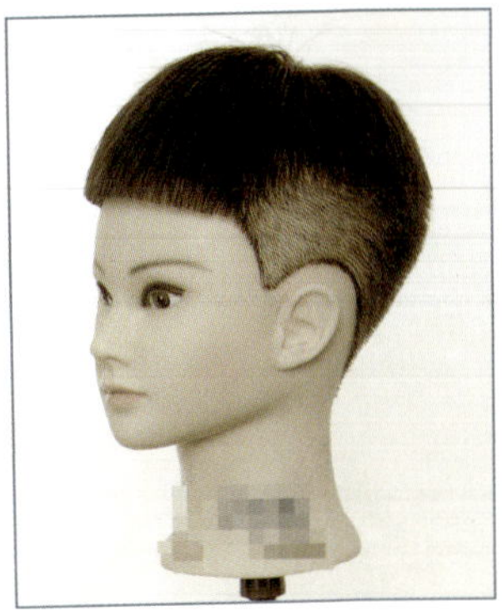

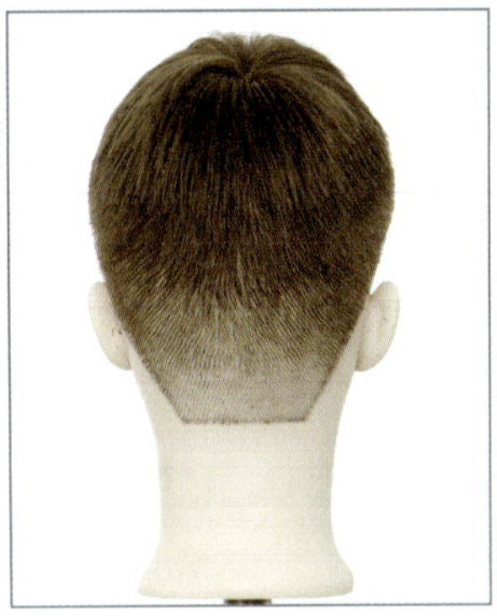

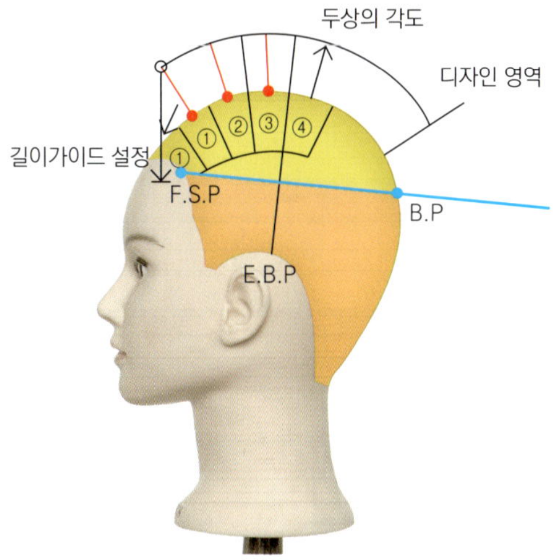

1 두상의 영역을 나눈 후 형태선 존 영역을 클리퍼를 이용한 깔끔한 그라데이션 표현

2 앞머리 가이드 설정(이마의 넓이를 생각하여 앞머리 길이감을 조절)

3 질감의 조절(질감처리 시 모근에 가깝게 혹은 모발 끝만 질감처리 한다.

형태선 존 영역

측면은 스퀘어 형태로 표현하는 것이 좋다. 마무리 스타일링도 두상에 밀착시키는 디자인이므로 측면에서 스퀘어를 표현하여야 보다 세련된 디자인이 표현된다.

디자인 존 영역

앞머리 길이를 설정하여 일반시술각 90° 유니폼 레이어로 시술하여 디자인 존과 형태선 존을 연결하여 마무리한다.

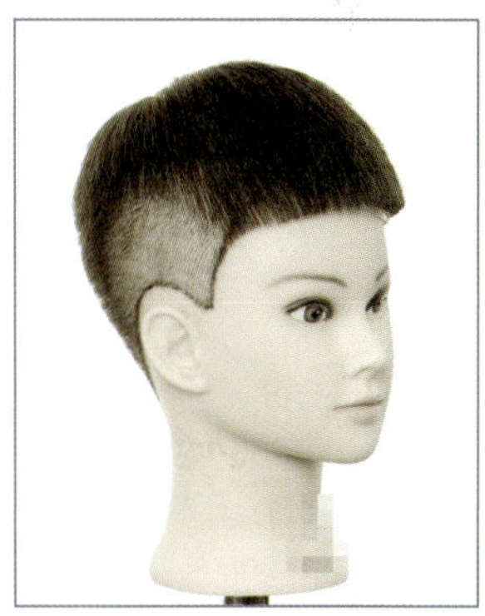

1 형태선 존의 영역을 나눈 후 클리퍼를 이용하여 모발을 최대한 짧게 올려 친다.

1
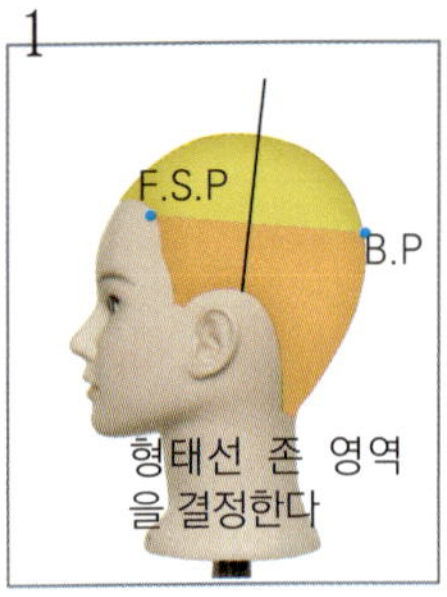

2
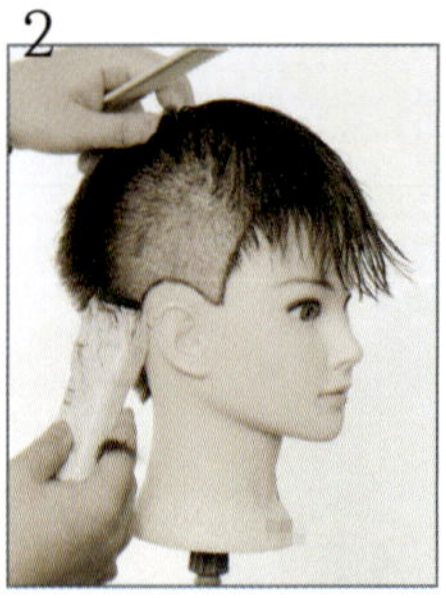

3
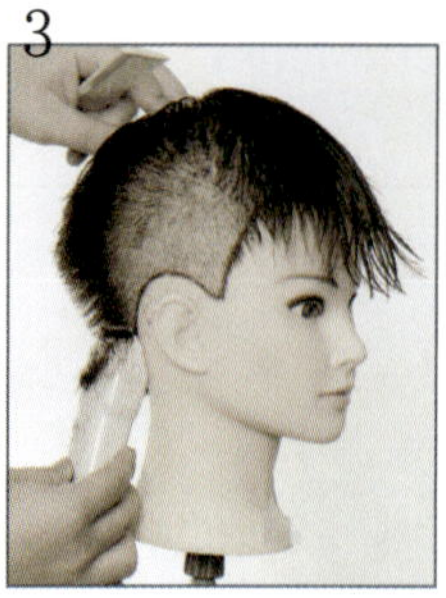

4
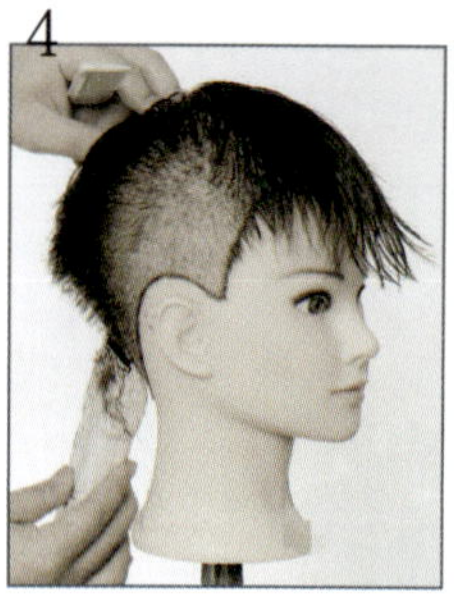

5
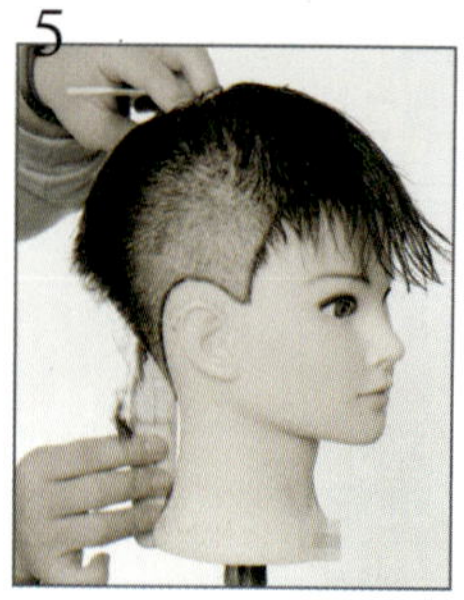

클리퍼의 면을 이용하여 아주 짧은 그라데이션을 표현한다.

6
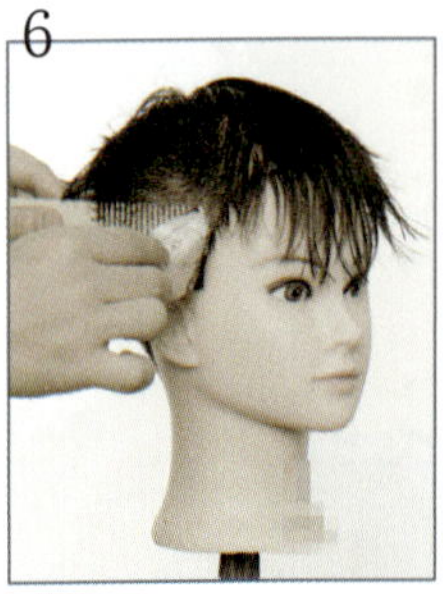

깨끗하게 만든 모발과 윗모발을 연결 시킨다.

7
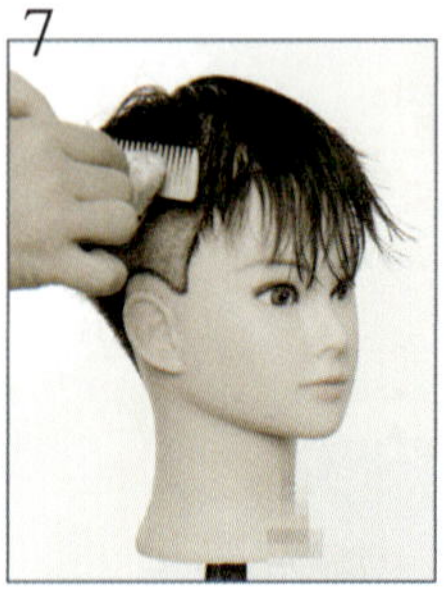

빗은 최대한 스퀘어를 유지하면서 이동한다.

8
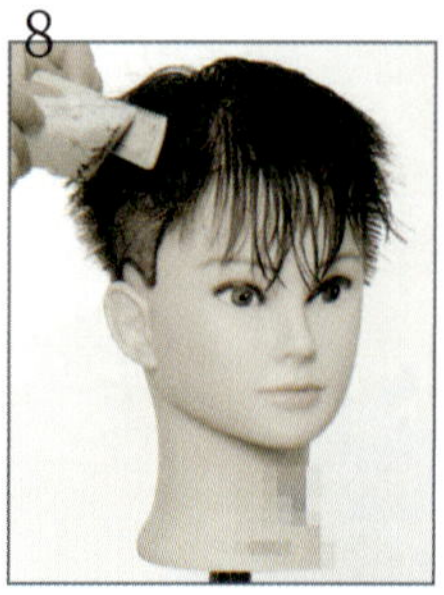

F.S.P라인까지 이동후 빗의 모양은 레이어로 이동한다.

9
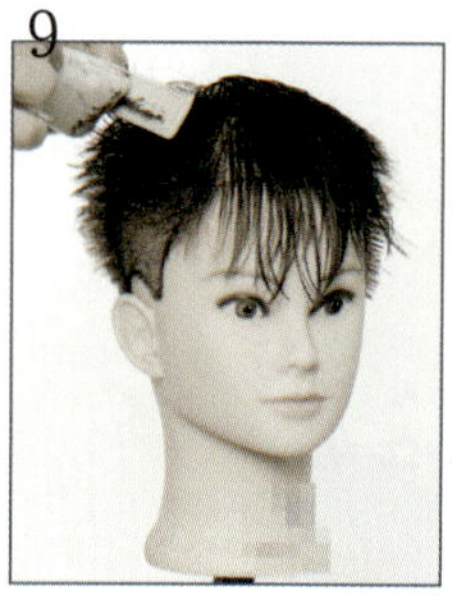

윗모발과 자연스러운 연결선을 만든다.

10
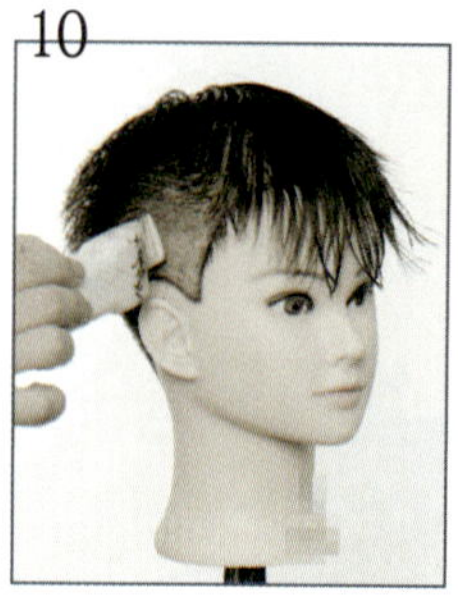

E.P~E.B.P의 영역을 클리퍼로 연결한다,

11
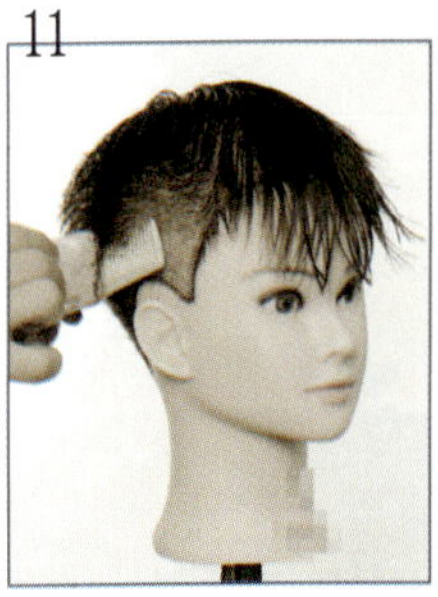

빗은 최대한 스퀘어를 유지한다.

12
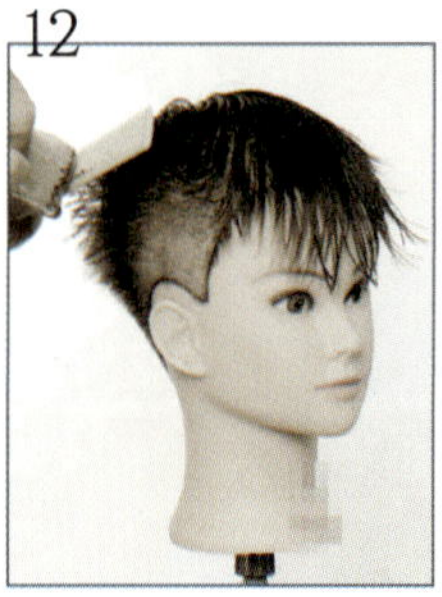

F.S.P라인까지 이동 후 자연스러운 연결이 되도록 빗의 모양은 레이어로 진행한다.

13
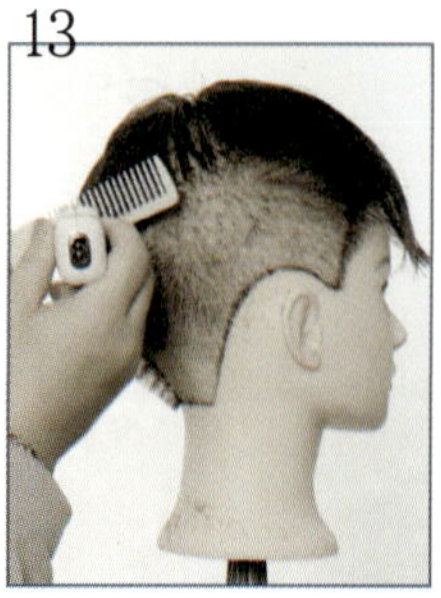

같은 방식으로 이동하며 윗 모발과 자연스러운 연결이 되도록한다,

14
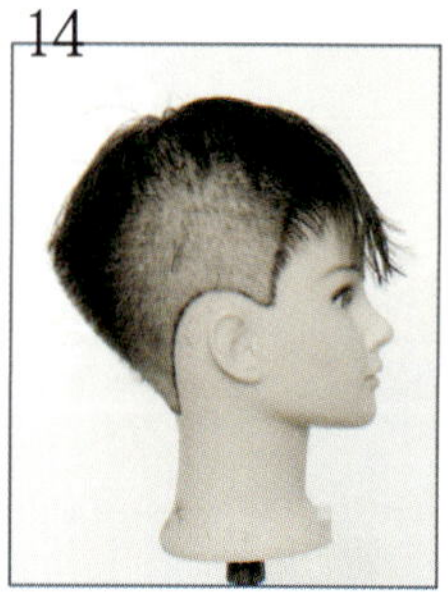

측면이 완성된 상태.

15
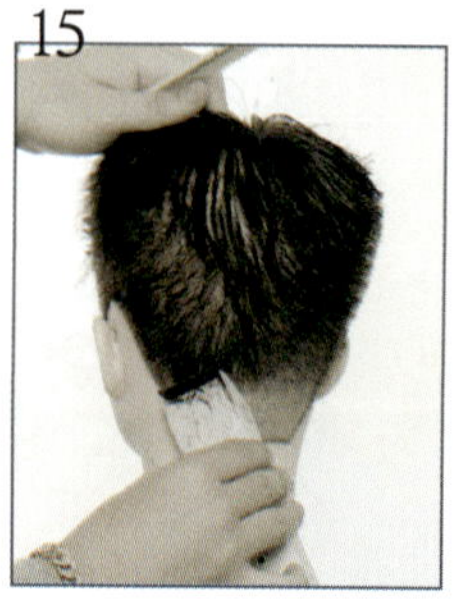

N.P지역은 E.B.P까지 최대한 짧게 클리퍼로 커트한다

16

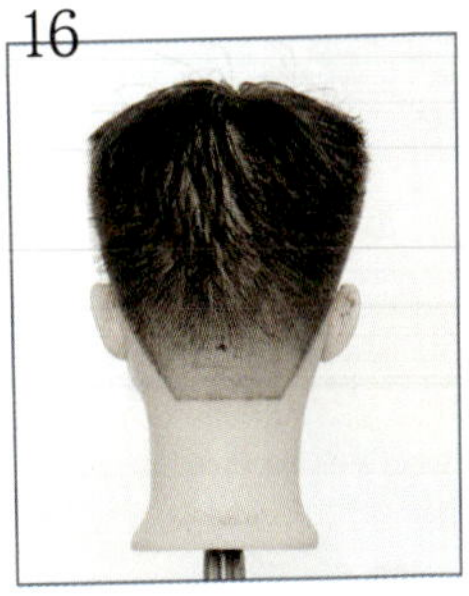

후면이 완성된 상태.

17

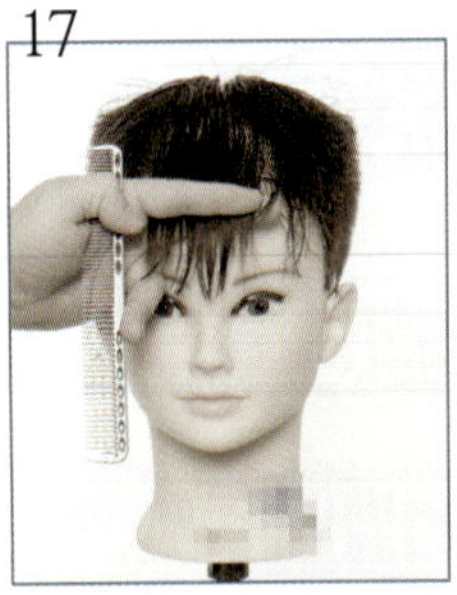

앞머리의 디자인 길이를 결정한다.

18

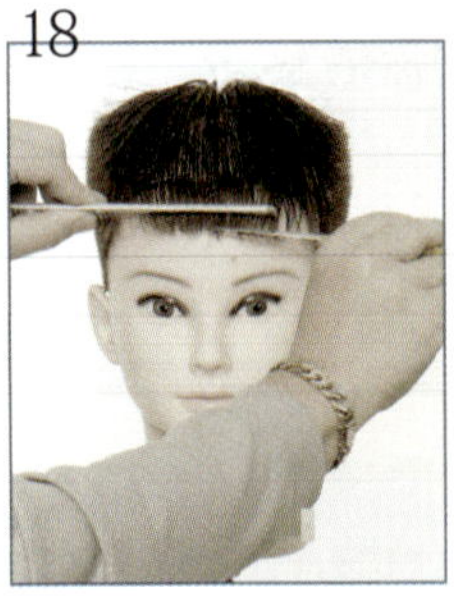

결정한 길이를 0° 커트한다.

19

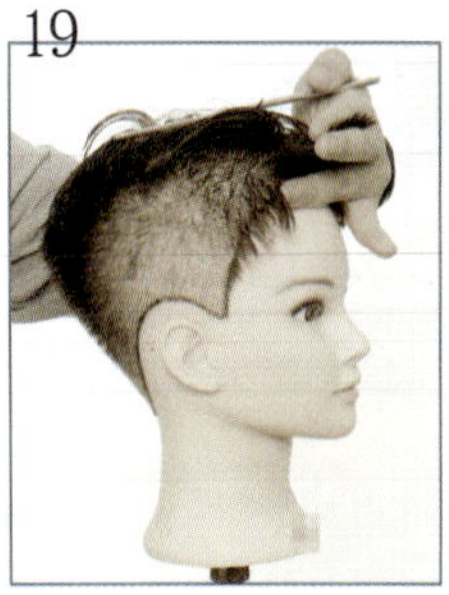

커트된 앞머리의 길이를 기준으로 두상각도 90° 커트한다.

20

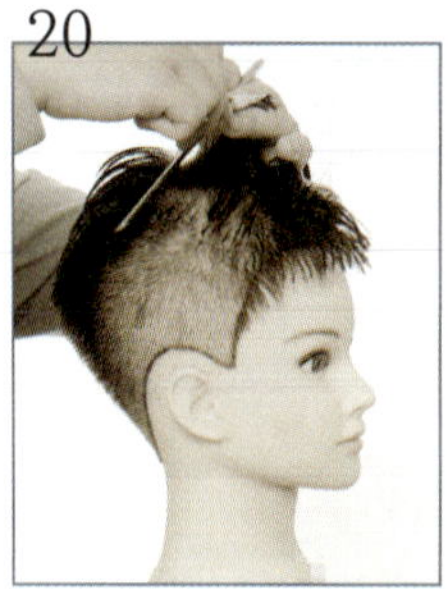

C.P->G.P의 방향으로 두상각도 90° 커트한다.

21

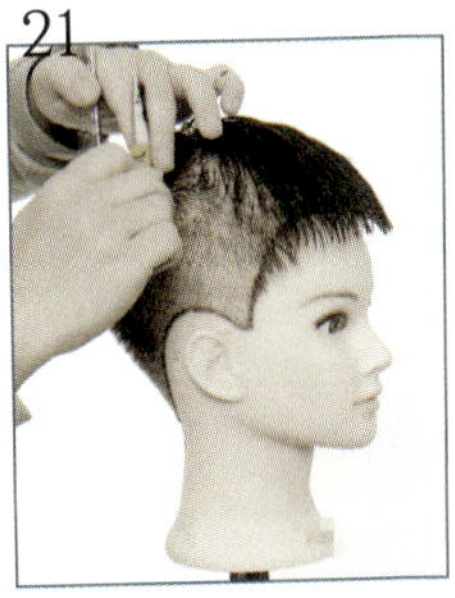

C.P->G.P의 방향으로 두상각도 90°로 커트한다.

22

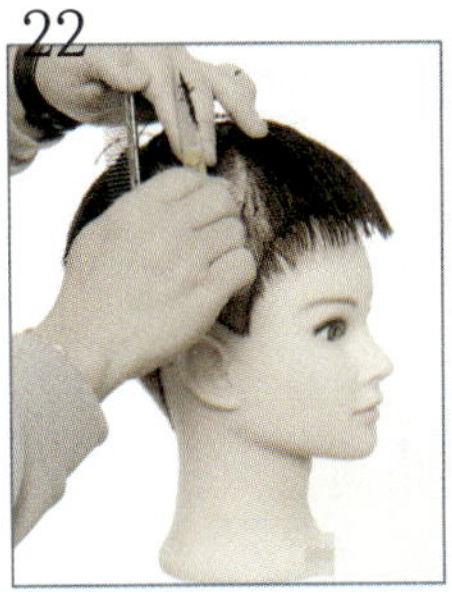

23

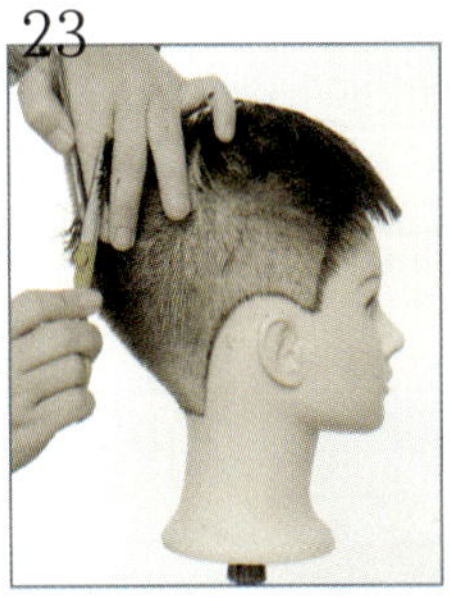

24

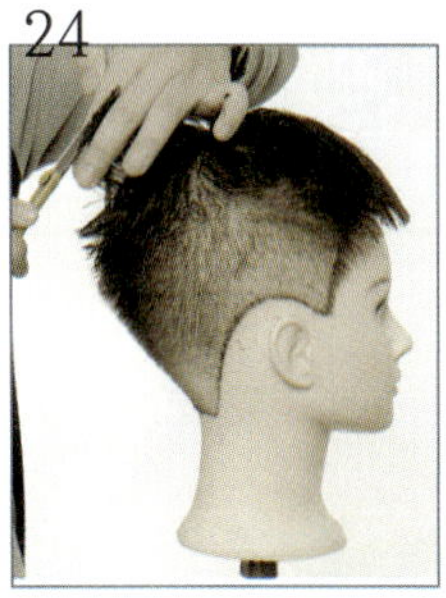

T.P주위의 모발을 시작으로 C.P로 이동, G.P로 이동 커트한다.

커트가 종료된 상태

1

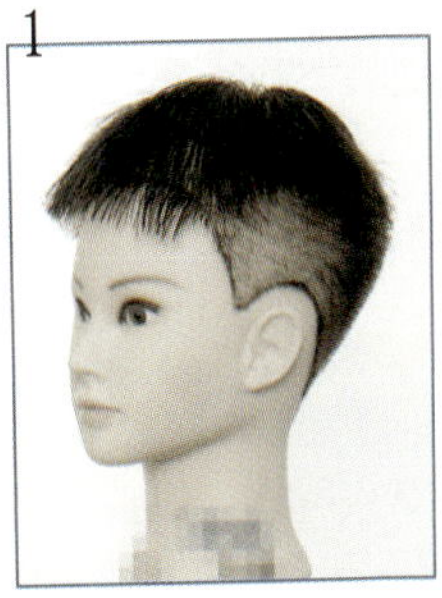

2

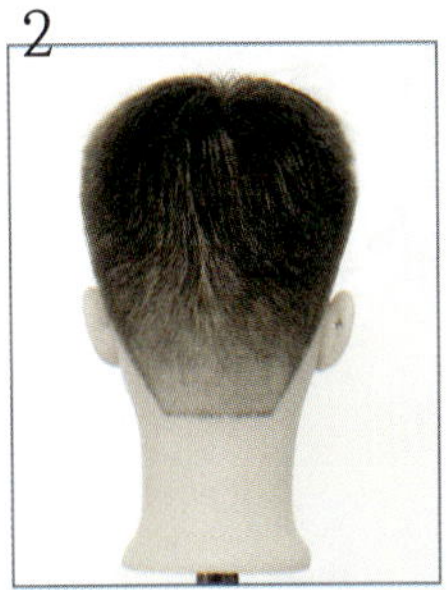

3

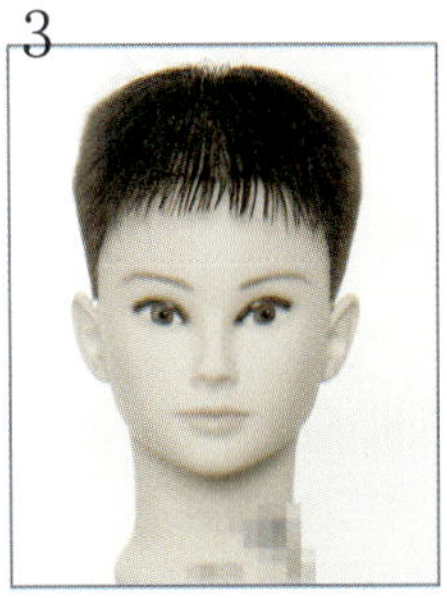

육각형 패턴 2

Disconnection Wolf Design

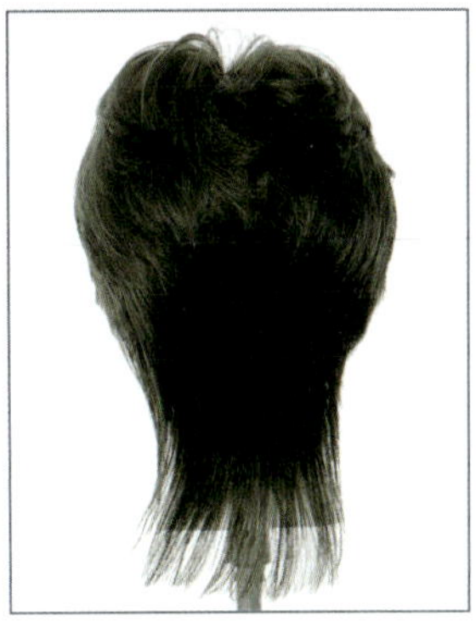

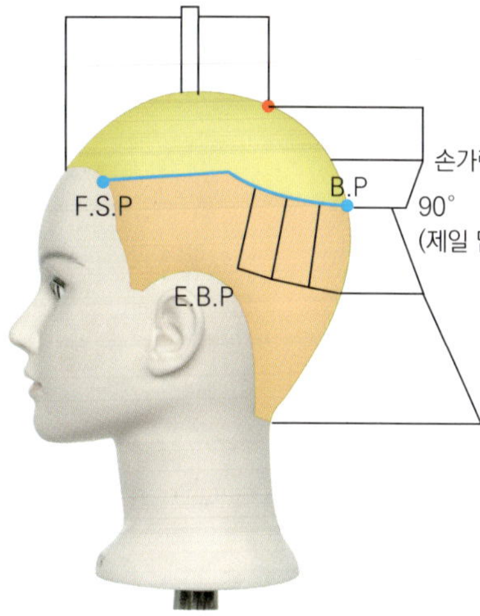

1　두상의 영역을 형태선 존과 디자인 존으로 나누어서 형태선 존의 영역을 인크리스 레이어로 시술하여 밑모발을 길게 표현한다.

2　T.P에서 길이가이드를 10cm 설정하여 스퀘어 레이어로 T.P쪽으로 끌어 당겨서 시술한다. 뒷모발은 G.P까지 위로 당겨서 시술한다.

3　G.B.M.P에서 G.P까지는 평면으로 당겨서 다시 한번 시술한다.

4　형태선(앞머리, 옆머리, 뒷선을 다시 한번 확인하고 모량이 많은 곳을 쳐내기의 방법을 이용하여 질감처리 한다.

형태선 존 영역

윗모발이 짧고 아랫모발이 길어지는 인크리스 레이어로 표현하면서 길이감과 옆선과 뒷선을 확인한다.

디자인 존 영역

T.P 10cm 설정하여 스퀘어 레이어(인크리스 레이어)로 표현하고 형태선 존과 연결한다.

1

2

3

4

F.S.P를 시작기준점으로 하여 E.B.P까지는 직선, B.P까지는 라운드 브로킹을 해서 형태선 존과 디자인 존의 영역을 따로 나누어 놓는다.

5

형태선 존의 영역을 인크리스 레이어로 시술한다.

6

세로슬라이스를 이용하여 E.P지역의 모발부터 인크리스 레이어로 커트한다. 패널의 양은 2cm가량으로 커트한다.

7

세로슬라이스 커트 후 가로스라이스로 체크한다.

8

9

E.B.P의 모발부터는 E.P를 기준으로 하여 베이스를 끌어당겨 커트한다.

10

E.P까지 베이스를 끌어당겨 커트한다.

11

네이프의 모발도 끌어당겨 커트한다.

12

네이프의 중심에서 길이를 설정하여 레이어 커트한다.

13

네이프 중심의 길이를 기준으로 커트한다.

14

언더 지역의 커트가 종료된 상태

15

G.P~B.P까지를 자연 각도 90° 커트한다.

16

베이스는 E.P를 향한 사이드 베이스를 사용한다.

17

G.P까지 커트가 종료된 상태.

18

디자인 존의 커트를 위한 상태.

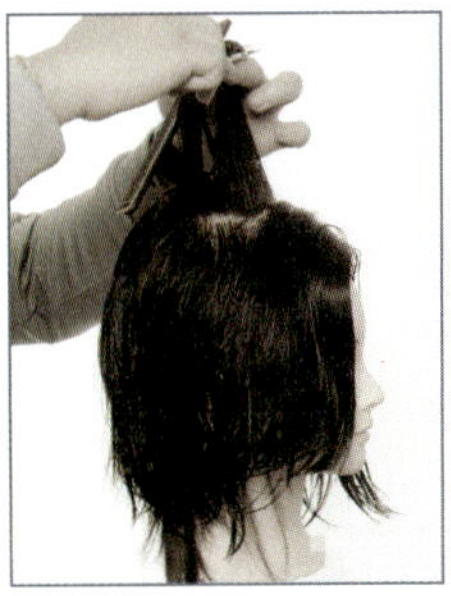

길이가이드는 T.P지역에서 10cm 설정한다.

19

앞머리가 길어지도록 사이드 베이스 커트한다.

20

앞머리가 길어지도록 사이드 베이스 커트한다.

21

T.P로 끌어당겨 사이드 베이스 커트한다.

22

스퀘어 상태로 커트한다.

23

스퀘어 상태이며 앞머리가 길어지도록 사이드베이스 커트한다.

24

E.P 지역에서 디자인 존 모발의 길이를 설정한다.

25

E.P와 평행이 되도록 당겨서 커트한다.

26
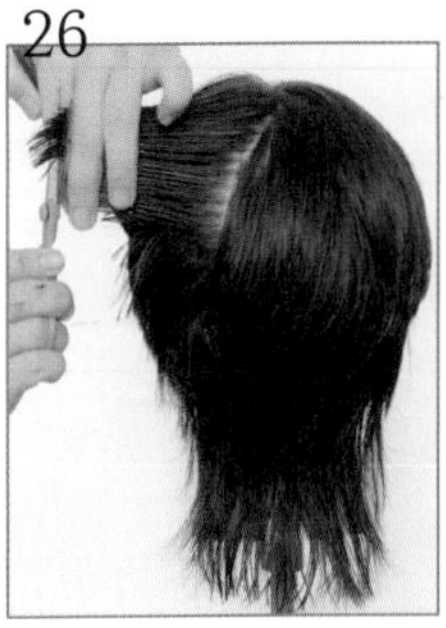
라인선과 윗 모발이 자연스럽게 연결될 수 있도록 연결 커트한다.

27
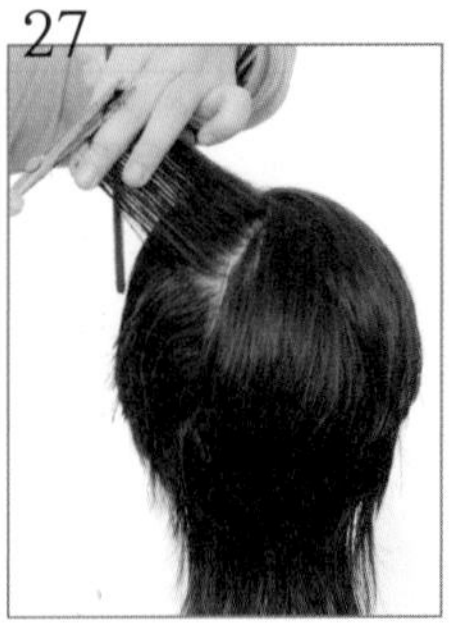
윗모발과 자연스럽게 연결한다.

28

라인선과 디자인 존의 모발을 연결한다.

29

1차 커트가 종료된 상태

30
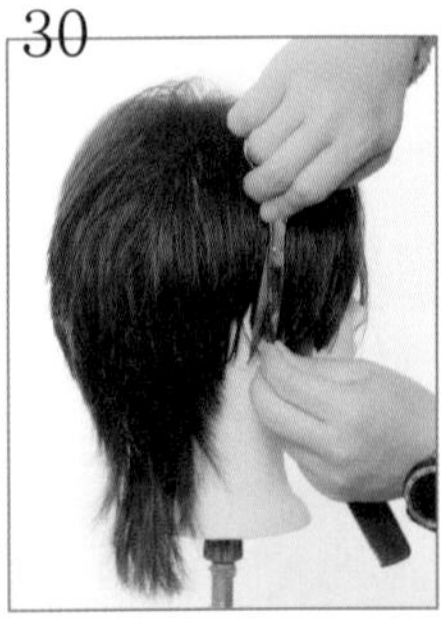

31
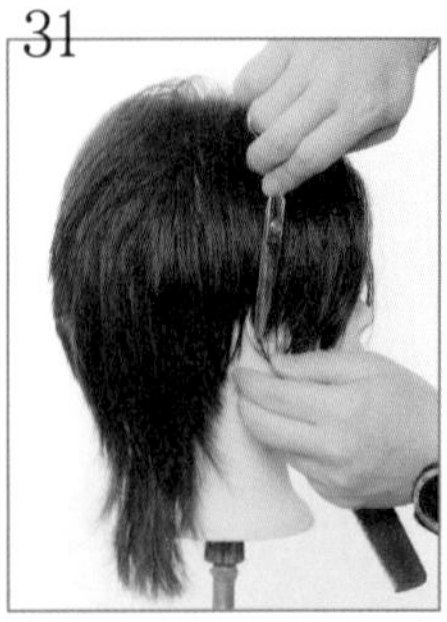

32
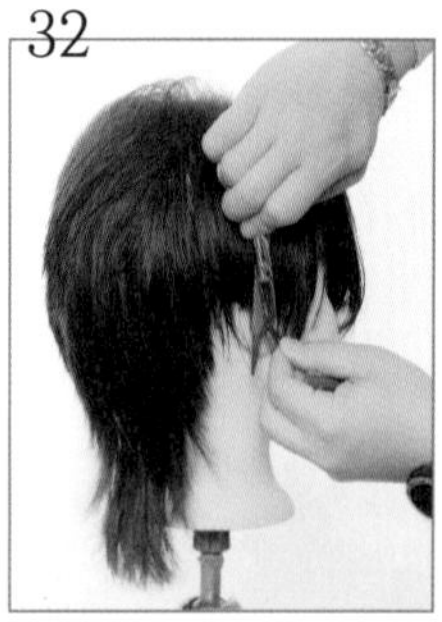

커브가위를 이용하여 언더라인을 만들어 준다.

33
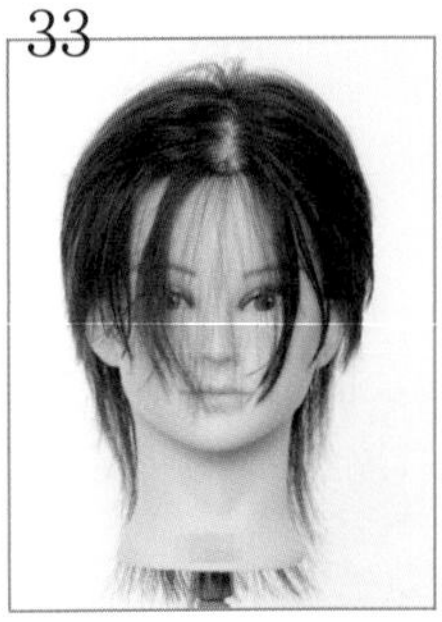
커트가 종료된 정면

34
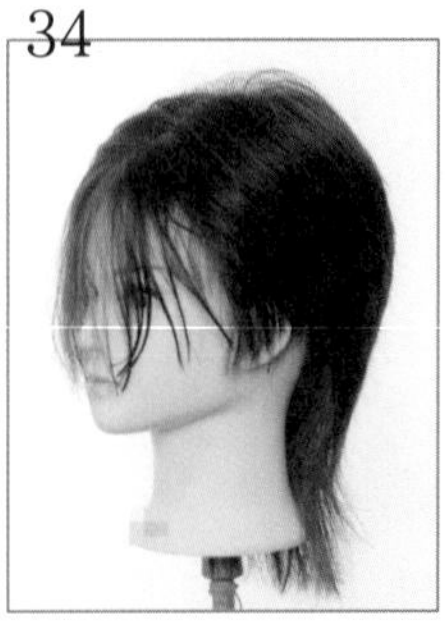
커트가 종료된 측면

35
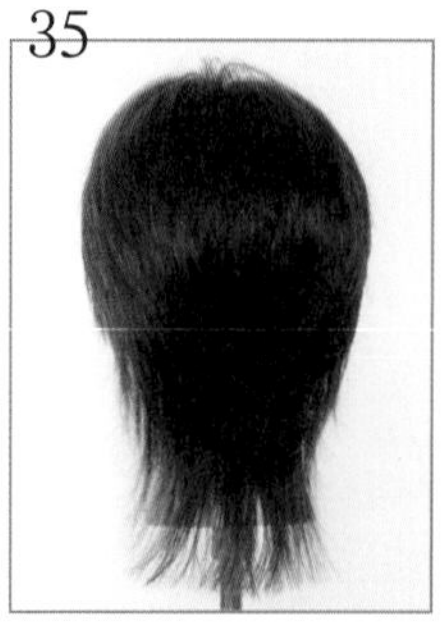
커트가 종료된 후면

육각형 패턴 3 Design Block Cut

유니폼 레이어 변형(Design block cut)

시술 전 생각해야 할 사항

1. T.P의 길이(전체적인 높이감. 길이에 따른 이미지 변화)
2. 앞머리의 길이(모류의 흐름을 파악, 길이의 선택)에 따라 이미지가 달라진다.
3. 손질의 유무(질감처리, 도구의 선택)에 따라 질감표현이 달라진다.
   기본 형태의 시술에 질감처리를 통하여 부족한 부분과 채워야할 부분을 정리한다.
4. 측면의 형태선에 따라 이미지가 달라진다.
5. 가르마에 따라서도 달라진다.

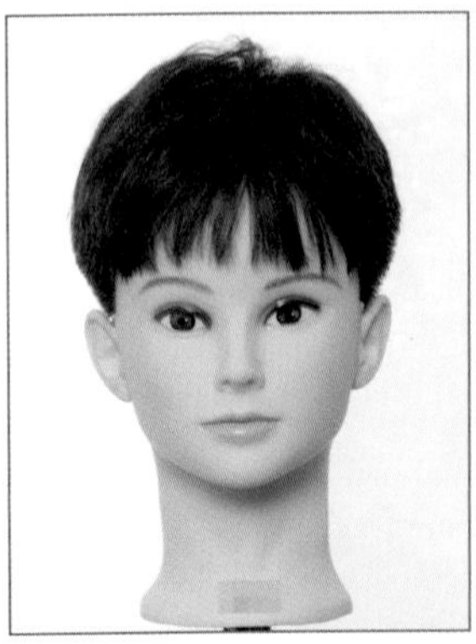
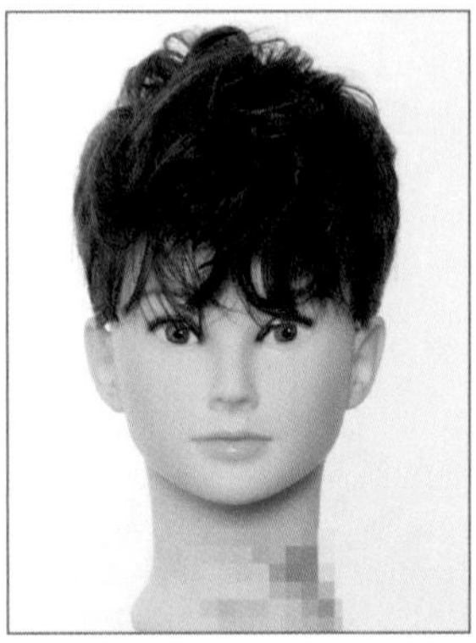
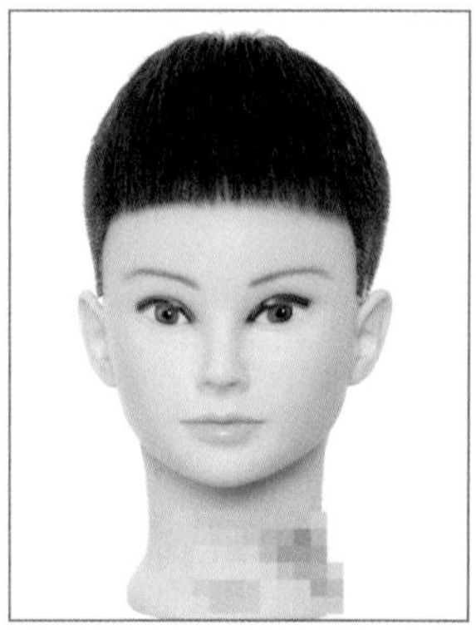

디자인 존의 형태는 T.P의 길이에 따라 이미지가 달라지고
형태선 존의 형태는 밑 길이가 동일하게 시술이 되더도
그래쥬에이션, 인크리스 레이어, 유니폼 레이어에 따라 확 달라진다.

1. 형태선 존을 그라데이션으로

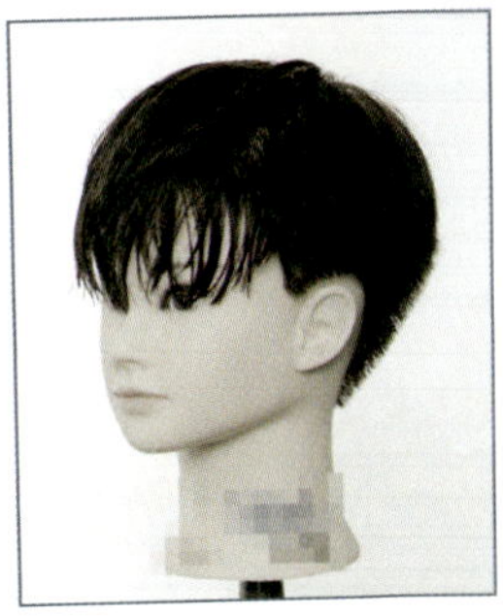

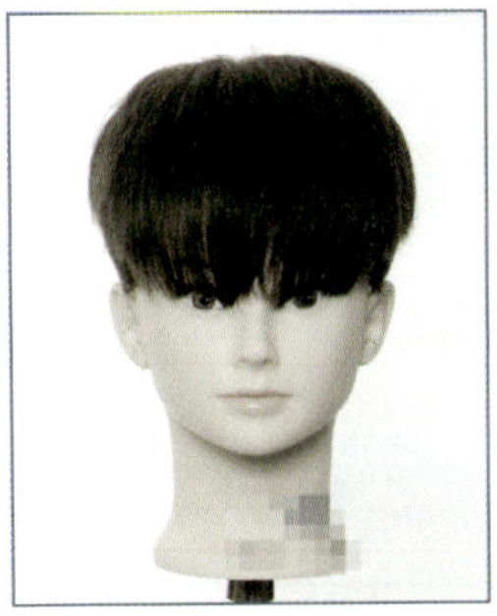

2. 형태선 존을 스퀘어 레이어로

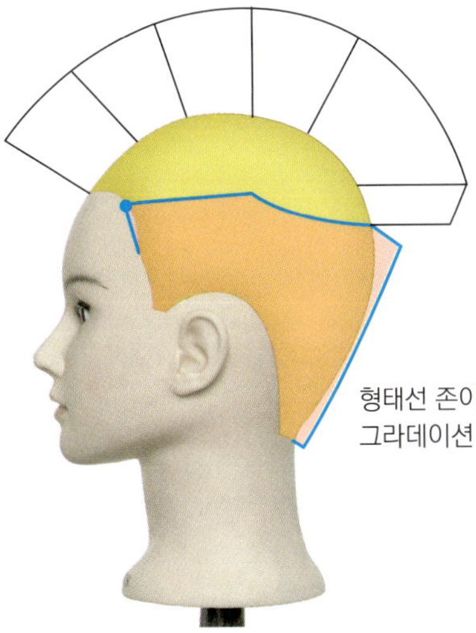

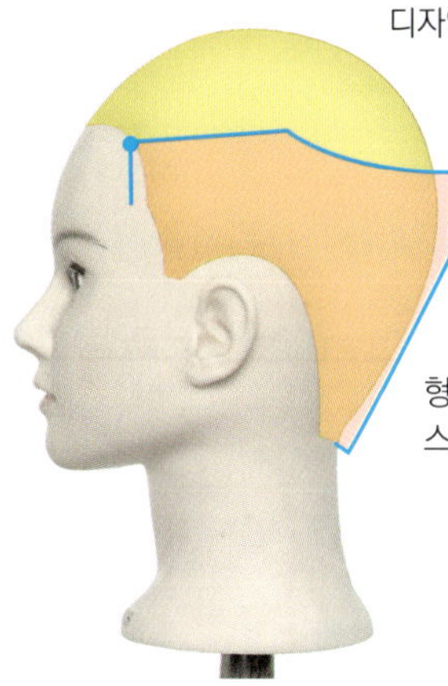

1 두상의 영역을 나눈 후에 형태선 존 영역을 클리퍼로 깔끔하게 그라데이션 ∞ 스퀘어 레이어 표현

2 T.P에서 10cm 길이가이드를 설정한 후에 두상각도 90°로 디자인 존을 처리한다.

3 형태선 존과 디자인 존을 연결한다.

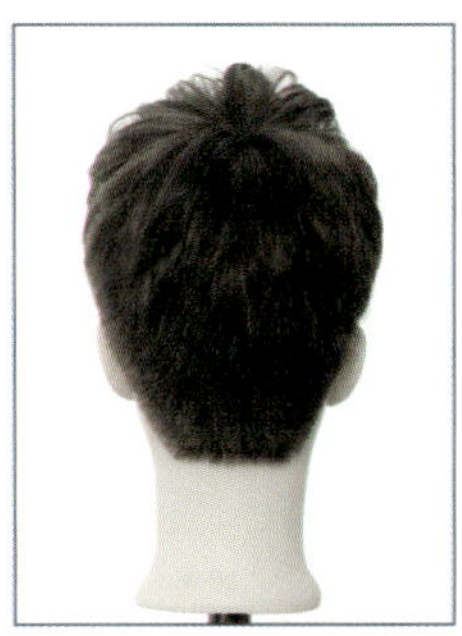

1 형태선 존과 디자인 존을 나누어 놓는다.

1

2

3

4
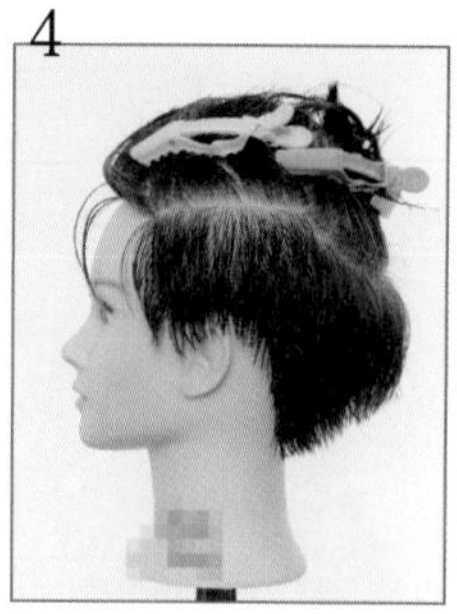

F.S.P선을 기준으로 나누며 좌우 대칭을 확인한다

2 형태선 존을 그라데이션으로 시술한다.

1

측면의 시작점 커트시 볼륨을 표현하고자 하는 위치, 높이를 결정하여 첫선을 만든다.

2

첫선에 맞추어 그래쥬형으로 커트한다.

3

E.P의 가이드에 맞추어 같은 방식으로 커트한다.

4
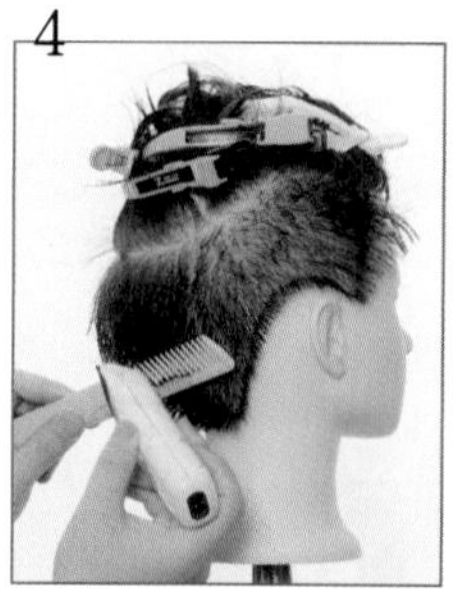
5
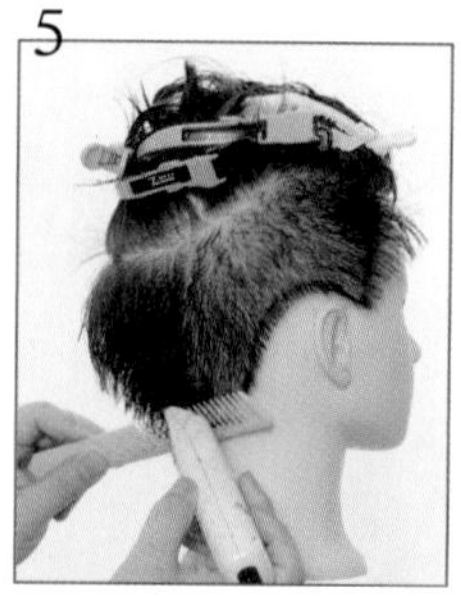

E.B.P의 가이드에 맞추어 그라데이션 커트한다.

6
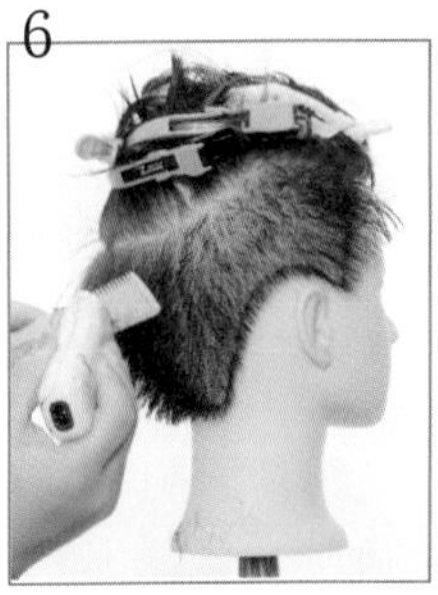

B.P까지 커트한다.

7
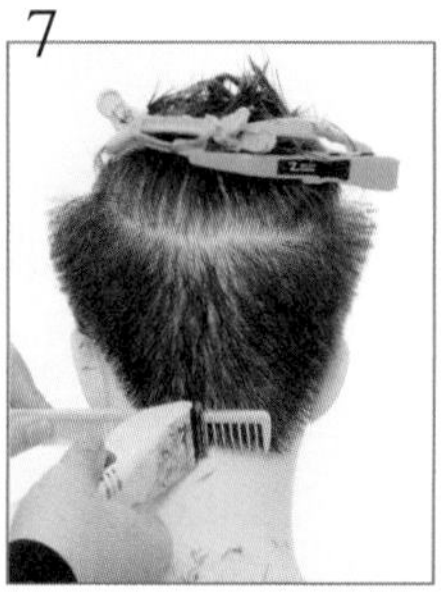

깨끗한 라인선을 만들어 준다.

8

측면의 커트가 종료된 상태.

9
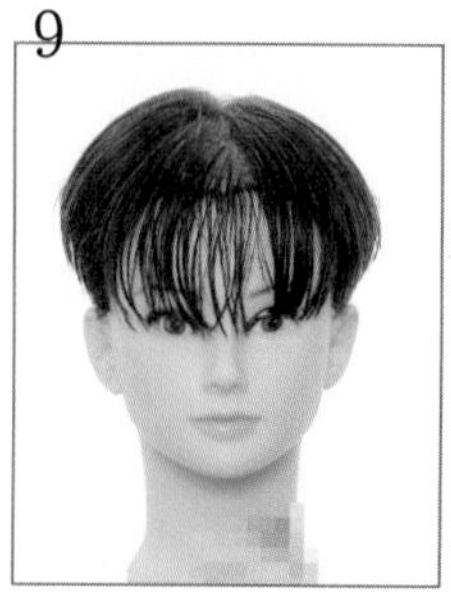

커트가 종료된 상태 (옆머리의 볼륨이 표현되며 얼굴이 긴 장방형의 고객에게 추천한다)

3 디자인 존의 모발은 두상각도 90°로 진행하며 길이는 10cm로 시술한다.

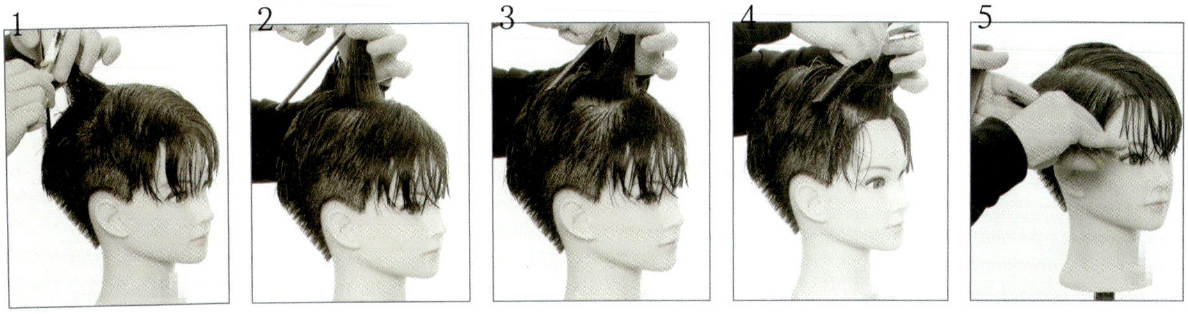

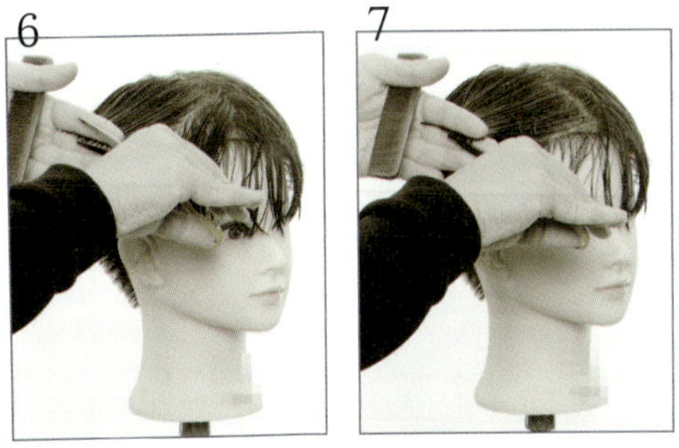

T.P에서 가이드를 설정하며 T.P를 기준으로 앞, 뒤로 이동하며 시술한다.

4 중심축의 가이드와 연결하며 두상각도 90°로 시술한다.

연결 시 사선의 슬라이스를 이용하며 T.P에서 시작한다.

형태선 존이 그라데이션 상태로 시술된 상태

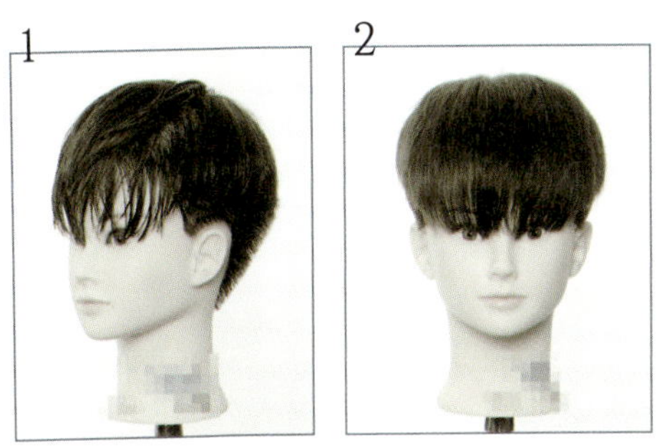

1 커트가 종료된 상태

2 커트마무리

장방형의 얼굴형은 측면을 그라데이션으로 시술 시 측면의 볼륨감이 형성되어 둥근 느낌으로 시각적인 효과를 줄 수 있다.

5 이전 시술된 디자인 존의 모발은 그대로 둔 상태에서 형태선 존을 스퀘어 레이어로 깔끔하게 정리한다.

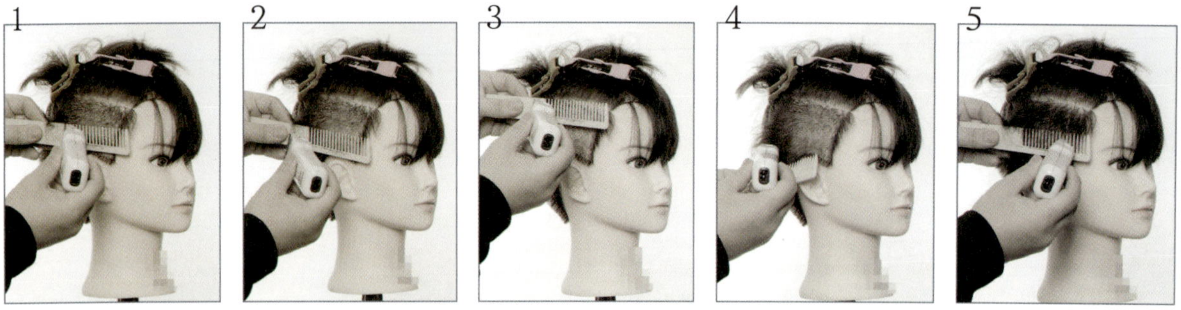

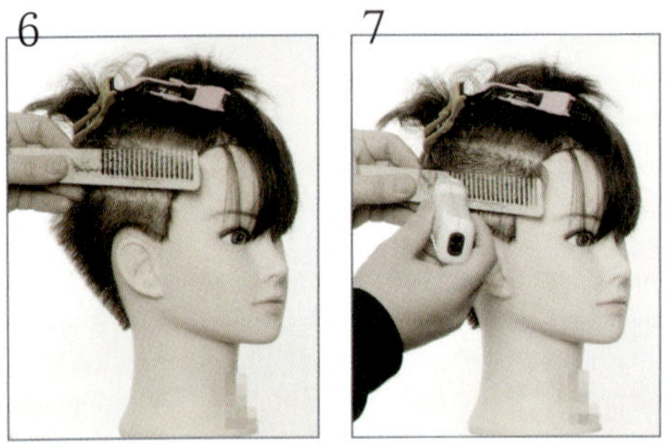

변경된 점은 T.P의 볼륨을 극대화 시키기 위하여 측면을 스퀘어로 표현하며 최대한 짧게 시술한다

6 형태선 존이 스퀘어 상태에서 종료된 상태이다.

측면의 커트가 종료된 상태

커트가 종료된 상태

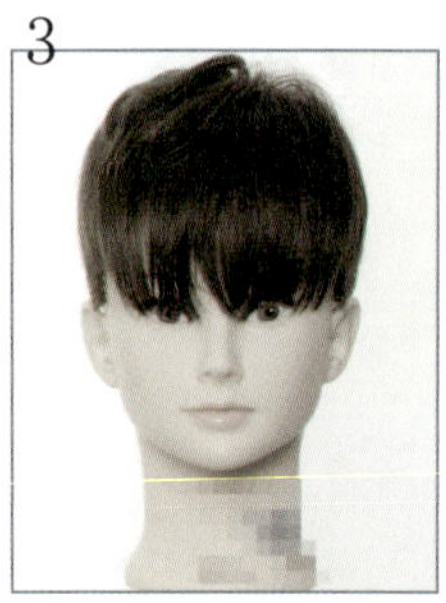

커트종료 정면

커트종료 측면

커트 마무리

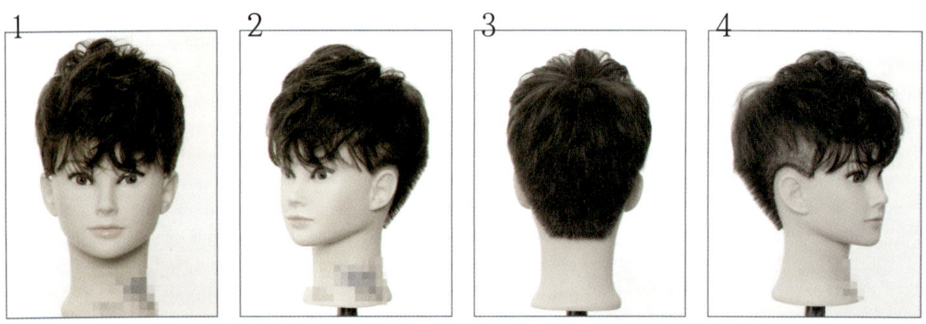

측면의 형태를 스퀘어나 레이어 형태로 취해주면 얼굴이 좀더 길어보이는 시각적인 효과를 줄 수 있다.

육각형 패턴 4-1 Mohican Design

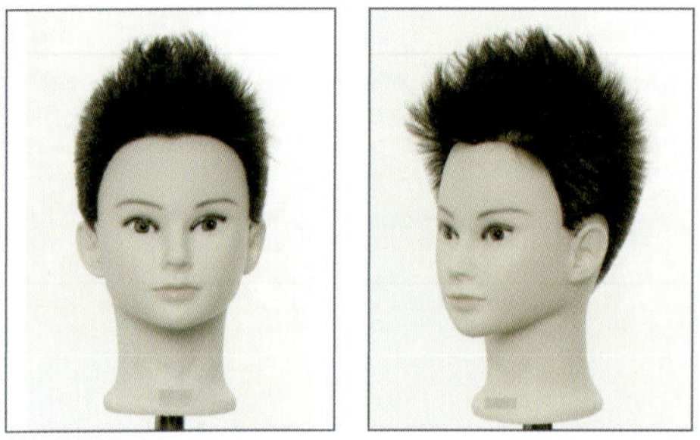

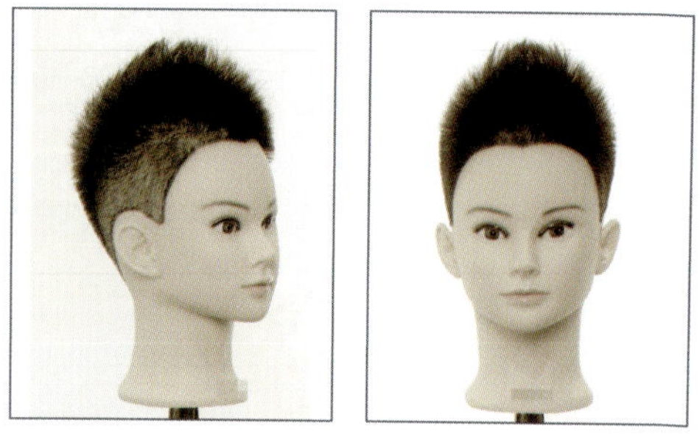

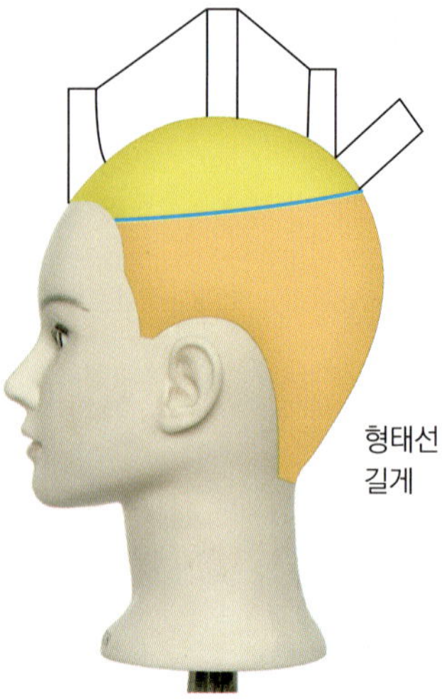

형태선 존(스퀘어 레이어)
길게

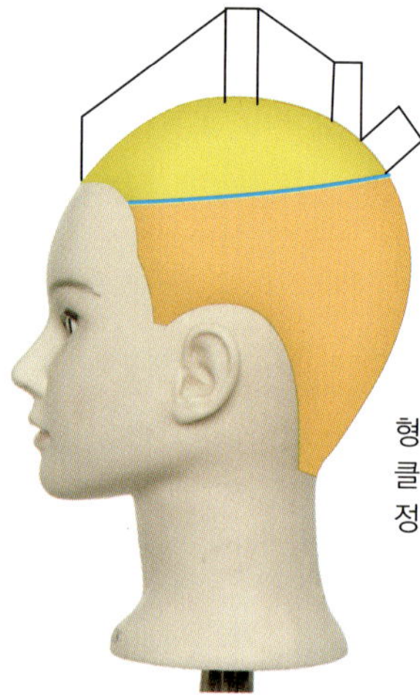

형태선 존(스퀘어 레이어)
클리퍼로 밑머리 깔끔하게
정리

1 형태선 존과 디자인 존을 먼저 나눈 후에 형태선 존을 스퀘어 레이어로 시술한다.

2 디자인 존은 T.P 길이가이드를 설정하여 그래쥬에이션으로 표현한다.

3 형태선 존과 디자인 존을 틴닝으로 연결한다.

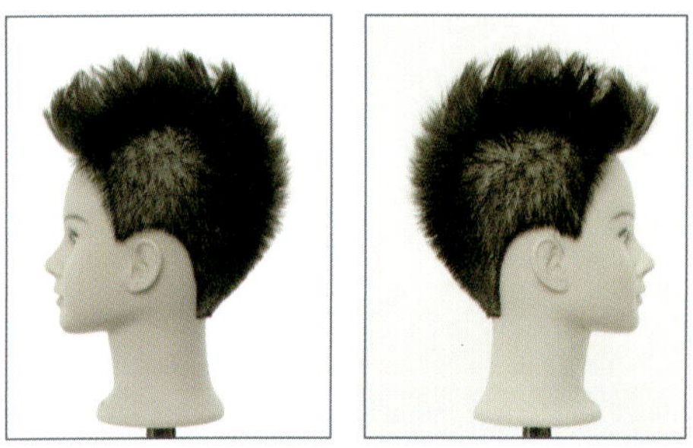

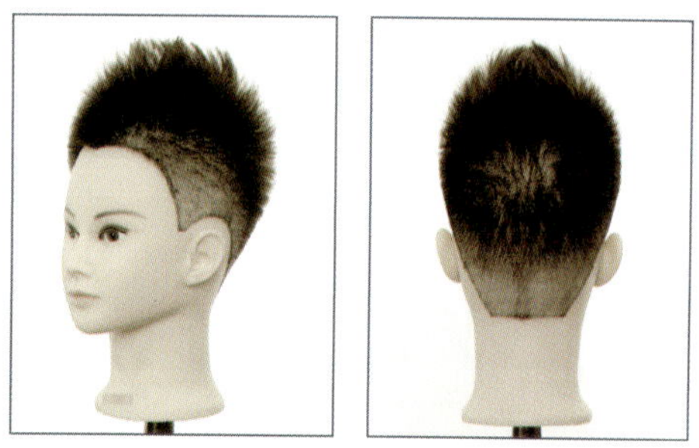

모히칸

시술 전 생각해야 할 사항

1. T.P의 길이(전체적인 높이감. 중심축의 면적을 결정한다.)
2. 앞머리의 길이(모류의 흐름을 파악, 길이의 선택)에 따라 이미지가 달라진다.
3. 손질의 유무(질감처리, 도구의 선택)에 따라 질감표현이 달라진다.
4. 측면의 형태선에 따라 이미지가 달라진다.

디자인 존의 형태는 어떤 이미지를 만드냐에 따라 여러 형태의 디자인을 표현할 수 있다. 측면의 길이가 짧아질수록 U라인 영역의 디자인은 강조된다.

1 디자인 존과 형태선 존을 나눈다.

좌측 F.S.P선과 우측 F.S.P선을 라운드로 연결한다.

2 틴닝을 이용하여 질감처리 한다.

질감처리 시 최대한 모근 가깝게 질감처리 한다.

3 측면커트 시 최대한 스퀘어에 가깝게 커트한다.

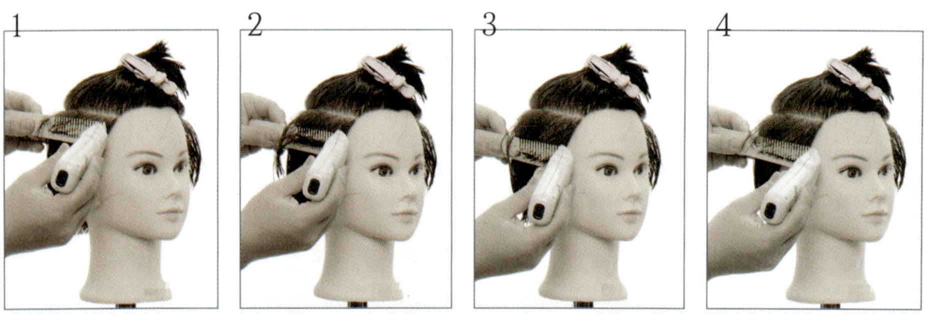

측면에서 스퀘어를 표현하여야 디자인 존의 표현이 강해진다

5

E.P를 기준 가이드로 맞추어 커트한다.

6

E.B.P를 기준 가이드로 맞추어 커트한다.

7

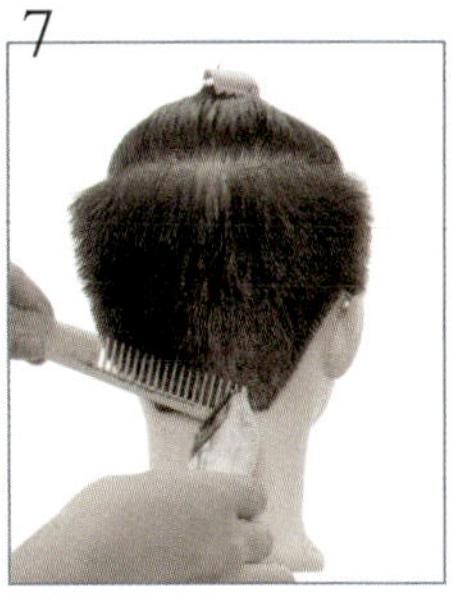

디자인 존에 가까워 질수록 길이가 길어지는 그래쥬를 표현한다.

8

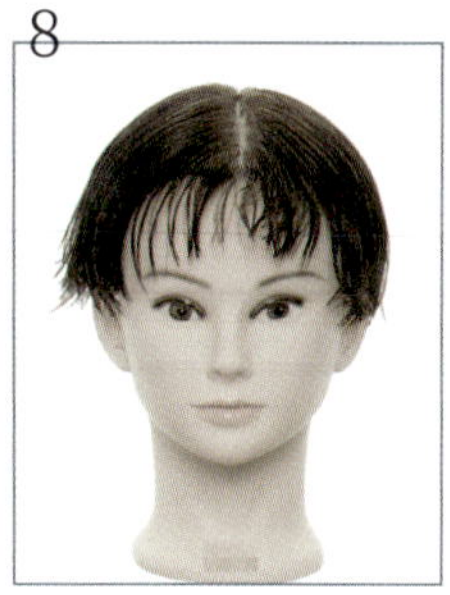

언더존 커트가 종료된 상태.

9

언더존 길이에 맞추어 다운시켜 커트한다.

10

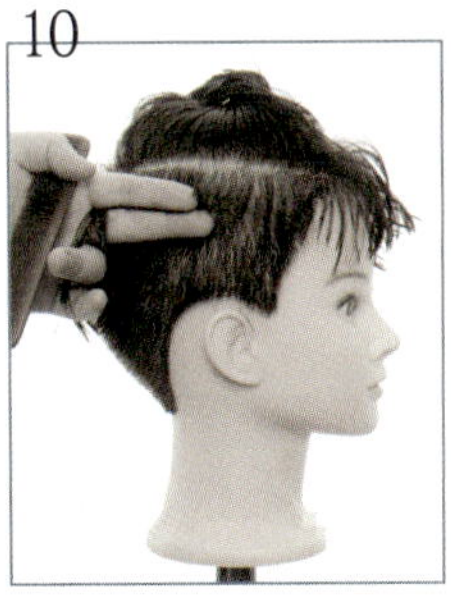

언더존에 맞추어 커트한다.

11

한면의 커트가 종료된 상태,

12

커트가 종료된 상태

13

디자인 존 커트를 위하여 브로킹을 나눈다.

14

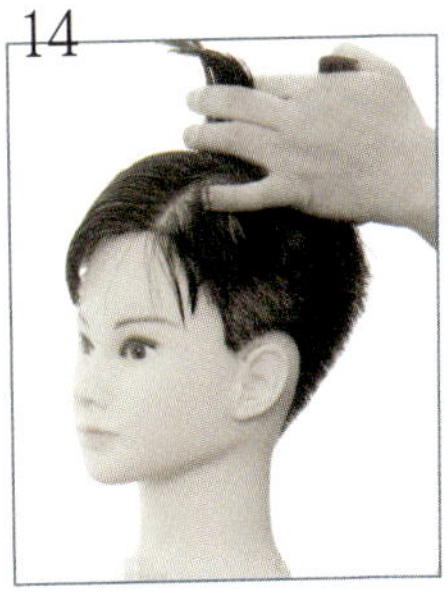

T.P에서 길이가이드를 설정하며 길이는 6cm 커트한다.

15

길이 가이드 설정 후 모발의 높이를 체크한다.

16

T.P~C.P까지 두상각도 90°로 커트한다.

17

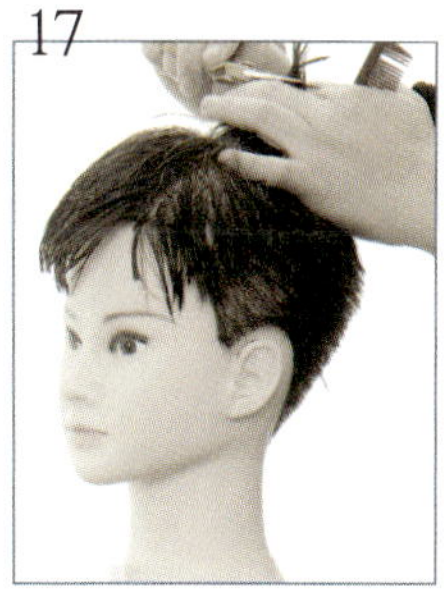

T.P~G.P까지 두상각도 90°로 커트한다.

18

디자인 존의 길이 커트가 종료된 상태

19

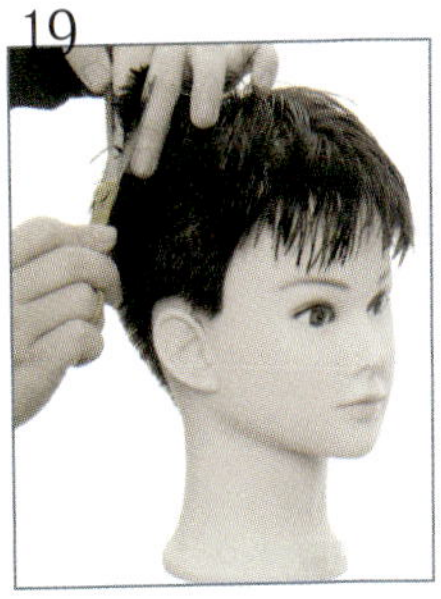

디자인 존과 언더존을 연결한다.

20

연결시 사선 슬라이스를 이용하여 커트한다.

21

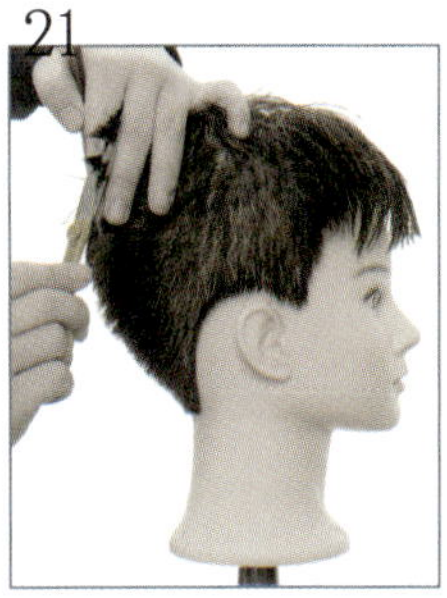

백부분도 동일하게 연결한다.

22

연결커트가 종료 된 상태.

4 틴닝을 이용하여 형태선 존과 디자인 존의 자연스러움을 표현한다.

1
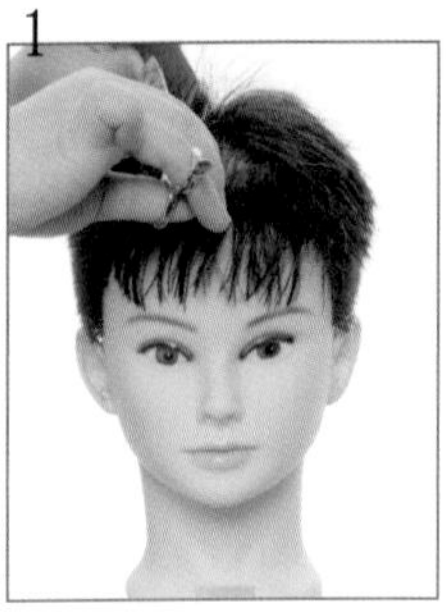
2
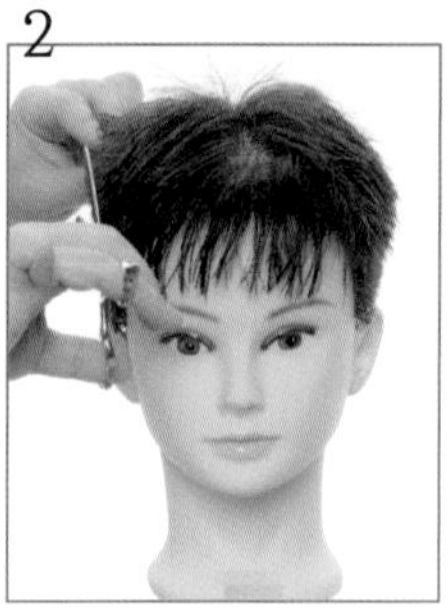
3
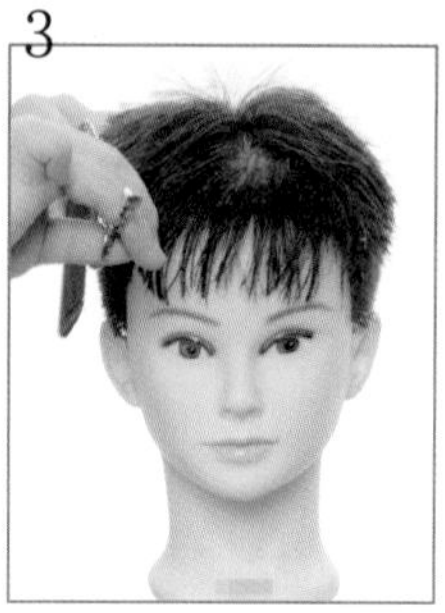

5 언더존에서 시작하여 틴닝처리 하되 T.P로 갈수록 틴닝의 사용을 줄여준다.

1
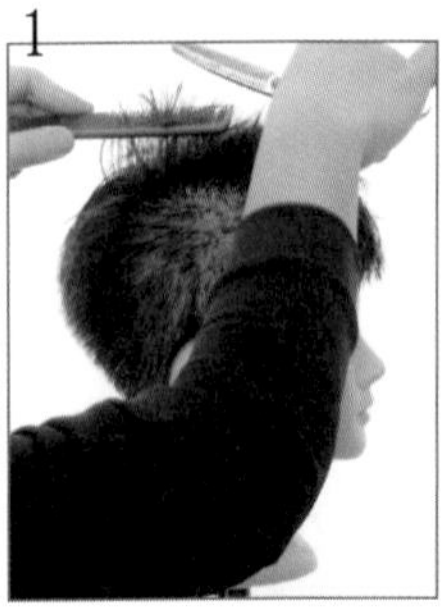
2
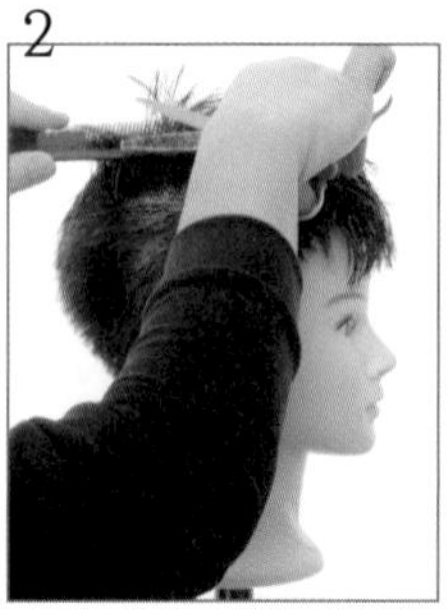

3
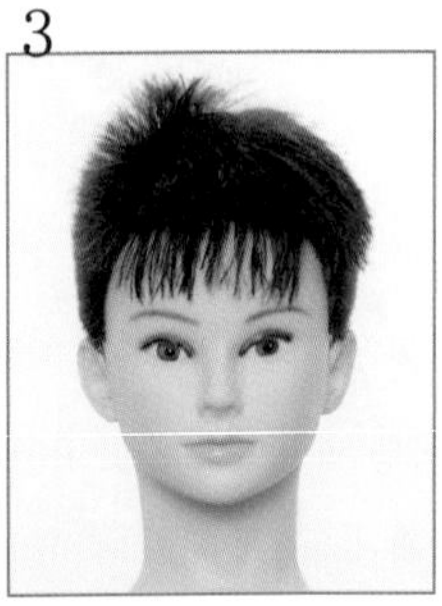
좌측은 틴닝으로 연결한 상태.

4
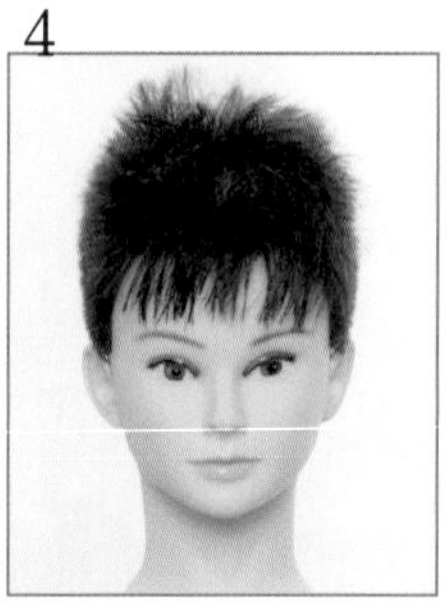
틴닝으로 연결한 상태.

5
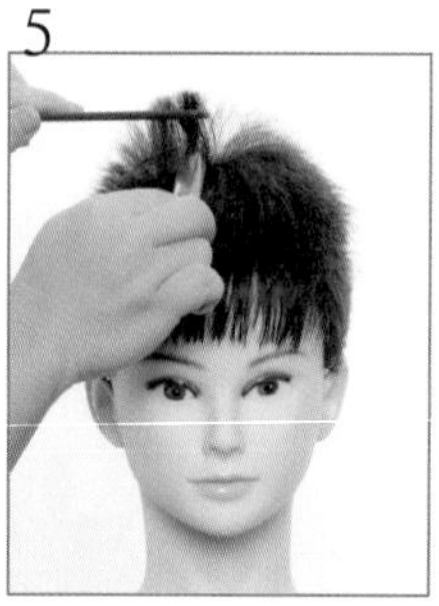
T.P의 모발이 설 수 있도록 모발의 3cm이하에 틴닝처리한다.

6 기본 모히칸 형 커트가 종료된 상태.

1
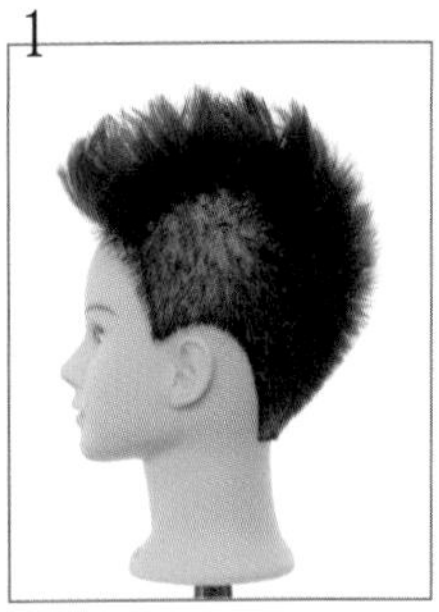
2
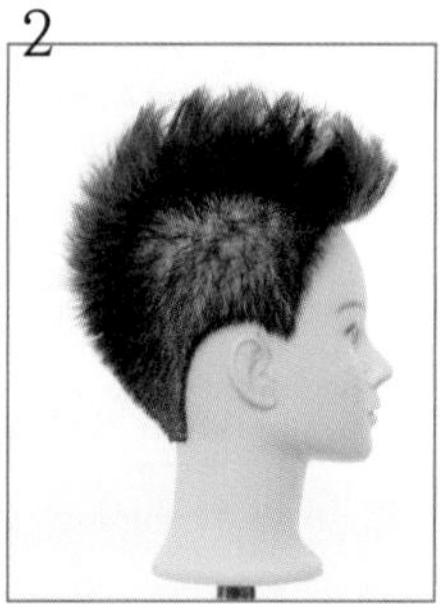
3

4

앞머리 디자인

7 C.P를 기준으로 모발을 끌어당겨 틴닝으로 커트한다.

1

2
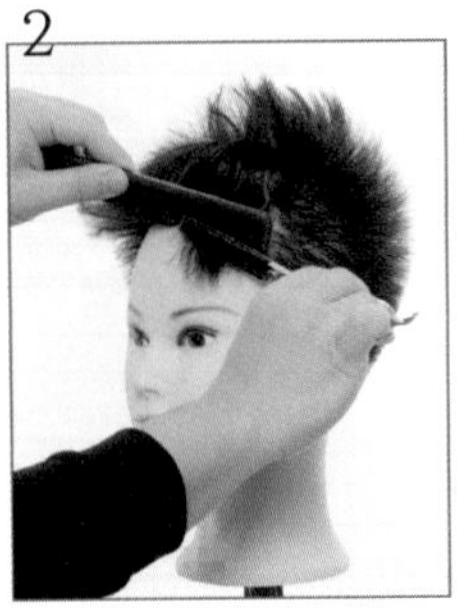
3
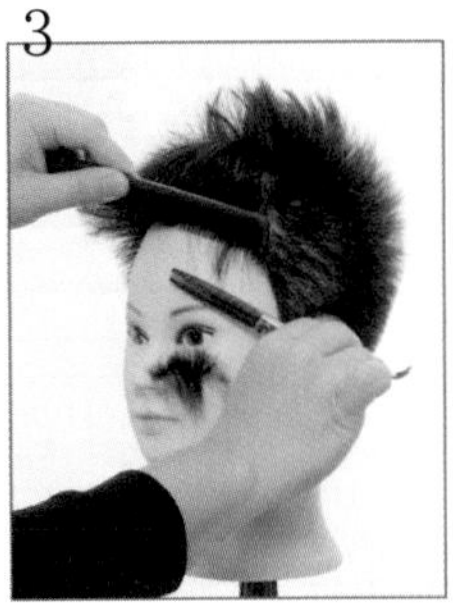
4

빗은 스퀘어로 진행한다.

5
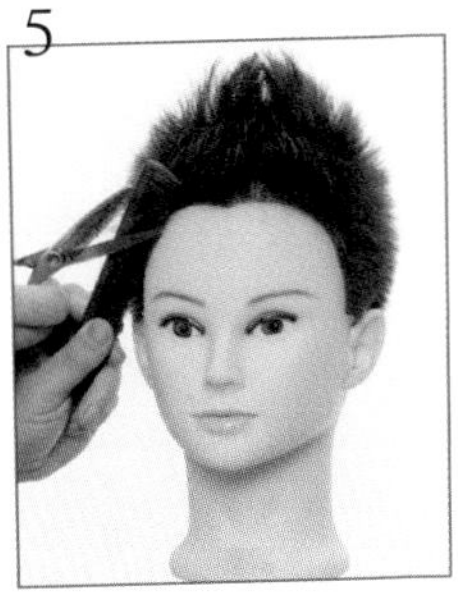

라인을 정리한다.

6
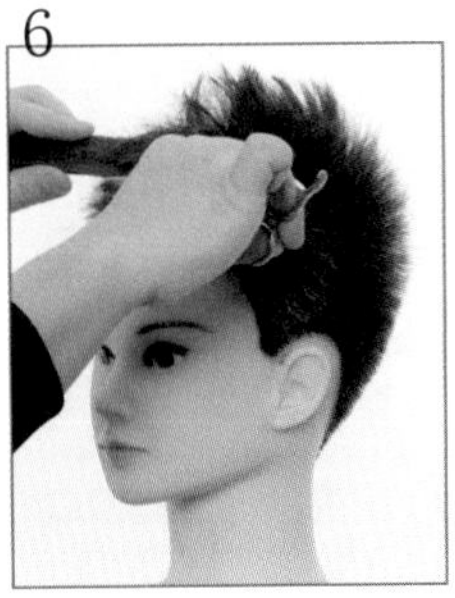

앞머리와 T.P의 머리까지 틴닝으로 연결한다.

7
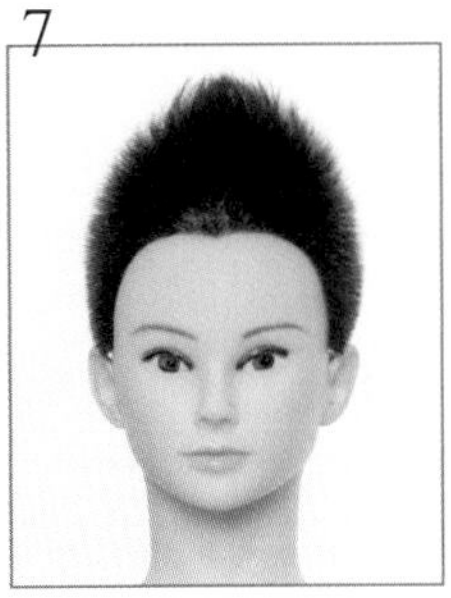

앞머리를 디자인한 모히칸 형태 완성

하드 모히칸

8 클리퍼를 이용하여 커트한다.

1

2

3

최대한 짧게 커트하며 빗은 스퀘어로 진행한다

4
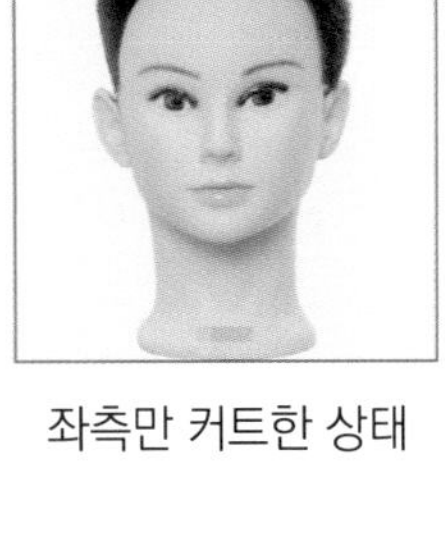

좌측만 커트한 상태

9 후면의 모발 역시 최대한 짧게 커트하나 그래쥬형태를 유지한다.

1
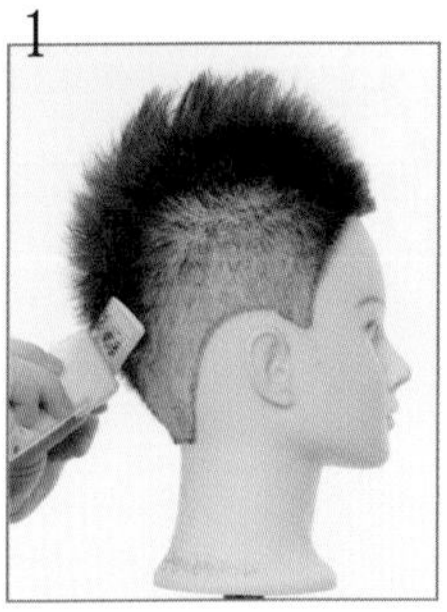
2
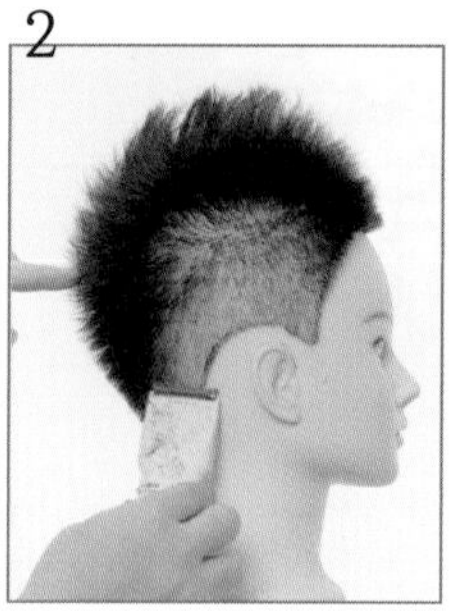
3
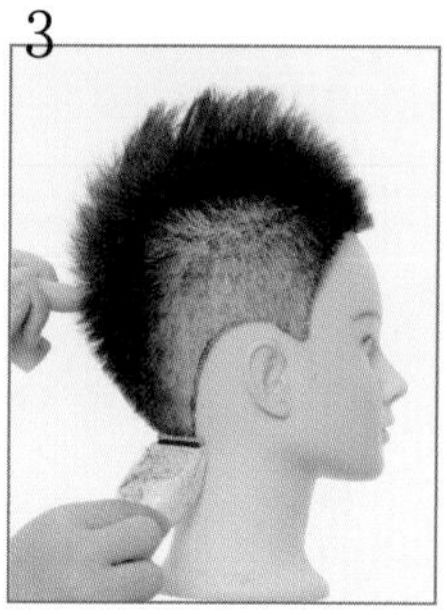
4
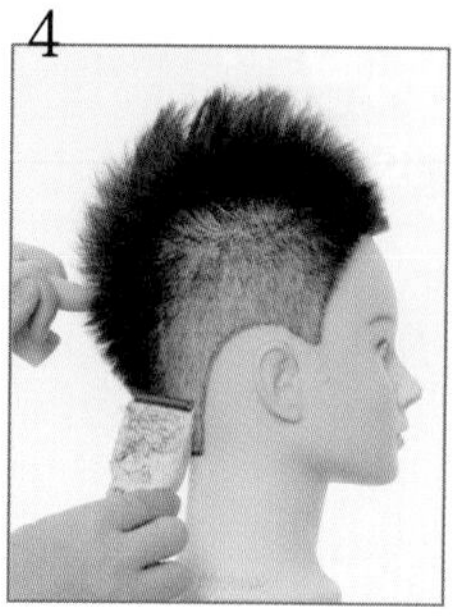
5
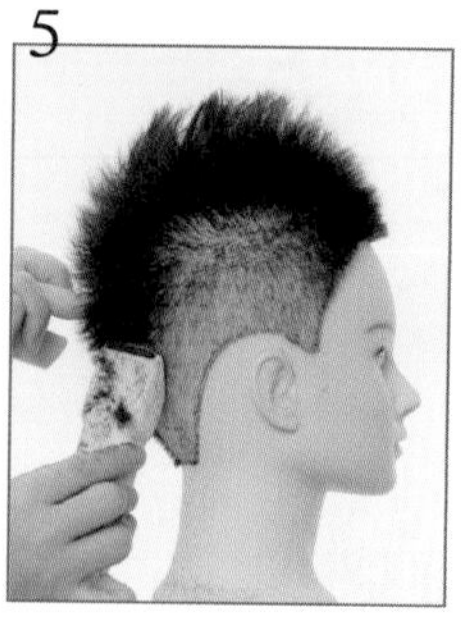
6
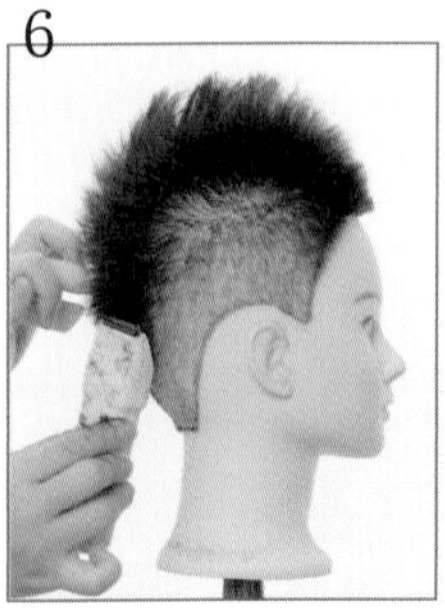
7
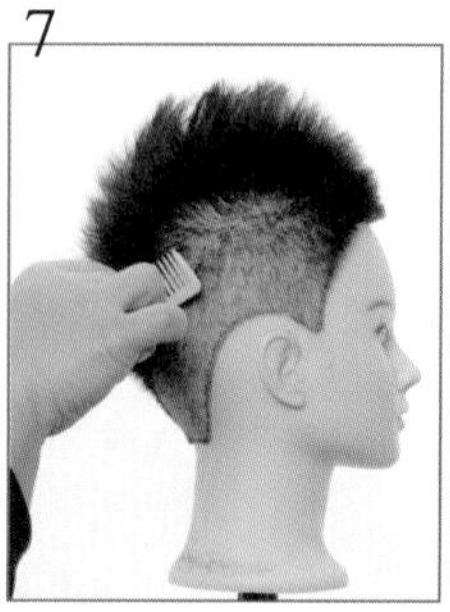
8
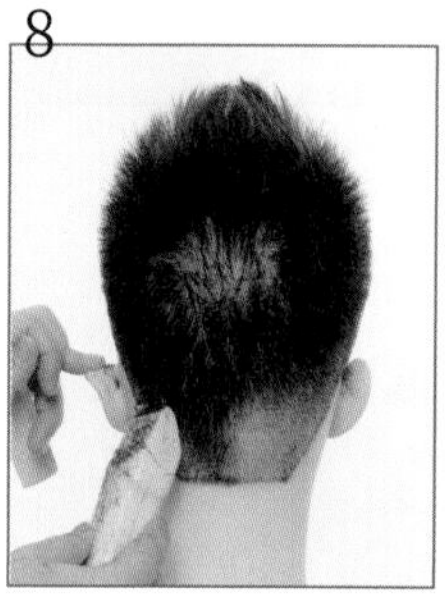

백부분의 모발을 쳐올리기 하여 깨끗하게 표현한다.

커트 마무리

1
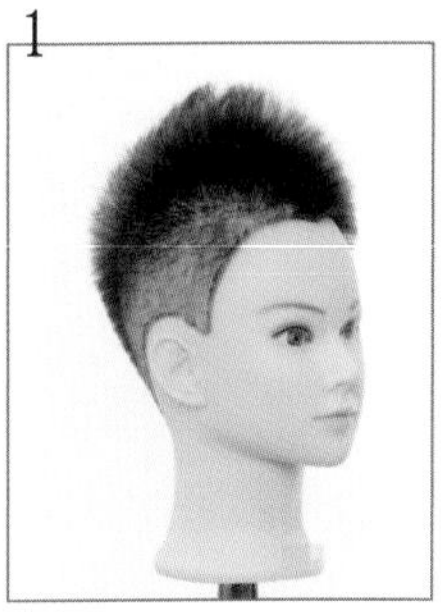
2
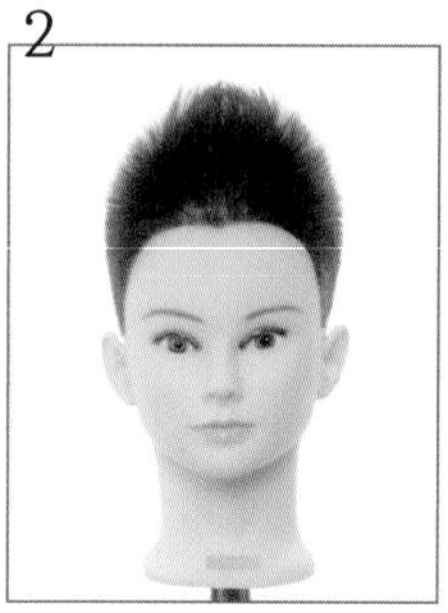
3
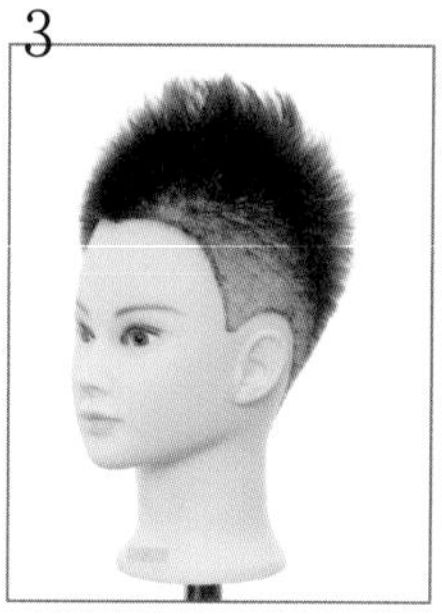
4
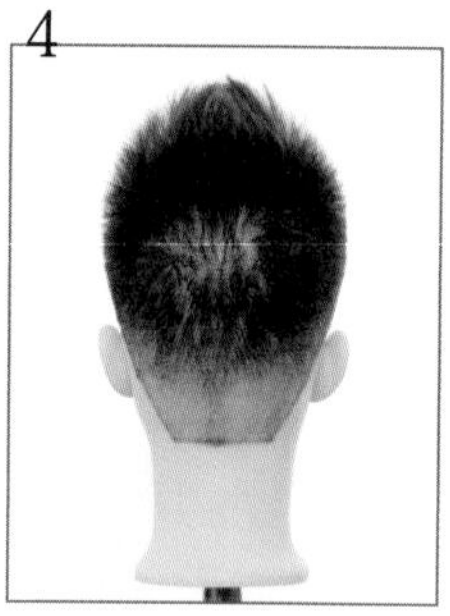

육각형 패턴 4-2 Mohican Design

1

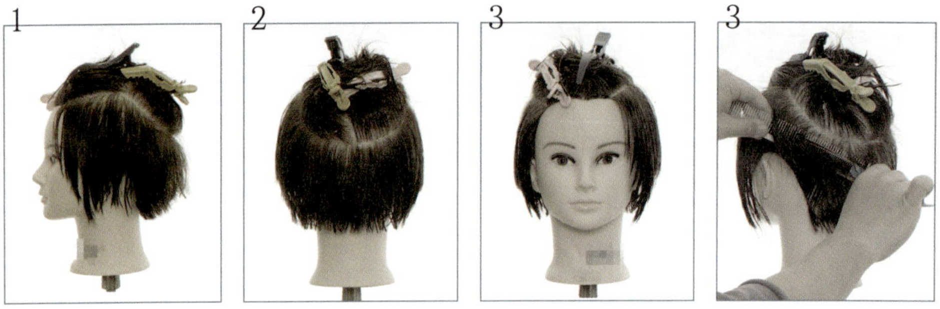

디자인 존과 형태선 존 나누기를 해 놓은 것이다.

형태선 존의 모발을 틴닝으로 먼저 시술한다.

2

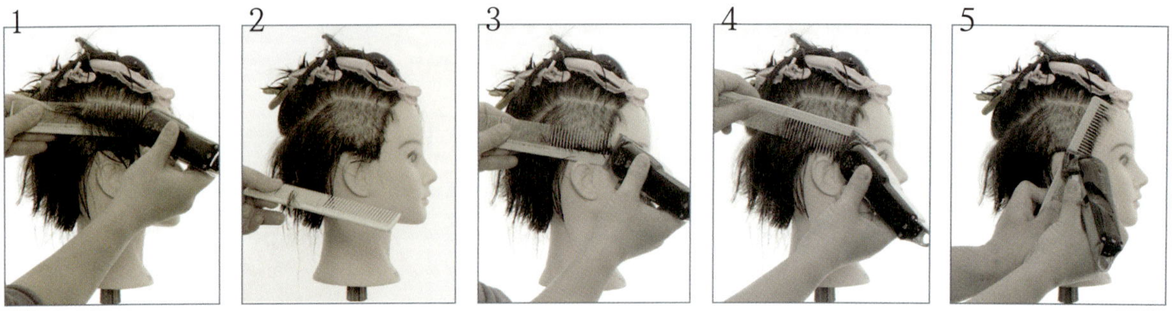

측면에서 슬라이스와 동일하게 빗을 대고 클리퍼는 사선으로 하여 스퀘어로 시술한다.

윗길이에 맞추어서 아래까지 스퀘어 레이어로 시술한다.

빗살의 두께만큼 잘리지 않는 부분은 빗을 거꾸로 하여 밑모발을 제거한다.

페이스라인도 빗살을 대고 선을 만들어 준다.

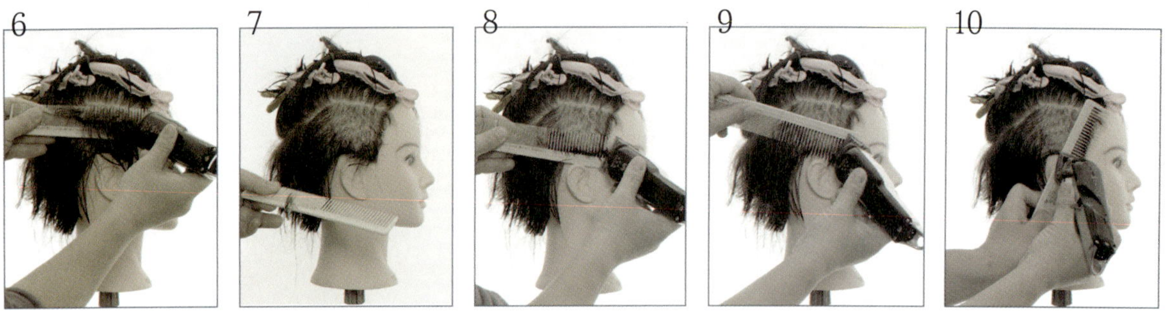

뒷 옆선도 슬라이스와 평행하게 하고 클리퍼로 시술한다.

중심축에서 빗을 대고 시술을 진행한다.

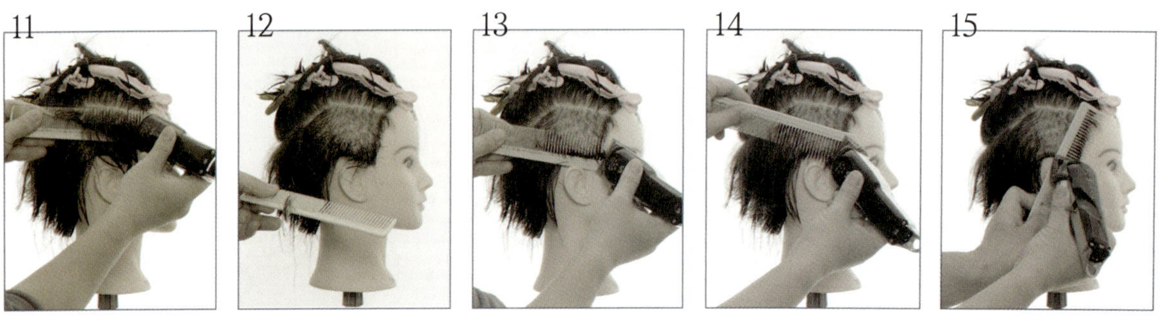

뒷선과 뒷 옆선을 연결하면서 시술한다.

16

17

18

시술상태를 확인하고 다시 한번 튀어 나온 모발을 제거한다.

3

1

2

3
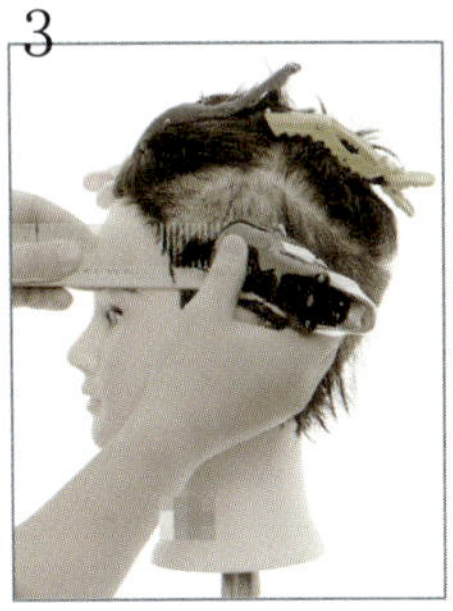
4
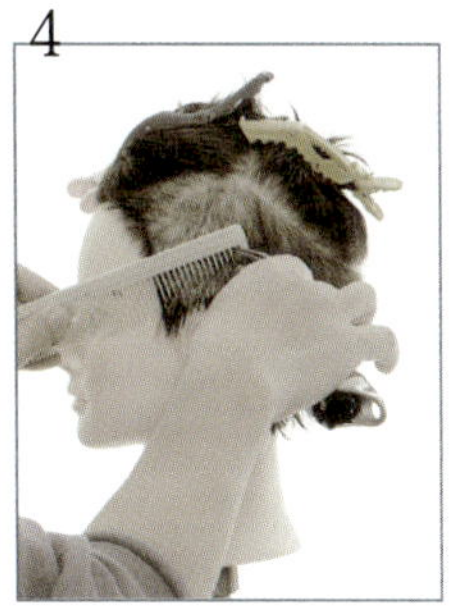
5
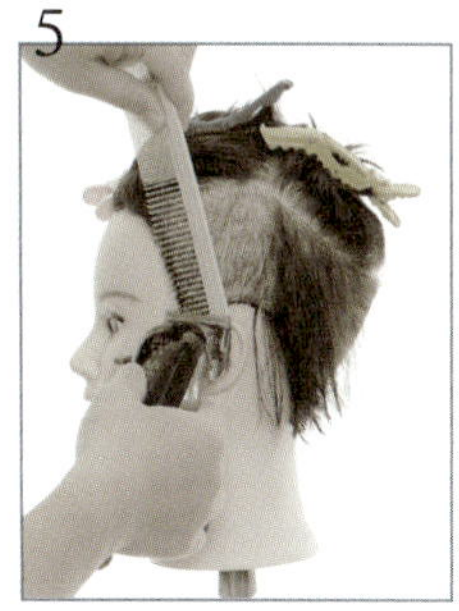

반대쪽도 슬라이스와 평행하게 빗을 대고 스퀘어 레이어로 시술한다.

훼이스라인을 빗살을 대고 선을 만든다.

6

7

8

9
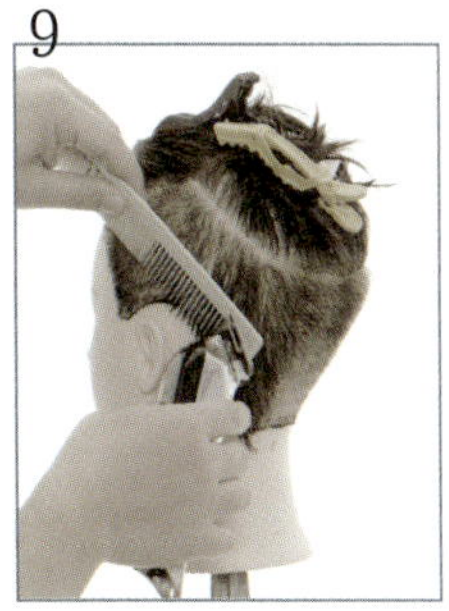
10

뒷 옆선도 슬라이스와 평행하게 시술한다.

11
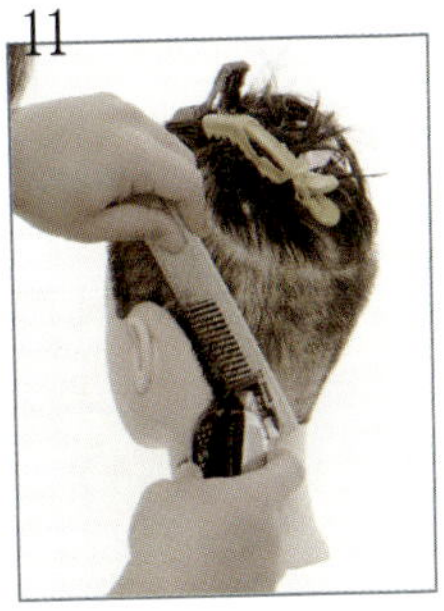
12

빗살이 있는 쪽으로 선을 다듬는다.

시술이 종료된 상태

4

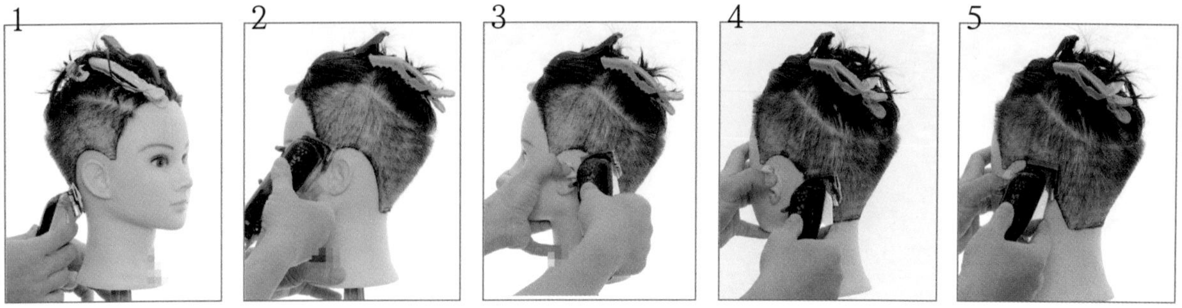

형태선 존의 모발을 좀 더 깔끔하게 민모발을 클리퍼로 다듬는다.

5

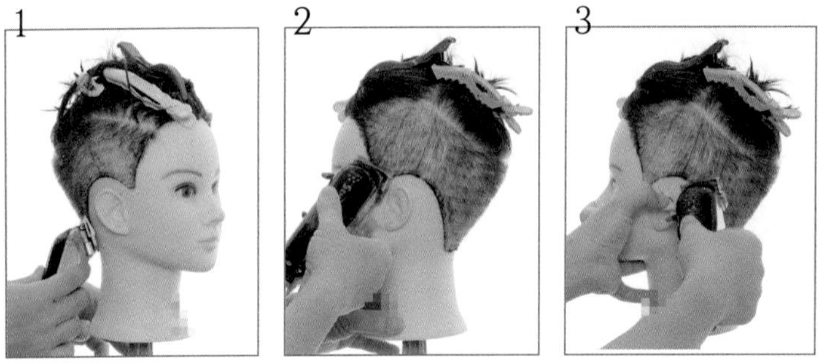

형태선 존의 영역의 시술이 종료된 상태이다.

6

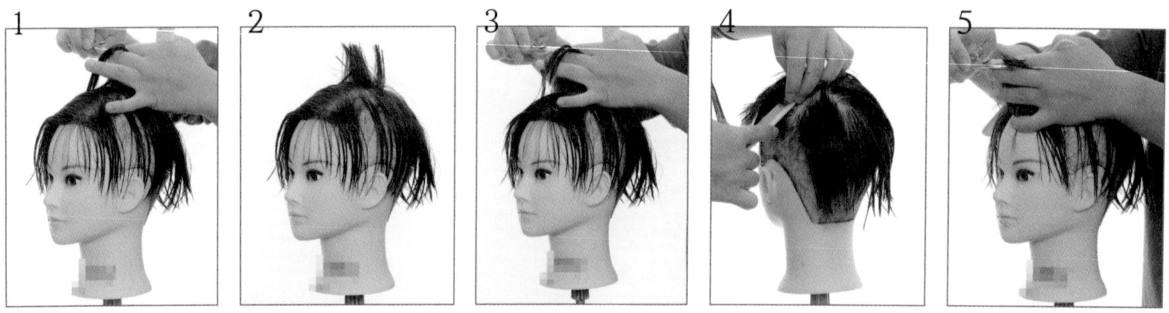

디자인 존 T.P에서 길이가이드 10cm를 설정한다.

디자인 존을 일반시술각 90° 유니폼 레이어로 시술한다.

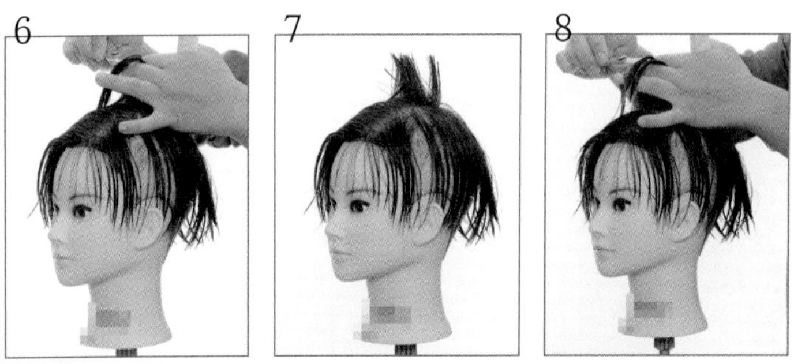

중심축으로 나누어 놓는다.

7

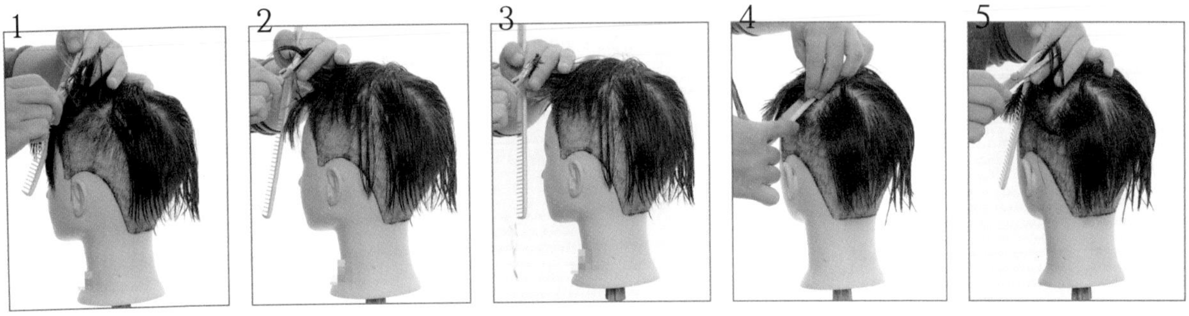

디자인 존의 나머지 부분도 일반시술각 90° 유니폼 레이어로 시술한다.

8

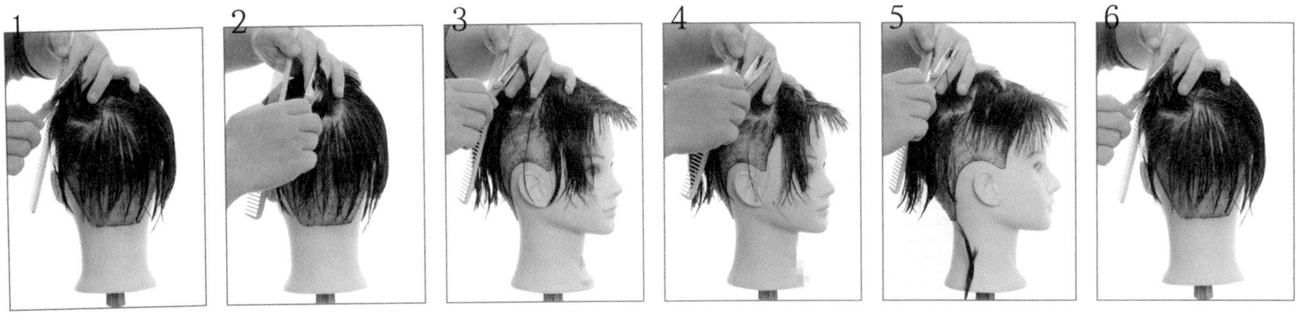

뒷 부분의 디자인 존의 영역도 일반시술각 90° 유니폼 레이어로 시술한다.

9

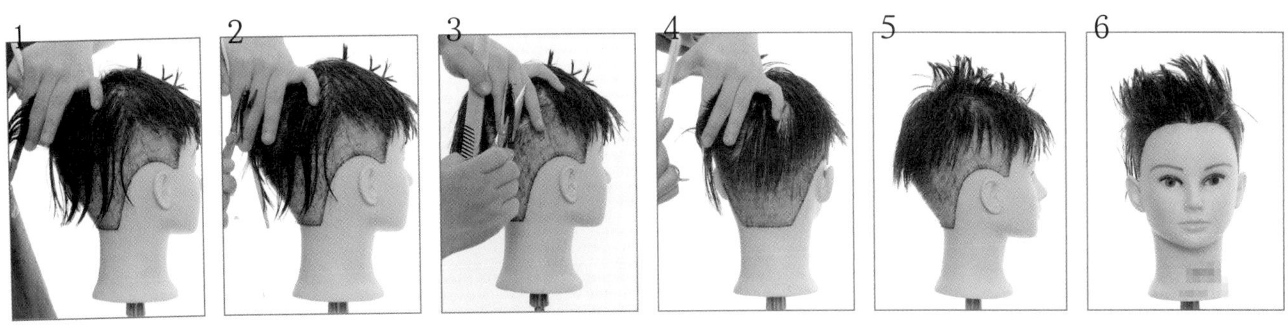

반대쪽 뒷부분도 디자인 존의 영역도 일반시술각 90° 유니폼 레이어로 시술한다.

디자인 존에 시술이 종료된 상태이다.

10

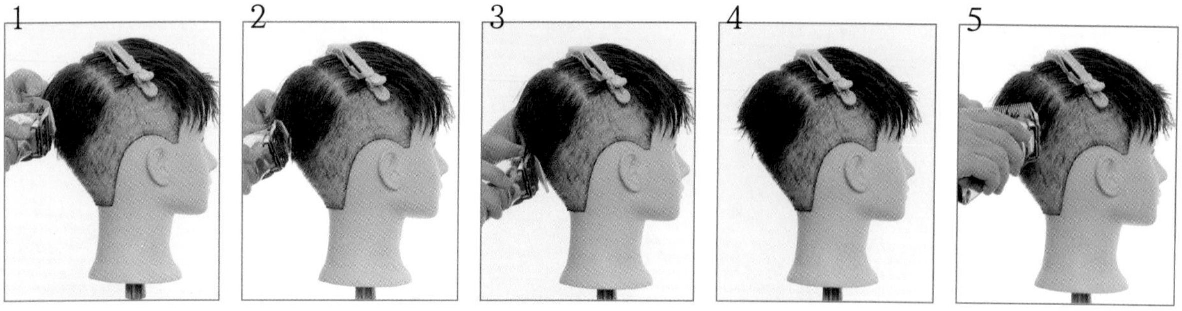

디자인 존과 형태선 존의 영역을 클리퍼로 연결한다.

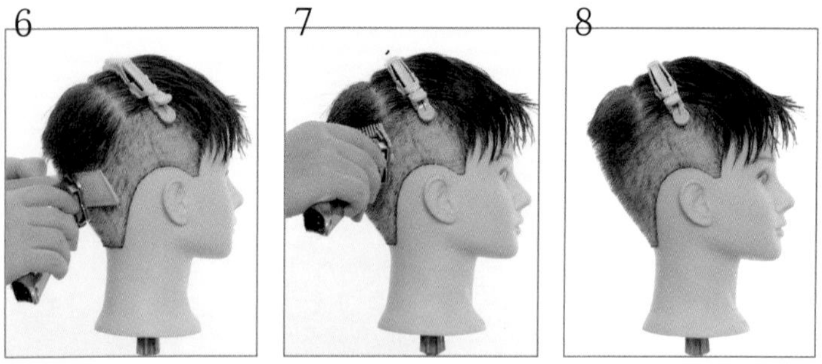

11

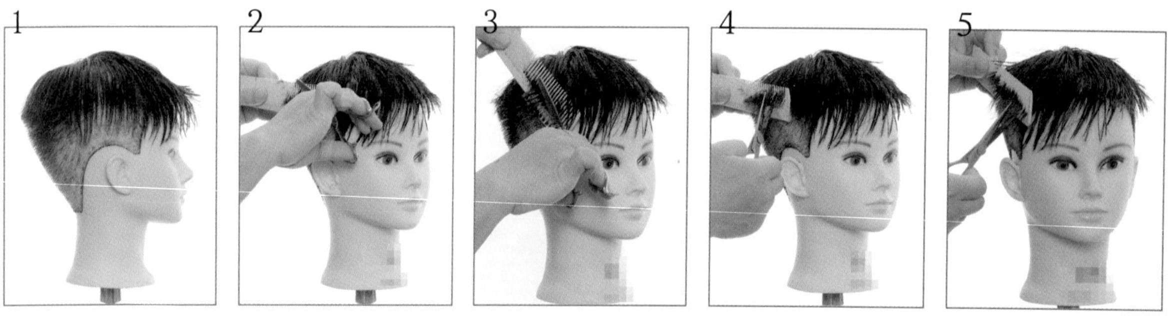

옆부분도 디자인 존과 형태선 존을 연결한다. 먼저 틴닝으로 연결한 후에 가위로 다듬는다.

12

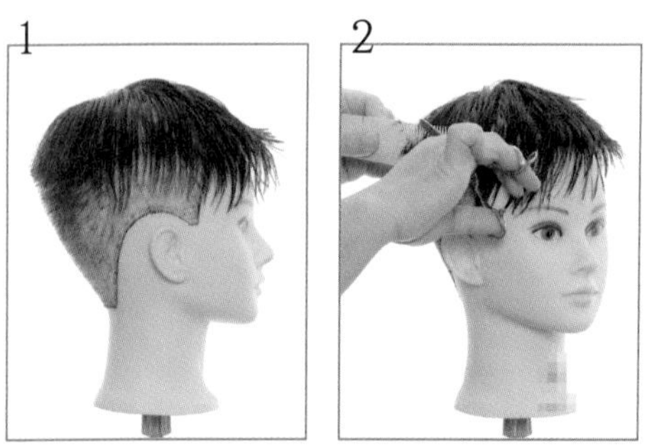

빗으로 조절하면서 다시 한번 다듬는다.

가위와 빗을 조절하여 자연스럽게 연결한다.

13

시술이 종료된 상태이다.

14

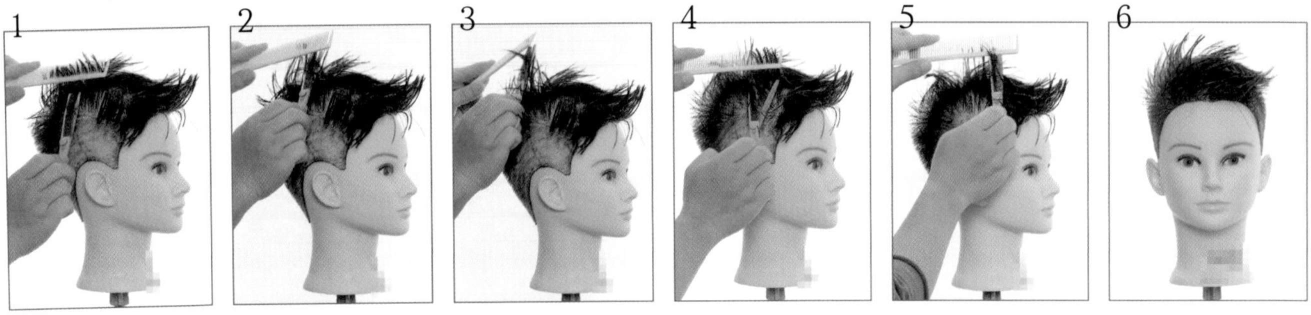

틴닝으로 모발의 연결을 진행한다.

15

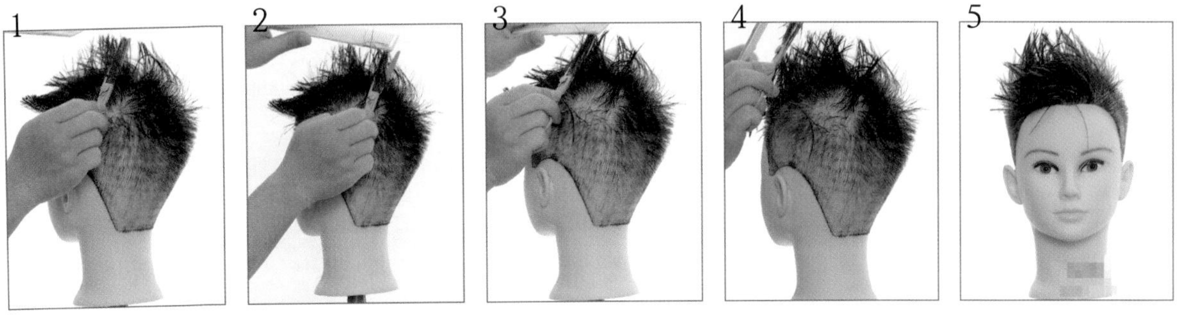

반대쪽도 틴닝으로 모발의 자연스러움을 표현한다.

16

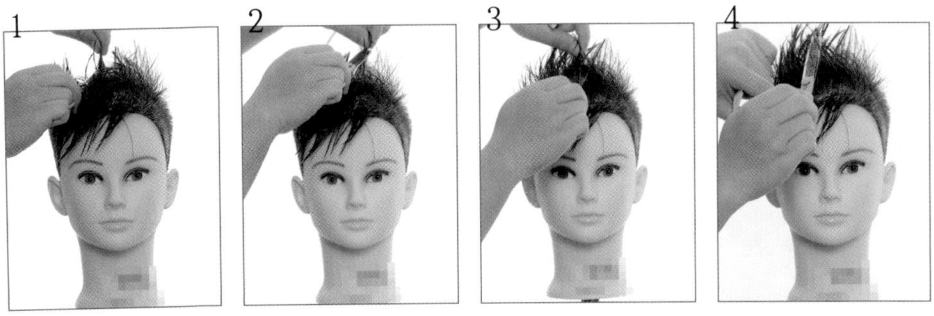

중심축에 모발도 틴닝으로 모발의 자연스러움을 표현한다.

시술종료

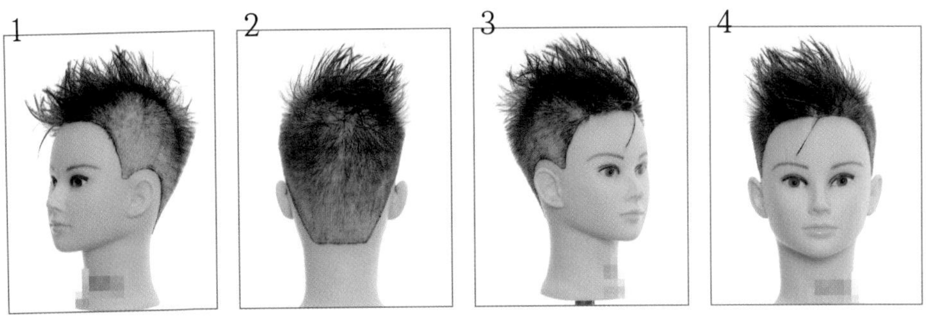

육각형 패턴 5 Design Block Flattop(상고)

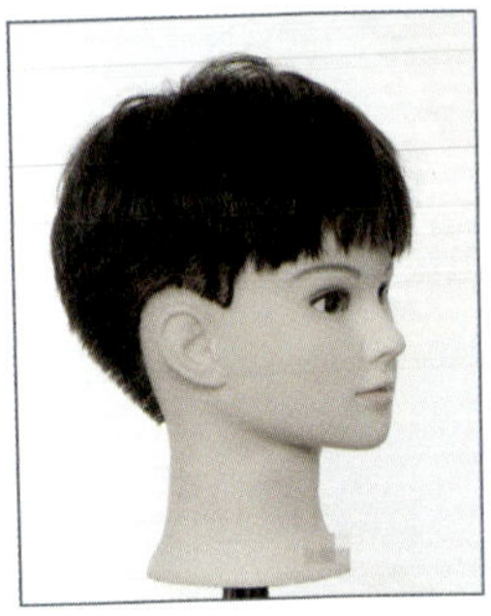

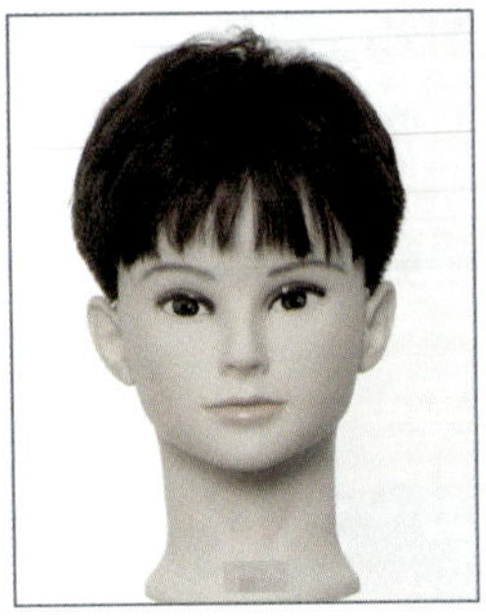

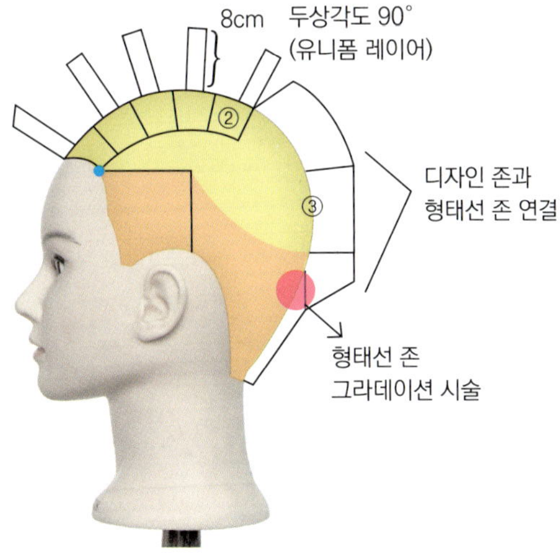

1 두상을 디자인 존과 형태선 존으로 나눈다.

2 형태선 존의 영역을 틴닝으로 먼저 시술한 후에 클리퍼로 그래쥬에이션으로 시술한다.

3 디자인 존은 T.P에서 길이가이드 8cm 설정한 후에 두상각도 90° 유니폼 레이어로 시술한다.

4 디자인 존과 형태선 존 영역을 클리퍼로 연결한다. 틴닝으로 다시 한 번 더 자연스럽게 연결한다.

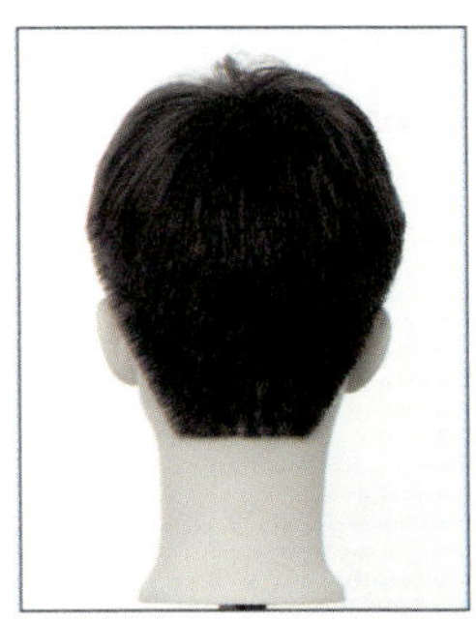

1 상고선에 맞추어 블록을 나눈다.

브로킹의 위치가 상고선의 최종 높이가 된다.

2 틴닝을 통하여 질감 처리를 한다.

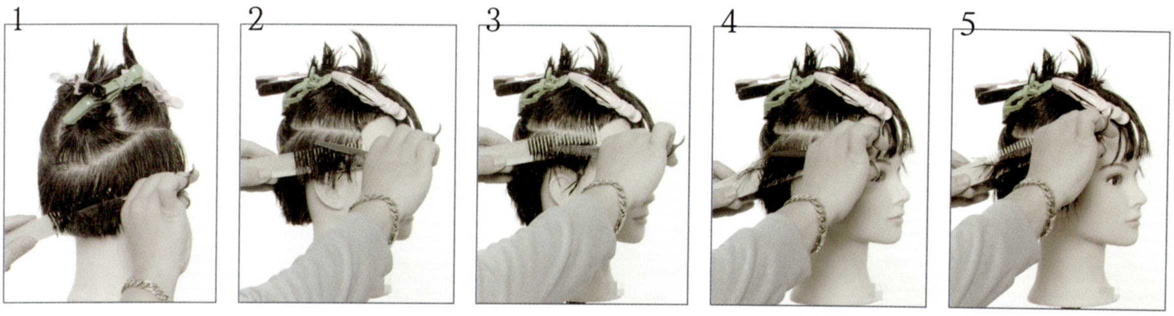

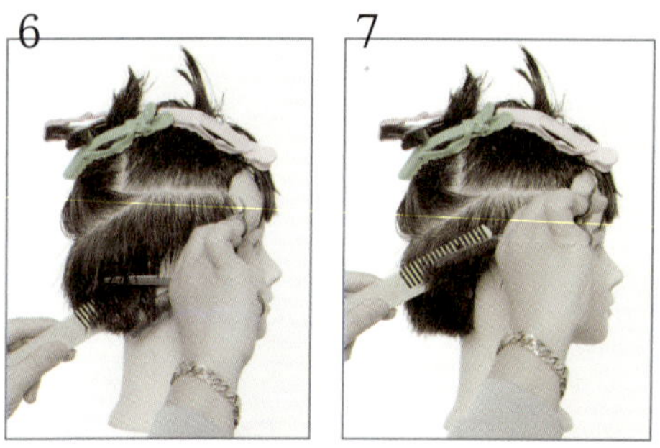

질감 시 만들고자 하는 상고선의 형태를 예상하고 질감처리를 한다.

3 첫 시작은 스퀘어로 커트하고 이후에 그래쥬형으로 하여 상고 첫선을 만든다.

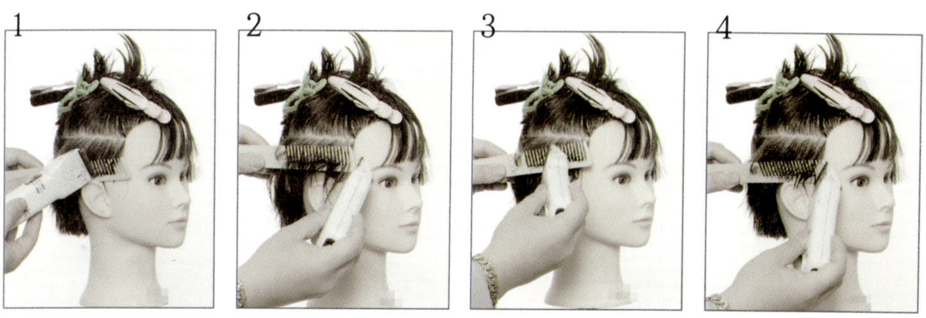

빗과 두피의 간격은 2~3cm로 시작한다.

5

가이드는 E.P, 빗의 기울기는 20° 정도로 시술한다.

6

가이드는 E.B.P, 빗의 기울기는 20~30°로 시술한다.

7

빗의 기울기는 15~30°로 시술한다.

8

한면의 시술이 종료된 상태.

9

같은 방법으로 시술 종료된 상태.

10

디자인 존을 커트 하기 위한 브로킹 상태.

4 디자인 존은 일반 시술각도 90° 상태로 커트하며 길이는 8cm기준으로 시술한다.

1

2

3

4

5

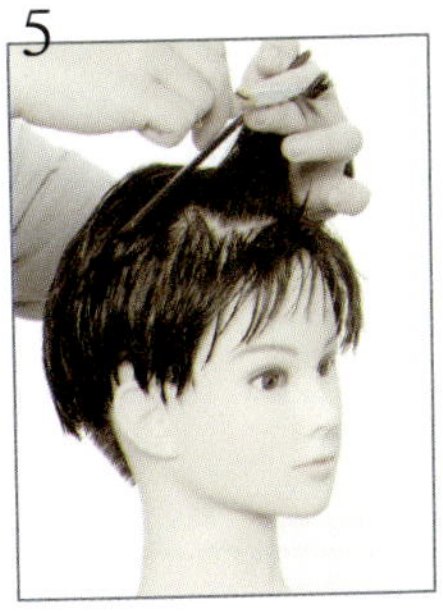

6

모발의 뜨는 정도에 따라 길이는 변동할 수 있다

5 사이드도 일반시술각도 90° 상태로 커트한다.

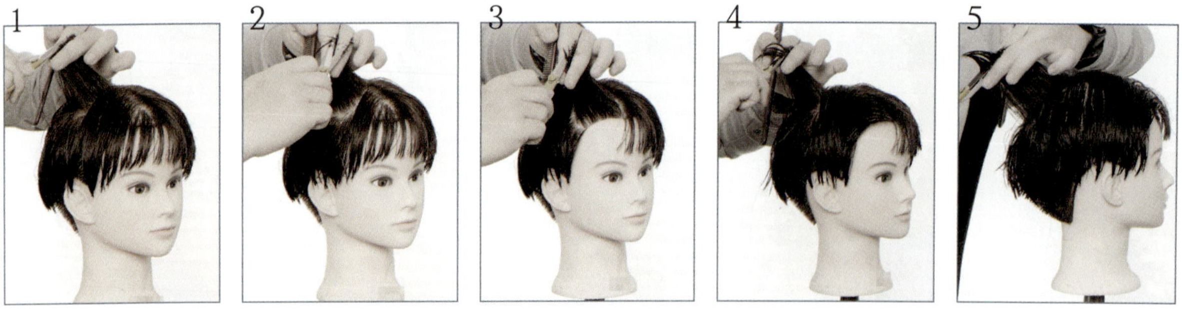

가이드는 디자인 존의 중심에서 가져온다

6 언더 존과 디자인 존을 연결한다.

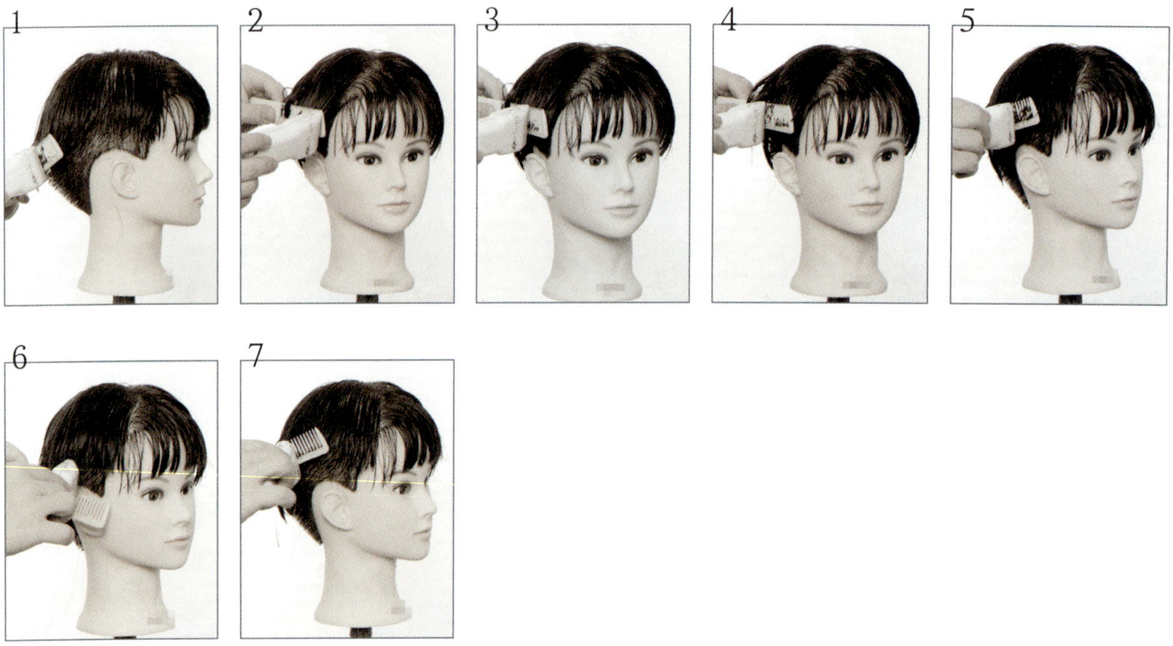

7

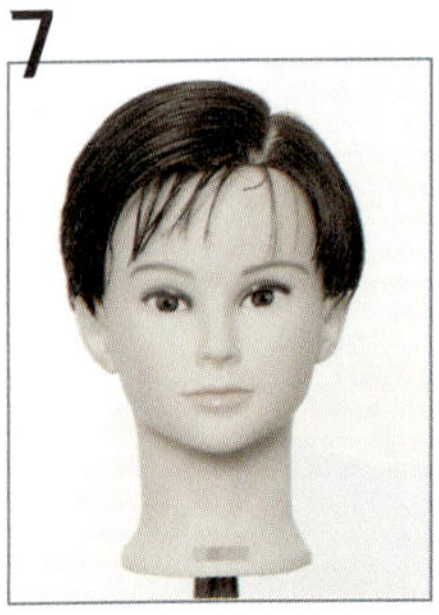

한면의 시술이 종료된 상태.

시술이 종료된 상태.

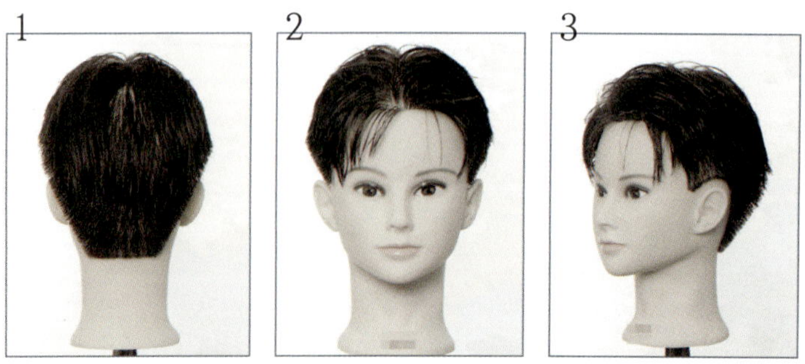

육각형 패턴 6 Pomade Design

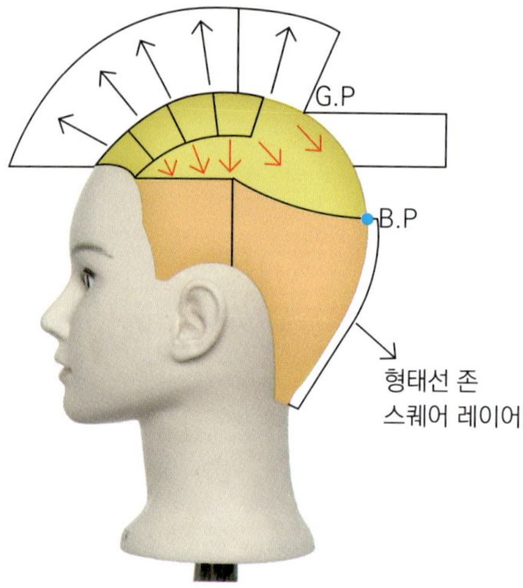

1 두상의 영역을 나눈 후에 형태선 존 영역을 클리퍼로 스퀘어 레이어로 시술한다.

2 T.P 길이를 설정하여 두상각도 90°로 시술한다.
이때 T.P의 길이가 짧으면 자연시술각 90° 스퀘어 레이어로 시술한다.

3 형태선 존과 디자인 존을 평행하게 연결하여 틴닝으로 마무리한다.

형태선 존 영역

측면을 스퀘어 레이어로 시술한다. 뒷면은 그라데이션으로 시술한다.

디자인 존 영역

T.P에서 가르마를 나눈 후 두상각도 90° 유니폼 레이어로 시술한다. 혹여 T.P의 길이가 짧은 경우는 스퀘어 레이어로 시술한다.

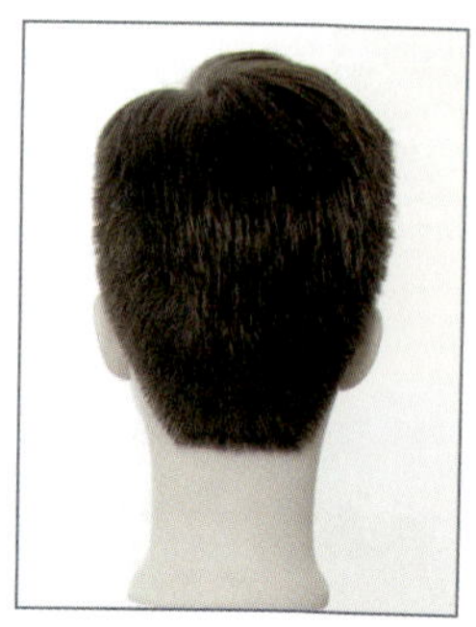

1

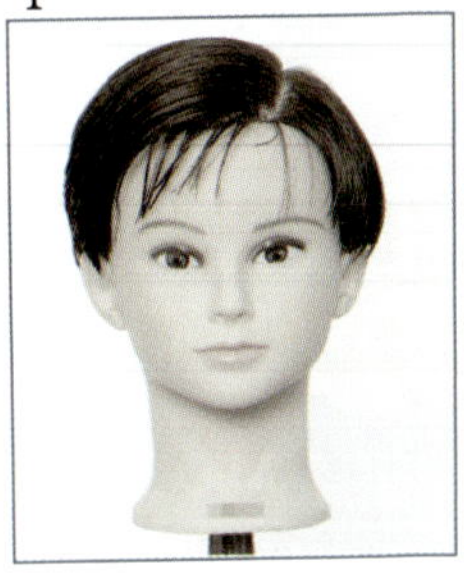

포마드 형태를 자르기 위한 브로킹을 나눈다.

2

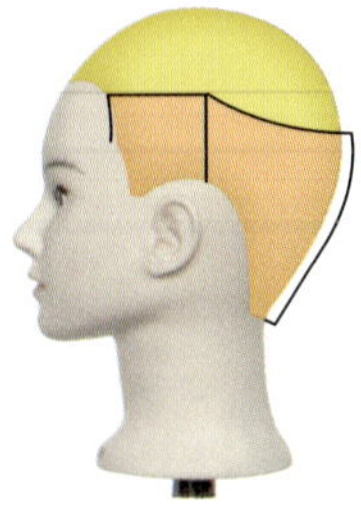

형태선 존의 영역을 스퀘어로 클리퍼로 깔끔하게 정리한다.

3

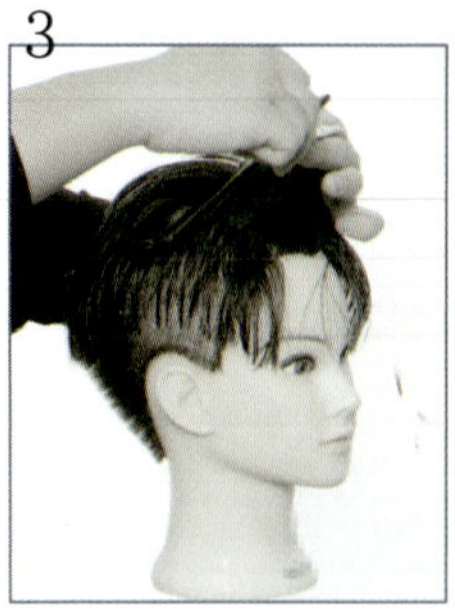

디자인 존의 모발은 T.P에서 길이를 설정하고 두상각도 90˚로 커트한다.

4

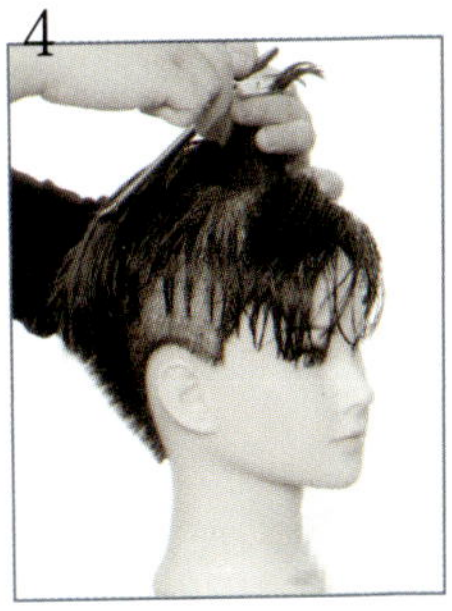

5

6

7

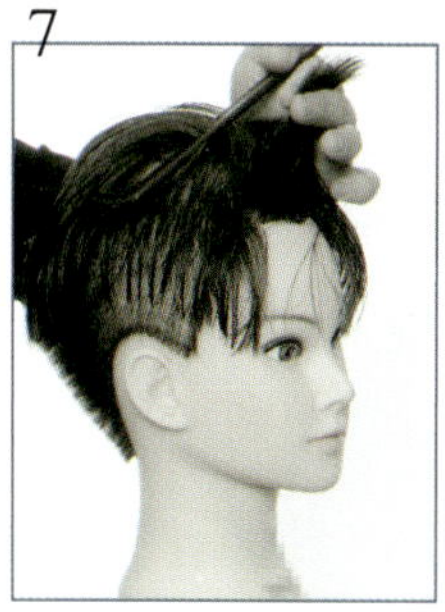

T.P의 길이가 짧다면 C.P의 모발은 T.P를 향하여 사이드베이스 한다.

8

디자인 존의 모발의 커트 후 앞머리의 넘김 전도를 확인한다.

9

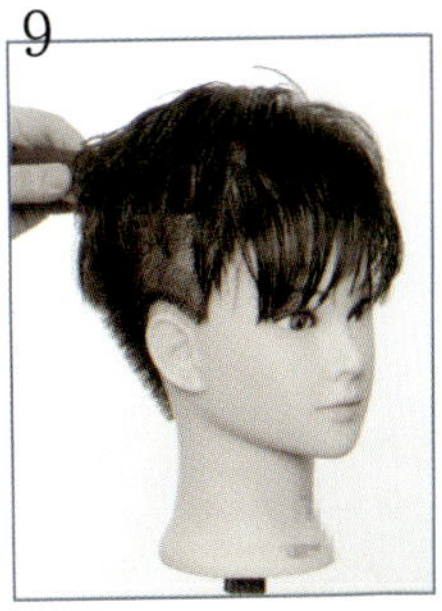

언더 존의 모발에 맞춰 스퀘어 상태로 커트한다.

10

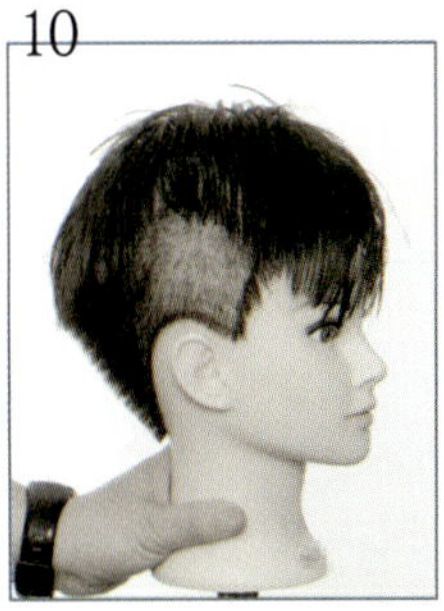

11

12

13

스퀘어로 커트한 기준점에 맞춰 평행이 되도록 라인을 설정하여 준다.

14~16 백 사이드부터의 모발은 싱글링 커트한다.

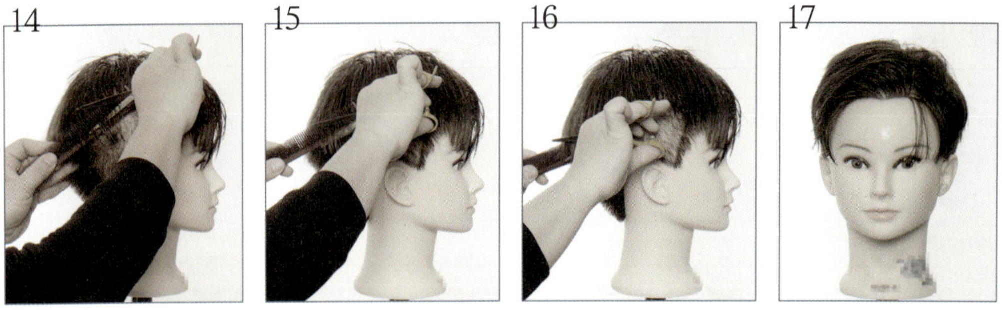

싱글링 커트시 빗의 각도는 스퀘어 상태를 유지한다.

1차 커트가 종료된 상태

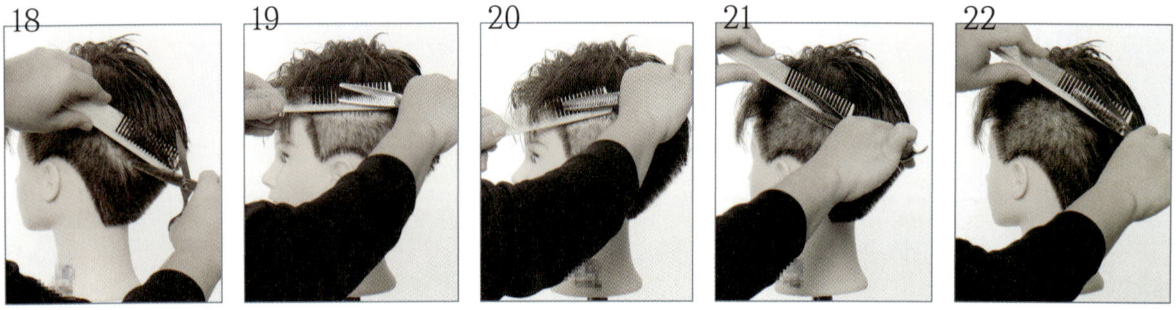

틴닝을 통하여 자연스럽게 연결시켜준다.

23~26 싱글링을 통하여 모난 부분을 정리하여 준다.

싱글링 진행 시 가능한 모류가 흐르는 방향으로 진행한다.

커트가 종료된 상태

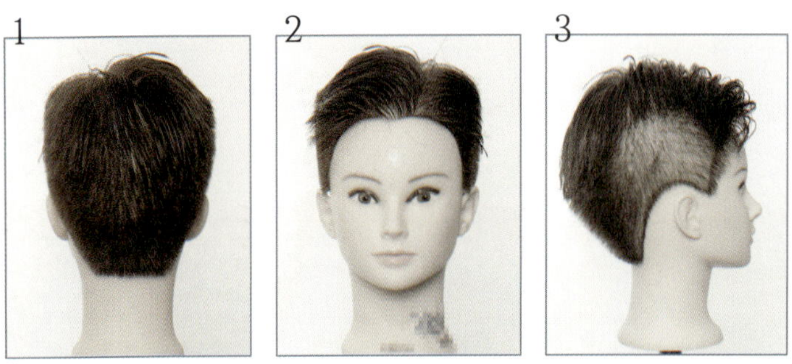

참고문헌

C3 - 헤어미용, 청구문화사

C3 - 디자인 커트, 청구문화사

zome and section, 정상화영, 신미용출판사

PUBLICATION, OSAMU FURUSATO

문승현

헤어살롱 디연 원장
씨쓰리 이·미용학원 부원장
이용기능장
2019년 소상공인경영강화 멘토하우스 컨설턴트역임
전남과학대학 겸임교수역임
경기도 기능경기대회 헤어디자인 금상수상
전라남도 기능경기대회 헤어디자인 금상수상
보건복지부장관 미용봉사 표창장
2014년 소상공인진흥공단 컨설턴트역임
한국미용장협회 최우수지도자상

김영미

씨쓰리 이·미용학원 원장
전남과학대학 전임교수역임
조선이공대학교·동강대학교 겸임교수 역임
미용기능장6기
소상공인진흥공단 미용기술전수 컨설턴트
일레븐존을 이용한 헤어커트교재외 헤어교재 다수편찬

디연 패턴커트

2021년 04월 10일 초판인쇄
2021년 04월 20일 초판발행

지은이 : 문승현 · 김영미
펴낸이 : 이상태
펴낸곳 : 청구문화사
주　소 : (03706) 서울특별시 서대문구 성산로11길 15
전　화 : 02-332-0541(代)　　FAX : 02-337-9577
등　록 : 1990년 11월 2일 제9-247호

가격 45,000원

ISBN 978-89-5616-861-6 93590